U0158580

国外海洋政策研究报告
（2019）

主　编　何广顺　李双建
副主编　周怡圃　杨　潇

海洋出版社

2020 年·北京

图书在版编目 (CIP) 数据

国外海洋政策研究报告. 2019 / 何广顺, 李双建主编. -- 北京:海洋出版社, 2020. 12

ISBN 978-7-5210-0695-7

Ⅰ. ①国… Ⅱ. ①何… ②李… Ⅲ. ①海洋开发-政策-研究报告-国外-2019 Ⅳ. ①P74

中国版本图书馆 CIP 数据核字 (2021) 第 002212 号

国外海洋政策研究报告(2019)

Guowai Haiyang Zhengce Yanjiu Baogao(2019)

责任编辑:苏 勤

责任印制:赵麟苏

海洋出版社 出版发行

http://www. oceanpress. com. cn

北京市海淀区大慧寺路 8 号 邮编:100081

北京朝阳印刷厂有限责任公司印刷

2020 年 12 月第 1 版 2020 年 12 月北京第 1 次印刷

开本:787 mm×1092 mm 1/16 印张:34.75

字数:560 千字 定价:298.00 元

发行部:62132549 邮购部:68038093

总编室:62114335

海洋版图书印、装错误可随时退换

前　言

2019 年，我们首次出版的《国外海洋政策研究报告》(2018)引起强烈反响，业内众多同仁和学者给予很大支持和鼓励，也提出不少宝贵建议。一年来，在自然资源部领导悉心指导下，国家海洋信息中心的国外海洋政策研究工作持续拓展，基本实现全球主要沿海国家"全覆盖"，在广度、深度、频度上取得一系列新突破。为进一步促进国家海洋信息中心在建设新型海洋智库过程中发挥多元支撑作用，深化成果应用，我们决定将《国外海洋政策研究报告》打造成为年度连续出版的政策工具书，在系统梳理国际海洋发展形势、深度分析全球海洋热点问题的基础上，力图清晰反映国外海洋发展的最新政策和动态，为我国海洋决策和管理提供参考，也希望对从事海洋相关研究的学者与关心海洋事业的读者有所助益。

2018 年，沿海国家依然重视海洋战略设计、政策规划与法规制定，海洋政策凸显全面性、宏观性与针对性。美国制定全方位、多层次的涉海政策，出台关于海洋科技、海洋经济、海上贸易、海岸带管理以及生态保护等方面诸多政策文件，制定并实施美国在印太地区的长期战略愿景。日本、智利出台总体性海洋政策，为未来国家海洋事业发展作出总体规划与全面指导。越南颁布《海警法》，批准海洋经济可持续发展战略，加快海洋战略部署。海洋空间规划与海岸带管理得到高度关注，韩国、爱沙尼亚、爱尔兰均在不同层次制定关于海洋空间规划的政策，印度、斯里兰卡发布关于海岸带管理的公告与计划。英国、澳大利亚分别对未来的北极防御与南极利益维护作出战略设计。涉海国际组织出台的海洋政策高度重视海洋生态环境保护与海洋资源的可持续利用，联合国环境规划署、联合国教科文组织、北极理事会、太平洋区域环境规划署等国际组织的政策重点关注海洋生物多样性保护、气候变化对世界遗产珊瑚礁的影响、海洋保护区、海洋垃圾、北冰洋酸化等全球性海洋生态环境问题，其他地区性组织还发布了诸多推动可持续蓝色增长、加强海洋资源可持续利用的战略报告。

基于此，本书内容框架分为四篇。第一篇为国际海洋发展形势，全面回顾并系统总结海洋管理、海洋经济、海洋科学技术、海洋防灾减灾与应对气候变化、海洋生态环境保护、极地事务和深海大洋等领域的年度发展形势。第二篇为全球海洋热点问题，选取人为水下噪声、北方海航道、白礁岛争端、南太平洋合作、海洋垃圾治理、印太战略、黑海争端、南极保护区和捕鲸争议共九个年度热点问题，基于不同视角，展开深入分析。第三篇为主要国家海洋政策，第四篇为国际组织海洋政策，主要对沿海国家和国际组织 2018 年出台的若干重大海洋政策类文本进行翻译整理，涉及英语、德语、日语、韩语、越南语等诸多语种。本书为编委会的分析认识，仅代表个人观点。

本书是海洋情报分析与政策研究一线科研人员集体智慧的结晶，倾注了编委会全体成员的心血，同时要感谢相关领域专家在本书成稿过程中的指导和帮助。因时间和精力有限，书中出现的不足之处，欢迎广大读者批评指正。

何广顺

2019 年冬　于天津

目　　录

第一篇　国际海洋发展形势

第一章　海洋管理 ………………………………………………… 3

　　第一节　出台综合性海洋管理立法、战略与政策 ………… 3

　　第二节　完善海洋空间规划体系 ……………………………… 4

　　第三节　加强海洋资源环境保护 ……………………………… 4

第二章　海洋经济 ………………………………………………… 7

　　第一节　蓝色经济得到各国高度认可 ………………………… 7

　　第二节　海洋渔业平稳健康发展 ……………………………… 13

　　第三节　海上运输、海洋船舶和海洋油气业发展良好 ……… 17

　　第四节　海上风电和海水淡化前景良好 …………………… 20

　　第五节　海洋旅游业蓬勃发展 ………………………………… 22

第三章　海洋科学技术 …………………………………………… 26

　　第一节　英澳美德相继发布海洋科技政策规划 …………… 26

　　第二节　海洋科学技术发展实现若干"首次" ……………… 28

　　第三节　海洋科学研究和人类海洋认知更加深入 ………… 29

　　第四节　海洋技术研发和产品应用取得长足进展 ………… 31

第四章　海洋防灾减灾与应对气候变化 ……………………… 35

　　第一节　国际社会高度关注气候变化对海洋和极地的影响 … 35

　　第二节　沿海国家全力推进海洋防灾减灾能力建设 ……… 38

　　第三节　海洋领域的碳封存和碳减排获得空前支持 ……… 41

第五章　海洋生态环境保护 ·· 44
　　第一节　多国加强海洋保护区选划及管理 ························· 44
　　第二节　全球海洋生态环境治理机制层出不穷 ·················· 47
　　第三节　珊瑚礁生态系统保护修复备受关注 ····················· 51
　　第四节　传统海洋议题与新兴海洋议题交织 ····················· 54

第六章　极地事务 ·· 59
　　第一节　北极竞争热度趋高，治理格局发生微妙变化 ·········· 59
　　第二节　南极相对和平稳定，各国利益争夺活动频繁 ·········· 62

第七章　深海大洋 ·· 66
　　第一节　国际海底管理局加强"区域"开发监管和国际合作进程 ·· 66
　　第二节　BBNJ 规则谈判进入实质性阶段 ······················· 69
　　第三节　国际海底测绘及命名继续成为国际海底区域治理热点 ··· 72

第二篇　全球海洋热点问题

第八章　人为水下噪声成为全球治理新热点 ························· 77
　　第一节　人为水下噪声研究的发展脉络 ··························· 77
　　第二节　人为水下噪声的来源及影响 ····························· 79
　　第三节　人为水下噪声议题的发展趋势 ··························· 83

第九章　俄罗斯强化北方海航道管辖权的意图及影响 ·············· 85
　　第一节　俄罗斯强化北方海航道管辖权的手段 ·················· 85
　　第二节　俄罗斯强化北方海航道管辖权的战略考量 ············· 89
　　第三节　俄罗斯强化北方海航道管辖权的国际影响 ············· 94

第十章　新马白礁岛争端再起引发海上矛盾激化 ··················· 99
　　第一节　新马岛礁主权争端回顾 ·································· 99
　　第二节　新马白礁岛争端再起波澜 ······························ 101
　　第三节　新马白礁争端再起产生的影响 ························· 105

第十一章　大国强化南太平洋援助竞争的措施及趋势 ·············· 107
　　第一节　大国争相抢夺南太平洋地区的动因 ···················· 107
　　第二节　大国对南太平洋援助竞争的具体措施 ·················· 108

第三节　中国与南太平洋国家互利共赢的经济援助 ……………… 112

第四节　大国的援助竞争对南太平洋国家的影响及趋势 ……… 114

第十二章　全球合力应对海洋垃圾问题 ………………………… 117

第一节　国际组织应对海洋垃圾问题取得重要突破 …………… 117

第二节　全球近七成国家已出台海洋垃圾"禁塑令" …………… 119

第三节　海洋垃圾和塑料污染研究取得新发现 ………………… 122

第十三章　美国印太战略的考量和趋势研判 ………………… 124

第一节　美国印太战略的动因 …………………………………… 124

第二节　主旨内涵和战略推进 …………………………………… 126

第三节　日澳印对印太战略反应不一 …………………………… 132

第四节　印太战略的影响及其趋势 ……………………………… 136

第十四章　俄乌黑海争端复杂化 ……………………………… 138

第一节　黑海争端的背景 ………………………………………… 138

第二节　黑海争端的升级 ………………………………………… 142

第三节　黑海局势的展望 ………………………………………… 145

第十五章　南极保护区建设的现状、进展与发展趋势 ……… 147

第一节　南极特别保护区和南极特别管理区 …………………… 148

第二节　南极海洋保护区 ………………………………………… 150

第三节　南极海洋保护区的最新进展 …………………………… 153

第四节　南极海洋保护区建设的争议与博弈 …………………… 157

第五节　南极保护区的未来发展趋势 …………………………… 163

第十六章　日本退出国际捕鲸委员会反响强烈 …………… 165

第一节　国内政治经济环境推动日本退出 IWC ……………… 165

第二节　日本一直试图摆脱国际捕鲸的限制 …………………… 167

第三节　日本退出后扩大捕鲸规模的行动及影响 ……………… 172

第三篇　主要国家海洋政策

第十七章　美国海洋和大湖区经济报告 ……………………… 177

第一节　2015 年美国海洋和大湖区经济概况 ………………… 177

第二节　海洋建筑业 ……………………………………… 179

第三节　海洋生物资源产业 ……………………………… 179

第四节　近海采矿业 ……………………………………… 181

第五节　造船业 …………………………………………… 181

第六节　旅游休闲娱乐业 ………………………………… 182

第七节　海洋交通运输业 ………………………………… 183

第十八章　美国国家海岸带管理项目战略规划（2018—2023） 184

第一节　美国海岸带的基本情况 ………………………… 184

第二节　《战略规划》介绍 ………………………………… 185

第三节　加强沿海社区、州和边疆区规划，有效应对未来变化 … 186

第四节　保护、保存与修复沿海和海洋生态系统，满足开发利用

　　　　和享用需求 ……………………………………… 187

第五节　加强项目能力建设，推进海岸带管理 ………… 189

第十九章　美国海岸警卫队海上贸易战略展望 …………… 191

第一节　战略环境现状 …………………………………… 191

第二节　美国海岸警卫队在促进贸易中的持久作用 …… 195

第三节　促进安全航道的合法贸易和航行 ……………… 197

第四节　促进航标和船员信息系统现代化 ……………… 200

第五节　促进队员和伙伴关系变革 ……………………… 203

第六节　确保长期成功 …………………………………… 206

第二十章　美国海洋科技十年愿景 ………………………… 208

第一节　了解地球系统中的海洋 ………………………… 208

第二节　促进经济繁荣 …………………………………… 211

第三节　确保海上安全 …………………………………… 215

第四节　保障人类健康 …………………………………… 217

第五节　促进具有弹性机制的沿海社区发展 …………… 219

第二十一章　美国珊瑚礁保护项目战略规划（2018—2040） 222

第一节　《战略规划》的制定 ……………………………… 222

第二节　增强对气候变化的抵御能力 …………………… 224

第三节　提高渔业可持续性 ……………………………… 226

第四节　减少陆地污染源 ……………………………………… 228

第五节　恢复有活力的珊瑚种群 …………………………… 230

第二十二章　如履薄冰：英国在北极的防御报告 ………… 234

第一节　北极和远北 ………………………………………… 234

第二节　当前英国北极政策 ………………………………… 236

第三节　北极地区的新安全环境 …………………………… 237

第四节　英国在远北的防御能力 …………………………… 240

第二十三章　德国国家海洋技术总体规划 ………………… 243

第一节　德国海洋产业发展目标和指导方针 ……………… 243

第二节　强劲的蓝色增长 …………………………………… 244

第三节　强大的德国海洋经济 ……………………………… 246

第四节　德国重点发展的技术项目 ………………………… 246

第五节　德国海洋技术战略产业布局 ……………………… 256

第二十四章　日本海洋基本计划 …………………………… 258

第一节　回顾与展望 ………………………………………… 258

第二节　海洋政策的主旨 …………………………………… 261

第三节　海洋政策与措施 …………………………………… 265

第二十五章　韩国海洋空间规划与管理法 ………………… 274

第一节　总　　则 …………………………………………… 274

第二节　海洋空间规划的制定 ……………………………… 275

第三节　海洋功能区域的指定及管理 ……………………… 279

第四节　海洋空间信息管理 ………………………………… 281

第五节　补　　则 …………………………………………… 282

第六节　附　　则 …………………………………………… 283

第二十六章　至 2030 年越南海洋经济可持续发展战略及 2045 年展望 … 287

第一节　现状和原因 ………………………………………… 287

第二节　愿景和目标 ………………………………………… 288

第三节　若干重大政策和突破环节 ………………………… 291

第四节　主要解决方案 ……………………………………… 295

第五节　组织实施 …………………………………………… 298

第二十七章　越南海警法 ……………………………………… 299

　第一节　总　则 ……………………………………………… 299

　第二节　越南海警的任务、权限 ………………………………… 301

　第三节　越南海警的活动 ……………………………………… 303

　第四节　越南海警与职能机关、组织、部队联合开展活动 ……… 307

　第五节　越南海警的组织 ……………………………………… 308

　第六节　越南海警政策、制度和活动保障 ……………………… 309

　第七节　部、部级机关、地方政府对越南海警的国家管理和责任 … 310

　第八节　实施条款 …………………………………………… 311

第二十八章　印度海岸管控区域公告（草案） ………………… 312

　第一节　海岸管控区域范围 …………………………………… 312

　第二节　海岸管控区域分类 …………………………………… 313

　第三节　海岸管控区域内禁止的活动 ………………………… 315

　第四节　海岸管控区域内许可的活动 ………………………… 315

　第五节　海岸带管理规划 ……………………………………… 321

　第六节　海岸管控区域使用审批机构 ………………………… 321

　第七节　海岸管控区域使用审批程序 ………………………… 322

　第八节　《公告》贯彻实施 …………………………………… 324

　第九节　需要重点关注的地区 ………………………………… 324

第二十九章　印度洋行为准则（草案） ………………………… 326

　第一条　定　义 …………………………………………… 326

　第二条　宗旨与范围 ………………………………………… 327

　第三条　指导原则 …………………………………………… 328

　第四条　国家层面举措 ……………………………………… 329

　第五条　船舶保护措施 ……………………………………… 329

　第六条　打击海盗措施 ……………………………………… 329

　第七条　打击武装劫船措施 ………………………………… 330

　第八条　打击非法、未报告和无管制捕捞的措施 ……………… 330

　第九条　外派官员 …………………………………………… 331

　第十条　资产扣押和罚没 …………………………………… 332

第十一条　协调和信息共享 ……………………………………………… 332

第十二条　事件报告 ……………………………………………………… 333

第十三条　缔约国间相互协助 …………………………………………… 333

第十四条　培训和教育 …………………………………………………… 334

第十五条　控告、起诉和定罪 …………………………………………… 335

第十六条　争议解决 ……………………………………………………… 335

第十七条　磋　商 ………………………………………………………… 335

第十八条　索　赔 ………………………………………………………… 335

第十九条　其他规定 ……………………………………………………… 336

第三十章　斯里兰卡海岸带和沿海资源管理计划（2018） ………… 337

第一节　海岸带管理的目标、政策、战略与行动 ……………………… 337

第二节　沿海栖息地保护的目标、政策、战略与行动 ………………… 345

第三节　沿岸水污染防治的目标、政策、战略与行动 ………………… 356

第四节　特殊管理区域管理的目标、政策、战略与行动 ……………… 362

第三十一章　塞舌尔蓝色经济战略政策框架和路线图：规划未来

（2018—2030） …………………………………………………… 367

第一节　塞舌尔基本情况介绍 …………………………………………… 367

第二节　蓝色经济发展愿景 ……………………………………………… 367

第三节　蓝色经济发展的基本原则 ……………………………………… 368

第四节　蓝色经济发展目标 ……………………………………………… 368

第五节　行动和投资的战略优先事项 …………………………………… 369

第六节　蓝色经济发展的实施方案 ……………………………………… 370

第三十二章　智利国家海洋政策（2018） …………………………… 371

第一节　《政策》制定的背景 …………………………………………… 371

第二节　《政策》的前景和目标 ………………………………………… 372

第三节　《政策》涉及的领域 …………………………………………… 372

第三十三章　维护澳大利亚在南极的国家利益报告 ………………… 387

第一节　强化南极治理水平 ……………………………………………… 387

第二节　强化基础设施建造和后勤保障能力 …………………………… 388

第三节　服务于未来的科学规划 ………………………………………… 390

第四节 南极为澳大利亚创造经济机遇 ……………………………… 391

第三十四章 斐济特别海洋区报告 …………………………………… 393
  第一节 引　言 ……………………………………………………… 393
  第二节 研究方法 …………………………………………………… 395
  第三节 特别海洋区详情 …………………………………………… 398
  第四节 讨　论 ……………………………………………………… 409

第三十五章 爱尔兰国家海洋规划纲要基线报告（草案） ………… 414
  第一节 爱尔兰海洋规划的愿景和目标 …………………………… 414
  第二节 大背景下的海洋规划 ……………………………………… 414
  第三节 主要生产活动 ……………………………………………… 417

第三十六章 爱沙尼亚海洋空间规划纲要草案及影响评估意向备忘录 … 433
  第一节 海洋空间规划的目的 ……………………………………… 433
  第二节 海洋空间规划的原则 ……………………………………… 439
  第三节 影响评估 …………………………………………………… 441

第四篇　国际组织海洋政策

第三十七章 保护地球报告（2018） ………………………………… 449
  第一节 保护区全球覆盖率稳步增长 ……………………………… 449
  第二节 生物多样性和生态系统服务重点区域 …………………… 451
  第三节 保护区的生态代表性 ……………………………………… 453
  第四节 保护区的有效管理 ………………………………………… 453
  第五节 保护区的公平管理 ………………………………………… 455
  第六节 保护区的紧密连通性 ……………………………………… 456
  第七节 其他有效的地区保护措施 ………………………………… 457
  第八节 将保护区纳入更广泛的陆地和海洋景观 ………………… 459
  第九节 爱知目标 11 的进展与展望 ……………………………… 460

第三十八章 气候变化对世界遗产珊瑚礁的影响报告 …………… 464
  第一节 报告的发布背景 …………………………………………… 464
  第二节 珊瑚白化和气候模型 ……………………………………… 465

　　第三节　RCP2.6 气候排放情景对世界遗产珊瑚礁的影响 ········ 466

　　第四节　报告结论 ·· 469

第三十九章　连接欧洲和亚洲——欧盟战略设想 ·········· 470

　　第一节　欧洲模式：可持续、全面和基于规则的联通 ········ 470

　　第二节　建立有效的欧亚联通 ·························· 472

　　第三节　建立可持续联通的国际伙伴关系 ·············· 475

　　第四节　增加对可持续联通的投资 ···················· 477

第四十章　共同建设强大的蓝色太平洋报告 ············ 480

　　第一节　成立与发展 ································· 480

　　第二节　机构设置 ································· 481

　　第三节　成果速览 ································· 483

　　第四节　优先事项 ································· 484

　　第五节　未来展望 ································· 490

第四十一章　太平洋地区海洋垃圾行动计划(2018—2025) ···· 491

　　第一节　《计划》发布的背景 ······················· 491

　　第二节　《计划》制定的政策和规章制度 ·············· 493

　　第三节　《计划》的注资与进展跟踪 ················· 496

第四十二章　2018 年 AMAP 评估：北冰洋酸化报告 ······· 500

　　第一节　北冰洋酸化的最新进展 ···················· 500

　　第二节　海洋酸化的生物反应 ······················ 503

　　第三节　北冰洋酸化对渔业的社会经济影响 ·········· 508

第四十三章　迈向黑海共同海洋议程 ················· 512

　　第一节　回　顾 ································· 512

　　第二节　强　调 ································· 512

　　第三节　承　认 ································· 513

　　第四节　赞　同 ································· 513

　　第五节　认识到自愿合作的潜力 ···················· 514

　　第六节　支　持 ································· 515

　　第七节　强　调 ································· 515

　　第八节　鼓　励 ································· 515

第四十四章 地中海和黑海小规模渔业区域行动计划 ·················· 516

　　第一节 《行动计划》部长级宣言 ························· 516

　　第二节 《行动计划》的具体行动 ························· 520

参考文献 ··· 526

第一篇

国际海洋发展形势

第一章　海洋管理

2018 年，多个沿海国家出台综合性海洋管理立法与战略，完善海洋空间规划体系，推动海洋渔业和油气等海洋资源可持续利用。由于不同国家和地区的政治、经济、文化背景存在差异，海洋管理并未呈现统一的推进模式，所解决的具体问题也并不一致。

第一节　出台综合性海洋管理立法、战略与政策

诸多沿海国家通过制定海洋战略规划，推动海洋领域可持续发展，实现《2030 年可持续发展议程》。2 月，库克群岛宣布将颁布新海洋资源法以取代旧法，新法将增加 6 项内容，包括对 Marae Moana 海洋保护区的管理、对渔业捕捞配额的管理等，以确保本国在海域保护和管理方面的世界领先地位。瑞典海洋和水管理局发布《实施战略：2018—2020》，就海洋和水管理、海洋规划、渔业管理、国际合作等领域设定具体的实施目标，实施"源头到海"的政策和管理，实现瑞典海洋、湖泊和溪流的清洁和可持续发展。3 月，智利总统签署国家新海洋政策，聚焦非法捕捞、海洋污染、海洋气候变化的影响以及保护区建设，为智利国家海洋资源保护和可持续利用奠定重要基础。4 月，爱尔兰发布《可持续发展目标国家实施计划（2018—2020)》，提出由住房、规划与地方事务部，农业与海洋部，外交与贸易部分别牵头负责减少入海污染、强化海洋生态系统保护、减少海洋酸化、减少非法捕捞、建立海洋保护区、援助小岛屿国家发展等任务实施与政策落实，实现可持续发展目标 14 中的海洋资源可持续利用目标。8 月，巴拿马颁布 637 号法案，其中公布本国领海宽度的地理坐标，将领海范围以国家法律的形式正式确定下来。9 月，菲律宾提出要制定一项恢复海洋和沿海生态系统的国家海洋政策，旨在让沿海地区 80% 的贫困人口摆脱贫困，为恢复国家海洋和沿海生态系统的健康铺平道路。10 月，越南共产党中央委员会通过《至 2030 年越南海洋经济可持续发展战略及 2045 年展

望》，以期至 2030 年实现海洋、沿海地区和岛屿的经济、社会、环境可持续发展基本目标。12 月，印度尼西亚表示正在制定海洋可持续发展路线图，建立海洋保护区，开展渔业生产活动，平衡渔业发展。

第二节　完善海洋空间规划体系

海洋空间规划仍是沿海国家管理海洋空间、规划海洋产业发展的重要工具。1 月，澳大利亚环境部发布《科克图岛管理计划》，对岛内建设用地进行合理的空间规划，加强对本国海洋文化遗产保护。3 月，英国海岸警卫队发布《港口海运业务指南》，为港口和其他海洋设施的管理提供有用信息和详细指导。4 月，印度环境、森林与气候变化部发布《2018 年海岸管控区域公告（草案）》，拟适当放宽政策限制，加大沿海开发力度，促进本国滨海旅游业发展。7 月，英国发布《南部海洋计划》，提出海洋环境保护、可持续利用航运通道、促进本地旅游业发展等 12 个具体目标，覆盖约 1700 千米长的海岸线和 21 000 平方千米的海域，为英国南部海洋未来 20 年内的开发、管理和保护活动提供政策框架指导。9 月，爱尔兰住房、规划与地方事务部发布《国家海洋规划纲要基准报告》（草案），描述海洋空间规划的背景现状及各类海洋空间利用活动，明确规划急需解决的关键问题并纳入规划总体框架。12 月，爱沙尼亚发布"海洋空间规划编制路线图"，为全国海洋空间规划编制工作奠定基础。除已发布的海洋空间规划及政策外，还有多个国家的规划文本正在编制。越南表示正积极编制《国家海洋空间规划》和《全国海岸带自然资源可持续开发利用总体规划》；比利时《海洋空间规划（2020—2026）》（草案）通过部长理事会审查，并将召开公开听证会邀请公民参与规划草案修改。

第三节　加强海洋资源环境保护

为合理有序开发和可持续利用渔业资源、海洋油气，各国持续开展海洋资源相关立法，制定海洋资源管理政策，发布白皮书，为资源开发活动提供指导。1 月，越南发布"打击非法、未报告和无管制（IUU）捕捞白皮书"，提出越南政府、组织及企业打击 IUU 捕捞的长期行动计划及各方对提高海产价值链的建议等。坦桑尼亚、斯里兰卡均发布消息称，已开展修订现行渔业法的工作，以打击非法捕捞，保护本国近海渔业和水生资源。同月，英国渔业"丢弃禁止"禁令生效，有助于减少渔业资源浪费。2月，加拿大通过《渔业法》修正案，强化对鱼类及其栖息地的保护，促进退化的栖息地和枯竭的鱼类资源恢复。3月，英国公布《海上捕鱼（执法）条例（2018）》（草案），规定沿海渔业和保护办公室遵循欧盟渔业保护措施，对英国海域内的捕鱼活动进行约束和规范。4月，爱尔兰就"6海里范围内限制捕捞业政策"公开征求意见，包括政策介绍、渔船与渔业统计数据、政策的经济影响评价等内容。7月，英国发布《未来下一代可持续渔业计划》白皮书，提出重新调整渔业配额等一系列措施，以提高本土渔业的可持续发展，同时保护海洋环境。9月，越南颁布紧急行政令，要求尽快为船只安装卫星观察系统，及时发现和预防有非法捕捞作业迹象的渔船。11月，菲律宾正式启动石油资源勘探和开发的新政策，允许政府促进服务合同的申请和授予，规定投资者可以为14个预先确定的地区或其他感兴趣地区报价。12月，爱尔兰宣布，将自2020年1月1日起施行18米以上大型拖网渔船捕捞作业"6海里禁令"。美国通过《休闲渔业现代化管理法（2018）》，通过加强海洋渔业保护和管理，改进休闲渔业信息和数据收集、研究和开发，以推动休闲渔业发展。

为保护海洋环境和生物多样性，各国不断通过立法活动，强化对各类海洋开发活动的管理，减少海洋污染及生态环境破坏。1月，英国就《海上环境民事制裁条例》进行公众咨询，旨在赋予英国相关职能部门法律权力，对海上石油或天然气项目造成的环境污染追究民事责任，以补充目前的海上石油天然气环境保护条例。3月，所罗门群岛颁布《2018年海事安全局法案》，加强政府对海上交通安全的管理及海面船舶污染的防控。5月，澳大利亚环境与能源部发布《2018年水下文化遗产法案》，通过建立保护区、规范公民水下活动、建立许可证制度、水下文化遗产登记等形式，确立水下文化遗产保护制度，在保护水下文化遗产的同时，加强对其周边自然环境的保护。6月，英国发布《近海海洋养护（自然栖息地）条例（2017）》修订版，该项条例是《海洋环境保护和物种保护条例（2017）》的一部分，也是英国针对石油和天然气开发的近海环境立法的一部分。6月，日本通过《海岸漂浮物处理推进法》，要求洗面奶和牙膏等制造企业主动停止使用微塑料，这是微塑料对策首次被写进法律。7月，加拿大公布《海洋哺乳动物条例》修正案，旨在减少船舶对鲸类的干扰，明确了喂食、游泳以及诱使其移动等行为都属于干扰。10月，美国总统特朗普签署《拯救我们的海洋法案(2018)》，授权美国国家海洋与大气管理局"海洋垃圾项目"延长5年至2022年，旨在改善海洋垃圾管理，促进航运业安全，推进跨部门和国际行动，减少海洋污染。11月，智利通过立法，规定在海滩、国家自然保护区或其他生物多样性保护区乱扔或丢弃垃圾将受到最多可达192 640比索(约合285.3美元)的惩罚。

第二章　海洋经济

2018 年，蓝色经济理念更加深入人心，海洋渔业、海洋油气开发等产业实现平稳发展，全球海洋交通运输、海洋船舶工业缓慢复苏，海上风电和海水淡化展现出行业发展潜力，海岛游、极地游和邮轮游艇等海洋旅游新业态蓬勃发展。

第一节　蓝色经济得到各国高度认可

随着人们对海洋的了解日益加深，开发和利用海洋空间、资源的产业活动越发频繁，人类因海洋开发而获益，也因过度开发而面临困境，因此，人与海洋和谐共生的蓝色经济理念随之产生并越来越受到重视和认同，联合国《2030 年可持续发展议程》将保护和可持续利用海洋和海洋资源作为一项重要目标。在众多沿海国家和地区，特别是小岛屿国家，蓝色经济日益成为推动经济社会发展的重要力量，双多边交流合作、政策对接、经验分享和构建伙伴关系进一步推动蓝色经济的发展壮大。

一、全球蓝色经济大会推动各国共谋发展

由肯尼亚、加拿大、日本联合举办的首届全球可持续蓝色经济会议于11 月在肯尼亚首都内罗毕召开，对各国达成蓝色经济共识、共谋发展之路发挥了积极的推动作用。各国政府、国际机构和其他利益攸关方讨论了海洋治理、海洋环境保护和海洋安全与发展等议题，会议聚焦海洋资源的可持续管理，进而实现减少环境污染、应对气候变化、消除贫困、创造就业等目标，通过了《促进全球可持续蓝色经济内罗毕意向声明》。联合国环境规划署以及 100 多个代表团做出了蓝色经济发展承诺，旨在建设一个更好的地球和发展可持续经济。承诺包括投资保护海洋环境与生物多样性、促

进废弃物管理与海洋塑料垃圾治理、加强基础设施建设、技术援助与能力建设以及维护海上安全等。会议的4个关键成果将成为衡量小岛屿发展中国家蓝色经济发展成功与否的关键指标，即为小岛屿发展中国家重新确立伙伴关系；加强区域和国际合作，推动蓝色经济跨境、多管齐下有效治理和监督；提升小岛屿发展中国家获得参与蓝色经济所需的科学知识、研究和海洋技术的机会；拓展蓝色经济发展的资金来源。政府间海洋学委员会提出，科技必须处于蓝色经济的最前沿，而不是边缘，在科学的驱动下寻求海洋发展和繁荣的领域将成为海洋健康和可持续发展的关键。非洲联盟表示将继续制定政策促进非洲蓝色经济的发展。肯尼亚总统肯雅塔呼吁各国共同行动，应对污染、气候变化、非法捕捞、海盗等全球性问题，希望借此次会议建立蓝色经济对话机制。

二、跨地区双多边合作交流日渐频繁

围绕蓝色经济的跨地区双多边合作和对话平台日渐成熟，项目逐渐落地，推进蓝色经济国际合作的呼声日渐强烈。3月，孟加拉国-马来西亚工商会在达卡举办题为"探索孟加拉国蓝色经济的机遇和挑战"的商务会议。孟加拉国外交部海洋事务司长秘书表示，孟加拉国愿与马来西亚共同探索蓝色经济的发展潜力，呼吁私营部门发挥强有力的作用。马来西亚高级专员指出，通过在国家和国际层面利用海洋和海洋资源，蓝色经济为沿海国家的经济发展开阔了新的视野。为加强海洋领域合作，葡萄牙海洋部与佛得角海洋经济部在里斯本签署了蓝色经济合作协议，确定了葡萄牙与佛得角在海运和港口联运、鱼类价格估算、水产养殖、新物种勘探和海上救援等领域的合作形式和范围。英联邦秘书长首次正式访问新西兰，表示岛屿国家要加强对海洋的保护，通过大力发展蓝色经济、维护"联邦蓝色宪章"（Commonwealth Blue Charter），达到可持续利用海洋的目的。6月，G7峰会期间，挪威首相与世界主要经济大国共同探讨了可持续海洋经济及妥善管理和利用海洋资源对环境、食品安全和就业的重要性。孟加拉国总理谢赫·哈西娜在魁北克G7峰会扩大会议上发表了关于世界海洋问题的演讲，她呼吁在G7国家与脆弱国家之间建立蓝色经济伙伴关系，实现海洋和海岸带生态系统的可持续管理。7月，越南与印度共同主持了第二届东盟与印度蓝色海洋经济研讨会。会上，越南驻印度大使孙生成强调，越南和东盟各国将航行合作视为与印度的优先合作领域之一。印度外交部东方秘书瓦德瓦表示，今后 10 年，印度将拨出 1900 亿美元发展印度各港口，并邀请东盟各国参加，初步可聚焦海岸经济特区、投资磋商、远洋运输和海洋旅游等领域的若干具体项目。

三、欧洲成为推动蓝色经济发展的先导地区

欧洲是最关注蓝色经济的地区之一。6 月，欧盟发布首份"欧盟蓝色经济年度报告"，旨在通过研究蓝色经济各领域的发展情况以及背后的驱动因素，确定欧洲蓝色经济领域的投资机会并为包括海洋治理在内的未来政策提供方向。报告对 2009—2016 年间欧盟海洋传统产业和海洋新兴产业的发展状况进行了统计分析，指出欧盟的蓝色经济以及海洋和沿海地区的所有经济活动正在稳步发展。报告分析指出，欧盟海洋传统产业发展参差不齐，捕捞、水产养殖和加工业势头良好，在 2009—2016 年间增长了 22%。2016 年，滨海旅游业占据了 40% 的欧盟蓝色经济增加值和 42% 的经济利润，提供了 61% 的蓝色经济就业岗位。但造船业和海上油气产业发展缓慢。欧盟海洋新兴产业蓬勃发展，例如，海洋生物技术在爱尔兰等欧盟成员国已经取得两位数增长，海上风电产业就业人数从 2009 年的 2.37 万人跃升至 2016 年的 16 万人，超过了欧盟渔业领域的从业人数。报告同时也指出，受 2008 年全球金融危机影响，造船业、海洋运输和港口等一些传统海洋产业受到重创，导致 2009—2015 年间欧盟蓝色经济在 GDP 中的比重持续下降，直到 2016 年才出现回升，但尚未恢复到金融危机前的水平。除此之外，报告还介绍了欧盟各成员国蓝色经济发展现状、趋势、新机遇和竞争优势。

欧洲是倡导蓝色生物经济理念的领头羊。10 月，以"塑造欧洲蓝色生物经济的未来"为主题的欧盟蓝色生物经济论坛在布鲁塞尔举行，探讨发展欧洲可持续和循环的生物经济之路，重点关注欧盟蓝色生物经济政策的转变和创新、蓝色生物基础投资和市场支持、海洋生态系统的认识和恢复、蓝色生物经济的监测和评估以及教育和培训。2 月，挪威政府发布《生物经济战略》，明确海洋资源是生物经济的重要组成部分，挪威将通过促进水产养殖、建立中远程渔业特许制度等方式增加对海洋物种的开采，加强相关产业发展，同时，还将提高海洋生物利用率，加强各类海上活动的

管理，开展海洋研究。

西地中海地区走在欧洲蓝色经济发展的前列。12月，欧委会和2017年发起的"西地中海蓝色经济可持续发展倡议"的共同主席国（即法国和阿尔及利亚）组织召开了"利益相关者会议：迈向西地中海'蓝色'行动"，意在促进西地中海地区涉海商业、科研机构、院校、国家和地方部门之间的交流并加强西地中海蓝色经济项目发展。10个西地中海国家的部长在会上商议通过了发展可持续蓝色经济的共同路线图，以便促进西地中海蓝色经济增长，创造更多就业机会，为地中海提供良好的生活环境，同时更好地保护地中海海洋生态系统。

政策制定、评估和修订是许多欧洲国家规划蓝色经济发展的重要途径。6月，英国外交部发布《英联邦海洋经济方案概览》文件，就2015年颁布、2016年实施的"英联邦海洋经济计划"（CME）两年间所取得的成就和影响作出回顾，如支持斐济可持续旅游业发展、支持圭亚那蓝色经济可持续增长、为塞舌尔提供"蓝色债券"支持塞舌尔蓝色经济发展等。9月，欧盟与法国、爱尔兰、葡萄牙、西班牙和英国合作召开了关于修订2013年制订的"大西洋行动计划"的研讨会，重点围绕大西洋地区海洋可再生能源领域，鼓励利益相关方积极推动海洋可再生能源开发，促进大西洋地区蓝色经济可持续发展。

促进偏远地区蓝色经济的发展是欧洲国家较为关注的议题之一。6月，欧盟环境、海事和渔业委员会在布鲁塞尔召开会议，讨论蓝色经济如何为欧盟偏远地区的经济带来新的推动力。加那利群岛、亚速尔群岛、马德拉群岛、马约特岛、瓜德罗普岛、马提尼克岛、圣马丁岛和法属圭亚那等欧盟偏远地区的50多名专家和机构代表参加了这次会议。这次会议探讨的蓝色经济领域集中于渔业、旅游业和水产养殖业，会议也探讨了偏远地区海洋能、生物技术和海水淡化等新兴行业的发展问题。

四、环印度洋地区国家紧跟蓝色经济潮流

基于对蓝色经济发展潜能的认知，环印度洋地区相关机构、组织将蓝色经济作为一项重要议程设置。8月，环孟加拉湾多领域经济技术合作倡议（BIMSTEC）第四届峰会召开，成员国领导人强调了蓝色经济的重要性，并同意在该领域开展合作，促进环孟加拉湾地区的可持续发展。与会国家

决定组建政府间专家组，制定一项关于蓝色经济的行动计划，同时考虑内陆成员国的特殊需要。9月，环印度洋联盟(简称"环印联盟")蓝色经济工作组第一次筹备会议在南非东开普省召开，围绕工作组的职权范围与工作方式，重点讨论了蓝色经济工作组的工作计划，并提交下一届部长理事会会议进行审议，会议还确定了可在环印联盟区域内实施的蓝色经济优先项目。

从国家领导人到政府、智库，孟加拉国高度关注并积极倡导发展蓝色经济。哈西娜总理一直认为，海洋是孟加拉国经济可持续增长的新空间。12月，哈西娜总理在竞选宣言中表示，海洋生物资源、渔业、油气资源、矿产资源、港口、航运，以及新的陆地和岛屿、海洋旅游业，为孟加拉国经济社会发展和就业创造了新的机遇，蓝色经济前景广阔，她领导的人民联盟政府已经启动了最大化利用蓝色经济的项目，该项目将在下一任期内实施。3月，孟加拉国外交部海洋事务秘书称，孟加拉国丰富的海洋资源尚未得到充分的开发利用，蓝色生物技术是一个非常有投资前景的新领域，政府应大力鼓励私营部门投资蓝色生物技术。11月，孟加拉国海洋发展研究所(BIMRAD)在达卡举办了国际研讨会，与会者呼吁印度洋地区国家共同努力善治海洋，适当利用海洋资源促进经济繁荣、实现可持续发展。总理安全顾问 Tarique Ahmed Siddique 表示，聚焦蓝色经济是实现可持续发展目标的必然选择，印度洋沿岸国家应制定一项涵盖整个沿海地带发展潜力的总体规划。同月，"改变未来孟加拉国的蓝色经济潜力"研讨会召开，总理国际事务顾问 Gowher Rizvi 博士呼吁创建一个能够协调蓝色经济管理的机构，并大力倡导发展蓝色生物技术。

除孟加拉国外，为促进本国蓝色经济发展，4月，斯里兰卡专门设立了可持续发展特别部，将可持续发展目标纳入政府总体发展政策，并提出了"蓝+绿经济计划"，以环境友好和可持续的方式充分开发利用海洋等自然资源，通过这一计划，斯里兰卡希望成为可持续发展的最佳实践榜样。6月，巴基斯坦海军参谋部原副部长 Taj M. Khattak 中将撰文指出，巴基斯坦要发展为亚洲经济强国，必须重视海洋，发展蓝色经济，尤其要加大船舶建造、扩大国家船队及改善港口基础设施力度。11月，印度航运部长强调，印度在印度洋具有战略优势，蓝色经济对本国的经济发展具有重要意义，通过推出雄心勃勃的"萨迦尔玛拉"计划，印度大力发展海上基础设施建设，推动内陆水道和沿海航运发展，今后，沿海经济区将成为蓝色经济的缩影。

五、非洲国家重视蓝色经济发展潜力

非洲海岸线绵长，海洋资源丰富，但尚未得到充分的开发利用。着眼于海洋经济发展潜力，非洲国家越发关注蓝色经济。

塞舌尔将蓝色经济视为其独特的发展优势。1月，塞舌尔副总统办公室蓝色经济处发布了《塞舌尔蓝色经济战略政策框架和路线图：规划未来（2018—2030）》。这项以海洋可持续发展为导向的综合性计划提出，塞舌尔将以创新和知识导向为驱动力，将发展蓝色经济作为实现国家发展潜力的重要途径。塞舌尔将围绕4条主线发展蓝色经济：一是促进多样化发展，降低对少数行业的依赖性，提高海洋经济在GDP中的比重；二是实现共同繁荣，努力增加高价值的工作岗位和在当地的投资机会；三是关注粮食安全和社会福利；四是保护栖息地的完整性和生态系统服务功能，增强可持续利用和气候适应性。在行动与投资方面，塞舌尔将优先发展4项战略事项，即创造可持续的财富、共享繁荣、保护健康而富有活力的海洋、改善发展环境。9月，塞舌尔总统Danny Faure在塞舌尔与非洲、加勒比和太平洋地区国家集团组织的会议上发表讲话，分享了塞舌尔通过蓝色经济使人民获得切实利益的经验，感谢所有非加太成员国在保护和可持续利用海洋资源方面所做出的辛勤工作。同时他还表示，如今海洋、气候和可持续发展是全球重要议程内容，应抓住一切机会保持这种势头。

肯尼亚是首届全球可持续蓝色经济会议的倡议国，多次呼吁发展蓝色经济的重要性。8月，肯尼亚环境和林业部长在"内罗毕公约"第九次缔约方会议上表示，肯尼亚非常重视海洋和蓝色资源，沿海地区的旅游业、海运、海上天然气和石油、渔业都为发展本国经济做出巨大贡献。过去几年，政府在沿海地区进行了大量基础设施投资来开发蓝色资源，其中包括扩建蒙巴萨港集装箱码头和建设拉穆港-南苏丹-埃塞俄比亚运输走廊，这被认为是非洲最雄心勃勃的基础设施发展项目。同时，肯尼亚正计划在与坦桑尼亚边界地区建立800平方千米的跨界海洋保护区，以解决海洋污染问题并发展蓝色经济。

摩洛哥将蓝色经济作为未来发展的新模式。12月，摩洛哥经社理事会

（EESC）第 93 届例会一致通过了名为《蓝色经济：摩洛哥新型发展模式》的报告，内容为可持续和包容性的蓝色经济国家战略，围绕渔业、旅游业、港口等进行全面部署，发展一批具有经济潜力的新产业。[①]

第二节 海洋渔业平稳健康发展

渔业在解决粮食危机、创造就业、促进出口等方面具有独特的优势，许多沿海国家将其作为优先发展的行业。2018 年，各沿海国加大对本国海洋渔业的支持和监管力度，加强政策指导和规划引领，部分国家产量和贸易量持续增加。

一、新理念和政策规划为海洋渔业提供指引

作为传统产业，新的发展理念为海洋渔业实现转型升级提供了思路和指引。2018 年，联合国粮食与农业组织发布《2018 年世界渔业和水产养殖状况》报告，首次提出了"蓝色增长"理念，认为蓝色增长是水生资源管理的跨部门综合性创新方法，旨在尽可能增加因使用海洋、内陆水体和湿地而产生的生态系统产品和服务，同时创造社会和经济效益，是渔业发展过程中的一种友好而和谐的新型经济增长方式或方法。

为促进本国海洋渔业发展，许多沿海国家通过制定政策计划来指导本国海洋渔业，明确未来发展方向和目标。2018 年，毛里求斯海洋经济与资源、渔业和海运部发布 2016—2017 年度报告，明确提出优化渔业、发展水产养殖、加大海洋生物技术研发将成为其未来发展的战略方向。美国 NOAA 渔业局水产养殖办公室表示，海产品有可能为日益增长的全球人口提供粮食保障，海水养殖作为一种动物蛋白的生产方式，被认为是最有效、最环保的方法之一，该部门将在面临环境变化和经济不确定性的情况下扩大美国的海产品供应。为贯彻越南共产党第十二届八中全会决议，越南各地方积极组织渔民发展可溯源水产养殖业；继续审查沿海农业区的生产，改进养殖技术和网箱生产技术；确保近海和沿海地区的食品安全、环保，同时转变生产模式，建立水产地理标志认证和水产可溯源机制；规模

[①] 《摩洛哥将实施可持续和包容性的蓝色经济发展模式》，中华人民共和国商务部网站，2018 年 12 月 25 日，http://www.mofcom.gov.cn/article/i/jyjl/k/201812/20181202820000.shtml。

化发展水产养殖业，满足国内外市场需求；越南渔业部门正在制定"到2020年发展越南海水养殖战略及2030年愿景"，待提交总理批准。阿曼农业和渔业部正在制定一项渔船队发展方案，以便更好地开发利用海岸带以外的海洋资源，提供适宜的工作环境，满足海上安全要求，提高产品质量，并计划到2023年引进270艘先进船只和480艘渔船，渔业产量增至140万吨，提供4000个直接就业岗位。

二、沿海国多措并举支持海洋渔业发展

2018年，沿海国家多措并举，通过资金、基础设施、科技、国际合作等多种形式促进本国海洋渔业发展。

在资金支持和基础设施建设方面，5月，阿曼农业和渔业部表示，将投资260万阿曼里亚尔（约合人民币4200万元），建造一个长20千米、宽7千米、深15~30米的大型人工鱼礁，发展海洋牧场，建成后将成为中东地区最大的人工鱼礁设施。6月，南非政府批准了萨尔达尼亚湾的海水养殖开发区，拟投资超过4亿南非兰特，助推实现"费吉萨"计划目标，进一步增加萨尔达尼亚湾水产养殖业的可持续发展，创造2500个工作岗位，增加当地就业机会，预计全面生产时每年直接收入将超过8亿南非兰特。印度尼西亚正在国内偏远地区兴建6个综合海洋渔业中心以改善外岛的渔业基础设施配套水平，截至2018年6月，渔业中心建设已取得积极成果，金枪鱼捕捞量和海洋生物量均实现持续增长，一季度渔业贸易顺差创近10亿美元新高。考虑到磷虾是近年来未分配和开发的重要海洋生物资源之一，7月，俄罗斯渔业局建议工业贸易部和财政部从预算中拨款不少于60亿卢布，建设2艘大型拖网渔船以捕捞南极磷虾，每艘渔船的造价预计约为20亿卢布，年捕捞量预计为15万吨。为落实越南政府关于远洋捕捞的政策，截至2018年9月，广治省已累计为渔民提供超过250亿越南盾（约合人民币747万元）的支持，特别是对560余艘远洋捕鱼船的支持。10月，孟加拉国与世界银行签署一项2.4亿美元的融资协议，该协议将直接促进孟加拉国的蓝色经济计划，改善渔业管理系统、基础设施、价值链投资，鼓励私营部门投资，提高海产品的供应和质量，支持渔业政策法规改革，发展沿海和海洋渔业，增加渔业对经济的贡献。

在科研和技术支撑方面，印度中央海洋渔业研究所于2018年初启动了

深海网箱养殖项目，拟向全国5000名渔民提供技术培训，提高网箱养殖生产效率，从而推动国家"蓝色革命"计划。10月，美国国家海洋与大气管理局宣布"海洋资助计划"，支持包括监测有害藻华新技术在内的22个项目，进一步推动美国海洋和海岸水产养殖业的可持续发展。

在国际合作方面，4月，芬兰与俄罗斯签署了关于两国跨境水域渔业发展和监测及相关研究合作的新谅解备忘录，成立一个以渔业为重点的芬兰-俄罗斯工作组，以评估双方共享的渔业资源、汇编相关信息、开展渔业水域管理以及必要时就如何组织可持续捕捞提供建议。11月，埃及农业部与阿尔及利亚农业、农村发展和渔业部同意成立埃及-阿尔及利亚论坛，推动两国在投资、知识交流和渔业资源研究方面的合作。

三、海洋渔业产量和贸易量稳步增长

从渔业产量来看，根据全球水产养殖联盟（GAA）对各大养殖品种全球产量的预估，2020年全球虾产量将突破500万吨，当前各大主产区都在增产，厄瓜多尔增速明显，2018年增至50万吨，由于"虾血细胞虹彩病毒"（SHIV）扩散至越南，对养殖成本造成影响。8月，秘鲁生产部表示，秘鲁首个捕捞季渔获量470万吨，涨幅31%，这是2011年以来渔获量较高的纪录，其中用于制作鱼油和鱼粉的鳀鱼捕捞量较大，用于人类直接食用的渔获量同比增加了2.8%，包括凤尾鱼、金枪鱼、鲣鱼、鱿鱼、大虾及其他鱼类。

从进出口贸易来看，2018年3月，加拿大海洋与渔业部公布了2017年加拿大鱼类和海产品出口的贸易情况，总贸易额呈上升趋势，达69亿加元，同比增加3.12亿加元。加拿大鱼类和海产品出口增幅最大的国家是中国，其次是日本，同比增长分别为25%和13%，对美国的出口额稳定在43亿加元。伊朗渔业组织负责人哈桑·萨利希宣布，到2019年3月20日（按伊朗历纪年），伊朗年度渔业出口总额将增长10%。渔业是印度尼西亚经济增长的重要推动力，发展潜力巨大。4月，印度尼西亚海事与渔业部长苏西表示，印度尼西亚将寻求开拓渔产品出口新市场，把出口重点从美国转向欧洲。印度尼西亚正在与欧盟讨论有关消除进口关税问题，贸易部与欧盟方面签订全面经济伙伴关系协定后，进口关税降为零，印度尼西亚对欧盟的出口额将增加24%。8月，苏西表示，得益于打击非法渔船行

动的节节胜利，2017 年印度尼西亚渔业出口增长 10%～11%、进口减少 70%，推动印度尼西亚成为东南亚地区贸易逆差规模最小的国家。人均鱼类消费从 36 千克/年增长至 46 千克/年，强势拉动印度尼西亚国民消费增长。

四、加强海洋渔业监管成为各国共识

海洋渔业资源枯竭已成为世界沿海国家共同面临的严峻问题，因此加强海洋渔业科学管理、打击非法捕鱼行为、促进海洋渔业资源可持续开发利用成为沿海各国共识。

2017 年底，欧盟对越南 IUU 捕捞活动提出"黄牌"警告。在 2018 年 4 月 23 日整改期限之前，越南总理、农业与农村发展部、地方水产部门正逐步禁止和完全停止在外国海域的非法捕捞。农业与农村发展部水产总局决定从 2019 年 1 月 1 日起，长度超过 24 米的所有渔船都要安装卫星 GPS 设备，加强渔船在港口和海上的管理工作，系统和正确使用渔船行程监测数据，保障能够追根溯源出口到欧盟市场的产品，确保产品的合法性。印度尼西亚政府打击非法捕捞也取得了显著成效。有数据显示，2008 年发生在印度尼西亚海域的外国渔船偷捕案达 292 起；2018 年 1—5 月，这一数字下降至 13 起。有关官员表示，近年来印度尼西亚海事渔业部等部门针对非法捕捞问题强力执法、严格监管，对偷捕行为形成了有力震慑。3 月 22 日，印度尼西亚东努沙登加拉省海事渔业局强调，禁止渔民在离岸 12 海里外水域安装人工集鱼装置（FAD），此前印度尼西亚能矿部油气调查小组在帝汶海海域内查出 19 个 FAD，严重损害了当地渔民利益，影响长期渔获。未来印度尼西亚政府将继续加大监管力度，规范渔船捕捞行为。欧盟大力支持打击西非 IUU 捕捞活动，5 月，欧委会、欧洲渔业管理局、欧盟驻西非地区代表组织与西非次区域渔业委员会和中西部几内亚湾渔业委员会在塞内加尔正式启动了渔业管理项目。该项目为期 5 年，旨在打击西非 IUU 捕捞活动，在未来 5 年内改善西非地区的渔业管理及区域内鱼类种群管理水平，制定区域捕捞政策，并通过改进国家和地区层面的监测和监管来改善区域渔业资源的可持续性。

除打击 IUU 捕捞外，海产品是否安全、是否符合标准也成为欧盟和诸多沿海发达国家关注的重点。4 月，欧委会在比利时召开"2018 年全球海

洋食品研讨会"。会议介绍了全球"海洋食品"现状，探讨了欧盟及全球范围渔业和水产养殖业的可持续发展问题，议题包括：海洋食品领域的科研和创新、海洋食品进口到欧盟的卫生条件和程序、欧盟渔业贸易政策的最新进展、欧洲海洋食品市场、欧盟民众对于渔业和水产养殖品的消费习惯、海洋食品监管问题、水产养殖问题、地中海战略和地方渔业行动小组的建立。在海产品准入方面，秘鲁国家渔业卫生机构（SANIPES）表示，产自秘鲁皮乌拉塞丘拉湾 Parachique 的扇贝符合欧盟市场的卫生法规，已被列入"欧盟批准的正式生产区名单"，于 10 月 11 日起向欧洲市场出口。民间组织是监督海产品质量的重要力量，8 月，加拿大环保组织 Oceana Canada 发布了最新且最全面的国家海产品欺诈调查报告，称 44% 的海产品被贴错标签，主要问题包括用便宜的鱼冒充价格高的鱼以及用养殖鱼冒充野生鱼，除了以次充好外，这也会产生食品安全问题。

第三节 海上运输、海洋船舶和海洋油气业发展良好

2018 年，区域间、国家间的海上互联互通和基础设施建设成为全球众多国家经济发展的重点。部分国家加大了海洋船舶业的发展力度，但行业发展动力不足。国际原油价格延续 2017 年下半年以来的上涨势头，在一定程度上驱散了行业阴霾，沿海国家海洋油气开发活动进一步活跃。

一、海上运输备受重视

加快推动海上互联互通已成为全球众多国家经济发展的重点。12 月，印度尼西亚交通运输部海运总局宣布将从 2019 年开始实施"海洋高速公路"计划，利用迷你船只作为新运输工具，简化运输设备，减少分销渠道，通过印度尼西亚地区之间"端到端"的整合和连接，以到达弱势、偏远、最外层和边境地区（T3P），使货物到达群岛的各个角落。

9 月，欧盟委员会与欧盟对外行动署联合发布"连接欧洲和亚洲——欧盟战略设想"政策文件，其中在海洋运输方面，欧盟将支持清洁航运，促进在欧洲和亚洲港口使用替代燃料，推动在亚洲港口实现数字化和简化行政手续。5 月，俄罗斯总统普京在向政府递交的全面目标和战略目标清单中要求，到 2024 年，将北方海航道的年货物量增加到 8000 万吨。12 月，

俄罗斯副总理马克西姆表示，将在2019年2月前做好北方海航道的准备和协调工作，包括油轮、破冰船队及港口铁路基础设施建设。

5月，印度航运部长称，根据"萨迦尔玛拉"计划，中央政府将在马哈拉施特拉邦、卡纳塔克邦、泰米尔纳德邦以及奥里萨邦新建6个主要港口，预计到2025年，印度港口吞吐能力将翻一番。2018年上半年，斯里兰卡科伦坡港集装箱吞吐量增长了15.6%，成为全球集装箱吞吐量增长最快的港口，进入全球前30大港口之列；前10个月的转运集装箱吞吐量比2017年同期增长19.5%；前10个月有45艘邮轮停靠科伦坡港，比2017年同期增长28.8%。

随着塞舌尔海洋活动的不断增加，维多利亚港已不能满足需求。6月，塞舌尔计划启动维多利亚港改扩建项目，实现该港无缝、高效和稳步运作。该项目投资金额达3400万欧元，由欧洲投资银行和法国开发署投资，是塞舌尔目前规模最大、投资最多的项目。从货运角度而言，德班港是非洲最繁忙的港口之一，在2018年世界旅游奖评选中荣获"2018年非洲领航港"称号。9月，南非国家交通运输集团有限公司宣布将斥资70亿南非兰特在德班集装箱码头建造深水泊位，使德班港在2023年之前能够容纳新一代集装箱船，从而确保德班港和南非在整个行业中的竞争力，满足海洋交通运输业的需求。

巴拿马国家统计和普查局公布的初步统计数据显示，巴拿马运河在2018年1—7月期间累计收取通行费14.433亿美元，较2017年同期增长9.5%，通过巴拿马运河的船舶总数为8247艘，较2017年同期增长1%。根据联合国贸易和发展办公室评定的2018年海上连通性指数，巴拿马位于拉美地区榜首。在该指数长达14年的评定历史中，巴拿马在拉美地区一直名列前茅。

二、海洋船舶业发展动力不足

从全球造船业三大指标来看，2018年全球造船业新船订单量、新船完工量较2017年有显著下降，分别下降12.5%和18.3%，手持订单量同比基本持平。① 尽管新签订单同比下跌，新增需求更倾向于高附加值船型，

---

① 《2018年造船市场形势与未来展望》，搜狐网，2018年3月5日，http://www.sohu.com/a/301401825_100265031。

LNG 运输船、豪华邮轮和浮式生产储油轮的需求较往年有不同程度增长，其中 LNG 运输船全年签单共 69 艘、合计 117 亿美元。[①] 2018 年，中国造船业的新船完工量和手持订单量保持全球第一，韩国造船企业承接新船订单量超过中国船企，成为世界第一。

有不少国家加大了海洋船舶业的发展力度。孟加拉国出口促进局公布的数据显示，2017—2018 财年上半年，孟加拉国出口了价值 3035 万美元的船舶和浮动建筑物，比上一财年同期增长 457%。业内人士分析指出，由于国内和国际市场的需求大幅增长，如果孟加拉国政府给予适当的政策支持，该国造船业发展潜力巨大。2 月，澳大利亚外交部、贸易委员会联合发布《澳大利亚在商业造船和服务方面的能力》报告，称澳大利亚具有世界领先水平的造船技术，当前船舶制造业出口额达到 5.75 亿澳元(约合人民币 29 亿元)，为该国创造 14 600 个就业岗位。今后，澳大利亚政府将扩大对船舶制造产品的出口，将造船业打造成为本国经济发展的新增长点。12 月，阿根廷海洋和渔业部门称，在巴拉那水道，98% 的船来自巴拉圭，却没有一艘来自阿根廷，水运领域目前最需要的就是本国船。因此政府应加强海洋船舶制造业发展，通过加大信贷额度、减免税收、增加投资者数量等措施，推动海运船舶行业迅速成长。

三、海洋油气开发活动活跃

随着世界经济的发展，各国对能源的需求日益强烈，海洋油气勘探开发活动也进一步活跃。1 月，为支持特朗普总统的"美国优先海洋能源战略"，美国内政部公布了"2019—2024 年外大陆架油气发展计划"，建议向油气开采行业开放美国超过 90% 以上的外大陆架区域。根据该计划，美国将出租阿拉斯加沿岸、墨西哥湾、太平洋、大西洋等水域的 47 处潜在油气区域。9 月，美国内政部宣布，美国海洋能源管理局拍卖 31.57 万平方千米的近海油气勘探开发区域，涵盖墨西哥湾所有未开发区域。

石油行业是挪威最大的产业，也是国家社会福利融资的最重要贡献者。10 月，挪威石油公司宣布在北极巴伦支海一处油田附近发现了新的油田，可开采石油量在 1200 万～2500 万桶。据初步统计，2018 年挪威大陆

---

① 《克拉克森研究：2018 年航运市场综述》，国际船舶网，2019 年 1 月 12 日，http：//www.eworldship.com/html/2019/ship_market_observation_0112/146183.html。

架上的石油、液化天然气、凝析油和天然气总产量达到 2.3 亿标准立方米的石油当量，相当于每天 400 万桶石油。

3 月，在休斯敦剑桥能源周期间，英国石油公司负责人表示，将与俄罗斯合作开展北极大陆架勘探和开发项目。挪威国家石油公司负责人也表示，将与俄罗斯公司在俄大陆架和挪威大陆架上合作开展开发项目。10 月，俄罗斯诺瓦泰克公司通报了在北鄂毕许可区块第一个钻探油井勘探结果，发现了位于鄂毕湾与喀拉海汇合地储量为 3200 亿立方米天然气的油气田。该区块毗邻喀拉海，不需要在鄂毕湾为船只扩大通道。

埃及石油部长表示，将从 4 月起在地中海西尼罗河三角洲钻探 10 口气井。这是西尼罗河三角洲开发项目的一部分，是埃及国家战略性项目，将大幅提升埃及天然气产量，由石油部与壳牌公司共同完成，总投资 8.1 亿美元，将于 2019 年投产。

7 月，法国石油巨头道达尔表示，已开始在 Kaombo 地区开采石油，该地区目前是安哥拉最大的海上深水开发项目，总产量峰值预计可达 23 万桶/天，Kaombo 项目是道达尔的一个重要里程碑，该项目将占安哥拉石油产量的 15%。

第四节　海上风电和海水淡化前景良好

海上风电在欧洲和太平洋地区得到不同程度的开发利用，海水淡化在缓解水资源短缺方面的潜力和优势日益受到重视，对海洋环境的潜在影响也引发关注。

一、海上风电发展迅速

海上风能具有良好的发展前景。2 月，国际可再生能源机构发布的《2017 年可再生能源发电成本》报告显示，到 2020 年可再生能源发电成本将持续下降，届时商业化使用的，包括海上风能在内的所有可再生能源发电技术成本都将低于化石燃料成本。

欧洲是海上风电发展的先进地区。6 月，世界上首座大型潮汐涡轮机和装置组装厂在法国瑟堡揭牌。揭牌仪式上，欧盟环境、海事和渔业司官员表示，到 21 世纪中叶，海洋能将可以满足欧盟成员国能源需求的 10%，未来欧盟将加速发展并提高海洋能设备的性能，大力资助海洋能技术开发和测试中心的建设。德国风力工业协会于11月发布的数据显示，德国海上风电总装机量已达5.3吉瓦，其中，北海风力发电量占主导地位，占德国全部风力发电总量的15.9%。目前，德国风电已基本实现平价入网，陆上风电补贴低于4欧分/千瓦时，海上风电则低至2欧分/千瓦时。11月，爱尔兰可持续能源管理局发布《国家能源工程2030》报告，提出到2030年，爱尔兰可再生能源发电量将占全国总发电量的55%，其中海上风能发电装机总量到2030年将占风能发电的27%。12月，丹麦第一台巨型风力涡轮机在海上风电场Horns Rev 3投入使用，成功与丹麦电网相连接。不久还会有1～2台涡轮机投入使用。海上风电场将共安装49个巨型涡轮机，为425 000个家庭提供电力。2月，俄罗斯水电公司与日本新能源和工业技术发展组织合作，与萨哈共和国政府签署备忘录，将在季克西镇建设世界上首个北极复合式风力发电机组，电机容量为3.9兆瓦。

日本是亚洲地区最重视海上风能的国家之一。1月，日本北九州市决定在该市若松区沿海的响滩地区修建海上风力发电站，建设风车零部件组装基地和专用装运码头，建成后这里将成为亚洲首个专门从事海上风力发电业务的综合基地。北九州市表示，该地区正在进行约40公顷的填海工程，计划在沿海10千米的2700公顷海域范围内，最多建设44座海上风力发电站。2月，日本内阁府向自民党递交了旨在普及海上风力发电的新法案。11月底，日本国会通过《海上风力发电普及法》，将风电装置的许可年限一律延长至最长30年，统一了海域使用费计算方式和单价，规定了申请窗口由都道府县改为中央政府，拟设立国家主导的协商会以促进企业参与。此外，印度也积极发展海上风电，利用清洁能源。6月，印度新能源和可再生能源部宣布了中长期海上风电目标，计划到2030年达到30吉瓦装机量，这一举措有利于推动印度跻身海上风电市场的领先之列。

美国能源部发布的风能市场报告显示，近期美国海上风能产业发展迅速，诸多州开展了海上风力发电项目。6月，德国巴登-符腾堡州能源公司与美国能源开发商合作，计划在加利福尼亚州推进新的海上风能项目。未来10年，海上风电将在加利福尼亚州发挥重要作用。据美国国家可再生能源实验室估计，西海岸的海上风能拥有超过800亿瓦的能源潜力。

二、海水淡化发展潜力巨大

5月，南非开普敦市首个临时性海水淡化工厂投入使用，目前供水量为 3000 立方米/日，最终供水量目标为 7000 立方米/日。该海水淡化工厂水质已顺利通过实验检测，完全符合城市饮水标准。8月，一家太阳能海水淡化厂在南非开普敦成立，使用近海海水并通过管道基础设施排放浓缩盐水，旨在减少对市政用水的依赖。该厂投入运营后，淡水产能将达到 4 吨/小时，满足 4800 多户家庭的日均用水需求，为供水和卫生设施方面服务不足的社区带来系统性变化。

据智利《时代观察者报》10月报道，根据国际咨询公司 Amphos21 进行的水文地质模拟测试，在智利阿塔卡马盐沼，淡水开采量已严重超过该地区的自然补给量，这也是采矿业强烈推动水资源再循环以及海水利用的原因所在。报告显示，预计 2028 年海水的使用量将达到 11.2 立方米/秒，比 2016 年的 2.9 立方米/秒增长了 290% 之多。但报告同时警告称，尽管海水利用似乎是该国现有水资源短缺的战略解决方案，但也必须考虑对海洋环境的潜在影响。

第五节　海洋旅游业蓬勃发展

尽管全球经济复杂多变、经济下行压力持续，但海洋旅游业依旧蓬勃发展。海岛游、极地游、邮轮游艇等新型旅游项目和产品逐渐兴起并得到丰富和发展，海洋旅游可持续发展的理念得到重视。

一、海洋旅游可持续发展呼声高涨

1月，库克群岛政府发布《2017 年国家经济发展》报告，指出滨海旅游业是该国的"蓝色支柱产业"，但近年来游客人数增多对当地海洋生态环境构成威胁，也严重影响了居民生活。报告建议政府加强基础设施投资力度，增强国家游客接待能力，合理限制游客数量，以保证本国"蓝色生态旅游业"可持续发展。

坦桑尼亚位于非洲东海岸，沿印度洋海岸线长 1424 千米，拥有大量优质的自然和文化资源，具有发展旅游业的潜力。旅游业是坦桑尼亚 2017 年增长最快的行业，一直是该国最大的外汇收入来源。7月，坦桑尼亚自然资源和旅游部称，政府正在探索利用海滩的最佳方法，筹划设立海滩管理局，以强有力的策略有效管理海滩，提升海滩旅游服务水平，促进旅游业发展。

10月，在南太平洋旅游局会议上，主办方正式发布《太平洋岛国和地区沿海旅游发展环境影响评估指南》，以此作为南太平洋地区沿海旅游产业可持续发展的规划纲领。该指南指出，沿海地区的自然环境和生物环境为旅游业带来了持久的发展，要保护海洋环境、抵御海洋灾害，并通过合理的规划带动南太平洋各国发展。南太平洋旅游组织负责人表示，小岛屿发展中国家旅游业产值占国内生产总值的25%以上。为了实现沿海旅游产业的可持续发展，应着眼于对海洋环境的保护，并对海洋生物资源进行合理养护。

二、海岛游、极地游成新热点

越南拥有3260多千米海岸线和3000多座大小岛屿，是海岛资源发展潜力和优势巨大的国家之一。越南制定了至2020年海岛旅游接待2200万人次国际游客、5800万人次国内游客、旅游总收入200万亿越盾的发展目标。对此，5月，旅游发展部呼吁制定特殊政策，鼓励所有经济成分参与投资海岛旅游，建设基础设施，发挥各个海岛的优势和潜力，挖掘和提升海岛旅游产品价值。

据越通社12月报道，近年来越南海岛旅游的蓬勃发展使得全国多地居民得以脱贫致富、生活水平得到改善，为越南的经济发展做出重要贡献，但海岛游仍存在诸多不足，包括服务体系尚未健全、旅游产品不够丰富、部分旅游景点活动管理工作及其治安秩序未能得到保障等。越通社呼吁越南旅游部门应加大投资力度并加强对海岛旅游景点的基础设施、服务、人力资源等的全面管理工作。

近年来，印度政府高度重视岛屿可持续发展和海洋整体开发，并授权国家研究院指导制订岛屿整体开发计划。8月，印度国家研究院举办生态旅游会议，以吸引投资，推动安达曼-尼科巴群岛及拉克沙群岛的生态旅游业发展。国家研究院建议，在适当的风险分担模式下，通过公开竞标，吸引私营企业参与11个主要旅游项目的开发。

南北极是近年来逐渐兴起的新兴旅游目的地。2月，俄罗斯政府分析中心首席顾问呼吁起草一份"促进俄罗斯北部地区旅游的北极旅游发展设想"。该顾问称，"有必要起草一册关于北极旅游业集群的政策白皮书，将北极旅游业打造成为北极地区发展的驱动因素。单纯推进创新型经济是不够的，必须明确发展北极旅游业所需的创新因素"。另外，该顾问呼吁建立发展北极旅游业的技术平台。

4月，国际南极旅游组织协会（IAATO）在美国罗得岛州纽波特举行年度会议，发布了2017—2018年南极游客人数报告。报告显示，2017—2018年，南极游客人数持续上升，其中41 996名游客通过海上旅行登陆南极，比上一年度增长16%；3408架客机飞往南极半岛的南设得兰群岛；9131名游客通过邮轮以不登陆的形式参观了南极洲，比上一年度增长22%；580名游客乘坐IAATO地面运营商的飞机飞往南极洲内陆的野外营地。2017—2018年已知旅客国籍占总数的百分比为：美国33%；中国16%；澳大利亚11%；德国7%；英国7%；加拿大5%；法国4%；瑞士2%；荷兰2%；其他国家14%。

三、邮轮游艇旅游释放发展潜力

7月，美国银海邮轮公司表示，该公司计划于2019年夏天从阿拉斯加州的诺姆出发前往挪威的特罗姆斯，途经北方海航道，然后经由格陵兰岛前往纽芬兰岛，并在此基础上计划于2020年开发经过北方海航道、西北航道和阿拉斯加海域的环游北极的航行方案。但因北方海航道航行不能投保商业保险，该公司邮轮在西伯利亚北部冰封水域航行时，需紧跟俄罗斯破冰船，以避免航道冰封造成无法航行。

同月，迈阿密戴德郡与意大利MSC邮轮公司签署一份谅解备忘录，旨在建造一个全新的3A级码头，以容纳MSC邮轮公司即将推出的世界级邮轮。新的码头预计将在2022年10月完成，届时第一艘世界级邮轮有望首次亮相。这艘船的载客量为5400人，将通过环保液态氮气提供动力。

10月，总面积7064平方米的厄瓜多尔TPM邮轮客运码头正式开放，将同时作为会议中心，在曼塔港务局（APM）的管理下运营。曼塔港码头负责人表示，TPM邮轮客运码头是厄瓜多尔第一个专业基础设施，每年可接待约25 000名游客，主要来自欧洲和美国。通过此项工作的完成，厄瓜多尔可向世界证明，曼塔港是一个世界级港口，标志着厄瓜多尔的进步，同时可展现进步所带来的竞争优势。

11 月，美国华盛顿州西雅图港拟投资 3.4 亿美元，用于兴建邮轮码头和其他滨海改善项目。西雅图港去年接待 110 万名邮轮乘客，并正在寻找更多的增长空间。通过创新和合作，该港将继续寻求合作，并打造美国最环保的港口。

12 月，斯里兰卡港口管理局统计数据显示，2018 年前 10 个月，共有 45 艘邮轮停靠科伦坡港，比 2017 年同期增长 28.8%。

同月，由德国建造的世界首艘液化天然气（LNG）动力邮轮在西班牙特内里费岛启程首航。德国联邦政府海洋产业协调员称"这次首航使德国向绿色航运目标又迈出了重要一步，表明德国在船舶制造业方面处于世界领先地位"。与石油运输燃料相比，LNG 不会产生硫氧化物排放，氮氧化物排放量可降低多达 80%，颗粒物排放量可减少约 98%，温室气体排放水平降低 20%~25%。

第三章 海洋科学技术

2018 年，国外海洋科学发现和技术进步取得突破性进展，尤其是在极地科考、卫星监测、海洋保护和气候变化等领域实现若干"零"的突破。英国、澳大利亚、美国和德国对未来国家海洋科学技术发展作出总体规划和重大部署，多措并举推动本国海洋事业发展。各类科学技术会议的召开、多项科学研究的重大发现，从不同层面持续推动海洋科学研究水平的提升，不断促进人类海洋认知深度和广度的拓展。卫星和机器人等技术研发及产品应用取得长足进展，在很大程度上引领重大海洋科技攻关和技术进步及未来发展趋向。

第一节 英澳美德相继发布海洋科技政策规划

2018 年，英国、澳大利亚、美国和德国相继发布关于海洋科学技术发展的政策规划和研究报告，分别基于本国发展现状和未来需要，明确国家海洋科学技术发展的总体目标和重点任务，进一步强化重视海洋科学技术发展的国家意志，全面系统地提升国家海洋科学研究和技术进步水平。

一、英国发布未来海洋发展和规划的战略性研究报告

2018 年 3 月，英国政府科学办公室发布《海洋未来展望》研究报告，从海洋经济、海洋环境、国际参与和海洋科技 4 个方面分析英国海洋发展现状和未来需求。报告指出，大数据采集、气候变化应对和海洋自主航行器研发等科学与技术是未来主要趋势，并建议英国推进新科技变革，促进多学科融合与国际性合作，将大数据作为创新驱动力，推动海洋自主系统研发，重点开展海平面上升、海上通信现代化、海洋变暖和海洋酸化以及海洋生态系统等领域的研究工作。

二、澳大利亚成立南极科学委员会优化南极科学管理

2018 年 6 月，澳大利亚环境与能源部发布《澳大利亚南极科学项目

管理评估：政府回应》报告，对 2017 年委托德鲁·克拉克评估澳大利亚南极科学项目的结果作出回应。报告指出，支持或原则上支持克拉克关于科学项目管理架构、科学项目战略和科学项目管理的若干建议，并据此成立澳大利亚南极科学委员会，就澳大利亚南极科学项目及其执行安排向联邦政府和机构提供政策建议，旨在构建高效精简的南极科学管理模式。

三、美国确定未来 10 年海洋科技事业发展的宏观目标和优先事项

2018 年 11 月，美国国家科学技术委员会发布《美国海洋科技十年愿景》报告，确定 2018—2028 年美国海洋科技事业发展的宏观目标和优先事项。报告指出，推动研发基础设施现代化，利用大数据，开发地球系统模型，促进科技成果转化，以充分了解地球系统中的海洋；扩大海产品生产规模，勘探潜在能源，评估关键海洋矿产资源，平衡经济效益与生态效益，培养蓝色劳动力，以促进经济繁荣；提升海域感知能力，了解北极地区变化态势，维护海上交通，以确保海上安全；防止和减少塑料污染，预测海上污染物和病原体，应对有害藻华，发掘天然产品，以保障人类健康；应对自然灾害和各类天气事件，降低风险和脆弱性，授权地方和区域决策，以促进具有弹性机制的沿海社区发展。

四、德国出台近年首部国家海洋产业技术专项规划

2018 年 11 月，德国经济事务和能源部发布新版《德国国家海洋技术总体规划》，对 2011 年版规划作出更新和调整。这是 2014 年德国将海洋经济纳入国家高科技战略以及 2017 年通过"海洋议程 2025"以来，出台的首部海洋产业技术专项规划。规划明确德国海洋产业发展的总体目标、指导方针和实施办法，旨在为推动德国海洋经济可持续发展提供绿色方案，促进海洋技术进步及产品研发，维护德国制造大国地位，开拓全球市场。规划提出若干重点发展的技术项目，涉及海上风能、民事海洋安全技术、深海矿产、新型船舶制造、绿色航运、海上石油和天然气、海港应用技术、产业/海洋 4.0 平台、工业水下技术、冰雪和极地技术等诸多领域。

第二节　海洋科学技术发展实现若干"首次"

2018 年，海洋科学发现和技术进步在极地科考、卫星监测、海洋保护和气候变化等领域实现若干"首次"，逐步拓展人类对海洋认知的深度和广度，不断推动卫星、水下航行器等技术设备在海洋领域的广泛应用。

一、人类首次进入威德尔海南部区域

1 月，绿色和平组织智利分部从蓬塔阿雷纳斯乘科考船出发，赴南极执行为期 3 个月的保护极地野生动物科考任务，这是人类首次进入威德尔海南部区域。

二、芬兰首次成功发射合成孔径雷达微型卫星

1 月，芬兰 ICEYE 公司首次成功将 100 千克以下的微型卫星送入轨道，这是世界首颗配备合成孔径雷达的微型卫星，也是芬兰首个商用卫星。卫星收到的数据可用于监测不断变化的海冰以服务于海事活动或海洋环境保护，跟踪海洋溢油情况以及防止非法捕捞等。

三、美国研究人员首次将水声学方法用于海洋生物种群评估

2 月，美国研究人员首次使用水声学方法，对墨西哥卡波普尔莫国家公园内外鱼类丰度进行对比研究，发现公园内鱼类丰度比公园外高出 4 倍。将水声学方法用于鱼类种群评估，可以降低海洋保护的成本。

四、英国自主水下航行器首次完成南极冰下任务

3 月，英国国家海洋学中心的自主水下航行器 Autosub Long Range（ALR）首次成功在南极西部菲尔希纳冰架下完成水下任务，以深入了解全球变暖对南极的影响，这是英国自主水下航行器的里程碑式进展。

五、美国研究发现北极最古老最厚的海冰发生有记录以来的首次破裂

8 月，美国冰雪数据中心称，受到暖风和气候变化造成的北半球高温

影响，北极最古老、最厚的海冰分别于 2 月和 8 月出现两次破裂，是有记录以来的首次破裂。海冰变薄趋势已抵达北极最寒冷之处、最厚实的冰层，是北极海冰和北极气候变化转变的重大标志。

六、人类首次发现冰盖下的巨型陨石坑

11 月，科学家研究发现，格陵兰岛冰盖下有一个巨型流星陨石坑，是约 1.2 万年前大陨石撞击格陵兰岛东北部冰川形成的，面积相当于 5 个巴黎大小，约 300 米深，31 千米宽，是地球上最大的 25 个陨石坑之一。这是全球范围内首次发现冰盖下的陨石坑。

七、英国首次发布新型雷达卫星图像

11 月，英国发布新型国产雷达卫星 NovaSAR-1 的首个图像。该卫星可在多云及夜晚情况下，对海洋石油泄漏、可疑船只以及乱砍滥伐等活动进行监测。这是首颗完全由英国制造的合成孔径雷达卫星，于 9 月发射，其数据由英国航天局、澳大利亚联邦科学与工业研究组织以及印度空间研究组织共享。

八、美国研究首次展示南极融化对未来气候的影响

11 月，美国亚利桑那州立大学主导的研究首次展示南极冰盖的融化将如何影响未来的气候。研究团队在气候模型中加入融冰对全球气候的影响因素，预测结果表明，随着南极冰盖融化，大气升温将延迟 10 年，但海平面上升将加速。预计，到 2100 年，海平面上升将比之前估计的 76.2 厘米增加 25.4 厘米；到 2065 年，全球气温将升高 2℃；热带雨林将向北半球转移，北半球略微湿润，南半球或更加干燥。

第三节 海洋科学研究和人类海洋认知更加深入

2018 年，多个国家和国际组织举行科学技术会议，广泛探讨当前和未来备受关注的海洋科学技术相关议题，覆盖极地电子导航、海洋信息、海洋资源、海洋生物和海洋观测等诸多领域。海洋科学研究取得若干重大发现，不断深化人类对海洋动态发展及其相互关系的科学认知。

一、科技会议探讨海洋科技发展现状和趋向

芬兰、马尔代夫和法国等国以及欧盟委员会、国际海底管理局和北极理事会等国际组织将海洋科学技术发展现状和未来趋向相关问题广泛纳入各类会议议题。第八届电子导航进程国际会议于1月举行，探讨极地地区的电子导航服务、支持电子导航的基础设施、电子导航与大数据以及其他技术挑战等议题。欧盟委员会于2月在比利时布鲁塞尔召开"蓝桥"项目研讨会，探讨基于虚拟研究环境存储海洋数据并提供海洋数据产品。芬兰于4月召开"北极导航挑战"研讨会，专门研究北极地区的定位系统。国际海底管理局于4月底、5月初在美国休斯敦主持召开"海底采矿进展与展望"专题研讨会，探讨海洋勘探、海洋矿产资源、海底矿物分类和矿物加工以及水下技术发展。北极理事会改善北极连通性工作组于5月在美国华盛顿召开会议，探讨推动卫星、海缆、5G网络等领域的创新技术发展和产品研发。同月，北极理事会声学调查和分析方法小组在智利蓬塔阿雷纳斯举行年会，探讨利用磷虾渔船开展南极磷虾声学调查的相关方法。第二届马尔代夫海洋科学研讨会于7月在马累举行，探讨海洋生物多样性、气候变化、海洋学、海洋资源利用和海洋空间规划等议题。法国国家海洋开发研究院于10月在布雷斯特召开海洋观测会议，探讨欧洲沿海和深海地区观测系统项目、泛欧海洋观测基础设施建设、人力资源优化和观测技术提升等议题。

二、科研重大发现不断深化人类海洋科学认知

（一）对极地气候变化和海冰融化等一系列问题的认知加深

2月，科学家研究发现，严冬季节，北极气温飙升，与海冰融化、海平面上升和海水升温密切相关，并产生恶性循环效应。8月，美国多尺度海洋动力学研究小组开启为期一个月的北冰洋考察航行，旨在更好地了解变暖的北冰洋的层化与环流、海冰演化以及声学特征的变化，以期对预测北极海冰迅速减少和变薄有所帮助。8月，多国科学家合作开展北极"漂流"研究活动，通过在海冰中随机漂流的方式穿过北极，研究北极气候和环境变化等重大科学问题。9月，挪威"哈康王储"号开启北极科研活动，

旨在研究冰盖的自然变化和巴伦支海涌入更多大西洋海水的情况,并收集各类海洋地质数据,绘制海底和顶部沉积层,采集水样。9月,美国伍兹霍尔海洋研究所利用北大西洋涛动和大西洋年代际震荡模式对格陵兰冰盖融化进行研究,了解自然变化在加速或减缓融化过程中的作用。11月,国际研究小组研究发现,东南极洲冰层下存在大型地热辐射源,或导致冰盖融化。

(二)对海洋生物、深海矿产与海洋生态环境关系的认知更新

2月,南极考察局科学家研究发现,蓝贻贝外形变化受温度、盐度和食物供给等关键性环境因素的影响,可以通过对蓝贻贝外形的观察实现对海洋环境变化的监测。同月,由阿尔福德教授带领的科研团队对采矿造成的沉积物羽流进行调查,借助相控阵多普勒声呐和3D声呐技术进行成像,以更好地了解深海采矿对海洋环境的影响,为未来海洋采矿活动提供海洋环境影响借鉴。9月,美国研究人员利用基因测序技术发现有害藻华毒素产生的遗传基因,为监测藻类繁殖和预测毒素产生提供可能。10月,美国研究人员研究发现,咸水会破坏蓝藻细胞壁,导致其释放毒素。同月,瑞典斯德哥尔摩大学研究发现,养殖蓝贻贝以降低海洋营养物质的措施具有局限性。

(三)对海洋与大气相互作用的认知增进

2月,美国和印度研究人员研究发现,季风径流在孟加拉湾海表层形成淡水层,阻断营养物质到达海表面,研究人员将利用自动观测仪器和舰载探测技术进行高分辨率观测,以增进对季风以及海洋与大气相互作用的认识。

第四节　海洋技术研发和产品应用取得长足进展

2018年,卫星和机器人等技术设备在海洋领域得到广泛应用,尤其是在海底调查和保护海洋生物多样性方面发挥突出作用。卫星技术的研发和应用为海洋观监测提供数据支撑;美国、英国、日本、澳大利亚、比利时、爱尔兰和挪威等国大力推动机器人技术研发,并将其广泛应用于诸多海洋领域。

一、卫星技术为海洋观监测提供数据支撑

美国、日本、芬兰、德国和英国等国推动卫星技术的研发与应用，为海洋乃至更广泛领域的观监测提供翔实、充足的数据支撑。3月，美国地球同步气象卫星 GOES-S 发射成功，用以实时监测地球表面和天气现象，提供如山火、闪电、风暴和雾霾等更快、更详细的图像数据。10月，日本宇宙航空研究开发机构与三菱重工在鹿儿岛县种子岛宇宙中心发射搭载温室气体观测卫星"息吹 2 号"的 H2A 火箭 40 号机，对地球的二氧化碳、甲烷等温室气体浓度进行观测。11月，芬兰赫尔辛基南部芬兰湾的新航标系统通过人造卫星传送实时测量数据，以监测波罗的海水中的油和一些其他水质参数。同月，德国和英国科学家将卫星数据与地震数据结合，成功模拟出南极洲地壳和地幔的 3D 图像，加深了解板块构造和地幔活动的相互作用。12月，德国亥姆霍兹波茨坦地球科学中心研究人员利用 GNSS 卫星遥感"粗糙度"数据监测海洋降雨。

二、机器人在海洋领域的应用不断拓展

（一）美国

1月，美国华盛顿大学与保罗·艾伦基金会合作，利用水下机器人定期探测并获取南极海冰盐分、温度和含氧量等数据，从而科学预测海平面上升趋势。3月，美国麻省理工学院研究人员研发名为"SoFi"的机器人鱼，通过声学通信系统控制，能在超过 50 英尺的深度游泳，用以在水中近距离、长时间观察海洋生物。5月，美国加利福尼亚大学研制类似鳗鱼的机器人，利用海水产生驱动力，在不干扰生物的情况下进入生物群，记录生物的生物学和行为学数据。6月，"刀鱼"水下无人潜航器在美国马萨诸塞州沿海完成海上验收，可以在高杂波环境中检测、分类并识别水雷。10月，美国蒙特雷湾水族馆与美国海岸警卫队、伍兹霍尔海洋研究所合作开发配有荧光计的远程自主水下航行器，用以检测和跟踪漏油。同月，美国科学团队研制水母机器人，在不破坏珊瑚礁和不干扰海洋生物的情况下，测量海水温度、盐度和其他有关水下环境的关键信息，监视珊瑚礁对气候

变化引起的海水反应。截至 11 月，美国深海考察工具"阿尔文"号载人潜水器已下潜 5000 次，目前进入升级阶段，将可下潜到海平面以下 6500 米处。12 月，美国国土安全部与大学和研究所合作开发具有石油传感器和导航功能的水下机器人，可提供实时数据，为提高美国海岸警卫队的应对能力提供可能性。

(二)英国

2 月，由英国自然研究理事会与欧盟研究委员会资助研发的海洋机器人舰队由北极巴伦支海到达南极威德尔海，极大地推动了机器人技术在海洋生态系统变化、海洋含碳量测量以及海洋环流变化物理过程等研究中的应用。4 月，英国石油和天然气公司拟将机器人技术应用于海上石油平台和工业站点检查。8 月，英国国家海洋学中心与南安普顿大学合作利用海洋机器人研究太平洋深海矿区海床上的一系列"凹陷"，为研究人员的推测提供关键证据。11 月，英国国家海洋学中心与美国海洋观测站合作开展"生物碳泵"研究项目，将在南大洋部署两个海洋机器人进行科学研究。同月，英国国家海洋学中心在苏格兰奥克尼群岛进行新型水下微型机器人的水下数据搜集实验，成功收集 100 米深的海洋数据。12 月，英国自然环境研究理事会宣布资助由英国国家海洋学中心牵头的新项目 ULTRA，通过机器人钻机钻探沉积物来确定深海海底贵金属是否存在及其具体位置。

(三)日本

4 月，日本东京大学与九州岛工业大学研究团队成功研发可以在海底移动捕获生物的机器人。7 月，日本宣布开发无人潜水器技术，用以探查日本近海海底资源。11 月，日本宣布拟加速开发作为防卫装备的大型智能无人潜水器，从而在日本附近海域确保主导权。

(四)澳大利亚

1 月，澳大利亚英联邦科学和工业研究组织与美国海洋无人机公司赛得龙合作，由美方提供海洋无人机，用以实时观测澳大利亚水域和南大洋的海洋数据，并协助澳大利亚建立更完善的海洋和气候监测系统。9 月，澳大利亚科学家利用水母机器人对大堡礁周边海洋环境进行监测，在珊瑚礁等复杂的海洋环境中收集数据。

（五）其他欧洲国家

比利时。1月，比利时法兰德斯海洋研究院成立海洋机器人中心，初期配备"自主水下航行器"和"无人水面航行器"，填补比利时在海洋观测和海洋实验等领域的空白。

爱尔兰。4月，爱尔兰利默里克大学发布远程操作水下机器人，配有自主研发的先进控制软件、精确海上导航和飞行控制系统以及全自动机械手臂系统，可在强风浪和潮汐条件下检修和维护海洋可再生能源设施。11月，爱尔兰地质调查局利用遥控无人潜水器在该国海域以西321.87千米处发现鲨鱼产卵场。

挪威。9月，挪威卑尔根大学科学家利用深海机器人探查挪威与格陵兰之间海域的海底环境，了解该海底是否富含金铜锌等矿物。

第四章　海洋防灾减灾与应对气候变化

2018 年，全球平均温度比工业化前升高约 1℃，温室气体浓度再创新高，是全球有记录以来第四个温暖的年份。但海洋灾害情况较之 2017 年有明显改善，全年并未发生厄尔尼诺事件，自年初开始的拉尼娜事件也只持续了 3 个月，未造成灾难性的经济损失。全球气候变化仍对人类的生存环境造成严重威胁，多项研究成果表明，全球气候变化将长期威胁海洋生态系统和极地冰川储量，并造成诸如海平面上升、海洋酸化等一系列海洋灾害。海洋碳汇、海洋防灾减灾和碳减排成为海洋领域应对气候变化的重要抓手。

第一节　国际社会高度关注气候变化对海洋和极地的影响

近年来，国际社会和权威研究机构高度关注气候变化对海洋和极地的影响，并根据海洋、极地观测数据提出了翔实的研究成果。基于上述成果，国际组织和学术界针对气候变化及其影响的未来趋势展开了广泛的预测和研究。随着各方对海洋领域气候变化的认识逐步深入，制定具有高度侧重性的行动方案已刻不容缓。

一、国际权威机构和政府部门日趋加强对海洋和极地的观测工作

为了获得全球气候变化对海洋影响的有力证据，国际权威机构和各国政府部门均强化了对海洋的观测与研究。2019 年 3 月，世界气象组织发布《2018 年全球气候状况》[①]指出，2015—2018 年是有记录以来的 4 个最热年份，2018 年全球平均温度比工业化前水平高出（0.98±0.1）℃；海洋热含

[①] 《世界气象组织 2018 年全球气候状况声明》，世界气象组织，2019 年 3 月 28 日，https://library. wmo. Int/doc_num. php？explnum_id=5806。

量创历史新高,全球平均海平面继续上升,达到有记录以来最高值;北极和南极海冰范围远低于平均水平,并分别在 9 月和 2 月达到全年最低值;热带太平洋的弱拉尼娜事件、北半球活跃的热带气旋以及亚非地区持续的干旱,均对世界人民的生活造成了深刻影响。现有统计数据表明,两次登陆美国的重大飓风造成损失最为严重,约为 500 亿美元,但远低于 2017 年飓风对美国造成的 3000 亿美元损失。

此外,多国政府部门的观测结果表明,全球气候变化对极地冰川的影响更为显著。3 月,澳大利亚南极局通过分析最新卫星数据得出,2018 年南极地区夏季海冰面积为 215 万平方千米,较 2017 年同期的 207 万平方千米有所增加,但依然为历史第二低值。12 月,美国国家海洋与大气管理局发布的北极年度报告显示,北极地区在 2018 年经历了有史以来第二高的气温,温度升高的幅度几乎是地球其他地区的 2 倍,北极海冰覆盖面积也是有历史记录以来第二低值。另有观测数据显示,近年来南极地区持续增多的降雪降低了海平面上升速率,使南极冰盖的日渐损耗得到了有效的缓解。

二、科研组织加紧对未来气候变化影响趋势的预判

在前期大量观测研究的基础上,科研组织以多份研究报告的形式公布了预测结果。10 月,政府间气候变化专门委员会发布《IPCC 全球升温 1.5℃特别报告》称,将全球气候变化限制在 1.5℃而非 2℃或更高的温度对人类和自然生态系统有明显的益处,同时还可确保社会更加可持续和公平。例如,到 2100 年,将全球气候变化限制在 1.5℃而非 2℃,全球海平面上升将减少 10 厘米。与全球升温 2℃导致夏季北冰洋没有海冰的可能性为至少每 10 年一次相比,全球升温 1.5℃则为每世纪一次。随着全球升温 1.5℃,珊瑚礁将减少 70% 至 90%,而升温 2℃珊瑚礁将消失殆尽(大于 99%)。[1] 11 月,联合国环境规划署在发布的《2018 年排放差距报告》中表示,如今仍有可能将全球升温幅度控制在 2℃以内,但从技术的可行性角度评估,实现 1.5℃温控目标的机会正逐步减少。全球二氧化碳排放总量在经历 3 年的稳定期后,2017 年出现了明显的增长趋势。若截至 2030 年

---

[1] 《IPCC 发布全球升温 1.5℃特别报告》,《中国科学报》,2018 年 10 月 9 日,第 2 版,http://news.sciencenet.cn/htmlnews/2018/10/418407.shtm。

温室气体的排放差距仍未能成功弥合，则全球温度增长很可能突破2℃的临界点。鉴于各国应对气候变化的动力不足，当前全球温室气体排放量仍在上升。但私营部门表现出的强劲势头以及创新和绿色融资领域亟待开发的巨大潜力为弥合排放差距提供了解决途径。①

各国科研组织也将气候变化对极地的影响预测列为研究新热点。2月，德国阿尔弗雷德韦格纳极地研究所发文称，随着北极冻土层的逐渐消融，原储存于内的大约3200万加仑汞将汇入北冰洋，对脆弱的海洋生态系统和依赖它们的生物以及人类造成严重威胁。6月，澳大利亚联邦科学与工业研究组织发文称，南极在2070年的预测发展将出现两种不同走向，其一是保持"二氧化碳高排放"状态，则海平面上升将导致每年超过1万亿美元的损失；其二是各国政府合作对碳排放进行合理管控，则人类将从经济、科技、环境等多角度受益。11月，美国亚利桑那州立大学发文称，随着南极冰盖融化，更多的热量将被海洋吸收，大气升温可延迟10年，但海平面上升将加速。12月，芬兰赫尔辛基大学发文称，随着气候变暖，北部永久冻土层地区多达70%的基础设施处于危险区域，严重威胁北极地区的可持续发展以及未来几十年自然资源的开采。

尽管学术界对于极地冰川融化影响人类生态环境存在担忧，但也有少数经济学家表示气候变化为极地周边国家带来了经济效益。美国学者称北方海航道或因北极海冰融化拓宽形成另一条"苏伊士运河"，将大大减少欧洲到亚洲和美国的运输成本，并举例称一艘船从韩国开到德国，走苏伊士运河要34天，但走北方海航道只要23天。

三、国际会议将应对气候变化设为重要议题

12月，《联合国气候变化框架公约》第24次缔约方会议在波兰召开。会议期间，各方完成了《巴黎协定》实施细则谈判，包括制定自主贡献导则，设计透明度框架，报告2020年后减缓、适应、资金支持的相关信息，设立2025年后气候资金新目标相关进程，评估技术开发和转让进展，实施2023年全球盘点机制等，为今后全面落实《巴黎协定》的各项要求打下坚实

---

① 《环境署最新〈排放差距报告〉指明各国须付出三倍努力，才可能实现2℃目标》，联合国环境署官网，2018年11月27日，https://www.unenvironment.org/zh-hans/news-and-stories/xin-wengao/huanjingShuzuixinpaifangchajubaogaogaozhiming。

基础。会议成果传递了坚持多边主义、落实《巴黎协定》、加强应对气候变化行动的积极信号，彰显了全球绿色低碳转型的大势不可逆转，提振了国际社会合作应对气候变化的信心，强化了各方推进全球气候治理的政治意愿。[①] 此外，第二届太平洋气候变化大会、"南极海洋生态系统评估"国际会议、国际海事组织海上环保委员会第72次会议、马尔代夫第二届全国海洋科学研讨会、太平洋岛国论坛外长级会议、北欧理事会会议、联合国气候大会筹备会议、全球气候行动峰会等多场会议，也将应对气候变化列为重要议题。新西兰气象部长更是在第二届太平洋气候变化大会上宣布，将率先推出零碳排放法案，以引导该国经济向绿色、可持续方向转型，减缓气候变化对小岛屿国家的威胁。

第二节　沿海国家全力推进海洋防灾减灾能力建设

沿海国家从健全协调机制、制定政策战略、发展前沿科技和推广适应性项目等层面持续推进海洋灾害的预防和应对。智利、萨摩亚以协调机制强化海洋防灾减灾体系的成效。新西兰和爱尔兰等国适时出台预防和应对海洋灾害的政策性措施。美国、日本、印度和汤加等国加快海洋观测设备升级工作，以强化海洋观监测对缓减海洋灾害的基础性作用。密克罗尼西亚联邦、库克群岛、图瓦卢和越南等国开展绿色适应性基金项目，谋求减少海洋灾害对国家的影响。

一、逐步健全海洋防灾减灾协调机制

海洋防灾减灾是沿海国家海洋事业发展的重要基础性工作，也是各国综合减灾体系的重要组成部分。当前，部分国家的海洋防灾减灾体系存在权力分散、职能交叉和资金短缺等问题，在一定程度上影响了防灾减灾的效果。3月，智利在《国家海洋政策》中强调，现有的防灾减灾职能分布于海军水文与海洋局、滨海边疆区总局、智利大学国家地震中心等多家机构，未来将加强对现有防灾减灾体制的改革，建立协调机制以统筹各部门的行动。11月，萨摩亚宣布设立国家安全委员会，重点就海洋灾害及气候

[①] 《推动联合国卡托维兹气候变化大会取得积极成果　中国展现应对气候变化引导力》，中国政府网，2018年12月17日，http：//www.gov.cn/xinwen/2018-12/17/content_5349445.htm。

变化问题提供解决方案，并统筹国内各部门的防灾工作。

二、加快推进海洋防灾减灾政策制定

2018 年，以小岛屿发展中国家为代表的沿海各国聚焦海洋防灾减灾议题，不仅多次在公开场合呼吁全球提升应对气候变化能力，还在国内积极制定旨在预防和应对海洋灾害的政策文件。新西兰在题为《气候危机：国防准备和国家责任》的国防报告中指出，气候变化对邻近的太平洋岛屿造成巨大冲击，当地将可能出现食物与水资源短缺以及更为剧烈的海洋风暴灾害，应予以高度重视。智利在《国家海洋政策》中提出，智利将通过改善现有海洋防灾体制、强化地球科学领域专业人员培训、建立国家海洋灾害研究机构、合理分配灾害防治资源以及提升包括南极在内的沿海和海洋气象预警与预防系统等多项措施，加强对当地海洋灾害的监测与预防。基里巴斯拟推行首个气候变化政策以应对海洋灾害，将着眼于当前全球气候变化状况，全面分析该国在应对海平面上升、风暴潮等灾害方面的优劣势，最终形成相应的解决对策。泰国拟制定《2019—2026 年海岸侵蚀防治总体规划》，将以当前海岸侵蚀的形势和相关因素为背景，兼顾海岸管理及外部因素威胁，并借助态势分析法制定相关海岸管理战略。

三、大力发展海洋灾害观监测技术

海洋灾害的观监测是海洋防灾减灾的重要内容，而卫星遥感、海洋Argo 浮标、监测船舶、海洋监测站以其各自的优势特点，成为目前全球海洋灾害观监测的主要手段。1 月，印度启动海洋预报系统，为科摩罗、马达加斯加和莫桑比克 3 国提供海啸、风暴潮和海上溢油预警服务。3 月，英国研发出雷达遥感新技术，通过雷达和传感器记录海面的气象条件、潮汐高度等数据，对海岸侵蚀、风暴潮等海洋灾害进行持续性监测。6 月，美国派出 11 艘无人船舶，监测北极和热带太平洋地区水质，以及时预测海洋酸化。埃及建立地中海海岸气候变化监测系统，旨在减少气候变化对埃及海岸的影响。8 月，日本利用地球观测卫星"色彩"获得高清晰图像，以及时预测赤潮的发生。10 月，巴布亚新几内亚建立海洋灾害预警系统及相关设施，惠及布干维尔、东新不列颠、马努斯、米尔恩湾和莫罗贝岛等 21 个岛屿。汤加建设海洋科学监测站，以作为太平洋海平面监测网络第 14 个监测站点，可通过卫星系统实时传输与接收海洋共享数据。12 月，俄罗斯研制出海啸早期预警系统，用于评估引发海啸地震的发生概率。爱尔兰升级海洋数据浮标网，以强化在海洋观测、海洋领域应对气候变化和蓝色经济发展中的作用。越南在沿海各省市开展灾害预警系统建设工作，向社区发出地震和海啸预警，提高自然灾害发生时各级政府的反应能力。

四、积极推广绿色适应性基金项目

大部分小岛屿国家分布于近赤道及低纬度海域，该区域是热带气旋的形成和暴发区，易受极端灾害天气影响，海平面上升、风暴潮、海岸侵蚀、洪涝、海水入侵是这些国家面临的主要灾害风险。2018 年，小岛屿国家开展了多项绿色适应性基金项目，以期减少海洋灾害对其生存和发展的影响。2 月，太平洋岛国从欧盟获得 4 项总值为 5000 万欧元的绿色投资，用以加强区域废弃物管理，减少海洋垃圾；增强气候变化应对能力，防范海洋灾害；加强经济、社会、环境治理能力。4 月，密克罗尼西亚联邦启动了国内首个适应性基金项目，通过整修科斯雷州沿海道路和修复沿海岸线、保障雅浦州等三州用水安全、推动"海岸线修复"项目实施等，加快提升国内海岛抵御海洋灾害能力。5 月，库克群岛获得 300 万美元的适应性基金，以帮助沿海居民提高抗灾能力，保护其生计免受自然灾难和气候变化的影响。12 月，图瓦卢开展了多个沿海适应性项目，绘制重点岛屿的海岸线变化图，全面分析当地海洋灾害的类型和成因，并制定灾害的应对方法，旨在协助地方政府加强风险管理和沿海适应性决策。

此外，部分沿海国家也参与了绿色适应性基金项目，以防止海洋灾害对其生态环境、经济发展的阻碍。4 月，西非诸国贝宁、科特迪瓦、毛里塔尼亚、圣多美和普林西比、塞内加尔和多哥获得项目经费 2.1 亿美元，用以修复沙丘、恢复湿地和红树林、扩充海滩以及修建海堤等防止海岸侵蚀等手段，提高了沿海社区的抗灾复原能力。6 月，越南九龙江三角洲地区开展气候变化及海岸侵蚀科学研究项目，旨在适应气候变化和实现可持续发展。

第三节　海洋领域的碳封存和碳减排获得空前支持

"碳封存"和"碳减排"是海洋领域应对气候变化的两条主线。自美国2017年宣布退出《巴黎协定》后,全球气候治理增加了更多不确定性。2018年,中国、英国、德国、澳大利亚等国加强了海洋碳封存技术研究,以切实履行并落实《巴黎协定》所规定的义务。与此同时,国际组织、欧盟、太平洋岛国也从各自实际需求出发,制定合理的"减排"措施,并发出应对气候变化的呼声。

一、全球主要大国加强海洋碳封存技术研究

海洋碳封存是利用海洋活动及海洋生物吸收大气中的二氧化碳,并将其固定在海洋中的过程、活动和机制,广泛用于应对气候变化、生物多样性保护和可持续发展等全球治理热点领域。2月,德国马克斯-普朗克研究所发现,海底碳封存一旦泄漏,其造成的海底二氧化碳高通量排放[4~7摩尔/(米^2·时)]会溶解泄漏点周边全部碳酸盐,导致底栖生物的生物量和生物多样性显著降低,对海底生态系统造成永久改变。3月,澳大利亚南极研究中心、塔斯马尼亚大学的多位科学家通过在南大洋部署测量仪器,研究气候变化和海洋碳循环;通过在南大洋南部进行海洋铁施肥研究,了解可溶性痕量铁对浮游植物碳捕获能力的变化。英国科学家在《自然》杂志发文称,建议在部署于全球的 Argo 浮标上添加碳封存监测模块,以有效评估《巴黎协定》目标的实现情况。6月,英国国家海洋学中心开展低氧区生物在海洋碳储存中作用的研究,以揭示海洋生物对长期储碳率的贡献。12月,中国科学家在《自然·通讯》杂志发文称,过去30多年,气温波动与夏季碳封存呈明显负相关,即温度上升显著削弱了夏季碳封存能力。

同时,在2018年召开的多场国际海洋会议中,海洋碳封存均成为会议的重要议题。3月,在澳大利亚召开的"印度洋地区蓝碳大会"上,与会各方探讨了包括合理利用海洋碳封存技术、推动海洋碳封存评估方法的应用、诠释"国际蓝碳伙伴关系"作用在内的多项内容。11月,在英国召开的"碳捕获与储藏全球峰会"上,各国呼吁以加速全球创新技术推广为目标,

努力研究碳封存技术，并减少碳排放以应对气候变化。

二、社会各界一致支持海洋领域碳减排工作

（一）国际组织积极制定碳减排战略及报告

国际海事组织、国际航运工会、太平洋区域组织理事会、世界自然保护联盟等国际组织在各自职能范围内，积极制定行之有效的碳减排战略及相关报告。4月，国际海事组织通过一项关于减少船舶温室气体排放量的初步战略，提出国际航运的未来愿景、行动时间表、各个阶段的举措及可能对各国的影响，并指出面临的障碍及应对措施，如引入替代燃料或能源、推广加强能效利用的新型设计船舶等。7月，国际航运工会发布《二氧化碳零排放：航运业的巴黎协定》，解释了国际海事组织的二氧化碳排放目标，探讨了开发电池、氢和核等燃料实现二氧化碳零排放的可能性，并公开反对强制性运营效率指数的概念。9月，太平洋区域组织理事会发布首份年度报告《共同建设强大的蓝色太平洋》，重点就应对气候变化、海洋生态脆弱性修复以及低碳航运管理等内容进行介绍。10月，全球海运能效伙伴关系项目与国际港口协会合作制定《船舶和港口排放指南》，以协助相关国家制定海事部门减排战略。世界自然保护联盟全球环境法委员会发布《太平洋小岛屿发展中国家利用海洋法解决人为温室气体排放对海洋的"污染"》报告，指出温室气体排放对小岛屿国家的影响及威胁，提出以国际海洋法为准则，约束各国的碳排放行为。

（二）欧盟及成员国采取减排措施以增强领导力

为巩固在应对气候变化行动中的国际领导地位，欧盟及其成员国采取措施减少碳排放，应对气候变化。4月，英国商业能源和产业部提出投资1.62亿英镑用于碳捕获与封存等低碳产业的研究与创新。10月，欧盟拨款7亿欧元建设绿色能源交通，开发运输新技术，以尽可能使欧洲的运输脱碳。11月，欧盟资助缅甸设立全球海事技术合作中心网络分支机构，以推动执行国际海事组织的减排战略。12月，欧盟在《联合国气候变化框架公约》第24次缔约方会议上提出宏大构想，希望2050年成为全球第一个碳排放为零的"气候中和"大型经济体，并将再生能源、循环经济等列为战略性

优先事项。

(三)小岛屿国家坚决捍卫《巴黎协定》

小岛屿国家积极呼吁全球共同应对气候变化。1月，斐济宣布增设多处海洋保护区，以降低气候变化对当地环境的影响。8月，太平洋岛国领导人集体质询澳大利亚总理，要求其重申对《巴黎协定》的减排承诺，并进一步呼吁各国共同努力以应对气候变化。9月，太平洋岛国领导人共同签署《博埃宣言》，重申"气候变化仍是太平洋地区人民生计、安全和福祉的最大威胁，各国领导人恪守积极推行《巴黎协定》的承诺"。此外，瓦努阿图强烈谴责美国退出《巴黎协定》，并敦促联合国尽快制定应对气候变化的方案。

第五章　海洋生态环境保护

2018 年，全球海洋生态环境保护取得显著进展。在国际组织、欧盟国家、小岛屿国家和发展中国家的合力推动下，海洋保护区选划范围继续扩大，管理手段进一步多样化、科学化，珊瑚礁议题异军突起。全球海洋治理进一步向生态环境领域倾斜，海洋垃圾和微塑料议题热度不减，多层面治理机制与政策陆续萌芽，海洋生物多样性保护议题有望成为治理新热点，地中海、黑海、东盟等区域海洋合作机制加快成熟。全球海洋观监测技术与深度进一步拓展，海洋缺氧、海洋酸化、水下噪声等深入研究，海洋热浪、极地汞污染、海运黑碳等成为新议题。

第一节　多国加强海洋保护区选划及管理

海洋保护区（Marine Protected Areas，MPA）是保护典型海洋生态系统和生物多样性、拯救珍稀濒危物种的重要方式，被认为是维持和恢复海洋及沿海生态系统健康的最佳选择，科学选划及管理好海洋保护区已成为海洋生态保护领域的重要目标和优先领域之一。2018 年，各国按照联合国《生物多样性公约》"至 2020 年底将全球海域面积的 10% 列为保护区域"的目标努力，继续推进海洋保护区建设，建成或计划建设相当规模的海洋保护区，并在管理方面推出一系列新政策。

一、海洋保护区面积进一步扩大，管理进一步增强

世界自然保护联盟、联合国环境规划署和美国国家地理学会共同发布《保护地球报告（2018）》，对全球陆地和海洋保护区建设情况进行统计分析。报告称，经过实施有效的保护措施，全球已有近 2700 万平方千米的海洋区域被划定为保护区，从 2016 年的 3.8% 增长到 2018 年的 7%，各国领海内海洋保护区覆盖率也从 10.2% 增至 16.8%，全球海洋保护区覆盖面积持续扩大，增速较快。此外，在生物多样性重要区域方面，海岸沿线地带

的生物多样性重要区域保护工作取得长足进展，共有 15.9% 的海洋关键生物多样性区域位于保护区内。2010—2018 年，海洋关键生物多样性区域的保护区覆盖率增长迅速，从 5% 增至 15.9%。

（一）环北极国家将选划海洋保护区的重点放在北极地区

俄罗斯于 2018 年初通过设立"俄罗斯北极"国家公园保护区的决议，将在新地岛北岛及其附属海域设立"俄罗斯北极"国家公园保护区，主要由法兰士约瑟夫地岛和新地北部组成，面积 100 余万公顷，是俄罗斯最北端、面积最大的保护区，并计划将维多利亚岛也纳入"俄罗斯北极"国家公园。3 月，俄罗斯政府宣布建立新西伯利亚群岛联邦自然保护区，该保护区总面积 660 万公顷（其中海洋面积为 490 万公顷），位于新西伯利亚群岛萨哈共和国内，由俄罗斯自然资源部管辖，目的在于保护该地区独特的海岛生态系统以及需要特殊保护的动物，如北极熊、海象、拉普捷夫亚种玫瑰海鸥等。10 月，俄罗斯自然资源部长称计划将"新西伯利亚群岛"保护区扩大到 1200 万公顷，其中包括 1000 万公顷的海洋保护区。12 月，加拿大环境部宣布已与因纽特人协会签署协议，有望于 2019 年 3 月在北极正式建立名为 Tallurutiup Imanga（原名"兰开斯特海峡"）的国家海洋保护区。

（二）部分发展中国家海洋保护区选划进展迅速

智利引人关注，1 月，智利政府宣布将在胡安·费尔南德斯群岛和合恩角两处设立海洋公园，总面积约为 40 万平方千米，旨在保护该区域内的蓝鳍金枪鱼、马鲨和棱皮龟等海洋生物；2 月，智利总统与环境部长共同签署建设胡安·费尔南德斯群岛、拉帕努伊等一系列海洋保护区的法令；6 月，智利宣布拉帕努伊海洋保护区正式建立，扩大了复活节岛（位于智利以西 3600 千米左右）附近的海洋公园，整体面积达到 72 万平方千米，以保护当地海洋生态系统免受威胁。至此，智利共有 14 个海洋保护区，受保护面积达 140 万平方千米，从过去的 5% 增至 38%，成为美洲海洋保护面积最大的国家。巴西也将其在大西洋的两个群岛（圣佩德罗-圣保罗岩群岛以及特林达迪和马丁瓦斯群岛）建立海洋保护区，新保护区将使巴西海洋保护区面积占海洋面积比例从 1.5% 增长至 24.5%，该保护区覆盖近 90 万平方千米，有 2 个共约 10.9 万平方千米的核心禁止区域，内部完全禁止捕鱼、采矿及任何开采活动。南非在海洋保护区网络建设方面独树一帜，10月24日，南非内阁批准一个由20个海洋保护区组成的网络，同期，南非国家生物多样性研究所提出增加南非海岸线以外的海洋保护区个数与面积，使其海洋空间覆盖率由0.4%提高到5%。10月，在印度尼西亚巴厘岛举行的第五届"我们的海洋"全球峰会上，阿曼农业和渔业部副部长表示将划定13个海洋保护区。12月，阿根廷建立首个国家海洋公园，面积约10万平方千米，此举将阿根廷海洋保护区面积增加到管辖海域面积的10%。

（三）英日加等发达国家坚定不移扩大海洋保护区

6月，英国环境食品和农村事务部就新增41个海洋保护区（面积11700平方千米）以及在现有的12个保护区内增加新的保护措施事宜向公众公开征求意见，此批保护区建立后将使英国的海洋保护区面积增加至32000平方千米，是英国领先世界的海洋保护计划"蓝带"的最新成果。5月，日本环境省决定扩大海洋保护区，按设想，今后拥有独特的生态系统但保护区比例较低的近海海底区域将被追加纳入保护区范围，日本环境省此前指定"沿岸区域""近海海底区域""近海表层区域"共约320处地区作为重要海域，此次重点从其中的海山、热水喷出孔周边、海沟等独特生态系统选择设立保护区。6月，加拿大政府与魁北克省政府宣布将在加斯佩半岛东端的圣劳伦斯湾设立"美洲浅滩"海洋保护区，该保护区面积1000平方千米。爱尔兰议会投票支持将50%的爱尔兰管辖海域（约80万平方千米）划定为较为完整、相互贯通的海洋保护区网络，届时爱尔兰海洋保护区占比可能达"半壁江山"。

（四）推出一批海洋保护区优化管理举措

诸多研究指出，虽然全球海洋保护区的数量和面积持续增长，但仍一定程度存在重数量规模、轻质量效益的问题。大多数现有海洋保护区因规划不完善或管理技术缺乏、监测管控力量弱等原因，导致保护区形同虚设，许多国家、地区和机构为此陆续开展了海洋保护区优化管理提升行动。加拿大不列颠哥伦比亚省的原住民聚集区海达瓜依和加拿大政府宣布，禁止在鲍伊海底山保护区进行底钓活动，以保护敏感的海底栖息地。

同时，加拿大参议院正在就 C-55 法案进行讨论，该法案将对《海洋法》与《加拿大石油资源法》进行修订，旨在强化海洋保护区制度，允许根据《海洋法》设立临时海洋保护区，同时禁止在指定的海洋保护区进行石油和天然气的勘探开发，包括地震测试、钻探和生产。8 月，澳大利亚参议院正式批准了政府制定的《海洋公园管理计划》，对澳大利亚境内 60 个海洋公园提供保护，将采取建立咨询委员会、向当地受影响渔民提供援助、采用船舶监测系统等方式对海洋公园进行全面管理。

二、全球 10% 海洋受保护的目标能否如期实现存疑

2010 年联合国生物多样性公约缔约国第 10 次会议通过了"爱知目标"要求，即在 2020 年前全球海洋保护区面积应达到全球海洋面积的 10%。但 2018 年诸多科学评估，对人类能否在 2020 年实现上述海洋保护目标给出了不同预测结论。《保护地球报告》称，经过实施有效的保护措施，超过 2000 万平方千米的地球陆地面积和近 2700 万平方千米的海洋区域被划定为保护区，即约陆地面积的 15% 和海洋面积的 7% 已得到保护。报告认为，世界正在按计划实现"爱知目标 11"的覆盖范围，并强调到 2020 年需要满足其他方面的进展。对此，有研究人员认为，过去 10 年全球海洋保护工作虽取得了显著进展，但一些组织声称的"全球超过 7% 的海洋已得到保护"显然有所夸大，当前全球只有 3.6% 的海洋划为保护区，且仅 2% 实施严格保护成为"完全保护区"，"2020 年全球 10% 海洋受保护目标"难以如期实现。德国汉堡大学研究团队在《保护区通讯》发表文章称，尽管全球已有 12.7% 的海域纳入各类保护区，但其覆盖范围不全面，受保护类型代表性不足，管理效率低下。

第二节　全球海洋生态环境治理机制层出不穷

全球化的不断拓展与深入对全球事务的治理产生了深刻影响。全球化进程在促进世界发展的同时，助长了全球海洋生态与环境保护、海洋可持续发展、海洋资源利用等问题的发酵和危机的蔓延，海洋成为全球治理的重要新兴领域。联合国《2030 年可持续发展议程》提出保护和可持续利用海洋和海洋资源以促进可持续发展的多项目标，包括海洋污染、海洋灾害、

海洋酸化、海洋保护区、海洋渔业和海洋旅游等问题。上述问题彼此之间相互关联，关系密切。从 2018 年取得的实际成效看，生态环境成为全球海洋治理强有力的推进领域。

一、区域性海洋生态环境合作更加广泛深入

（一）地中海

在阿尔巴尼亚地拉那举行的《巴塞罗那公约》及其议定书缔约方第二十次会议，讨论了 2021 年以后的生态系统管理方式和措施，以及《2030 年可持续发展议程》的执行方式，强调地中海保护对沿海地区居民生活具有重要作用。会议指出各缔约方需持续保护地中海生物多样性及其生态系统，防止海洋和沿海地区污染，提高地区污染防治能力建设，对较落后区域提供技术援助，改善沿海地区综合管理方式。2 月，政府间海洋学委员会在西班牙与"地中海洲际生物圈保护区"相关组织机构举办磋商会议，探讨联合国教科文组织"人与生物圈计划"中的保护区建设、"地中海洲际生物圈保护区"的评估和管理以及影响。

（二）黑海

6 月 1 日，欧洲海事日大会在保加利亚召开，这是欧洲海事日大会首次在黑海地区举行。会议讨论了欧洲地区海事安全、监测和信息交流、海洋研究和创新、海区合作与战略等广泛性的海洋问题。来自保加利亚、格鲁吉亚、摩尔多瓦、罗马尼亚、俄罗斯、土耳其和乌克兰的部长和代表还通过了黑海部长级宣言，旨在促进黑海地区的国家合作，加强黑海海洋和海洋资源的可持续利用。

（三）里海

7 月 20 日，阿塞拜疆、伊朗、哈萨克斯坦、俄罗斯和土库曼斯坦的代表签署《保护里海海洋环境框架公约》议定书。议定书规定，里海沿岸国家将收集、发布和分享关于海洋环境的数据，并根据统一程序评估本国炼油厂等项目对海洋环境产生的影响。议定书将在签署国议会批准 3 个月后生效。

(四)东盟

6月，东盟七国(柬埔寨、印度尼西亚、马来西亚、缅甸、菲律宾、泰国和越南)在印度尼西亚巴厘岛举行首次高级别区域会议，启动"东南亚海洋环境保护项目"(MEPSEAS)，以改善区域海洋环境状况。MEPSEAS 项目为期 4 年(2018—2021 年)，侧重于提高各国执行高优先级条约的能力，如《国际防止船舶造成污染公约》《伦敦倾废公约》及议定书和《压载水管理公约》。项目预计将促进东南亚各国在国际海洋保护框架下就加强海洋环境保护合作达成共识。

二、全球性或集团性海洋生态环境合作向前迈进

2018 年全年并无重大或标志性全球海洋会议召开，但值得注意的，一是第 73 届联合国大会宣布启动全球反塑料污染行动，欧盟等区域机制积极作为；二是七国集团环境、能源和海洋部长会议透露出的全球海洋生态环境热点议题新动向。

(一)全球应对海洋垃圾问题掀起新高潮

12 月 4 日，第 73 届联合国大会主席埃斯皮诺萨宣布启动全球反塑料污染行动，其目标包括两个方面：一是在联合国系统内减少塑料垃圾；二是与联合国会员国和联合国机构开展合作，在全球范围内提高公众意识。2018 年世界环境日的主题为"塑战速决"(Beat Plastic Pollution)，特别关注海洋塑料污染问题；2018 年世界海洋日的主题为"清洁我们的海洋"，行动重点是防止塑料污染，鼓励寻找解决方案，改善海洋健康。欧盟成为全球首个出台强制性塑料污染法规的地区。5 月 28 日，欧盟委员会发布塑料垃圾治理法令提案，拟在欧盟全境内禁用或限制 11 类塑料制品；10 月 24 日，该提案获欧洲议会审议通过，成为欧盟的强制政策，即从 2021 年开始禁用餐具、吸管、气球棒等一次性塑料产品。6 月 9 日，加拿大、法国、德国、意大利、英国和欧盟在七国集团(G7)峰会期间签署了《海洋塑料宪章》，标志着以七国集团为代表的诸发达经济体已做好对海洋塑料和微塑料的治理做出实质承诺和具体行动的准备，加拿大称 G7 塑料宪章将成为海洋版的"巴黎协定"。东亚各国领导人在东亚峰会上发表了《关于应对海

洋塑料垃圾的声明》。

（二）七国集团提出"关于地球观测和海岸带综合管理"倡议

10月，七国集团环境、能源和海洋部长会议在加拿大东部的魁北克省召开，除作为重中之重的海洋塑料污染议题外，会议着重推进地球观测和海岸带综合管理，与会者同意启动"七国集团关于地球观测和海岸带综合管理"倡议。会议认为，将地球观测数据作为信息和决策支持的一部分，有助于理解当前海洋和海岸带状态，监测影响该区域的气候和其他环境因素，同时促进沿海地区的合理规划和综合管理。为进一步推动有价值的地球观测数据、技术及专业知识的生成，与会各国承诺：在数据和信息获取、研究创新、相关产品分享等方面，建立并实行新的行动方案；通过与沿海社区的密切合作，增强地球观测数据的收集、共享和应用能力建设；与工业和其他非政府组织合作，消除数据共享壁垒，建立良好的信息共享环境。2018年，欧洲、日本、印度等在海洋观监测体系建设方面取得诸多进展。爱尔兰、英国、法国、葡萄牙和西班牙等西欧9国组成的研究联盟启动研发"有害藻华监测预警系统"，旨在监测大西洋沿岸有害毒素变化情况并为水产养殖企业提供预警服务。日本政府决定从4月起开始建立"海洋状况显示系统"，汇总周边海域的可疑船只航行情况、海啸海冰等自然灾害、人工漂流物、海峡船舶通行量信息以及海水温度、海流和海底地形等基础数据，并在相关部门之间进行共享。印度自主研制的海洋污染自动监测系统于4月投入运行，该系统是高效的自动获取海洋污染数据的环境监测系泊系统，将装有传感器的浮标投放在迪格哈、果阿、孟买、科钦、维萨卡帕特南和钦奈6个沿海地区；当月，印度海洋信息中心还宣布将启动本国海洋预报系统，并为科摩罗、马达加斯加和莫桑比克三国提供服务。8月，"欧洲海洋理事会"发布最新研究成果《增强欧洲海洋生物观测能力报告》，指出海洋生物观测能力是评估联合国可持续发展目标（SDGs）进展情况的重要基础，应联通并整合当前各项海洋生物观测计划、技术标准及数据共享分发政策，报告建议做好海洋生物观测战略的顶层设计，并与欧洲海洋观测系统（EOOS）和全球海洋观测系统（GOOS）相协调，运用跨学科方法开展基于网络的海洋观测。

三、海洋生态环境基金项目资助增多

为保护海洋生物多样性，修复海洋生态系统，治理海洋环境污染，应对气候变化，提高防灾减灾能力，多个国家通过为相关项目提供经济拨款，实现保护目标。3月，密克罗尼西亚联邦启动国内首个适应性基金项目，资助一系列"保护岛屿"的活动，包括对科斯雷州沿海道路的整修和海岸线修复，以加快提升国内海岛抵御气候变化能力。4—5月，加拿大陆续宣布将通过沿海恢复基金拨款，帮助恢复圣劳伦斯湾北岸的毛鳞鱼繁殖区（76.2万加元）、加斯佩和马格达伦群岛（210万加元）、马塔讷地区（37万加元）、新不伦瑞克东南部（130万加元）、斯阔米什河口（150万加元）及爱德华王子岛沿海（200万加元）等地的生态系统和生态环境。10月，澳大利亚在圣文森特湾建设的20公顷人工牡蛎礁项目第二阶段完成，新建了16公顷的144个礁体，帮助恢复几近灭绝的本地牡蛎野生种群。12月，澳大利亚发布《2018年土著和托雷斯海峡岛民土地和海洋未来基金法》，以加强对北部地区陆地及海洋的开发与管理。

第三节　珊瑚礁生态系统保护修复备受关注

珊瑚礁生态系统是全球初级生产量最高的生态系统之一，生物多样性最为丰富，不仅为各种海洋生物提供了适宜的栖息地，还为人类提供食物、药物资源，增加渔业和旅游业的收入，保护海岸免受波浪冲击。然而近50年来，由于全球气候变化，海洋酸化和人类的不合理活动，导致全球珊瑚礁整体呈加速退化的趋势。2013年世界珊瑚礁大会报告称，亚洲珊瑚大三角地区85%的珊瑚礁正在受到气候变化、海水升温等自然因素影响和过度开发、海洋污染以及过度捕捞等人类不合理活动的威胁。2016年和2017年，世界上最大的珊瑚礁群澳大利亚大堡礁连续两年出现大规模珊瑚白化现象，特别是2016年，约67%的珊瑚白化，受影响最严重的品种死亡率高达90%以上，引起全球震惊。珊瑚礁生态系统保护和修复工作已成为全球海洋生态系统保护的焦点问题。

一、关于珊瑚礁白化及损害的事实报道迅速增加

第一，解决珊瑚褪色问题刻不容缓。《科学》杂志刊发25位珊瑚科学家合作开展的珊瑚褪色相关研究成果。全球范围内珊瑚礁褪色现象已成为新常态，1980—2016年，全球100个珊瑚礁区域发生了612次白化事件，

褪色速度大幅增加，且受损珊瑚获得恢复的机会很小。此外，科学界之前曾认为处于中光层的珊瑚比浅水珊瑚更安全，不会受到海洋变暖的影响。但新研究发现，即使在深海中，珊瑚也会暴露在热压力之下。在较大规模的珊瑚白化过程中，热诱导应力一直渗透到中光带，较深区域与较浅区域的珊瑚礁同时出现了白化现象。

第二，专家研究发现海洋酸化加重对珊瑚礁的损害。美国斯克里普斯海洋研究所与澳大利亚南克罗斯大学的一项合作研究发现，大多数珊瑚礁生态系统的基础沉积物可能会在 30 年内因海洋酸化的加重而减少。伍兹霍尔海洋研究所科学家开发出数值模型，研究海洋酸度变化条件下珊瑚骨骼生长机制，研究表明，海洋酸化阻碍了珊瑚骨骼增厚的过程——降低骨骼密度，使其更容易破碎。

第三，研究表明海洋塑料成为珊瑚礁面临的新威胁。《科学》刊文称，海洋塑料垃圾使珊瑚致病率上升 20 倍，康奈尔大学在调查分析亚太地区受塑料垃圾影响的 159 个珊瑚礁 12.4 万只造礁珊瑚变化情况的基础上，认为塑料垃圾使珊瑚致病或死亡的概率由 4% 剧增至 89%。研究指出，塑料垃圾影响珊瑚的途径主要包括：减少光照、释放毒素及造成缺氧等。据估计，亚太地区共有多达 111 亿个塑料制品缠绕在珊瑚礁上，预计到 2025 年这一数字将增加 40%。

第四，澳大利亚直言大堡礁"危在旦夕"。国际珊瑚礁倡议大堡礁长期监测计划发布 2017/2018 年度大堡礁珊瑚礁状况年度报告指出，受过去 4 年多次人为严重破坏的累积影响，大堡礁的珊瑚覆盖面积持续减少，中部的珊瑚礁损失严重，珊瑚覆盖率从 2016 年的 22% 下降到 2018 年的 14%。澳大利亚环境部长表示，该报告显示气候变化正威胁着全球范围内珊瑚礁的生存，政府应重新评估大堡礁保护方案，并做出切实有效的改进。澳大利亚总理强调称，大堡礁正处于极度危险的海洋环境下，政府将努力实现《巴黎协定》所规定的减排目标。

二、部分国家和组织出台保护与拯救珊瑚礁行动顶层设计

（一）国际层面

在过去的数十年中，海水升温和海洋酸化已造成全球超过一半的珊瑚

死亡。有鉴于此，全球环境领导者们和各国政府已意识到保护全球珊瑚礁刻不容缓，并提议将 2018 年命名为"国际珊瑚礁年"，以应对这场全球性的危机。在澳大利亚举办的第三届国际珊瑚礁年会上，联合国环境规划署宣布将基于全球珊瑚礁监测网络的数据详细分析太平洋珊瑚礁的状况。8 月 19—20 日，联合国环境规划署又在巴黎组织召开国际珊瑚礁政策咨询委员会第一次会议，该委员会由来自 11 个重要珊瑚礁国家的专家组成，会议分析审查关于保护和可持续管理珊瑚礁的全球与区域政策措施及治理机制。8 月 27 日，帕劳政府正式签署"名古屋议定书"，以加强对本国珊瑚礁生态系统保护，成为南太平洋岛国中第 7 个签署该协议的国家，其他 6 国分别为密克罗尼西亚联邦、斐济、马绍尔群岛、萨摩亚、所罗门群岛和瓦努阿图。11 月 12 日，在《生物多样性公约》缔约国大会举行期间，政府间组织、国际保护组织和私人基金会成立了一个全新的"珊瑚礁联盟"，联盟成员包括联合国环境规划署、国际珊瑚礁倡议、世界自然基金会、大自然保护协会、国际野生生物保护学会、保罗·G. 艾伦慈善事业和《生物多样性公约》秘书处等。

(二)国家层面

美国发布《珊瑚礁保护战略规划(2018—2040)》，指导 2018 年到 2040 年间的珊瑚研究、保护和恢复工作。战略规划从气候变化、捕鱼的影响、陆源污染及珊瑚礁恢复 4 个方面概述了有针对性的规划框架，通过实施该战略规划的具体战略，珊瑚礁保护计划正致力于恢复和保护珊瑚，保持珊瑚礁生态功能，到 2040 年，改善目标地区的珊瑚栖息地、水质和主要珊瑚礁渔业物种。在联合国开发计划署全球环境基金的扶持下，塞舌尔政府制订了一个应对战略计划，圈定塞舌尔境内 30% 的海洋为保护区，覆盖约 40 万平方千米。在该计划支持下，塞舌尔空间规划行动团队与塞舌尔国家公园管理局紧密合作，采集水下珊瑚礁数据，检查珊瑚礁的污染、损害以及恢复状况，以采取相应的保护行动。澳大利亚多举措并行，通过增加海星捕杀船数量、对入海污水进行治理、统筹政府与科研机构的研究合作等手段，并投资 6000 万澳元(约合人民币 3 亿元)以保护大堡礁。英国正式加入"珊瑚礁生命宣言"，承诺以先进的海洋学知识和技术，保护珊瑚礁栖息地。斐济宣布将大海礁提名为拉姆萨尔湿地，以保护其免受气候变化威胁。威尔士呼吁拯救全球珊瑚礁，并敦促政府、非政府组织、企业和公众采取行动，加强对珊瑚礁的保护。

三、创新性珊瑚礁管理与修复方案不断涌现

澳大利亚修法强化大堡礁管理局权限。澳大利亚环境部宣布，《1975年大堡礁海洋公园法》修正案已正式提交众议院最终审议，根据修正案内容，政府将通过新设首席执行官和增加海洋科研人员强化大堡礁管理局的权限，以更强有力地应对当前海洋环境污染现状，保护大堡礁海洋生态。此后，又连续发布《2018年大堡礁海洋公园修正法》《2018年大堡礁海洋公园条例》，加强对海洋环境的管控力度。

中美洲大堡礁正式获得全球首个"生态系统保险单"。2月，墨西哥签订了全球首份为生态系统投保的保险单——"中美洲大堡礁保险单"。根据这项极具创新的保险政策，墨西哥坎昆60千米海岸线附近的酒店将在大自然保护协会等支持下，向墨西哥州和金塔纳罗奥州设立的信托基金支付保险费，应对大堡礁面临的自然灾害风险。今后一旦该地区发生飓风破坏珊瑚礁并达到保险赔付标准，保险公司将支付保险金用于维护和修复大堡礁生态系统。

一批珊瑚礁修复技术加紧研制和试验。美国珊瑚"农民"建立珊瑚苗圃使珊瑚礁再生，在水下结构上养殖小型的珊瑚，直到其可以重新植入现有的珊瑚礁，刺激这些生态系统的恢复。泰国自然资源与环境部表示，拟在帕岸岛40米水深处投放8个人造珊瑚礁，恢复帕岸岛海洋生态。11月，联合国环境规划署发布《珊瑚礁经济》报告指出，如果不进行紧急干预，世界将在未来30年内失去多达90%的珊瑚礁，而对珊瑚礁进行投资保护，到2030年可获得数百亿美元的经济效益。

第四节　传统海洋议题与新兴海洋议题交织

新旧海洋生态环境问题并行且相互影响，从而影响全球海洋生态系统及人类生存环境。世界自然保护联盟发布题为《海洋联系》的报告，探讨了海洋变暖、海洋酸化、海洋脱氧等因素变化对人类社会产生的潜在影响，迫切需要多部门合作加以解决。在这些问题中，油气开采等传统海洋议题仍在全球海洋生态环境领域占重要分量，缺氧、酸化、水下噪声等议题持

续探讨、继续发酵，海洋热浪、汞污染、黑碳排放、第二次世界大战遗留海底弹药环境风险等新问题引发关注。

一、美国计划扩大海洋油气开采惹争议

美国内政部公布了《2019—2024年外大陆架油气发展计划》，欲向油气开采行业开放超过90%的本国外大陆架区域。根据这份计划，美国将出租阿拉斯加沿岸、墨西哥湾、太平洋、大西洋等海域的47处潜在油气区域。4月，特朗普政府又表示将在北极国家野生动物保护区内勘探石油，该区域是美国最原始的和环境最敏感的区域之一，内政部下属的土地管理局已经发出通知，对石油勘探和重型设备对当地环境产生何种影响进行分析。9月，美国安全与环境执法局宣布，放宽对近海石油和天然气生产作业的限制，扩大近海油气钻探范围，取消奥巴马时期的保护海洋和五大湖政策，修改或取消部分油气生产安全体系规定。

美国政府表示，该计划能为沿海地区的公共绿地和公园带来更多环保型投资。但沿海各州政府纷纷表示反对，认为该计划可能会对海洋以及沿海地区造成污染，影响海滨娱乐产业收入。该计划公布后，加利福尼亚、纽约、北卡罗来纳、俄勒冈、华盛顿、佛罗里达、新英格兰等州都表示反对在其近海进行油气钻探。据悉，这些沿海州每年海滨娱乐产业收入高达数十亿美元。此外，超过60家美国环保组织组成联盟反对该计划。为此，加利福尼亚州州长签署新法案，旨在阻止特朗普政府在加州海岸进行新的近海石油钻探计划，新法案将禁止在州水域内新建任何与石油和天然气相关的基础设施项目。美国纽约州也计划出台新法律，禁止在纽约州海域进行石油和天然气钻探，州长提出组建一支"公民舰队"阻止近海油气钻探。

二、全球海洋无氧区扩大至数百万平方千米

德国亥姆霍兹海洋研究中心在《科学》杂志发表关于海洋缺氧的最新研究成果。研究称，自1950年以来全球海洋含氧量降低了2%，"无氧区"面积扩大了3倍，面积高达数百万平方千米，约等于整个欧盟，而"低氧区"面积扩大了9倍，文章同时发布了"全球海洋缺氧地图"。研究警告，由于绝大多数海洋生物都无法在这些无氧区存活，长此下去将引发海洋生物大灭绝，海洋缺氧问题已成为影响全球海洋生态系统的关键性问题。随后，

德国亥姆霍兹海洋研究中心又在《自然·地球科学》杂志上发表研究成果认为，目前的计算机模型低估了海洋含氧量的下降，由于海洋变暖以多种方式影响了海洋中氧的浓度，因此海洋中的含氧量可能在以更快的速度流失。7月，政府间海洋学委员会(IOC)全球海洋氧气网工作组发布了《海洋窒息：全球海洋和沿海水域含氧量减少》报告，提出了多项具体措施，以恢复海水含氧量并减轻含氧量下降所造成的不利影响。

海洋缺氧问题已开始由科学研究转向政治应对努力。9月7日，来自33个国家的300多名科学家在德国基尔发表《基尔宣言》，呼吁采取更多的国际努力，提高全球对海洋脱氧问题的认识，立即采取果断行动，控制海洋污染特别是过量养分输入造成的缺氧问题，并通过气候变化减缓行动阻止全球变暖。

三、海洋酸化成为世界气象组织新的全球气候指标

在2018年世界气象组织举行的多次全球气候观测系统研讨会中，科学家经过讨论将海洋酸化确定为新的全球气候指标，其余6个指标为：表层温度、海洋热度、温室气体浓度、海平面高度、冰川量的平衡及南北极海冰范围。这7个指标将构成世界气象组织的年度全球气候状况声明的基础，而声明将被提交给联合国气候变化框架公约缔约方大会。另据报道，联合国可持续发展目标机构间指标专家组目前正在制定衡量可持续发展目标实施进展的指标框架。其中，政府间海洋学委员会(IOC)负责制定可持续发展目标指标14.3.1方法和数据收集方法(代表性采样站测量平均海洋酸度)，并负责向联合国指标专家组报告方法的开发和指标进展情况。IOC执行理事会第51届会议于2018年7月通过了测量方法，现已被联合国指标专家组正式接受，达成国际共识。

四、海洋热浪、水下噪声、北极汞污染等问题浮出水面

(一)海洋热浪

发表在《自然·通讯》杂志上的新研究发现，在过去35年里，伴随着平均海水温度的上升，海洋热浪明显增多导致鱼类、海带和珊瑚死亡，从而对生态系统和经济发展造成破坏。另有研究证实，在不列颠哥伦比亚海

域发现了200只宽吻海豚和70只伪虎鲸，这标志着这两个温水物种首次在北太平洋地区东部的最北端出现。研究指出，这是由于过去几年这一海域不断升温造成。海洋物种迁移也在大陆另一端海岸出现，该现象甚至可能重塑当地生态系统。

（二）水下噪声

6月18—22日，联合国海洋和海洋法问题不限成员名额非正式协商进程第19次会议（ICP-19）在纽约联合国总部召开。会议重点讨论"人为水下噪声"议题，涉及内容包括跨领域努力获取相关数据、知识和数据差距识别、目前的降噪技术、水下噪声管理实例和工具，以及能力建设等共同关心的议题。大会秘书长提交了"人为水下噪声"专题报告，强调海洋环境已受到各种人为噪声的影响，指出了人为水下噪声的性质、分类和来源，阐述了人为水下噪声对海洋环境和社会经济方面的影响，并呼吁在全球层面开展应对水下噪声方面的合作和协调工作。10月，加拿大宣布将监测船舶噪声以研究其对鲸类的影响。

（三）北极汞污染

德国阿尔弗雷德韦格纳极地研究所最新研究成果表明，全球变暖造成北极冻土层融化，使大量原本富集于土壤的汞进入北冰洋，再通过食物链影响整个北极生态系统，由于全球三分之一的海岸是冻土层，这一影响将长久而惊人。美国地质调查局分析了阿拉斯加的13个永冻土土芯，估计北半球永久冻土层的汞含量比世界其他地方多2倍。随着北极永久冻土层的解冻，除了大量二氧化碳等气体被释放到大气中，冻土层中的剧毒汞也会进入水和大气。

（四）黑碳

鉴于重燃油泄漏对极地环境构成严重风险，国际海事组织已经禁止重油船舶在南极的使用和运输，并正在积极推进在北极禁止重燃油的举措。世界自然基金会对此表示支持，并指出北极正面临日益严重的溢油和船舶碳排放风险，国际海事部门需要迅速处理重燃油等污染燃料问题，并呼吁基金会成员国尽一切努力在2021年前对污染燃料实施禁令。9月，丹麦格陵兰政府宣布，支持国际海事组织关于在北极地区禁止使用和携带重油的禁令。

（五）第二次世界大战遗留海底弹药环境风险

德国亥姆霍兹海洋研究中心称，第二次世界大战时期遗留在全球海底的无数弹药已进入强烈腐蚀期，一旦弹药壳体穿透，将向海水中释放大量有毒物质。研究指出，仅波罗的海和北海便遗留着超过 100 万吨弹药，其他海域存量更难以计数，"这将是全球性问题"，必须采取措施对遗留弹药加以清除。

第六章　极地事务

2018 年，随着全球气候变暖和资源紧缺状况加剧，南极、北极依旧是国际社会关注的热点地区。北极丰富的资源储量和环境条件变化趋势引起各国空前重视其安全、航运、资源等领域的价值，传统的北极八国注重强化北极航道、矿产资源以及科学研究的优势，新兴的利益相关国在气候变化、环境治理、生物多样性等方面广泛参与北极事务。南极冰层加速融化，各国在南极大陆资源、治理、基础设施等方面的竞争与博弈进一步加剧，南极条约体系国和相关国际组织在南极渔业管理、南极海洋保护区、气候变化、环境保护等焦点问题上积极开展南极活动。

第一节　北极竞争热度趋高，治理格局发生微妙变化

2018 年，传统环北极国家(俄、美、加、丹、芬、冰、挪、瑞)继续巩固自身地位和确保圈子格局，俄罗斯与美国作为老牌北极强国，通过强化北极军事化来巩固其北极地位，在构建军事设施、组建北极部队、军事演习等方面展开激烈军备竞赛，加剧北极紧张局势；加拿大紧跟美国步伐，顺势而为，意图在现有框架下获取更多利益；北欧五国凭借地缘和基础优势，继续在科考、环保和经济等领域发挥主要作用，希望通过引导北极区域治理规则，尽力确保北极中立地位。其他近北极国家或北极地区事务治理的新生力量，一方面在经济、科技等领域纷纷利用本国优势加大与环北极国家合作；另一方面，正借气候变化、环境治理、生物多样性、蓝色经济等普适性议题广泛参与北极事务，并在促进北极地区可持续发展方面达成共识。

一、俄美围绕北极航道主导权展开激烈争夺

俄罗斯通过限制北方航道通行权和大力拓展本国北极航运能力来强化其对北极航道的主导权。5 月，俄罗斯要求到 2024 年将目前北方海航道的

年通航量由目前的1000万吨增加到8000万吨，同时俄罗斯北方舰队在北极冰层下常年布设水下潜艇；8月，俄罗斯规定未来俄罗斯船只将获得使用北极航道运输能源产品的专权和其他特权优惠；9月，俄罗斯宣布将在未来3年内为"北方海航道发展方案"拨款超过406亿卢布；11月，俄罗斯国防部表示将推动2019年北极航道开通前俄罗斯立法的修改，对外国军舰实施通行管制；12月，俄罗斯继续修订并实施新的北方海外国船只通行规则，以争取对在北方海航道航行的外国船只的合理排除，维护俄航道利益，加强俄对北方海航道的管理。

美国调整北极思路，重新布局巩固北极地位。3月，美英海军核潜艇在北冰洋举行为期5周的"2018冰原演习"；8月，美国以跨部门联合的方式促进和维护美国在北极地区的安全利益，并重申北极地区的国家战略；9月，美国海岸警卫队部署两颗小型卫星，以提升美国海岸警卫队在北极航道的搜索和救援能力；10月，美国海军在挪威进行"三叉戟"军事演习；美国海军战争学院主办北极学者倡议会议，关注北极新问题和航道问题；12月，美国议员向商业、科学和交通委员会提交《北极政策法案(2018)》。

二、北极矿产资源开发成为各国角逐主阵地

3月，英国、挪威和加拿大方面均表示将与俄罗斯合作开展北极大陆架的勘探和开发项目。6月，俄罗斯联邦共和国雅库特当局宣布开始在该地区东北部建立一个先进开发区以开发金、银和锡资源。9月，日本鼓励企业投资北极能源和资源开发，并考虑与俄罗斯建设联合项目；俄罗斯发布《2019年至2021年北极预算拨款方案》，推动俄北极地区开发矿产资源创造新技术和新设备；俄罗斯北极液体天然气生产商诺瓦泰克将与世界第四大航运公司中远集团就新建一家专门的北极液化天然气运输公司达成协议，以在北方海航道上航行。10月，沙特阿拉伯国家石油公司宣布将向"LNG-2"项目投资约50亿美元；韩国正式参与俄罗斯计划，推进"LNG-2"项目研究。11月，美国特朗普政府计划推翻奥巴马时代保护措施，重新拟定阿拉斯加国家石油储备活动计划，并开放更多的北极土地用于石油开发，推动能源生产、经济增长和创造就业。

三、气候变化与北极的关系成为北极治理热点议题

4月，西班牙研究北极海冰加速融化导致北冰洋藻类更高的碘排放量，

进而显著影响全球生态；俄罗斯秋季北极科学考察团通过测算北极东部海域的甲烷排放量，研究温室气体排放量变化规律；5月，俄罗斯科学院和法国科学院联合开展项目，研究气候变化对北极生态系统影响；6月，德国启动最大的国际北极研究项目——北极气候研究多学科漂流观测站项目；7月，瑞典极地研究秘书处与美国国家科学基金会共同组织国际科研团队前往北冰洋进行科考，研究海洋与大气之间复杂的相互作用；11月，美国发布新的国家报告称，阿拉斯加将面临北极地区气候变化的极端影响；挪威海洋研究所报告称，全球变暖及北极海冰融化，使巴伦支海面临从极地气候转变成大西洋气候的危机；俄罗斯强调要积极关注北极环境保护，保护环境和极地生物多样性。

四、北极海洋塑料污染治理与生态系统安全形成共识

4月，德国研究发现北极冰川内的大量塑料微粒扩散至北冰洋；7月，挪威研究发现塑料垃圾遍布斯匹次卑尔根西海岸至北海岸最北端，大部分塑料废物来自在巴伦支海和北大西洋运营的捕鱼船队，塑料废物和污染严重破坏了北极的生态系统；8月，北极理事会拟针对微塑料威胁北极水域生物安全的情况，发起加强成员国政府合作计划，减轻海洋垃圾对北极海洋环境的影响；10月，芬兰环境部长会议提出要减少北极地区海洋塑料垃圾；11月，俄罗斯联合国环境规划署协调员表示，塑料占世界海洋污染的四分之三，其中大部分是在北极，严重威胁北极生态环境和北极地区居民的饮食安全。

五、防止北冰洋 IUU 捕捞合作更加深入

10月，中国、加拿大、丹麦、冰岛、日本、韩国、挪威、俄罗斯、美国和欧盟的政府代表在格陵兰岛签署了《关于防止中北冰洋不管制公海渔业协定》，禁止在北冰洋中部公海水域进行商业捕捞，保护北冰洋脆弱的渔业资源和北极的生态环境，并通过联合科考和监管保持该地区的渔业资源可持续利用，这一协议的签署具有里程碑意义，标志着北冰洋公海渔业资源保护成为常态化议题。

六、极地勘探和通信保障技术获得显著进步

3月，英国研制的金属探测技术在北极研究站取得测试成功。4月，

俄罗斯政府拨款用于建造研究和监测自然环境的北极冰耐自动推进平台，用于北极油气勘探和开采的冰下通信工作；俄罗斯计划至 2022 年发射 5 颗卫星保障北极通信；芬兰组织研究北极卫星通信和导航定位技术。5 月，北极理事会改善北极连通性工作组召开会议探讨卫星、海缆、5G 网络等领域的创新技术。6 月，美国计划部署新通信卫星以提高北极航道的搜索和救援能力。8 月，欧盟研究理事会向英国拨款 200 万欧元研究利用海洋机器人更好地了解北极冰川融化的淡水对海洋的影响、未来 10 年内海洋环流的变化及其对欧洲西北部气候的潜在影响。9 月，俄罗斯研发制造机器人核潜艇"冰山"用于全自动的水下和冰下油气开采作业。

第二节 南极相对和平稳定，各国利益争夺活动频繁

2018 年，南极主权主张国（澳大利亚、英国、智利、挪威、新西兰、阿根廷）继续巩固其南极地位和利益主张，俄罗斯、美国、芬兰等南极条约缔约国在南极活动增加。澳大利亚作为南极主权主张国之一，通过提高南极科研水平、完善南极设施、开展南极媒体计划、发布南极国家利益报告等方式支撑其南极战略，提升其南极影响力；美国和智利采取类似的方式，在科考研究能力和南极设施重建上加大投入，加强在南极的存在；俄罗斯虽远离南极，但仍在渔业、科考、卫星监测等方面加大南极投入，有意扩大其南极利益；新西兰、英国、挪威、芬兰、阿根廷积极利用本国资源，开展对南极的多领域科考和合作，巩固其南极地位。其他各南极条约体系国和各南极相关国际组织在南极渔业管理、南极海洋保护区、气候变化、环境保护等焦点问题上积极开展南极活动。

一、南极治理议题呈现精细化特点，成为区域组织及各国管控南极的抓手

5 月，第 41 届南极条约协商会议的缔约国同意对南极遗产指南、遥控驾驶航空器系统运行环境准则、南极研究科学委员会制定的科学研究行为守则、南极访问指南等规范文件进行更新；11 月，南极环境保护委员会称应加强外来生物进入南极途径研究，进行对外来物种的有效管理；绿色和平组织称塑料废料和有毒化学品已到达南极偏远地区，呼吁政府和企业采

取紧急行动，停止生产可能会流入海域的一次性塑料物品。

二、围绕南极海洋保护区设立的博弈成为各方焦点

1月，智利南极研究所进行首次南极水域考察，收集提交设立海洋保护区的数据；英国南极考察局递交扩大莱德湾内一些地区和岛屿为南极特别保护区的提案；绿色和平组织在3月和6月分别呼吁尽快建立威德尔海保护区和南极海洋保护区网，提高海洋生态系统应对气候变化、捕捞业和塑料污染影响的适应能力。5月，第41届南极条约协商会议通过更新6项南极特别保护区管理计划的提案。9月，俄罗斯驻南极与南大洋联盟代表在东方经济论坛海洋禁渔区和海洋保护区圆桌会议上，提交了一份关于南极的阿德利企鹅因气候变暖和磷虾捕捞面临灭绝威胁的报告，并同与会专家探讨在南极洲东部建立新海洋保护区的事项。10月，智利与阿根廷在第37届南极海洋生物资源保护委员会会议上联合提出在南极半岛西部和斯科舍岛弧的南部建立一个新的保护区，包括一般保护区、磷虾渔业研究区及特别渔业管理区3部分，以保护南极环境及全球海洋生态系统。11月，多个国家和国际组织对中俄挪3国投票否决威德尔海保护区建立进行抨击，表示会继续收集数据于2019年10月再次举行建立保护区的会议。

三、全球关注气候变化对南极的影响及应对

世界气象组织自2018年11月16日至2019年2月15日对南极进行监测，以加强极地预报工作，应对极地地区气候变化和人类活动带来的影响。2月，澳大利亚研究称，全球变暖增强，致使南极野生动物加速南迁，面临严重生存挑战；英国南极考察局对南极洲A-68冰山进行考察，探索生态系统，研究南极海洋生物对环境变化响应；新西兰学者称南极冰川正在加速融化，到21世纪末海平面将会上升2米。3月，英国南极考察队科考发现，南大洋陆架的海底动物被南极周边深海和南极环流所隔绝，南迁空间很小；澳大利亚南极局称，南极洲气候变暖，冰融加快，海平面加剧上升；芬兰学者提出实施"极地冰川地球工程"设想，以延缓冰川融化。4月，美国国家科学基金会和英国自然科学理事会联合发起为期5年的"国际斯威特冰川合作"（ITGC）研究项目，评估南极冰川崩塌的速度和风险。9月，英国开展南极企鹅监测研究项目，以了解气候变化对南极企鹅种群的

影响。11月，联合国发布科学报告称，南极臭氧空洞将于21世纪60年代消失。12月，美国NASA研究称，南极洲东部海岸八分之一的冰川群在近10年开始融化，海平面将超预测上升。

四、南极渔业可持续发展成全球海洋管理重点

1月，由9国科学家组成的南极齿鱼基因调查国际研究小组的最新基因研究成果帮助南极海洋生物资源保护委员会设置更为科学合理的捕捞限额，促进南大洋渔业的可持续发展；5月，北极理事会声学调查和分析方法小组与南极海洋生物资源养护委员会科学部举行年会，研讨利用磷虾渔船对南极磷虾开展声学调查相关方法，确保磷虾捕捞可持续性；7月，绿色和平组织促成全球5家磷虾捕捞巨头自愿停止在南极生态敏感海域及企鹅繁殖区的捕捞活动，承诺支持在南极建立世界最大的海洋保护区。

五、南极科考大国推动南极科学考察纵深发展

1月，挪威派专家前往南极实地科考，以验证所掌握的冰川卫星数据。4月，澳大利亚南极局表示将再度开启南极媒体计划，加强澳在全球南极治理中的国际形象；俄罗斯政府发布《俄罗斯南极考察行动计划（2018—2022）》，推动南极科研活动的开展；智利海军所属的"奥斯卡维耶尔"号破冰船结束了2018年度南极科考行动，维护南极的海事标志并运送补给及科学家，以此加强智利海军在南极的存在。6月，俄罗斯自然资源和环境部成为南北极研究政策的新部门。10月，美国航空航天局"冰桥行动"在南极半岛北部及东南极上空进行了美国宇航局历时最长的极地冰空中调查，花费5周时间测量了南极海域和陆地冰变化；美国纽约第109空运联队组成的空中国民警卫队前往南极，开始一年一度的南极护航飞行行动——"深冻行动"。11月，美国航空航天局在执行"冰桥行动"时，首次观测并飞越了面积为曼哈顿3倍大的巨型冰山，美国国家冰研究中心将其命名为B-46。12月，阿根廷启动第115次夏季南极科考活动，将向阿根廷在南极洲的6个常设基地和7个将在冬天停用的非常设基地提供补给；南非AGULHAS II科考船将起航参加南极洲救援航行及威德尔海考察任务。

六、各国积极强化南极基础和科研设施建设

3月，澳大利亚南极局宣布，将对其凯西科考站附近的南极冰上跑道

进行整修，保证飞机起降安全。4月，结束"深冻行动"的美国"北极星"号破冰船将在加利福尼亚州进行约187天的年度维护，以准备进行2019年的"深冻行动"。5月，澳大利亚拟在南极洲戴维斯科考站附近铺设飞机跑道，帮助其开展全年南极研究及应对突发事件。6月，智利外交部长建议整修南极70余年的基础设施与设备，增强智利的南极存在。7月，澳大利亚南极局表示，将全面提升麦格理岛科考站，以便更好地实施澳南极战略。9月，美国发布了迄今为止最精确的南极高分辨率地形图；美国海岸警卫队将其新型重型破冰船改名为"极地安全防卫艇"，强调破冰船对国家安全的重要性，以此为其近40年来首次新建重型破冰船计划争取资金；美国在加利福尼亚州范登堡空军基地发射"冰、云和陆地高程"2号卫星（ICESat-2），以观测格陵兰和南极的陆地冰平均年高程变化。11月，俄罗斯政府拟在2019年至2021年增加用于维护支持该国远征活动科学船队的资金，总额约为11.4亿卢布。12月，美国拟再造麦克默多站，以支持在南极的科学家和其他人员的工作；俄罗斯政府拟在2019年2月在南极开设地面中心，用于收集和处理来自遥感卫星的数据；秘鲁BOP-171科研船正式开启第26次国家南极科研活动，以完成南极基站的供水和排水系统、网络连接、卫星通信等设备的维护等任务；西班牙海洋研究船"Hespérides"号开始第32次南极航行，以执行24项研究项目，并给西班牙南极基站提供相应帮助。

第七章　深海大洋

随着各国对深海大洋的认识、开发与战略逐步提升，深海大洋领域已成为全球战略博弈的新疆域和全球海洋治理的新战略空间。2018 年，深海大洋的重要事务围绕"区域"内矿物资源开发规章的制定、海底资源开发管理与监督、BBNJ 规则谈判以及海底命名等主要议题开展。

第一节　国际海底管理局加强"区域"
开发监管和国际合作进程

2018 年，国际海底管理局努力与国际社会一道促进有序、安全和负责任地管理和开发"区域"资源，按照健全的养护原则有效保护海洋环境，并协助实现可持续发展目标等商定的国际目标和原则。基于此，国际海底管理局努力制定和维持全面的商业性深海海底采矿规章草案和监管机制，拟订 2019—2023 年 5 年期战略计划，确保各国公平分享从"区域"内活动取得的财政和其他经济利益，并使发展中国家按照"区域"及其资源是人类共同继承财产的原则，通过交流知识和最佳做法，全面参与其中。

一、国际海底管理局加紧审议"区域"内矿物资源开发规章草案

国际海底管理局在 2018 年 3 月会议上讨论了草案情况并审查了秘书处对规章草案的说明。在 2018 年 7 月国际海底管理局第二十四届会议第二部分分会期间，国际海底管理局理事会审议了法律和技术委员会编写的"区域"内矿物资源开发规章草案订正本（ISBA/24/LTC/WP. 1/Rev. 1）以及委员会提供的说明，其中重点强调了需要理事会注意的事项（ISBA/24/C/20）。① 在其关于理事会第二十四届会议第二部分期间工作的声明（ISBA/

---

① ISA Secretariat Releases Revised Draft Regulations on Exploitation of Mineral Resources in the Area, International Seabed Authority，July 2018，https：//www. isa. org. jm.

24/C/8/ Add. 1)中，理事会主席总结了理事会对规章案文草案提出的评论意见，并指出，理事会成员已同意在 2018 年 9 月 30 日前向秘书处提交关于订正规章草案的具体评论意见。

二、国际海底管理局拟订 2019—2023 年 5 年期战略计划

国际海底管理局按照成员国在第二十三届会议上提出的要求，已经编写了国际海底管理局 2019—2023 年期间的战略计划草案，供大会第二十四届会议审议。战略计划草案的准备工作包括在金斯敦与常驻国际海底管理局代表举行磋商，以及在纽约联合国总部向国际海底管理局成员公开通报情况。2018 年 2 月，以国际海底管理局的两种工作语言(英文和法文)提交了战略计划草案初稿。作为秘书长磋商努力的一部分，2018 年 3 月 7 日，国际海底管理局理事会会议进行公开的非正式通报。这次通报会向国际海底管理局成员和在金斯敦的观察员开放。会上提出了一些建议和意见。2018 年 3 月 12 日至 4 月 27 日，战略计划草案向国际海底管理局成员和利益攸关方开放磋商。总共收到了国际海底管理局成员(15 份)、观察员(4 份)、承包者(3 份)和个人(1 份)提交的共 23 份意见。秘书长已修订了战略计划草案，磋商期间及多次会议和通报会上提出的建议和意见已考虑在内。修订后的计划提交给大会，供大会审议和通过(见 ISBA/24/A/4)。①

三、持续监督勘探合同并视需要授予新合同

国际海底管理局的核心职能是核准并向希望勘探或开发深海矿产资源的合格实体授予合同。国际海底管理局与希望在"区域"内开展活动的实体之间的关系为合同性质。

截至 2018 年，29 份勘探合同(17 份多金属结核勘探合同、7 份多金属硫化物勘探合同和 5 份富钴铁锰结壳勘探合同)已经生效，其中包括 2 份新合同。与波兰政府签订的多金属硫化物勘探合同于 2018 年 2 月 11 日生效。2018 年 3 月 27 日，国际海底管理局与韩国政府签订了富钴铁锰结壳

---

① The Secretary-General of the International Seabed Authority Launches Consultation for its New Strategic Plan, International Seabed Authority, March 2018, https://www.isa.org.jm.

勘探合同。① 国际海底管理局理事会还决定，核准将国际海底管理局与印度政府之间的多金属结核勘探合同延长 5 年（ISBA/23/C/15），并于 2018 年 3 月 27 日在金斯敦签署了延期协议。

国际海底管理局为加强对勘探合同的管理，规定每个承包者必须在每个日历年结束后 90 天内向秘书长提交一份年度报告，说明在勘探区域的活动方案。2018 年 9 月，秘书长召开一次承包者非正式会议，这是延续自 2017 年开始的做法。会议旨在向承包者介绍国际海底管理局新数据库的最新情况，并就矿产资源开发监管框架的发展状况等其他关切事项进行非正式交流。

四、国际海底管理局加强与联合国和其他国际组织及机构的密切合作

国际海底管理局已与其他机构结成伙伴关系，做出了更多自愿承诺，国际海底管理局积极支持 2017 年 6 月 5—9 日在纽约举行的联合国支持落实可持续发展目标 14，即保护和可持续利用海洋和海洋资源以促进可持续发展会议的工作与讨论。尤其是与联合国秘书处经济和社会事务部合作，促进蓝色增长深海海底倡议，推动可持续发展目标 14，通过提升小岛屿发展中国家等发展中国家的社会经济惠益、加强科学知识和研究能力发展蓝色经济。

2018 年 2 月，秘书长和副秘书长非正式会见了国际缆线保护委员会主席和国际缆线法律顾问，讨论筹备关于深海海底采矿和海底电缆的第二次讲习班，为两个实体讨论共同关心的一般性问题提供了机会并有助于进一步执行 2010 年签署的谅解备忘录。

2 月 14 日，国际海底管理局秘书长与国际海事组织秘书长就两个机构的工作进行一般性意见交流。双方表示有必要了解在涉及"区域"内活动和海上运输来自"区域"的矿石等有关信息、各组织所负有的法律和机构职能及责任。

3 月 22 日，国际海底管理局与最不发达国家、内陆发展中国家和小岛屿发展中国家高级代表办公室合作，主办了一次活动，旨在提高脆弱国家

---

① The Republic of Korea and ISA Sign Exploration Contract, International Seabed Authority, March 2018, https：//www. isa. org. jm.

的认识，并讨论加强发展中国家妇女从事深海海洋科学研究的方法和手段。①

3 月 27 日，政府间海洋学委员会与国际海底管理局召开联合会议，讨论执行现有谅解备忘，交流海底测深信息，讨论如何分享海委会的海洋生物地理信息系统数据库。其他合作活动包括：3 月，国际海底管理局和海委会审查共同合作推动设计海洋科学 10 年的方法和手段。4 月 16 日，根据《联合国海洋法公约》的规定就国家管辖范围以外区域海洋生物多样性的养护和可持续利用问题拟订一份具有法律约束力的国际文书。政府间会议的组织会议期间，秘书处参加了一场由委员会组织、比利时和瑙鲁政府共同主办的会外活动。

10 月，国际海底管理局与非洲矿产开发中心和联合国非洲经济委员会结成伙伴关系，在科特迪瓦阿比让组织一次研讨会，推出了为支持非洲蓝色经济而推动非洲深海海底资源可持续发展的加强合作举措，支持非洲蓝色经济以及绘制非洲蓝色经济地图，以支持在扩展大陆架上和毗邻国际海底区域内进行的活动的决策、投资和治理。② 11 月，国际海底管理局与联合国秘书处经济和社会事务部及太平洋共同体合作，在汤加举办一期太平洋小岛屿发展中国家官员磋商讲习班，落实促进蓝色增长项目深海海底倡议方面取得进展。

第二节 BBNJ 规则谈判进入实质性阶段

国家管辖范围以外区域海洋生物多样性的养护和可持续利用(BBNJ)规则谈判是保护海洋生物多样性和生态环境的重要工具，是全球海洋治理的重要组成部分。BBNJ 谈判将制定一份具有法律约束力的国际文书，推动国家管辖范围以外区域的治理朝着更加公正、合理的方向发展。4 月，BBNJ 谈判组织会议在纽约联合国总部召开；9 月，BBNJ 谈判政府间会议第一届会议正式召开，标志着 BBNJ 规则谈判进入实质性阶段。

---

① Selected Decisions and Documents of the Twenty-fourth Session, International Seabed Authority, July 2018, https：//www. isa. org. jm/document.

② Supporting Africa's Blue Economy through the Sustainable Development of Deep Seabed Resources, International Seabed Authority, Oct. 2018, https：//www. isa. org. jm.

一、BBNJ 谈判组织会议为政府间会议召开奠定基础

4月16—18日，BBNJ 问题国际文书谈判组织会议在联合国总部召开。此次会议讨论了若干组织事项，包括编写"根据《联合国海洋法公约》的规定就国家管辖范围以外区域海洋生物多样性的养护和可持续利用问题拟订一份具有法律约束力的国际文书"的预稿。组织会议还展望了即将召开的政府间会议第一届会议，并普遍认为，第一届会议应侧重实质性讨论，减少在程序问题上的讨论时间。

此次会议是 BBNJ 谈判政府间会议第一届会议筹备工作的一部分，任命了全权证书委员会，设立了一个由主席和15名副主席(每个区域集团3名)组成的主席团，协助主席一般性工作中的程序事项。关于第一届会议工作安排，会议同意采取灵活做法，在必要时对工作模式进行调整，并决定尽可能避免举行平行会议。会议还请主席根据第 69/292 号决议所设筹备委员会的报告，编写一份简明文件，以协助讨论，同时考虑到筹备委员会编写的其他材料。

此次组织会议为政府间会议第一届会议的召开进行了充分准备，建立了会议组织机构，并对以往的讨论成果进行了总结，确定了需要进一步讨论的问题，为未来的会议奠定了基调，促进了"集思广益"。

二、BBNJ 谈判政府间会议第一届会议正式召开

9月4—17日，BBNJ 谈判政府间会议第一届会议在纽约联合国总部召开。此次会议对2011年商定的一揽子事项中的4项内容进行了实质性讨论，分别为：海洋遗传资源包括惠益分享问题、划区管理工具措施包括海洋保护区问题、环境影响评估问题、能力建设和海洋技术转让问题。代表们重申，《联合国海洋法公约》是拟订具有法律约束力的国际文书的依据。并指出，该文书应实施和加强公约中促进国家管辖范围以外区域海洋生物多样性养护和可持续利用的规定，不应影响公约所规定的各国权利、管辖权和义务，也不应损及现有相关法律文书和框架以及相关全球、区域和部门机构。

关于能力建设和海洋技术转让问题，各代表团继续确认需要提供能力建设和海洋技术转让，以实现 BBNJ 各项目标。代表们提出了多种关于如

何反映能力建设和海洋技术转让方面的目标和模式的提议，并在信息交换机制功能的讨论方面取得进展。

关于划区管理工具问题，代表们在海洋保护区目标有关的问题上，以及在可根据文书设立的过程的步骤，包括确定区域、指定程序、执行、监测和审查等方面达成了一定的共识。

关于环境影响评估问题，与会者探讨了文书中处理环境影响评估的可能模式，包括探讨进行环境影响、评估的条件、过程和内容，与现有相关法律文书和框架及相关全球、区域和部门机构中的环境影响评估过程之间的关系，以及战略环境影响评估的潜在作用等。

关于海洋遗传资源，包括惠益分享问题，各代表团进行了协调一致的努力，以制定办法，推动解决一些问题，包括涉及一揽子事项中该内容时文书的地域范围问题、获取和惠益分享问题，以及共有问题，如信息交换机制和可能的体制安排及其职能。

然而，需要注意的是，虽然各代表团在第一届会议上对多方面议题达成共识，发达国家和发展中国家在生物基因勘探利用等方面仍有较大分歧。在如何对有价值的生物基因（大多位于海床）进行勘探利用的问题上，发展中国家希望确定公海是"全人类共同遗产"，以此要求富裕的发达国家对生物资源开采活动进行"生态补偿"，但包括美国、俄罗斯和日本在内的发达国家对此要求表示反对。

三、BBNJ 问题仍是国际会议讨论热点

9 月 3—6 日，第 49 届太平洋岛国论坛领导人会议召开，并发布《第 49 届太平洋岛国论坛公报》。公报将海洋问题单独设为一章进行了重点说明，指出太平洋岛国论坛领导人将在未来就区域海洋边界划界谈判、BBNJ 谈判、清除海洋垃圾等方面提供必要的政策支持和资金保障。

11 月 26—29 日，德国环保部和可持续发展高级研究院共同组织在德国波茨坦举行"人类共同继承财产惠益分享机制"国际专家研讨会。会议重点讨论了"惠益分享"理念，包括环境标准的制定以及实施这些标准的协调平台的建立，BBNJ 国际文书制定与国际海底管理局使命的冲突。

12 月 11—12 日，法律专家在摩纳哥蒙特卡洛召开会议，讨论如何通过 1972 年《世界遗产公约》保护国家管辖范围以外的全球独特海洋区域。

目前有49处海洋遗迹被联合国教科文组织列入《世界遗产名录》，但它们都局限于国家领土内的地区。虽然《世界遗产公约》被认为适用于国家管辖范围以外的地区，但其业务准则目前不适于提名、保护和评价这些地区。专家们提出，在《世界遗产公约》框架内的微小修改将使这种保护成为可能。这意味着，BBNJ谈判中关于海洋保护区的讨论或将受到世界遗产海洋遗迹的影响。

第三节　国际海底测绘及命名继续成为国际海底区域治理热点

近年来，各国都越来越重视国际海底测绘及命名工作，积极实施海底调查观测项目，为绘制海底地图奠定基础。此外，许多国家纷纷向国际海底地名分委会提交海底地名提案。国际海底命名基于对海底地理实体数据的充分掌握，如海山的范围、高度等具体数据都要准确标示，彰显了一个国家在国际海底区域的科考调查实力，也是国际海底区域治理乃至全球海洋治理的重要组成部分。

一、国际社会大力开展海底调查观测

截至2018年，全球仅有18%的海底进行过测绘，但分辨率非常粗糙，广大海底仍是人类未知的世界。在多年周边海洋数据采集和分析工作的基础上，1月，澳大利亚水文局发布北部海域高分辨率海底地图，增强了对当地海洋地形的了解。2月，法国和德国的两家科研机构共同启动新的海底观测项目，在法国尼斯海底观测站安装两个测斜仪，以支持海底和水体观测，并研究发生灾难性山体滑坡的可能性。6月至7月，加拿大政府和民间环保组织Oceana Canada开展联合调查，利用多波束回声测深仪共绘制了13座海山，其中6座是新发现。8月，美国研究人员完成阿拉斯加东南部的水下断层构造的高分辨率测绘，通过多波束声呐收集了高分辨率的测深数据，横跨5792平方英里的海底。9月，欧盟称欧洲海洋观测和数据网推出了高分辨率的欧洲3D"海底街景"，提供可视化的欧洲海底地形，有助于绘制海底地图。11月，"壳牌海洋探索XPRIZE竞赛"进入决赛阶段，该活动推进了高分辨率无人海洋勘探技术的发展。

二、海底测绘及命名取得新进展

2月，日本财团主席称，"海床2030"项目已开始运营。该项目由全球海洋通用制图指导委员会和日本财团共同实施，旨在于2030年前绘制完整的世界海底地图。项目将全球海洋划分为4大区域（北太平洋与北冰洋、大西洋与印度洋、南太平洋与西太平洋、南部海洋），每个区域都设有数据整合协调中心，来搜集现有数据。项目利用水下无人机、商船、渔船甚至探险家收集数据，并由4个中心的专家共同在英国国家海洋学中心对这些数据进行整理。10月，国际海底地名分委会第31次会议在新西兰召开。会上，日本提交了76个地名提案，74个获得通过。韩国提交了3个提案，均获通过。菲律宾提交了16个提案，9个获得通过。

第二篇

全球海洋热点问题

第八章　人为水下噪声成为全球治理新热点

人类海洋活动无论是否有意都会产生各种声音，随着人类对海洋的日益依赖，噪声水平也日益升高，对海洋生物产生了负面影响，这已引起国际社会越来越多的关注。6 月 18—22 日，联合国海洋和海洋法问题非正式协商进程第 19 次会议（简称：ICP-19）讨论了"人为水下噪声"议题。这次会议不仅分析了水下噪声对环境和社会经济的影响，还提出了噪声分类和来源监测、船舶静音改造、保护区选划、减噪技术研发及相关国际标准和规则制定等降低水下噪声的举措，并且呼吁各国在全球层面开展应对水下噪声影响方面的合作和协调工作。这些措施实施将会对未来全球海上资源勘探开发、海洋生态环境保护、船舶设计制造、海洋科研及军事活动产生深远影响。

第一节　人为水下噪声研究的发展脉络

一、全球对人为水下噪声问题的关注始于 20 世纪后半叶

20 世纪后半叶，随着海洋开发利用活动的增加，国际航运、海洋油气勘探开发、商业捕鱼以及海洋科考和军事行动等人类活动不断增多，人为水下噪声产生的影响与后果逐步显现，集中体现在对海洋生物多样性的破坏。《1972 年防止倾倒废物及其他物质污染海洋的公约》①及其议定书最早讨论了疏浚活动造成的水下噪声问题。20 世纪 80 年代初，美国海洋能源管理局开展了工业声音对太平洋大型鲸类物种的影响研究。各国科学家也逐步开始研究人为水下噪声对海洋生物交流和听觉等方面的影响。

---

① 《1972 年防止倾倒废物及其他物质污染海洋的公约》（1996 年议定书），国际海事组织，1996 年 11 月，http://120.52.51.19/www.imo.org/en/OurWork/Environment。

二、21 世纪初，国际社会侧重人为水下噪声科学问题研究

步入 21 世纪后的前 10 年，国际社会开始侧重于人为水下噪声的科学问题研究。国际海事组织对航运产生的噪声问题进行研究后，指出海洋中持续的人为噪声主要源自航运，并研究了海洋哺乳动物受到的影响。国际捕鲸委员会自 2004 年开始研究噪声对鲸类的影响，并通过科学委员会开展地震调查及航运噪声等系列研究工作。美国国防部和能源部等部门研究了海洋物种对人为水下噪声的反应及受到的影响，并开发水下噪声测量工具。部分欧盟国家研究了海上风电场建设所产生的水下噪声，并对其进行监测。马来西亚对实验室条件下海马受到的人为水下噪声影响进行了研究，并开展了水下噪声相关的声学传感器研发工作。

三、当前全球努力制定人为水下噪声相关领域规则和标准

2010 年以来，人为水下噪声议题向规则标准制定方向发展。在多年研究成果基础上，国际组织和相关国家相继制定出台了各类控制标准和行动方案、行动计划，以引导减少人为水下噪声及其影响。国际海事组织在 2014 年批准了《降低商业航运造成的水下噪声对海洋生物不利影响的指南》[1]，减少海洋生物特别是海洋哺乳动物受到的负面影响。联合国粮农组织对渔船标准进行规定，从源头减少人为水下噪声。国际标准化组织也明确了用于测量船舶和打桩产生的水下噪声的国际标准，以及对海洋哺乳动物噪声评估的标准。欧盟出台《海洋战略框架指令》[2]和《环境影响评估指令》[3]，要求成员国加强对水下噪声的监测和影响评估。美国国家海洋与大气管理局制定出台《海洋噪声战略》和《海洋噪声战略路线图》，全面治理未来 10 年的海洋噪声。

---

① Guidelines for the Reduction of Underwater Noise From Commercial Shipping to Address Adverse Impacts on Marine Life, IMO, April 2014, http：//120. 52. 51. 14/www. imo. org/en/MediaCentre.

② Directive 2008/56/EC of the European Parliament and of the Council, European Union, June 2008, http：//eur-lex. europa. eu/legal-content/EN/TXT/PDF/.

③ Environmental Impact Assessment (EIA) Directive, EU, 2011, http：//eur-lex. europa. eu/legal-content/EN/TXT/PDF.

四、中国稳步推进水下噪声领域的相关研究

海洋水下噪声，具有按航路地域分布的特征。显然，这与海上船舶增多有关①。近几十年来，中国船舶水下噪声研究主要针对机械噪声、推进器噪声和水动力噪声，从振动和噪声产生机理、计算方法、控制技术及测量方法等多个层面开展了大量的研究②，在噪声源识别、声学诊断、武器发射噪声方面的研究平稳发展。其中，中国在船舶机械噪声的计算方法研究方面比较成熟，在船舶振动主动控制方面的研究进展较快，而且，中国的推进器轴系引起的振动及声辐射研究的崛起，其引起振动、摩擦等耦合声辐射已成为近期也可能是今后研究的重点。③

此外，随着中国海上风电开发进入快速发展时期，海上风电场的建设以及运营对工程海域生态和水文地质条件等环境带来越来越严重的影响。目前，中国针对海上风电场对生态、航道、海床、自然景观、鸟类等的影响已经有了较为成熟的分析方法，然而风电场运营期产生的水下噪声对海洋生物的影响评估在全世界范围都仍显不足，主要原因在于缺乏运营期间对水下噪声数据的监测④，目前公开的文献中仅有少量相关数据。中国仅对风电场空气中产生的噪声进行测量，缺乏风电场产生的水下噪声监测数据，未来急需加强该领域的相关研究和工作。

第二节　人为水下噪声的来源及影响

一、水下噪声来源

人为水下噪声的来源众多，有意或无意地将声音引入海洋环境中。有些声源(如商业航运)具有全球影响，而其他声源则可能更具有区域影响。

---

① 张华武，胡以怀，张春林，《船舶水下噪声对海洋动物的影响及控制探讨》，《航海技术》，2013 年第 3 期，第 44 页。

② 俞孟萨，林立，《船舶水下噪声研究三十年的基本进展及若干前沿基础问题》，《船舶力学》，2017 年 2 月第 21 卷第 2 期，第 244 页。

③ 吕世金，《近期国内船舶水下噪声研究进展分析》，中国造船工程学会船舶力学学术委员会第八届水下噪声学组工作总结，第 84 页，浏览时间：2019 年 6 月。

④ 牛富强，杨燕明，文洪涛，等，《海上风电场运营期水下噪声测量及特性初步分析》，2014 年学术年会论文集，第 293 页。

（一）水下爆炸

水下爆炸是人为声音的最强点源之一。海洋内或海洋上的人为爆炸包括核爆炸和化学爆炸两种类型。化学炸药用于水下多种目的，包括地震勘测、施工、拆除结构、船舶冲击试验和军事战争以及威慑海洋哺乳动物、捕捞鱼类或采挖珊瑚。爆炸发出的声音在各个方向均匀传播，并且可在区域范围内检测到，在某些情况下可以跨几个海洋盆地检测到单次爆炸。

（二）绘制地震剖面图

绘制地震剖面图时使用高强度声音对地壳进行成像。这是在石油和天然气勘探中使用的主要技术，也用于收集地壳结构信息。一系列声源可用于该目的，包括空气炮、电火花、隆声器、声脉冲器和压缩高强度辐射脉冲声呐。石油勘探中使用的主要发声元件是空气炮阵列，随着石油和天然气勘探进入深水区，其功率在过去几十年中已经普遍提高。在北大西洋的一项研究表明，大陆边缘的空气炮声传播到深海，是低频噪声的重要组成部分。

（三）声呐

声呐系统有意制造声能以收集水柱内部、海底或沉积物内部的物体信息。大多数声呐在一个声音频率下运作，但会产生其他不需要的频率，这些频率可能会产生比所用主频率更为广泛的影响，特别是在频率比较低时，它们会在水下传播得更远。军用声呐用于目标检测、定位和分类，覆盖的频率范围一般比通常使用中高频率的民用声呐更宽广，声源级更高。商业声呐主要用于寻找鱼群、深度探测和绘制浅底地层剖面图。

（四）船只

海洋中的很大一部分水下声音是船只造成的。大型船只（如集装箱货轮、超级油轮、豪华游轮）和中型船只（如支持和补给舰、许多研究船）的推进系统是低频水下声音的一个主要来源。在世界各地的许多海洋环境中，大型船只是低频背景噪声的主要来源。较小的船只（如休闲艇、喷气滑雪艇、快艇、作业船）在中等声源级产生中频范围内的最高声音，但声音大小取决于速度。由于总体较高的声频和近岸作业，来自较小船只的噪声不会远离源头。

（五）工业活动

造成水下噪声的工业活动包括沿海电厂、打桩、疏浚、钻井、隧道掘进、风力发电场的建设和运营、油气活动、电缆敷设和运河闸门操作。这些活动通常会产生在低频（即低于1千赫）时能量最多的声音。旨在维护航道、采掘沙砾等地质资源并铺设海底管道的疏浚活动在操作期间会发出持续的宽带声音，大多数频率较低。近岸采矿产生的环境影响，包括水下噪声的环境影响，与疏浚作业的环境影响类似。

（六）声威慑和骚扰装置

声威慑装置用于阻止海洋哺乳动物接近渔具，目的包括减少兼捕渔获物。鱼类威慑装置主要用于沿海或河流栖息地，以促使鱼类暂时离开潜在危害地区（例如，引导鱼类远离发电厂的进水口）。声学骚扰设备在高声源级发出音调脉冲或脉冲频率扫描，以使海豹和海狮远离水产养殖设施或捕鱼设备。根据目标鱼种的不同，不同设备的频率范围有很大差异。

（七）其他来源

其他声音来源包括海洋科学研究，这些研究可能产生中高频率的高声源级声音。此外，声学遥测技术还用于水下通信、远程车辆指挥和控制、潜水员通信、水下监测和数据记录、拖网监测以及其他需要水下无线通信的工业和研究应用。长距离系统可以在高声源级使用7~45千赫的频率运行长达10千米的距离。

二、水下噪声影响

目前，人们关于人为水下声音对海洋物种影响的研究尚处于起步阶段，但至少已确定了对55种海洋物种的负面影响，主要包括海洋哺乳动物、鱼类、海洋无脊椎动物等物种。由于声音被海洋物种用于各种目的，并在交流、导航、定向、摄食和发现捕食者方面发挥关键作用，因此将人为声音引入海洋环境可能会干扰这些功能。

（一）海洋哺乳动物

海洋哺乳动物使用声音作为水下交流和感知的主要手段。它们的听力带宽范围从 1 千赫以下到 180 千赫以上不等。由于人为水下噪声的增加，海洋哺乳动物的声音被掩蔽，这可能导致海洋动物交流空间减小。声音还可以触发海洋哺乳动物的行为反应，例如避开噪声区域、流离失所（短期和长期）、交流行为的改变（模式的改变，还有声音的改变）、惊吓行为、表面模式的改变和潜水行为的变化。研究还显示了海军声呐演习等人为水下声音造成的物理损伤和生理反应，包括暂时和长期的听力损失和鲸类搁浅。而生理效应和对听力的影响与暴露的剂量有关，这涉及影响的持续时间以及声音的强度。

（二）鱼类

鱼类具有两种感觉系统，可检测声音和水运动，物种主要对质点运动敏感，只有少数种群能够感知声压。鱼利用声音进行导航和选择栖息地、交配、避开捕食者、发现猎物并进行交流。尽管人类对水下声音对鱼类的影响知之甚少，一些研究已经确定其对某些物种的影响，而其他研究却没有发现任何影响。已证明人为声音导致行为改变，包括回避、垂直或水平移动和鱼群收缩。来自空气炮的脉冲声音也可能导致卵子活力下降、胚胎死亡率上升、卵内幼体发育率降低或幼体减少。有一些证据证明存在物理和生理效应，包括应对噪声而造成的压力指标增加以及由噪声引起的组织物理损伤，例如应对高强度脉冲声音引起的鱼鳔撕裂或破裂。

（三）海洋无脊椎动物和其他物种

大多数对声音敏感的海洋无脊椎动物感知低频质点运动。关于人为水下声音对海洋无脊椎动物和其他物种影响的研究仍然有限，而且迄今为止主要局限于实验室试验。研究表明，某些物种，如一些海龟、甲壳类动物和头足类动物，对声音表现出行为反应或压力反应，而其他物种则没有。长期暴露于不断增加的背景噪声会影响一些无脊椎动物的摄食、生长和发育，也可发生物理和生理损伤，包括损伤听觉器官和改变血液成分。有一些证据表明，巨型乌贼和其他头足类动物等物种可能容易受到脉冲声音的物理损伤。关于水下声音对海鸟影响的研究仍然有限。但是有证据表明，鸬鹚等一些物种在水下有相对好的听力，可能受到声音的影响。

(四)海洋生态环境

水下噪声对海洋物种和生态系统的实际影响将取决于多种压力因素的累积影响，包括其他形式的海洋污染、海洋酸化、气候变化、过度开采、兼捕渔获物和外来入侵物种。声音信号的掩蔽可能会大大降低海洋物种传播或感知相关声音的范围或程度，或者完全掩盖相关声音。有些物种比其他物种更容易受到人为水下声音的影响。水下噪声会引起各种行为变化，如避离声源周围区域、摄食方式发生改变、社交行为和活动发生变化。因为海洋生态环境中的各物种都是相互联系的，削弱或消除生态系统中的特定物种可能对相关或依赖物种产生影响，所以水下噪声对海洋生态系统的实际影响十分广泛并会影响到生态系统的总体平衡。

第三节 人为水下噪声议题的发展趋势

人为水下噪声问题日益突出，已经引起国际社会广泛关注。虽然发达国家和发展中国家关注侧重不同，但关于人为水下噪声对海洋生物和生态环境影响的认识基本一致。未来，国际社会为降低噪声损害而采取的共同措施将会在海洋经济、海洋科考和海洋军事等领域产生广泛而深远的影响。

一、海洋噪声控制将提高海洋资源开发和工程施工门槛

目前，国际标准化组织以及部分欧盟国家①已制定海上打桩噪声测量标准，波罗的海海洋环境保护委员会要求各国报告打桩噪声数据，而且对桩柱的直径和打桩方法提出要求。这些措施都将会限制海港工程、桥梁、海上钻井平台和海上风电场装置等海上基础设施的建设。同时，世界疏浚协会及《防止倾倒废物及其他物质污染海洋公约》科学组也正在研究疏浚噪声及相关技术问题。相关管理措施一旦出台，将影响围填海工程、航道维

---

① Contribution from the European Union, the Secretary-General of General Assembly, March 2018, http://www.un.org/Depts/los.

护、海底管道铺设和海底资源开采等疏浚活动。

二、减噪技术及规则应用将影响航运和船舶制造产业

针对人为水下噪声来源的海上运输行业，目前国际社会普遍提出要加强船舶设计改造，特别是大型船舶船体和螺旋桨设计，以降低机载噪声，提高能效。同时，国际海事组织制定非强制性技术准则，规定了船舶设计建造标准、机载设备、运行参数和操作规则，并提出建立特别敏感海域制度，建议规划调整船舶航线以保护海洋生物。而且，联合国秘书长在ICP-19上提出海洋科考船要通过降低航速来减少环境噪声，并在构造上尽量减少声音排放。① 以上规则的逐步形成，将会对船舶制造工业和国际航运业造成巨大影响。

三、噪声监测评估将限制海洋科学考察和海上军事活动

地中海、波罗的海和北海以及东北大西洋区域的相关国家已制定噪声监测方案，并发起国际合作计划，设立了水下噪声相关衡量标准，对区域内的水下噪声实行监管，这些举措都不同程度地限制了海上活动产生的噪声。此外，《生物多样性公约》《养护野生动物移栖物种公约》等国际公约以及公海和区域海洋保护区的选划，将使各管辖海域和公海的海洋科学考察和海上军事活动受到国际规则和相关管理者的约束和限制。在部分设立严格的行为准则和生态环境保护准则的区域，海洋科考和军事活动还可能被要求强制进行环境评估，甚至被排除在这些区域之外。

---

① Report of the Secretary-General, the Secretary-General of General Assembly, March 2018, http://www.un.org/Depts/los.

第九章　俄罗斯强化北方海航道管辖权的意图及影响

北方海航道水域被俄罗斯视为地缘安全屏障，民族自豪感的源泉，国家交通动脉和资源基础，俄罗斯历来重视北方海航道的管控。早在彼得大帝统治时期俄国就提出了北方海航道的主权要求，其后多次宣称对毗邻俄罗斯的北极海域实行垄断式管理。苏联时期，俄罗斯运用历史性权利和直线基线法理依据提出对北方海航道的管辖权主张，并进行了航道的商业性开发。1932 年确定了"北方海航道"这一官方称谓。1960 年苏联颁布了首份涉及北方海航道的《苏联国家边疆法（1960）》，提出对北极海域部分海峡的历史性权利，声明北方海航道是苏联国家交通运输动脉。1971 年苏联建立北方海航道管理局，并颁布《北方海航道管理局法》。1991 年开始实施北方海航道船舶航行的专门性法规——《北极航行规则》。苏联解体初期，俄罗斯对北方海航道的管辖能力不断下降，20 世纪末开始逐渐丧失历史上累积起来的在北极开发领域的优势和领导力。普京执政后，俄罗斯开始致力于恢复世界海洋强国的地位，将战略目光再次投向北极地区。《2020 年前俄罗斯联邦在北极地区的国家政策原则及远景规划》将对穿越北方海航道的船只实施有效组织和管理确定为战略优先方向。[1] 近年来，俄罗斯通过调整管理职权、改革管理机构、强化法规建设，进一步强化对北方海航道的管控，旨在护持北极安全战略屏障、助推国内船舶业发展、主导北极地区开发，但对现存国际航行规则形成一定冲击，有可能刺激美国在北极航道实施"航行自由行动"，对北极开发将产生"双刃剑"效应。

第一节　俄罗斯强化北方海航道管辖权的手段

北方海航道大部分处于俄罗斯管辖海域内，长期以来俄罗斯对该航道

---

[1]　Основы государственной политики Российской Федерации в Арктике на период до 2020 од и дальнейшую ерспективу, Правительство России, http：//scrf. gov. ru/documents/98. thml.

管理呈现出"内水化"的特点。随着俄罗斯北极开发步伐的加快，北方海航道通航条件的日趋成熟，俄罗斯对北方海航道的管辖更加重视，通过职权优化、机构改革和制度完善等多元手段强化管辖权。近年来，俄罗斯开启北方海航道"两把钥匙"管理模式，成立国家北极委员会和北方海航道项目办公室，将北方海航道管理事务并入远东发展部，强化商船航行法典和军舰通行制度。

一、调整航道管理职权

实行原子能公司与交通运输部协同管理的模式。2017 年以来俄罗斯政府开始讨论建立负责北方海航道管理的专门机构的想法，曾提出过两个方案：其一是成立一个新的联邦部委；其二是在原子能公司框架下成立独立的北极管理机构。最终，以普京和梅德韦杰夫为首的俄罗斯政府决定将交通运输部的部分管理职能转交给国家原子能集团公司。2018 年 6 月法案提交国家杜马审议，同年 12 月 11 日杜马三读通过了有关北方海航道运营的法律。该法明确了北方海航道管理的"两把钥匙"原则，即由国家原子能集团公司和交通运输部在相互协调基础上，统一负责北方海航道域内基础设施建设和航运管理工作。国家原子能集团公司得到了北方海航道基础设施管理权和投资租赁协议的签约权，沿北方海航道的船舶航行许可和破冰领航证书仍由交通运输部授权，但需要同国家原子能集团公司或其下属机构原子能船队协商。[1]

在"两把钥匙"管理模式下，监督和管理北方海航道航运的直属机构也进行了改革。原隶属于交通运输部的北方海航道管理局（NSRA）将由新设立的新北极形势中心（New Arctic Situation Center）所取代。[2] 新北极形势中心将由俄国家原子能集团公司管理，全年无间歇运营，弥补当前北方海航道管理局只在工作日和特定时间内运营的不足。新北极形势中心将在两年内开放，其职责之一是绘制冰情图，为在该地区作业的船只开辟最佳航行路线。

---

① Госдума приняла закон о наделении Росатома полномочиями по развитию Северного морского пути, Pro-Arctic, ноябрь, 12, 2018, http：//pro-arctic. ru/11/12/2018/news/35009# read.

② Atle Staalesen, New Arctic situation center comes to Murmansk, The Barents Observer, February 21, 2019, https：//thebarentsobserver. com/en/arctic/2019/02/new-arctic-situation-center-comes-murmansk.

二、整合北极开发机构

成立国家北极委员会。2018 年 10 月，俄罗斯成立国家北极委员会，由第一副总理特鲁特涅夫担任主席。2018 年 12 月，梅德韦杰夫总理批准重组国家北极委员会的决定，使该委员会的工作更加紧凑。国家北极委员会是联邦与地方权力机关、专门机构在北极发展事务中相互协作的平台，负责制定包括有效利用北方海航道和北极资源在内的国家北极政策方针。

将北方海航道管理事务并入远东发展部。俄罗斯北极地区基础设施建设和工业生产能力逐步提升，但一直缺乏一个统一协调这些活动的政府机构。北极事务部将造成财政资源和行政资源的浪费，且北方海航道的开发和管控与远东地区的发展以及远东发展部的职能有着天然联系。梅德韦杰夫总理建议把远东发展部的职权扩大到北极事务，并设立一名专门负责北极事务的副部长。① 2019 年 2 月 26 日，普京签署总统令，将远东发展部更名为远东与北极发展部，新机构将履行北极地区发展政策的制定及法律监管等职能，以推动北极地区的经济社会发展。②

俄罗斯拟在自然资源部、能源部和交通部基础上，建立北方海航道项目办公室，负责监督北极重点基础设施现代化及扩展计划的实施，以落实普京总统关于至 2024 年将北方海航道运输量增加 7~8 倍的指示。此外，位于北极地区的俄罗斯萨哈共和国成立了北极发展部和北方人民事务部，负责北部地区综合发展，将北方海航道交通基础设施发展、港口建设以及高科技造船厂建设作为重点。

三、修订商船航行法典

为反制西方国家对俄罗斯能源企业的制裁，保护本国造船业，2015 年起，俄罗斯交通部就着手再次修订《俄罗斯联邦商船航运法》，限制外国船旗国在俄北极海域运营，禁止非俄罗斯造船厂建造的船舶在北极进行石油运输。2016 年，俄罗斯国家杜马运输委员会正式提起《俄罗斯联邦商船航

---

① Atle Staalesen, Russia gets Ministry of the Far East and Arctic, The Barents Observer, January 18, 2019, https：//thebarentsobserver. com/en/arctic/2019/01/russia－gets－ministry－far－east－and－arctic.

② Changes in power in the Far East of Russia, Arctic Portal, February 27, 2019, https：//arcticportal. org/ap-library/news/2116-changes-in-power-in-the-far-east-of-russia.

运法》修正案。2017 年 12 月 20 日，俄罗斯立法委员会通过关于对《俄罗斯联邦商船航运法》第四条"沿海运输"条款的修正案，规定自 2019 年起，只有悬挂俄罗斯国旗的船舶才能获得在北方海航道运输、装卸和转运俄境内生产的油气资源的权利，特别是石油、天然气(包括液化天然气)、凝析油和煤炭资源，并依据俄《国境法》实施边检、引航、卫生、检疫，同时须依俄《环保法》开展北方海航道导航、破冰和冰上领航活动。① 但为了缓减对俄北极能源运输的冲击，该法案作出两个例外规定，将北方海航道定义为从西部新地岛到东部白令海峡的俄北极沿海大部分地区，北极地区两个主要港口摩尔曼斯克和阿尔汉格尔斯克排除在外；获准在 2018 年 2 月 1 日前签署租用合同的外国船舶在北方海水域继续航行。

四、强化军舰通行制度

俄罗斯历来就重视北方海航道安全，一直在加紧恢复在北极边境地区的军事存在，保障亚欧之间北方战略性航行通道的安全。"冷战"期间，为防止西方国家军舰或潜艇进入北方海航道的海域，苏联对该航道实行严格的军事管控，外国军舰只有得到允许才能进入北方海航道。依据《联合国海洋法公约》，外国军舰通过北方海航道有可能无须通报俄罗斯。俄罗斯认为未经通报进入位于俄北冰洋沿岸北方海航道的外国军舰侵犯了沿岸国家的主权，会对沿岸国的国家安全造成极大的威胁。

随着各国海军在北极地区活动的加剧，俄罗斯实行外国军舰通过北方海航道报批制度。2018 年 12 月，俄国防部发言人就透露，俄罗斯各部门正着手修改立法，将要求外国军舰通行北方海航道向俄罗斯当局报批。② 2019 年 3 月，俄罗斯进一步明确北方海航道军舰和船舶航行的具体控制措施，规定外国军舰所有国需要提前 45 天向俄当局发送船只通过北方海航道的通知，通知中需注明军舰或船舶的名称、目的、路线和通行时长，列举舰船排水量、长度、宽度、吃水量和动力装置主要参数。通知中还须告知舰长的军衔和姓名。该规定还要求外国舰船必须配备俄方领航员，否则俄

---

① State Duma of Russia passed law to ensure priority of RF-flagged ships in short-sea shipping, Port News, 2017 December 20, http：//en. portnews. ru/news/250957/.

② Russia Will Restrict Foreign Warships in Arctic Ocean, Defense Official Says, The Moscow Times, Nov. 30, 2018, https：//www. themoscowtimes. com/2018/11/30/russia-will-restrict-foreign-warships-in-arctic-ocean-defense-official-says-a63672.

罗斯可以拒绝其通行。如果未经许可沿线航行，俄罗斯将采取紧急措施，甚至扣押或摧毁舰船。① 该规定一旦得以实施将预示着俄罗斯可以随时拒绝外国军用舰艇通过北方海航道，极大地强化对北方海航道的管辖权。

第二节　俄罗斯强化北方海航道管辖权的战略考量

强化北方海航道管辖权是俄罗斯防御国家海上安全、推动关键产业发展、恢复海洋强国地位等战略性考量的结果。作为拥有北冰洋最长海岸线的环北极国家，面对北极天然安全屏障的逐渐坍塌，美欧国家在北极军事存在的加强，俄罗斯需要严防外部势力将北方海航道作为挤压与制衡俄罗斯的突破口。提升俄罗斯船舶运输能力，继续维持船舶业的世界领先地位，主导北极开发，加快恢复海洋强国均需牢牢牵住北方海航道这一"牛鼻子"。

一、护持俄北极安全屏障

随着全球变暖，北极冰层融化加快，北方海航道的可通航性将进一步提高，俄罗斯在北极的天然安全屏障面临坍塌。全球气候和生态研究所研究表明，近40年来俄罗斯北极地区变暖的速度比全球变暖的速度快4倍。② 美国国家冰雪数据中心和美国国家航空航天局的科学家表示，2019年北极冬季海冰范围创历史第7低。③ 联合国环境规划署发布《全球联系——对不断变化的北极地区进行阐释》报告称，即使世界各国根据《巴黎协定》承诺进行减排，到2050年北极冬季气温仍将再上升3℃～5℃。④ 俄罗斯在开放北方海航道之前，必须先确保北方海航道不被敌国利用为攻击

---

① Russia threatens to blow up any foreign vessels passing through busy arctic waters unless they have the right paperwork, The Sun, Mar. 6, 2019, https：//www. thesun. co. uk/news/8577115/russia - blow-up-foreign-vessels-arctic-waters/.

② 《俄北极地区变暖的速度比全球变暖快4倍》，俄罗斯卫星通讯社，2019年3月10日，http：//sputniknews. cn/economics/201903101027882166/。

③ María José Viñas, NASA's Earth Science News Team, Arctic Sea Ice 2019 Wintertime Extent Is Seventh Lowest, NASA, 21 March 2019, https：//www. nasa. gov/feature/goddard/2019/arctic-sea-ice-2019-wintertime-extent-is-seventh-lowest.

④ Global Linkages A graphic look at the changing Arctic9, The United Nations Environment Programme, 13 Mar, 2019, https：//wedocs. unep. org/bitstream/handle/20. 500. 11822/27687/Arctic _ Graph-ics. pdf? sequence = 1&isAllowed = y.

俄罗斯的交通要道，而为了控制北方海航道，最有效的管理手段就是航行许可制，并排除外国军事船舶的一切有损俄安全利益的活动。①

美国及欧盟集团争夺北极地区的欲望增强，逐步加强在北极地区的军事存在，北极地区业已成为俄罗斯对抗西方战略挤压的新战场，俄罗斯北极安全战略压力加大。美国五角大楼发言人约翰尼·迈克尔表示，"特朗普政府正在制定一个'能够最大限度地捍卫美国在全球范围内追求利益，并协助北极地区安全与稳定'的防御计划，美国海军可能会将战略重心由全球反恐转向与中俄在北极地区的竞争。"②美国海军和海岸警卫队进入北极的紧迫感上升。美国海军计划在北极部署水面舰艇，并在白令海建立新的战略港口设施，以支持未来更多的巡逻活动，应对俄罗斯在北极的军事扩张。2019年2月，美国国会通过支出计划，为海岸警卫队"极地安全防卫艇"提供6.55亿美元的资金，并为购买第二艘重型破冰船提供2000万美元的资金。③"极地安全防卫艇"将确保美国在北极有能力对抗俄罗斯。欧盟委员会主席克洛德·容克表示，"受中俄在北极活动的影响，欧盟已开始编写新北极政策，计划将北极定位为优先事项，欧盟应作出改变，以便在北极地区发挥领导作用。"④2018年，美国和北约在阿拉斯加举行了"极地先锋-18"演习，美英核潜艇在北冰洋举行"2018冰原演习"，美国和北约在北极的军事活动自"冷战"以来达到新高。

俄罗斯力图在北极重振国家威望，加强在北极地区的军事存在。近年来，俄罗斯频繁在北极地区进行军事演习、恢复战略核潜艇的巡逻、加强北方舰队的建设。出于全球战略平衡的考量，克里姆林宫打算利用其对北方海航道的控制，以最大限度地发挥其未来的经济效益，并获得相对于北

---

① 郑雷，《北极东北航道：沿海国利益与航行自由》，《国际论坛》，2016年第2期，第9页。

② Jim Townsend, US reacts to Chinese and Russian Arctic Activity, Pompeo to attend Arctic Council Meeting, CNAS, Mar. 20, 2019, https：//www.cnas.org/press/in-the-news/us-reacts-to-chinese-and-russian-arctic-activity-pompeo-to-attend-arctic-council-meeting.

③ Ben Werner, Coast Guard Secures ＄655 Million for Polar Security Cutters in New Budget Deal, USNI News, Feb 15, 2019, https：//news.usni.org/2019/02/15/polar_security_cutter_coast_guard.

④ Martin Breum, Spurred by Chinese and Russian activity, EU President Juncker is making the Arctic more central to EU policy, Arctic Today, Feb 20, 2019, https：//www.arctictoday.com/spurred-by-chinese-and-russian-activity-eu-president-juncker-is-making-the-arctic-more-central-to-eu-policy/.

极的竞争对手美国的战略优势。① 俄将北方海航道视为北极军演重点区域，"俄北方舰队 40 艘破冰船定期巡航北方海航道"②。俄罗斯对北方海航道的强硬态度加强了其对北极地区及其北方海航道的控制力，亦可突破欧美等西方国家意图从北极地区发起的对俄战略围堵。

二、助推国内船舶业发展

俄罗斯希望继续维持船舶业的世界优势地位，并提升本国国旗船的运输能力。2018 年，俄罗斯在按载重量的全球船队所有权排名中位居第 19 位，船舶注册位列全球第 26 位。俄罗斯拥有船舶总数为 1707 艘，其中悬挂本国国旗船舶为 1384 艘，载重量为 7589 千吨；悬挂外国和国际船旗船舶为 323 艘，载重量为 14 630 千吨，悬挂本国国旗船舶载重量占比仅为 34.2%。③ 北方海航道的规模化利用和管辖权的强化，成为俄罗斯大力发展船舶业，继续保持船舶业的全球竞争力的重要引擎。

普京总统计划将北方海航道打造为拥有全球性竞争力的运输大动脉作为主要任务，俄罗斯能源企业力促政府完善船舶业发展保障机制。2018 年 5 月，普京总统签署了"五月法令"，提出到 2024 年将北方海航道的年通航量提升到 8000 万吨的目标，意味着在短短几年内北方海航道通航量要增加 8 倍。④ 俄罗斯诺瓦泰克公司总裁米赫尔松建议俄罗斯应像韩国一样，起草并通过一项联邦立法，建立对船舶业的支持机制、法律与金融保障。⑤

俄罗斯政府部门、能源企业、造船厂共同发力，加快北方海航运布局的步伐，提出重建破冰船、运输船、大修船厂等计划，以提升北方海航运安全保障能力与物资转运能力。俄罗斯计划至 2025 年前建成 8 艘核动力破

①　Аналитика планов России – взгляд из США, Planet Today, Среда, 27 Марта 2019, https：// planet-today. ru/geopolitika/item/101907-analitika-planov-rossii-vzglyad-iz-ssha.

②　Ashley Postler, Contextualizing Russia's Arctic Militarization, Georgetown Security Studies Review, Feb 18, 2019, http：//georgetownsecuritystudiesreview. org/2019/02/18/contextualizing – russias – arctic-militarization/.

③　Review of Maritime Transport 2018, United Nations Conference of Trade and Development, Oct 3, 2018, https：//unctad. org/en/PublicationsLibrary/rmt2018_en. pdf.

④　Putin decrees an increase in Arctic traffic, The Bellona Foundation, May 16, 2018, https：//bello-na. org/news/arctic/russian-nuclear-icebreakers-fleet/2018-05-putin-decrees-an-increase-in-arctic-traffic.

⑤　Novatek CEO calls for drafting shipbuilding industry support bill, the Arctic, Apr 24, 2018, https：// arctic. ru/resources/20180424/738870. html.

冰船。俄罗斯副总理鲍里索夫表示，"俄罗斯计划至少建造 3 艘'领袖'号核动力破冰船，为了实现该目标，政府计划筹集数十亿美元对兹韦兹达造船厂进行大修。"①按照梅德韦杰夫总理的指示，俄罗斯工商部、联合造船公司、兹韦兹达造船厂、国家原子能集团公司和诺瓦泰克公司正在讨论于 2023 年前建造 4 艘天然气动力破冰船的计划，这 4 艘破冰船已确定由俄国内造船厂建造。② 此外，在俄罗斯工业贸易部与相关联邦部门的支持下，诺瓦泰克公司已于 2018 年 12 月与明星造船厂签署了液化天然气运输船建造的初步合同，达成为北极液化天然气-2 项目建造 14~15 艘 Arc7 冰级液化天然气运输船的协议。③

俄罗斯通过关于对《俄罗斯联邦商船航运法》的修正案，宣布从 2019 年 1 月 1 日起限制外国制造的船只在北方海航道通行，旨在赋予悬挂俄罗斯国旗的船舶在北方海航道从事石油、天然气、凝析油和煤炭运输及储存的专有权，保护国内造船业，增加在北极运输业中的利润，增加政府税收。对北方海航道的开发和利用也可使俄罗斯在全球航运格局调整过程中拥有更多的主动权和话语权，加快俄罗斯恢复海洋强国的进程。

三、主导北极地区开发

俄罗斯将北极开发作为国家优先事项，而北方海航道是俄罗斯北极开发的关键。随着北极地缘战略价值的提升，拥有漫长北冰洋海岸线的俄罗斯将北极开发作为重振海洋强国地位的重要环节。2015 年俄罗斯颁布新版《俄罗斯联邦海洋学说》，明确了建设海洋强国的战略目标，强调北方海航道在保障俄罗斯舰队自由出入大西洋和太平洋的特殊重要性，指出北方海航道对俄罗斯联邦的可持续发展和安全的意义正在提升。④ 俄罗斯高度重视北极资源开发和北方海航道基础设施建设，并加大资金投资力度和政策支持力度。俄罗斯自然资源部长提出"努力将位于北极地区的世界 25%已

---

① Charles Digges, Russian official confirms plans to build behemoth nuclear icebreaker, Bellona, Feb 27, 2019, https：//bellona. org/news/nuclear-issues/2019-02-russian-official-confirms-plans-to-build-behemoth-nuclear-icebreaker.

② The Industry and Trade Ministry considers proposals to build four Arctic-class LNG carriers, the Arctic, Feb 26, 2019, https：//arctic. ru/news/20190226/826971. html.

③ Zvezda Shipyard may build 14 LNG carriers for Novatek, the Arctic, Jan 11 2019, https：//arctic. ru/news/20190111/818099. html.

④ Морская Shipyard may build 14 LNG carr. C. 24, http：//kremlin. ru/events/president/news/50060.

证实自然资源储备应用于俄罗斯经济发展"①，而"北极资源竞争力取决于北方海航道输送速度"②。2018 年 10 月，俄罗斯发布《2019—2021 年北极预算拨款方案》，包括加速俄罗斯北极地区的社会经济发展、推进北方海航道的发展并为北极航行提供保障、为北极地区开发矿产资源创造新技术和新设备。其中，未来 3 年内将为"俄罗斯联邦北极社会经济发展方案"拨款超过 160 亿卢布，为"发展北方海航道方案"拨款超过 406 亿卢布。③ 2018 年底，俄罗斯自然资源部长宣布，俄罗斯将为北极地区基础设施建设和自然资源开发的下一个 5 年计划投资约 5.5 万亿卢布，相当于俄罗斯政府目前在医疗和教育方面投资的总额。④ 俄罗斯远东和北极发展部计划起草一项包括长期稳定的税收优惠的法令，以吸引投资者参与北方海航道和北极投资。⑤ 俄罗斯国家原子能集团公司拟以俄政府提出的未来 5~10 年北极地区物流愿景、基础设施开发和破冰船队建设需采取的行动为指导，提出北方海航道基础设施发展计划。

北方海航道已经成为俄罗斯主导北极开发的重要抓手。俄罗斯在这方面拥有天然的优势，航道分布于俄罗斯北冰洋沿岸，大部分水域属于俄罗斯的内水，并且拥有丰富的北方海航道开发和运营经验。但当前情况下北方海航道的现代化开发和利用更需要先进的科学技术、现代化的管理经验、巨大的资金投入以及广泛的国际合作，以俄罗斯目前的综合国力尚无能力独自承担。因此，虽然俄罗斯对北方海航道的霸道管控为区域内外国家所诟病，但俄罗斯对北方海航道的实际管控地位仍然是其开发北极资源的一大重要优势，没有北方海航道就无法解决北极开发的运

① Kobylkin: Natural Resources Ministry will focus on developing Russia's Arctic regions, the Arctic, 22 May 2018, https://arctic.ru/resources/20180522/745431.html.

② Natural Resources Ministry: The competitiveness of Arctic resources depends on the speed of their delivery via the Northern Sea Route, the Arctic, 19 November 2018, https://arctic.ru/resources/20181119/805087.html.

③ Russia to allocate over $600 mln for Northern Sea Route development in three years, Tass, September 20, 2018, http://tass.com/economy/1022413.

④ Atle Staalesen, Russia presents an ambitious 5-year plan for Arctic investment, ArcticToday, Dec 14, 2018, https://www.arctictoday.com/russia-presents-ambitious-5-year-plan-arctic-investment/.

⑤ Ministry for Russian Far East Development to prepare investment support measures for Northern Sea Route in three months, the Arctic, 28 February 2019, https://arctic.ru/news/20190228/827675.html.

输问题。① 为保障俄罗斯在北方海航道开发和利用中的主动权和话语权，俄罗斯必须要强化对航道的管辖权。

第三节　俄罗斯强化北方海航道管辖权的国际影响

俄罗斯在通过强化北方海航道管辖权护持国家安全利益，助推国内船舶业发展和北极地区开发的同时，客观上对现存国际航行规则形成冲击，极有可能诱发美国在北极地区的"航行自由行动"，严格的运输禁令和监管制度也增加了北极开发国际合作的不确定性。

一、对现存国际航行规则的冲击

俄罗斯于 1997 年批准《联合国海洋法公约》，并于 2008 年与美国、加拿大、丹麦、挪威共同通过了《伊鲁丽赛特宣言》，强调国际海洋法是适用于北极地区的国际法。从法理上讲，俄罗斯国内现行的有关海洋划界、航道管理和海上航行等方面的法律不应与国际公认的法律和习惯法相违背。俄罗斯能够接受根据《联合国海洋法公约》相关规定进行的仲裁或调解，也在国内法上进行了一定程度的内化与妥协，如 2013 年的《关于北方海航道水域商业航运的俄罗斯联邦特别法修正案》进行了不少与《联合国海洋法公约》衔接的修正，朝着有利于北方海航道国际化的方向发展。

但在重大战略问题上俄罗斯依然保持强硬立场，近年来不断强化北方海航道管辖权的举措对现存国际航行规则形成一定的冲击。俄罗斯 2015 年通过的《北方海航道水域航行规则》中关于申报航行许可和报告，破冰船领航和冰区引航服务等规定已经对船舶通过该水域作出了超出《联合国海洋法公约》的限制。② 尽管俄立法部门在二读时说明俄 2017 年关于对《俄罗斯联邦商船航运法》的修正案是出于保护环境之需，依据国际法及俄联邦相关法律，不违反《欧亚经济联盟条约》及俄签署的其他国

---

① 丁煌主编，《极地国家政策研究报告（2014—2015）》，北京：科学出版社，2016 年版，第 50 页。

② 谈谭，《俄罗斯北极航道国内法规与〈联合国海洋法公约〉的分歧及化解途径》，《上海交通大学学报(哲学社会科学版)》，2017 年第 1 期，第 24 页。

际条约规定，但俄罗斯的相关规定显然超越了国际海洋法关于专属经济区和大陆架航行制度的规定，也与国际海峡过境通行制度相冲突，是俄将北方海航道"内水化"的表现。

俄罗斯对北方海航道管理和控制的进一步强化必将引发美国、加拿大、北欧国家等北极沿岸国的强烈反对和其他北极利益相关国的担忧，诱发相关国家利用话语优势，倡导对北极航道现存国际管理体制的变革，推动在北极理事会等多边框架下强化对北极航道的多边治理。俄罗斯关于北极航道是其国内航道的主张将受到挑战，将迫使俄进一步澄清北方海航道水域的"历史性水域"主张。

二、诱发美国在北极航道的"航行自由行动"

捍卫航行自由被美国视为"立国传统"，美国自建国之初就提出海洋自由思想。自 1979 年提出"航行自由计划"以来，美国在印度洋-太平洋、中东、非洲、东欧、西欧、拉美等全球多个地区实施常态化的"航行自由行动"，以遏制其所谓的"过度海洋主张"。美国北极政策历来重视航行自由。早在苏联宣布北方海航道为苏联国内海运交通干线时，美国就提出坚决反对意见。苏联解体之初，美国国务院曾指出俄罗斯北方海航道的地位应该由国际法决定，而非由沿岸国国内法决定。2009 年美国颁布的《国家安全总统令与国土安全总统令》中指出，"海洋自由是美国最优先的事情，北方海航道包括用于国际航行的海峡，过境通行制度适用于经过这些海峡的航道。维护在北极地区涉及航行和飞越的权利和义务，这将使我们有能力在全球行使这些权利"。① 美国曾在未取得俄罗斯和加拿大正式许可的情况下，派遣军舰挑战俄罗斯和加拿大在北极航道主张的管辖制度。② 随着俄罗斯加紧对北方海航道的管控以及美国北极战略的逐步实施，俄美围绕北方海航道的博弈愈演愈烈，美国多次要求俄罗斯不得限制航行自由。

俄罗斯关于 2019 年起外国军舰通过北方海航道须提前向俄当局报批的新规，有可能会让美国界定为"过度海洋主张"，诱发美国在北极地区的

---

① 王泽林，《北极航道法律地位研究》，上海：上海交通大学出版社，2014 年版，第 6 页。
② 郑雷，《北极航道沿海国对航行自由问题的处理与启示》，《国际问题研究》，2016 年第 6 期，第 119 页。

"航行自由行动"。美国海军部长理查德·斯宾塞表示，美海军将向靠近俄罗斯边境的埃达克岛派遣水上舰船和 P-8 侦察机，希望以此回应"他国的过度主张"，试图巩固在北极的阵地。① 如果美国仍积极着手在俄罗斯海岸附近的北冰洋地区自由航行，刻赤海峡的乌克兰船只事件可能重演。②2019 年 4 月，美国海岸警卫队发布的《北极战略展望》指出，作为一个战略竞争对手，美国必须注意俄罗斯在北极的行动，强化海岸警卫队的北极行动能力，海岸警卫队必须能够随时提供维护主权的实际存在、执行行动任务、促进航行自由以及履行其他国家和国际义务。③ "航行自由行动"也可能作为美国博弈北极战略利益的重要手段之一。当前俄罗斯在北极占据主导地位，美国在北极竞争中已落后于俄罗斯。美专家认为，美国不应进行北方海航道的"航行自由行动"等挑衅行为，加剧该敏感地区的紧张局势。④

三、对北方海航道开发形成双刃剑效应

俄罗斯通过变革管理模式，调整管理机构，提高了北方海航道管理效率，激活了北极开发动能，将交通运输部的部分职能赋予拥有雄厚资金实力和强大建设能力的国家原子能集团公司，为北方海航道开发注入新动力。梅德韦杰夫总理曾表示，开启"两把钥匙"的管理模式就是"为了把一系列关键的职权集中在国家原子能集团公司手中"⑤。法案的制定者们也认为："法案的通过将极大地促进北方海航道作为北极地区国家运输干线建设以及北方海航道沿岸港口的发展。"⑥新的法案出台之际，俄罗斯北极航

---

① 《美国力图削弱俄中北极影响力》，俄罗斯卫星通讯社，2019 年 1 月 14 日，http：//sputniknews. cn/politics/201901141027348334/。

② 《西方媒体预测北极将重演刻赤事件》，俄罗斯卫星通讯社，2018 年 12 月 22 日，http：//sputniknews. cn/russia/201812221027185231/。

③ United States Coast Guard Arctic Strategic Outlook，USCG，Apr 2019，https：//www. uscg. mil/Portals/0/Images/arctic/Arctic_Strategic_Outlook_APR_2019. pdf.

④ Ashley Postler，Contextualizing Russia's Arctic Militarization，Georgetown Security Studies Review，Feb 18，2019，http：//georgetownsecuritystudiesreview. org/2019/02/18/contextualizing - russias - arctic-militarization/.

⑤ аседание Правительства，Правительство России Июля，5，2018，http：//government. ru/news/33138/.

⑥ Права Росатома на Севморпуть одобрены законопроектной комиссией，Rwgnum，июля 5，2018，https：//regnum. ru/news/2443271. html.

运正在迅速增长。2018年，约1800万吨的货物运经北方海航道，比2017年增长近70%。[①] 北方海航道的三分之二航线穿过远东地区，将北方海航道管理事务并入远东发展部，将是加速北方海航道开发的又一激励性措施。远东发展部已经在远东地区开发方面积累了丰富经验，形成包括远东发展基金在内的支持机制，并正在制定一系列优惠政策。未来的远东与北极发展部将助推北方海航道的商业性开发和沿岸港口建设，北方海航道的发展也将增加远东地区与俄欧洲地区的联系，增强远东和北极地区的向心力和凝聚力。俄罗斯理顺北方海航道管理体制的一系列举措一定程度上扭转了政出多门、管理僵化、重复建设的尴尬局面，极大地提升了管理机构间的统筹协调能力和执行效率。北方海航道商船和军舰通航的限制性规定进一步固化了俄罗斯北方海航道的主导地位。

俄罗斯强化对北方海航道的管控将抑制北极地区整体投资环境的改善，提高外国投资者的投资成本，发展国际合作的不确定性明显增加。俄罗斯在推进其北极项目方面依赖外国融资和技术专长。[②] 诺瓦泰克公司的亚马尔液化天然气项目49.9%的资金来自法国道达尔公司、中石油和中国丝路基金。北极地区高达50%的液化天然气项目将由外国企业提供资金。乌克兰事件以来，欧美国家针对俄罗斯北极地区大型投资项目的技术和金融制裁的消极影响进一步印证了俄罗斯北极开发的对外依赖性和脆弱性。俄罗斯造船厂无力建造Arc7冰级液化天然气运输船，诺瓦泰克公司严重依赖外国船只从北极运输液化天然气，北方海航道沿线的其他原油和煤炭项目，包括俄罗斯天然气工业股份公司的诺维港，伯朝拉海的第一个海上抗冰固定平台Prirazlomnaya平台以及VostokCoal在泰梅尔半岛的开发也依赖于悬挂外国国旗的船只。而2019年1月生效的《俄罗斯联邦商船航运法》修正案，禁止外国船舶在北方海航道运输俄境内生产的油气资源，

---

① Atle Staalesen, New Arctic situation center comes to Murmansk, The Barents Observer, February 21, 2019, https://thebarentsobserver.com/en/arctic/2019/02/new-arctic-situation-center-comes-murmansk.

② Malte Humpert, Novatek will be allowed to operate foreign LNG Carriers on the Northern Sea Route, Arctic Today, Mar 22, 2019, https://www.arctictoday.com/novatek-will-be-allowed-to-operate-foreign-lng-carriers-on-the-northern-sea-route/.

阻碍诺瓦泰克公司的运输计划。① 尽管该修正案作出两项例外规定，暂时放宽了对已签署租用合同的外籍船舶的限制，但从长远来看，俄罗斯必须作出更多的豁免禁令，否则将严重限制俄罗斯北极石油和天然气的开发与运输，掣肘北极开发的国际合作。

---

① Malte Humpert, Novatek will be allowed to operate foreign LNG Carriers on the Northern Sea Route, Arctic Today, Mar 22, 2019, https：//www. arctictoday. com/novatek-will-be-allowed-to-operate-foreign-lng-carriers-on-the-northern-sea-route/.

第十章 新马白礁岛争端再起
引发海上矛盾激化

2008 年 5 月 23 日，国际法院对新加坡与马来西亚的岛礁争端一案作出裁决，以 12∶4 票的结果将白礁岛主权判给新加坡，从而结束了新马两国将近 30 年的主权争夺战。然而，2017 年初，马来西亚发现了 3 份与白礁岛主权密切相关的重要文件，并将其视为关键性证据，决定向国际法院申请复核，至此双方关于白礁岛的主权争夺风云再起。然而，2018 年 5 月 30 日，马来西亚总检察署发表声明表示终止复核申请，随后国际法院也撤销了马来西亚的复核申请，因国际法院规定的 10 年期限已过，关于白礁岛的主权归属已尘埃落定。

第一节 新马岛礁主权争端回顾

一、岛礁争端概况

(一)争议岛礁的地理位置

新加坡与马来西亚两国距离很近，历史关系复杂，双方关于岛礁主权的争端主要集中在白礁岛、中岩礁和南礁。其中，白礁岛因岛上覆盖厚厚的白色鸟粪而得名，终年无人居住。白礁岛位于新加坡海峡东面入口处，长 137 米，平均宽度达 60 米，在低潮时面积约有 8560 平方米，距新加坡以东约 24 海里，距马来西亚柔佛州以南约 7.7 海里，距印度尼西亚宾坦岛以北约 7.6 海里。中岩礁位于白礁以南 0.6 海里，主要是由高出水面 0.6~1.2 米的两个较小的岩石群组成。南礁处在白礁西南约 2.2 海里处，性质上属于低潮高地，即只有在低潮时才能看得见。①

---

① 《国际法院判决、咨询意见和命令摘要》(2008—2012)，国际法院官网，http://www.icj-icj.org/files/summaries/summaries-2008-2012-ch.pdf。

(二)争端由来

1. 历史原因

白礁岛最开始是柔佛苏丹国的领土,按照国家继承的原则,应该是马来西亚的领土。然而,在1824年,因克劳福德条约,柔佛苏丹向东印度公司割让了新加坡岛以及新加坡沿海10海里的临近水域、海峡和小岛。[1] 这相当于柔佛自动放弃了对于新加坡及其沿海10海里范围内的统治权。1844年,英国殖民当局为确保当地航行安全,于1851年在白礁岛建成霍士堡灯塔,并将其管理权交给新加坡。此后100多年的时间内,马来西亚并没有就白礁岛的主权提出过异议,直至1979年,马来西亚公布了一张"马来西亚领海与大陆架边缘"地图,地图明确将白礁岛划入其领海范围内,引起新加坡的强烈反对。[2] 对此,新加坡发表外交声明,不承认马来西亚的行径,要求其修改该地图。然而,马来西亚态度强硬,拒绝修改。由此,两国开始了对于白礁岛的主权争夺战。

2. 战略位置

除历史性因素外,新马两国对于白礁岛的争议还与海洋利益和地缘政治相关。白礁岛具有重要的战略意义,是南海进入马六甲海峡的咽喉要道,每天往来船只上千艘。对于新加坡而言,如果没有白礁岛,将严重影响其支柱产业——海港业,而且只要拥有白礁岛主权,就可增强其自身在东南亚地区的战略地位。对于马来西亚而言,白礁岛若是归属于马来西亚,那么新加坡进出的船只则都需要经过马来西亚的同意,可谓是掐住新加坡的命脉。

二、岛礁争议的司法解决

自新加坡与马来西亚开始主权争夺战后,双方冲突不断升级。2003年初,马来西亚时任外长赛哈密表示:"新加坡有两个选择,如果它拒绝,只好开战"。这在当时的情况看来并不是口头上表达而已,实际上马来西亚当时已经派出军舰在白礁岛附近进行巡逻。对此,新加坡时任外长贾古

---

[1] 王秀梅,《白礁岛、中岩礁和南礁案的国际法解读》,《东南亚研究》,2009年第1期,第20页。
[2] 孙泽雯,《新马岛屿争端案复核分析及其启示》,《唯实·环球经纬》,2018年第9期,第94页。

玛强硬回应指出："领土主权对于任何一个国家而言，都是至关重要的，对于新加坡这样一个小国来说，更是如此，我们珍惜每一寸土地，并将不惜一切代价捍卫自己的领土主权"。① 可以说，两国关系充满了浓重的火药味，已经到了战事一触即发的时刻。

然而，就在这一紧张时刻，新马两国高层领导人意识到，双方经济联系密切，人员往来频繁，双边关系不可能仅仅因为一个岛礁问题而闹僵，迅速达成共识。因此，双方于 2003 年 2 月签署特别协定，同意把岛礁主权争端提交国际法院仲裁解决，并且表示无论国际法院作出什么样的裁决，两国都会接受，两国关系不会因岛礁主权争端而受影响。另外，协定还特别强调了双方同意国际法院的判决为终极判决，在两国之间具有约束力。

马来西亚要求国际法院判决白礁岛、中岩礁、南礁主权属于马来西亚，其依据就是白礁岛一直以来就是马来西亚柔佛的一部分，而且也没有发生任何改变主权的事实。新加坡则要求国际法院判决白礁岛、中岩礁、南礁的主权属于新加坡，其依据则是英国在白礁岛上建设了霍士堡灯塔，并将管理权交给新加坡，由新加坡行使对白礁岛的管理权，这是国家行为，新加坡必须维护这一合法主权。2008 年 5 月 23 日，国际法院在认真审核双方提供的证据基础上，对白礁岛、中岩礁和南礁的主权归属作出了如下裁决：以 12∶4 的票数，裁决白礁岛主权属于新加坡；以 15∶1 的票数，裁决中岩礁主权属于马来西亚；以 15∶1 的票数，裁决南礁主权属于其所在水域主权的国家。② 对于该判决结果，马来西亚表示，尽管面临的是失去领土的痛苦，但仍将遵从国际法庭的判决；新加坡则表示，以后会与马来西亚继续保持充分合作。至此，白礁岛主权争议问题对于新马双方而言已经结束。

第二节　新马白礁岛争端再起波澜

马来西亚虽然在国际法院公布裁决结果时，表示接受这项裁决，但其

---

① 《白礁岛之争，从"开战边缘"到"恭贺对方胜诉"》，腾讯评论，http：//view. news. qq. com/zt2012/bjd/index. htm。

② 《国际法院判决、咨询意见和命令摘要》（2008—2012），国际法院官网，http：//www. ivj-ivj. org/files/summaries-2008-2012-ch. pdf。

认为，当时国际法院裁决依据的证据并不严谨，所以，一直不放弃寻求发现新证据申请复核，以达到促使国际法院改判的目的。在 2016 年 8 月至 2017 年 1 月 30 日期间，马来西亚在英国国家档案馆获得 3 份能够证明白礁岛主权的资料。因此，马来西亚当局决定于 2017 年 2 月 3 日向国际法院提交复核申请，希望国际法院能够重新审核白礁岛的裁决结果。总检察长穆罕默德·阿潘迪·阿里表示，马来西亚是在发现一些关键性信息后决定提交复核申请，有理由相信当年国际法院对白礁岛案作出裁决的时候，国际法院和马来西亚对这些信息并不知晓。

一、马来西亚发现 3 份新文件

马来西亚发现的 3 份文件分别是：1958 年新加坡殖民政府的内部信函、同年一名英国海事人员申报的意外报告以及 20 世纪 60 年代起的海事行动注释地图。[①] 马来西亚政府以这 3 份文件要求国际法院复核白礁一案，认为，这 3 份文件说明了当时的英国殖民当局和新加坡政府官员并没有将白礁岛视为新加坡领土的一部分，如果国际法院在审查初始就看到这些证据的话，必将会对白礁岛的主权归属作出不同于现在的裁决。

1958 年新加坡殖民政府的内部信函，主要内容是新加坡殖民总督向英国殖民当局回复新加坡的领海宽度。新加坡殖民总督认为，对于新加坡而言，还是保留 3 海里的宽度为宜，不应扩展到 6 海里。如果扩展到 6 海里，就应该在新加坡、马来西亚北部和印度尼西亚南部之间的海域划出一条公海走廊。这条走廊距白礁岛仅仅 1 海里，马来西亚认为，新加坡总督的这种划法表明，当时的新加坡高层官员并不认为白礁岛是其领土的一部分。

1958 年英国海事人员申报的意外报告，主要内容是英国海军军官发给新加坡监管部门的一份事故报告。该报告描述的是一艘马来西亚船只在离开新加坡前往佩塔尼的路途中，在霍士堡灯塔附近被印度尼西亚炮舰尾随，期间向英国海军求助无果，最后返回新加坡的事件。该海军军官称，英国海军对类似事件无法提供援助，因为该船仍在柔佛领海范围内，除非

---

① Application for Revision of the Judgment of 23 May 2008 in the case Concerning Sovereignty over Pedra Branca/Pulau Batu Putch, Middle Rocks and South Ledge (Malaysia V. Singapore), Application for Revision by Malaysia, Dated this 2nd Day of February, 2017, http://www.icj-cij.org/files/case-related/167/19362.pdf.

是接到马来西亚联邦政府的特别请求，否则英国海军不会主动干预柔佛事务。马来西亚认为，这一报告充分证明了新加坡当时认为白礁岛属于柔佛领土，根据国家继承原则最终属于马来西亚。

20世纪60年代的海事行动地图，是在英国远东舰队一名指挥官编写的"马六甲和新加坡海峡的海军行动"的文件中发现的。这份地图明确了新加坡的领海范围，并没有延伸至白礁岛附近。地图于1962年开始使用，一直到1966年仍然在使用。马来西亚认为，这份地图足以说明新加坡当局的管辖区域从未延伸至白礁岛附近，也就是说新加坡不认为白礁岛是其领土的一部分。

可以说，马来西亚发现上述证据并不是偶然的，也不是一蹴而就的，而是一个有计划的过程。自2014年以来，马来西亚柔佛州伊斯兰党就成立了特别行动委员会，决定为2008年的白礁岛案件收集新证据，促使国际法院改判。①

二、申请复核的理由及诉求

马来西亚向国际法院申请复核主要依据的是《国际法院规约》第61条，即向国际法院提交的复核申请需满足以下条件：在接受复核诉讼前，国际法院需先履行判决内容；申请复核应根据所发现的具有决定性的事实，此事实在宣判时不为法院及申请复核国所知，且申请复核国在发现该事实上不存在过失；申请复核应在发现新事实6个月内及自宣判日起10年内提交。

马来西亚提出复核申请的理由主要有三：其一是在历史上马来西亚并不是第一个提出复核申请的国家，早在之前就有3起案例，分别是突尼斯请求复核其与阿拉伯利比亚民众国的大陆架案，南斯拉夫请求复核《防止及惩治灭绝种族罪公约》的适用案，萨尔瓦多请求复核其与洪都拉斯间的陆地、岛屿和海洋边界争端案；② 其二是距离国际法院规定的时限将至。国际法院明确规定了提出复核申请的时间限制，即必须在判决生效10年之内，一旦超过期限则不予以受理。白礁岛案的判决生效日是2008年5月23日，所以，马来西亚想在期限到来的最后一刻为争取自身权益进行最后

---

① 《伊党成立特委会要为白礁岛案上诉》，《新加坡联合早报》，2014年1月10日。
② 孙泽雯，《新马岛屿争端案复核分析及其启示》，《唯实·环球经纬》，2018年第9期，第95页。

一搏；其三是马来西亚内政问题。2017 年正值马来西亚大选期间，当时的执政党巫统可能利用此契机制造假想敌，积极向民众证明纳吉政府在国家利益和主权问题面前并没有采取软弱立场，以期获得更多的选民支持，为自身选举积累政治资本。

马来西亚向国际法院提出复核申请的主要诉求，根据其找到的 3 份文件，主要有 3 项：一是要求国际法院确认其新发现的 3 份文件是真实有效的，对白礁岛案件有决定性影响；二是要求国际法院受理马来西亚的复核申请；三是要求国际法院根据《国际法院规则》第 99 条第 4 款的规定，确定重新受理案件的时间表。

三、新加坡政府应对

在得知马来西亚向国际法院提出复核申请后，新加坡外交部发表声明指出，马来西亚这一申请实在是"令人费解"，既"没有必要"也"毫无理据"，但会据理力争。随后，新加坡政府立即成立了由总检察长黄鲁胜、前副总理贾古玛教授、巡回大使许通美教授和前大法官陈锡强组成的司法团队，详细研究了马来西亚提交的 3 份文件。[①] 该司法团队认为，这些文件不足以构成国际法院复核裁决的证据，更不符合《国际法院规约》第61 条的规定。所以，新加坡政府在国际法院规定的时限前，向国际法院提交了书面报告，对马来西亚的主张进行了全面有力的反驳。新加坡外长维文表示，新加坡对于当时自身提供的论据和国际法院的裁决充满信心，而且司法团队也为白礁主权案做了"精心而周全"的准备，对于马来西亚提出的陈词，也提出了"明确而有力的论据"。

四、马来西亚撤销复核申请

2018 年 5 月 28 日，马来西亚新政府出乎意料地通知国际法院，终止之前提出的复核申请，不再针对白礁岛主权归属持有异议。这一戏剧性决定意味着，白礁岛主权争议就此画上句号，再无翻转的可能。新加坡也于29 日通知国际法院，表示同意马来西亚撤销相关申请的决定。新加坡国际法院也在同一天致函新马两国，经双方同意，法院将撤销马来西亚提出的

---

① 《白礁主权纷争，我国有信心马国证据不符合复核条件》，《新加坡联合早报》，http://www.zaobao.com/realtime/singapore/story20170302-731111。

申请，并发出指示，将案件从法院列表中去除。对于马来西亚此次撤销复核申请的缘由，学者众说纷纭。新加坡南洋理工大学国立教育学院历史讲师布莱克本博士认为，马来西亚不再要求复核白礁主权裁决可能是因为马哈蒂尔政府认为胜算不大，而且马哈蒂尔上台后检讨了诸多以前的政策与项目，有可能从前任政府的文件中发现之前声称有关白礁岛的新证据事实上并不充足，因此也不想继续在这个官司上花钱，可以说撤销申请不失为新政府上台后作出的一个比较务实的决定。新加坡国立大学法学院院长陈西文教授的看法与布莱克本博士大同小异，他也认为，虽然打这场官司的费用不比马来西亚正在检讨或已取消的其他基础设施建设项目高，但对于新政府而言毕竟也是经济负担。新加坡管理学院全球教育兼职讲师陈添金博士则认为，马来西亚放弃复核申请可能与其有意发展中岩礁有关，马来西亚政府有可能是想把重点放在扩大中岩礁的计划上，因为中岩礁由礁变为岛后，对新马两国未来的海域管辖范围会有一定影响。同时，他也指出，中岩礁扩大为岛屿除去马来西亚可能会争取较大范围的海域外，还会影响船运，因为过往船只如果觉得绕行中岩礁会延长距离，就会弃用此航线，届时将对新加坡的海运事业造成不利影响。实际上，中岩礁扩建早有预兆，2012 年起马来西亚就在中岩礁上建设了海事基地，2018 年 5 月 30 日，马来西亚总理马哈蒂尔透漏，政府有意将中岩礁扩大为一座小岛。[1]

综上，可以看出，马来西亚决定撤销申请的原因有二：一是因为案件审理会消耗大量人力物力资源，也会花费巨额费用；二是马来西亚政府计划集中精力发展中岩礁。此外，还有一种可能就是为了平衡马哈蒂尔政府上台后取消新隆高铁计划带来的负面影响。

第三节　新马白礁争端再起产生的影响

一、缓冲马来西亚单方面宣布取消新隆高铁带来的矛盾

新加坡与马来西亚 2016 年签署建设新隆高铁协议，计划 2017 年招标，2018 年动工，2026 年建成。按协议规定，新隆高铁全长 350 千米，其中

---

[1] 黄永宏，《只要符合国际法 马国有权发展中岩礁》，《新加坡联合早报》，2018 年 6 月 4 日，http://www.zaobao.com/news/singapore/story20180604-864252。

335 千米（7 个站）在马来西亚境内，另外 15 千米（1 个站）在新加坡。① 然而，马来西亚新任总理马哈蒂尔上台后，突然宣布取消新隆高铁计划，理由简单粗暴，只是耗资巨大，政府财政负担不起。对此，新加坡政府损失巨大，因为截至 2018 年 5 月，新加坡政府已经投入 2.5 亿新币。根据双方签署的协议，如果马来西亚政府在 2018 年 5 月 31 日前仍未施工，将视为毁约，就必须赔偿新加坡在该项目上截至 2018 年 9 月 5 日前累积的费用，预计费用会高达 2.7 亿新元，这使得新马关系一度紧张。马来西亚选择在此时撤销对白礁岛的复核申请，其实是明智之举，对自身而言没有实质损失，而且从外交角度看，一定程度上缓解了马来西亚单方面宣布取消新隆高铁计划引发的与新加坡之间的矛盾，为双方关于新隆高铁的赔偿谈判营造了正面的气氛，熄灭了可能引发双方争议的"星星之火"。

二、为以后新马双方解决主权争议问题提供切实可行的方法

新马两国在关于白礁岛问题的解决方式上，采取了双方都接受的国际法院裁决的方式，为以后双方矛盾的解决提供了一条切实可行的路径。新马两国之间只有一水之隔，无法避免因水域问题而引起的分歧和纠纷，如2018 年发生的新马航空管理权和新山港口扩大问题。新马航空管理权之争缘起于新加坡启用了实里达机场的搭客大厦，并公布了机场相关航线以及新的仪表着陆系统程序。马来西亚交通部长对此表示，新加坡此举未经马来西亚同意，可能会影响到柔佛当地的发展，因此，政府打算收回航空管理权，并抗议新加坡违反国际法。新山港口扩大问题缘起于马来西亚发布的三份文件，分别是于 2018 年 10 月 25 日发布的扩大柔佛港界的公报、11月 11 日和 22 日发布的港务通知和航海通告。这些文件中公布的柔佛港界的范围直接超越了马来西亚 1979 年地图所标明的与新加坡的国界线，已经压到新加坡港界上。对此，新加坡也把港界向外推，反制马来西亚。对此，双方各执一词，新加坡认为马来西亚的行为是高度危险的挑衅行为。双方为解决这一问题仍在进行谈判，如若谈不拢，则不排除最终以国际法院裁决的方式解决。

---

① 许振义，《马来西亚忽然发难：新马领海问题纠纷再起》，2018 年 12 月 6 日，https：//mil. ifeng. com/c/7igbaL4bRdw。

第十一章　大国强化南太平洋 援助竞争的措施及趋势

南太平洋地区幅员辽阔，域内各国专属经济区面积总和约为 2000 万平方千米。在这片广袤的海域上，零星散布着 14 个独立主权国家和 8 处被西方大国管辖的领地。该地区由于战略位置的优异、自然资源的丰富和政治地位的关键，长期受到大国的"青睐"。近期，澳、美、日等国又竞相宣布扩大对南太平洋地区的援助力度，在引发新一轮国际援助竞争热潮的同时，也为域内国家发展带来了新机遇。

第一节　大国争相抢夺南太平洋地区的动因

自 15 世纪西班牙、葡萄牙率先涉足南太平洋地区以来，该地区经历了多次惨烈的殖民战争。在长期的斗争过程中，大国也逐步认清其重要的战略价值。

一、南太平洋战略位置的独特性

南太平洋地区位于太平洋的赤道南北，西连澳大利亚，东靠南北美洲，向南隔着新西兰与南极大陆"遥相呼应"。其西北面还与东南亚紧紧相邻，靠近素有"海上生命线"之称的马六甲海峡，扼守着南北美洲至亚洲的太平洋运输线，是东西、南北两大战略通道的交汇处。[1] 这里还是远洋航行船舶重要的物资补给站和南半球科学考察、卫星发射重要的保障基地，地理区位优势十分明显。

二、南太平洋渔业资源与矿产资源的丰富性

在总面积 2000 万平方千米的专属经济区内，有着种类繁多的海洋水产

---

[1] 梁甲瑞，高文胜，《中美南太平洋地区的博弈态势、动因及手段》，《太平洋学报》，2017 年第 6 期。

资源，如金枪鱼、对虾、蟹、贝类等，渔业养殖和捕捞的开发潜力很大。其中以金枪鱼资源最为珍贵，是当地渔业发展的支柱。据官方数据显示，2018 年世界金枪鱼的捕捞量在 491.2 万吨左右，而仅在南太平洋一处的捕捞量就达 259.6 万吨，占世界总产量的 52.9%。[①] 同时，该地区还有着储量丰富的矿产资源。巴布亚新几内亚拥有丰富的铜、金、银、钴、镍、石油和天然气。[②] 斐济盛产金、铜、铝土、磷酸盐等矿产资源，黄金开采在斐济的国民经济中居第 3 位。[③] 瑙鲁的磷酸盐矿的储量与产量均位居世界前列。不仅如此，南太平洋广阔水域下还蕴藏着不计其数的深海矿产资源，潜在战略意义极为深远。

三、南太平洋政治地位的关键性

南太平洋地区大多是新独立的欠发达和最不发达国家，经济发展水平弱、社会发展形态各异，部分甚至尚未形成完整的国家形态。在不断磨合与发展的过程中，南太平洋岛国认识到需要通过集体统一发声来提升国际话语权并取得相应的国际地位。在联合国的各项决议过程中，拥有 12 票的南太平洋岛国往往会采取一致投票的方式，选出符合自身发展需求的方案。这个稳定且占有成员国较大比例的票源，也就成了域外大国重视并加以争取的对象。[④]

第二节 大国对南太平洋援助竞争的具体措施

21 世纪是"和平与发展"的世纪，大国放弃了在南太平洋的武力争夺，而是采取以经济援助为主、政治干预为辅的新手段，强化对该地区的实质性控制。其中，澳、美、日 3 国对南太平洋的援助最具特点。

---

① 国际海产品可持续基金会（ISSF），2019 年 3 月 26 日，https：//iss-foundation.org/about-tuna/status-of-the-stocks/interactive-stock-status-tool/。
② 韩锋、赵江林编著，《列国志：巴布亚新几内亚》，北京：社会科学文献出版社，2015 年，第 8 页。
③ 吕桂霞编著，《列国志：斐济》，北京：社会科学文献出版社，2015 年，第 129 页。
④ 胡传明、张帅，《美中日在南太平洋岛国的战略博弈》，《南昌大学学报（人文社会科学版）》，2013 年第 1 期。

一、澳大利亚强势捍卫其"核心利益区"免遭他国介入

澳大利亚作为南太平洋地区最大的援助国,其历届领导人均将该地区视为"核心利益区",并严防其他大国过多介入地区事务。2018年,澳大利亚政府依然采取着强势的"干涉"手段,从政治、经贸和安全等多领域合作出发,积极扮演着南太平洋地区的"家长角色"。

在政治领域,对内积极支持南太平洋地区构建政治体制。在斐济大选期间,以澳大利亚为首的多国观察组对斐济的民主选举进行了全程的监督,以保证其顺利进行。① 对外主动承担起"地区代理人"角色,持续为南太平洋发声。澳大利亚时任总理特恩布尔在2018年多次要求电力公司严格执行减排目标,关注全球气候变化,赢得了南太平洋地区领导人的广泛赞誉。

在经贸领域,持续扩大援助投入,警惕中国投资影响力。继2017年签署《太平洋更紧密经济关系协定》以促进南太平洋经济增长后,澳大利亚又于2018年11月宣布设立开发基金,为诸多南太平洋国家的基础设施项目提供逾20亿澳元(约合人民币95亿元)的建设资金②,以遏制中国通过经济手段在南太平洋增强影响力。

在安全领域,将维护南太平洋的稳定作为国家利益的核心内容。2018年9月,澳大利亚宣布建立太平洋安全中心,并与南太平洋国家签署了一项涉及面广泛的安全协议《博埃宣言》。③ 为了避免重蹈"被殖民"的覆辙,南太平洋国家意识到不应在安全领域"一边倒"地依靠单一国家,而是要更多"邀请"域外国家参与地区安全合作。8月,巴布亚新几内亚表态将翻修马努斯岛的多用途港口,并广泛欢迎世界投资者的关注。11月,萨摩亚宣布正在与中国就阿萨奥港的开发项目进行谈判。尽管域外国家对南太平洋安全设施开发起到了积极效果,但澳大利亚却表现出过分的"担忧"。在整

---

① Fiji's 2018 election result, Department of Foreign Affairs and Trade Of Australia, 30 March 2019, https://foreignminister. gov. au/releases/Pages/2018/mp_mr_181118. aspx? w = E6pq%2FUhzOs% 2BE7V9FFYi1xQ%3D%3D.

② 《澳拟砸20亿澳元援助太平洋岛国 德媒:抗衡中国影响力》,参考消息网,2018年11月8日,http://www.cankaoxiaoxi. com/china/20181108/2350291. shtml。

③ 该协议以2000年达成的《比克塔瓦宣言》为基础,涉及领域包括国防、法制、人道主义援助、救灾、环境安全以及气候变化适应力等。

个 2018 年,澳大利亚各级官员曾多次就域外国家"插手"南太安全事务发表讲话,并额外支出大笔资金用于阻止域外国家的进一步介入,给澳大利亚的财政也带来了极大负担。

二、美国以"自由联系国"为纽带提升影响力

美国一直将南太平洋作为其布局整个太平洋地区安全战略的坚固后方。[1] 2018 年,特朗普政府基本沿用了此前由奥巴马制定的南太平洋政策,持续强化着对南太平洋地区的经济援助。11 月,美国副总统迈克·彭斯宣布该国将向巴亚新几内亚投入 17 亿美元(约合人民币 117.6 亿元)用于当地的电网等基础设施建设,并与澳大利亚军方合作开发位于西太平洋的马努斯海军基地。[2] 12 月,美国又重磅宣布加入"太平洋地区基础设施集团"[3],与澳大利亚、新西兰、欧盟、日本等国一道,为南太平洋国家提供研究、咨询和技术等方面的支持。

不仅如此,在新一轮援助竞争加剧的背景下,美国还以三个南太平洋"自由联系国"马绍尔群岛、密克罗尼西亚联邦和帕劳为抓手,加紧提升在该地区的政治影响力。根据《自由联系条约》内容,马绍尔群岛、密克罗尼西亚联邦和帕劳 3 国的国防及战略安全事务将全权交由美国负责,为其进一步介入南太平洋事务提供了便利。2018 年 9 月,在帕劳从事正当研究作业的中国科考船遭到了帕方的"无礼"驱离,美国政府强硬表态将协助监视中国船舶的海上动向,以确保相关船只"按要求"驶出帕劳水域。[4] 通过美方的处理态度,可看出其国内对中国在南太平洋的活动充满敌意。早在 5 月,美国国防部便拟向国会提交南太平洋防务报告,重点针对三个南太平洋"自由联系国"的国防、外交走向进行分析,并强调将中国对密克罗尼西亚联邦的外交影响力作为潜在的研究方向。可以说,

① 胡传明,张帅,《美中日在南太平洋岛国的战略博弈》,《南昌大学学报(人文社会科学版)》,2013 年第 1 期。
② 《新媒:美国加入太平洋地区基建集团意在抗衡中国影响力》,参考消息网,2018 年 12 月 13 日,https://news.sina.com.cn/o/2018-12-13/doc-ihmutuec8681677.shtml。
③ 《美国加入日、澳太平洋地区基建集团,被指意在抗衡中国影响力》,观察者网,2018 年 12 月 12 日,https://www.guancha.cn/internation/2018_12_12_483004.shtml。
④ Palau asks China to remove research vessel, Radio New Zealand, 27 September 2018, https://www.rnz.co.nz/international/pacific-news/367422/palau-asks-china-to-remove-research-vessel.

美国 2018 年在南太平洋地区的诸多援助措施，均集中体现了"加强南太平洋投入、弱化中国影响"的战略意图，并旨在大幅提升美国日渐衰退的影响力。

三、日本扩大经济援助推销"印太战略"

日本对南太平洋的经济援助主要通过"政府开发援助计划"来实施，并于 1997 年首创了"日本-太平洋岛国首脑峰会"对话机制，进一步强化双方在渔业捕捞、灾害防治、海洋安全保障、联合国安理会改革等重点领域的了解与合作。2018 年 5 月，日本首相安倍晋三在第八届"日本-太平洋岛国首脑峰会"上指出，日本将协助南太平洋国家提升包括执法能力在内的"守卫海洋"能力，并承诺建设高质量的基础设施，以确保南太平洋实现自立及可持续的繁荣。① 此外，会后双方发布的宣言更是强调基于法治的海洋秩序的重要性，并对日本提出的外交方针"自由开放的印太战略"表示欢迎。日本外务省分别与汤加和帕劳签署了 28.37 亿日元(约合人民币 1.81 亿元)和 13.11 亿日元(约合人民币 8374 万元)的无偿资金合作项目，以协助上述国家增强防灾减灾能力和废品处理能力。9 月，由日本主导的亚洲开发银行宣布在南太平洋增设 7 个国家办事处，并预计到 2020 年在该地区的援助贷款超过 4332 亿日元(约合人民币 274 亿元)②，以协助美国及其盟友扩大影响力。11 月，日本防卫省邀请巴布亚新几内亚和斐济军队的工兵代表前往日本③，参与自然灾害中人员救助、道路抢修等内容的培训，以加强南太平洋国家应对灾害能力建设。2018 年，日本积极借助经济援助、政治对话等形式，强化在南太平洋国家领导人心中的"地位"，并积极推销"印太战略"以达到其政治目的。

---

① 《外媒称日本拉拢太平洋岛国：推销"印太战略"牵制中朝》，参考消息网，2018 年 5 月 20 日，http://m. ckxx. net/guoji/p/106097. html。

② 《亚行要在太平洋岛国设 11 个办事处追踪美国制衡中国影响力?》，环球网，2018 年 9 月 19 日，http://world. huanqiu. com/exclusive/2018-09/13055932. html? agt=363。

③ 《日本自卫队将与美澳联手"援助"太平洋岛国》，参考消息网，2018 年 11 月 19 日，http://news. sina. com. cn/o/2018-11-19/doc-ihmutuec1633849. shtml。

第三节 中国与南太平洋国家互利共赢的经济援助

南太平洋国家作为国际社会中一支不可忽视的力量，是中国在新时代背景下不断完善外交战略格局的重要对象。[1] 2018 年 11 月，在"一带一路"倡议的推动下，中国与建交的 8 个南太平洋国家的关系提升为全面战略伙伴关系[2]，开创了双方互利共赢合作的新局面。

一、中国与南太平洋国家有着坚实的合作基础

近年来，中国与南太平洋国家的外交关系出现了不断升温的态势，先后设立了"中国-太平洋岛国论坛""中国-太平洋岛国经济技术合作论坛"等对话平台，为双方进一步合作奠定了基础。自党的十八大以来，中国国家领导人也曾多次对南太平洋的援助作出承诺，赢得了南太平洋国家的感激与信任。2013 年 11 月，汪洋副总理宣布了 10 亿美元(约合人民币 69 亿元)优惠性质的贷款，并在海洋渔业、海洋环境保护和海洋防灾减灾等南太平洋岛国切实关心的重点领域提出了援助合作计划。[3] 2014 年 11 月，习近平主席在同 8 个建交的南太平洋岛国领导人会晤时指出，"中国对发展同太平洋岛国关系的重视只会加强、不会削弱，投入只会增加、不会减少"。[4] 在国家领导人的持续关切和大力支持下，中国不断加强对南太平洋地区的援助力度，并已于 2018 年正式成为南太平洋地区第二大援助国。

二、"一带一路"倡议成为双方互利合作的新主线

2018 年，西方大国对中国在南太平洋地区的援助投资高度关注，持续渲染所谓"中国威胁论"等不实言论。然而，南太平洋国家并未轻信此谰言，而是选择以更加积极的态度来回应中国的真诚援助。自 2018 年 6 月

---

① 史春林，《中国与太平洋岛国合作回顾与展望》，《当代世界》，2019 年 2 月 5 日。
② 《习近平同建交太平洋岛国领导人举行集体会晤并发表主旨讲话》，新华网，2018 年 11 月 16 日，http://www.xinhuanet.com/politics/leaders/2018-11/16/c_1123726783.htm。
③ 《汪洋在第二届中国—太平洋岛国经济发展合作论坛暨 2013 年中国国际绿色创新技术产品展开幕式上的演讲(全文)》，中华人民共和国外交部网站，2013 年 11 月 9 日，http://www.fmprc.gov.cn/mfa_chn/zyxw_602251/t1097478.shtml。
④ 《习近平同太平洋岛国领导人举行集体会晤并发表主旨讲话》，新华网，2014 年 11 月 22 日，http://www.xinhuanet.com/world/2014-11/22/c_1113361879.htm。

起，中国与南太平洋国家的经贸往来迈入了一个全新的历史时期，共有 8 个南太平洋国家①与中国先后签署了《关于共同推进丝绸之路经济带和 21 世纪海上丝绸之路建设的谅解备忘录》。此举不仅扩大了中国"一带一路"倡议在大洋洲的朋友圈，也为经济全球化增添了新的发展动力。11 月，习近平主席与多位南太平洋国家领导人举行集体会晤，一致同意将双方关系提升为相互尊重、共同发展的全面战略伙伴关系，开创全方位合作新局面，并指出，"中国主动向岛国开放市场、扩大投资、增加自岛国进口，欢迎岛国搭乘中国发展快车"。② 此番讲话正是中国对于外界"援助有效性"质疑的最有力回应，也奠定了中国未来持续与南太平洋国家深化互利合作的发展新基调。斐济国立大学教授马昆表示，"一带一路"倡议为中、斐两国关系发展注入了新的发展动力，双方在基础设施建设、信息技术、气候变化等领域的合作前景极为广阔。③

三、多位中国驻南太平洋国家大使畅想合作未来

2018 年，多位中国驻南太平洋国家大使相继在当地主流媒体发表署名文章，回顾双方在往昔岁月的精诚合作，并重点展望了中国与南太平洋国家共同促进发展的美好未来。4 月，中国驻瓦努阿图大使刘全在《每日邮报》发表《通往共同发展之路》，介绍了中国的对外援助"坚持不附带任何政治条件"的方针政策，阐述了中国"永远不会称霸、不扩张"的和平外交理念，并援引瓦努阿图萨尔维总理的声明指出"中方从不附加任何政治条件，基于瓦政府的要求，向瓦提供各类援助"。④ 11 月，中国驻巴布亚新几内亚大使薛冰在接受央视网采访时表示，巴布亚新几内亚政府对中国提出的"一带一路"倡议非常赞同，希望搭乘中国的发展快车。两国将扩大贸易、

---

① 这 8 个南太平洋国家分别为萨摩亚、巴布亚新几内亚、纽埃、斐济、密克罗尼西亚联邦、库克群岛、汤加和瓦努阿图。

② 《习近平同建交太平洋岛国领导人举行集体会晤并发表主旨讲话》，新华网，2018 年 11 月 16 日，http：//www.xinhuanet.com/politics/leaders/2018-11/16/c_1123726783.htm。

③ 《国际观察：'一带一路'铺就中国同太平洋岛国合作新通衢》，新华网，2018 年 11 月 16 日，https：//news.sina.com.cn/o/2018-11-16/doc-ihnvukff7931836.shtml。

④ 《驻瓦努阿图大使刘全在瓦主流媒体发表署名文章〈通往共同发展之路〉》，中华人民共和国驻瓦努阿图共和国大使馆，2018 年 4 月 23 日，http：//vu.chineseembassy.org/chn/xwdt/t1553262.htm。

投资、产能等领域的交流合作，助力巴布亚新几内亚实现可持续发展。①
12月，中国驻萨摩亚大使王雪峰在《萨摩亚观察家报》发表《华人在萨摩亚
的历史》，指出中萨两国友谊历史悠久，在基础设施、经贸、农渔业、通
信科技等多领域有着务实合作，未来两国关系将"谱写更加美好的新篇
章"。②

第四节　大国的援助竞争对南太平洋国家的影响及趋势

以澳、美、日为首的大国始终将中国作为其在南太平洋地区的"假想
敌"，企图通过援助竞争、舆论抹黑等多种手段挤压中国在南太平洋的影
响力，使刚刚获得独立的南太平洋国家再度面临严重的安全威胁，"中国
援助威胁论"腔调也对中国推进"一带一路"倡议造成阻碍。但与此同时，
大国的援助竞争也为南太平洋国家带来了更多的融资选择。

一、南太平洋地区的稳定态势将面临严峻挑战

由于南太平洋国家的独立时间普遍较晚、非殖民化进程极为艰辛，因
此当地人民极其珍惜当前来之不易的和平稳定形势，并大为反感域外势力
再次对南太平洋的"瓜分"图谋。但从澳、美、日等国对"中国南太援助"的
警惕表现来看，上述国家已将南太平洋纳入了自己的势力范围，并意图从
中获取经济、政治利益；个别国家如澳大利亚更是将南太平洋作为核心利
益区，严禁意识形态不同的域外国家开展一切敏感领域合作，并以除军事
对抗外的一切手段进行干预，对当地的稳定态势构成了严重的威胁。未
来，澳大利亚将在援助竞争问题上持续向中国施加压力，继续恶意抹黑中
国的援助是"债务陷阱"，并连同美国、新西兰、日本等盟友共同加大对南

---

① 《中国驻巴布亚新几内亚大使薛冰：两国友好合作将迎来突破性进展》，央视网，2018年11
月14日，https://news.china.com/zw/news/13000776/20181114/34424122_all.html#page_2。
② 《驻萨摩亚大使王雪峰在〈萨摩亚观察家报〉发表署名文章〈华人在萨摩亚的历史〉》，中华人民
共和国驻萨摩亚独立国大使馆，2018年12月4日，http://ws.chineseembassy.org/chn/sgxw/
t1618837.htm。

太平洋的投资力度①，以抢夺中国在该地区的投资市场。在经济援助竞争日趋激烈的态势下，大国将会把这种竞争扩展至安全、政治等领域，澳、美、日等国将加强与南太平洋国家的国防合作，并派遣更多军队驻扎于南太平洋的支点港口，强化其"第二岛链"的战略布局，以限制中国的深度介入。

二、对中国推进"一带一路"倡议造成一定阻力

随着中国"一带一路"倡议的迅速推进，一种名为"债务陷阱论"的新论调在国际社会散布，美、印、澳等国大肆炒作中国以"债务陷阱"骗取债务国的战略资源，造成了一定的舆论不良影响。2018 年 8 月，在美国持续的高压宣传下，汤加公开呼吁南太平洋国家联合起来，要求中国减免贷款债务，遭到萨摩亚等国的严厉拒绝。② 尽管未造成较大危害，但该事件反映出大国带有"抹黑性质"的舆论宣传，仍会对少数国家形成舆论导向，左右政府的决策安排，阻碍中国推进"一带一路"倡议。在今后较长一段时间内，"债务陷阱""搞地区霸权"等抹黑"一带一路"倡议论调仍将喧嚣尘上，美、澳等大国也将继续利用舆论话语权优势，指责中国以债务问题迫使南太平洋国家丧失主权。此外，美国还将与澳大利亚和日本加强有效合作，推出基础设施多边投资计划，以谋求取代"一带一路"倡议在全球的战略地位。总而言之，上述举措均会对中国推进"一带一路"倡议造成影响，并进一步使中国延伸"一带一路"建设至南美洲的战略布局陷入被动。

三、援助竞争为南太平洋国家发展带来新机遇

长期以来，大国对南太平洋的援助除小部分用于人道主义救助外，其余多用于推进"民主""良政"和"法治"的政治性项目③，不但费时费力还收效甚微。而中国的援助多为低息贷款或"友好性利率"贷款，用于推动当地

---

① 《美国加入日、澳太平洋地区基建集团，被指意在抗衡中国影响力》，观察者网，2018 年 12 月 12 日，https：//www.guancha.cn/internation/2018_12_12_483004.shtml。

② Tonga's PM wants regional push for China to forgive debts, Radio New Zealand, 15 August 2018, https：//www.rnz.co.nz/international/pacific-news/364111/tonga-s-pm-wants-regional-push-for-china-to-forgive-debts.

③ 于镭，《西方在意的不是南太发展》，《环球时报》，2018 年 9 月 3 日，http：//opinion.huanqiu.com/hqpl/2018-09/12906730.html？agt=15417。

经济和社会发展急需的基础设施项目，项目完成后具有较高的经济效益，并会带来难以量化的社会效益，因而广受当地人民的支持和信赖。同时，中国等域外国家的援助打破了西方大国"一家独大"的援助垄断①，为南太平洋国家推行独立自主的外交创造条件。在此基础上，南太平洋国家将加强区域一体化建设，以"区域主义价值观"和"蓝色太平洋"理念为基本价值导向，增强对共同海洋身份、海洋地理以及资源的认知程度和集体认同感，将太平洋建设成为一个和平、包容以及安全稳定的区域。

---

① 于镭，《用"中国威胁"误导南太难得逞》，环球网，2018 年 12 月 8 日，http://opinion. huanqiu. com/hqpl/2018-12/13748506. html？agt＝15417。

第十二章　全球合力应对海洋垃圾问题

海洋垃圾及海洋微塑料是近年全球海洋治理的热点，由于其广泛性和对海洋环境及人类健康威胁的严重性，被列为全球亟待解决的十大环境问题之一。2018年，海洋垃圾和塑料污染继续成为海洋生态环境"首要问题"，在进入环境、技术、经济和政治综合层面的同时，有更多国际组织和沿海国家积极加入"减塑"行列，并在实际行动、制度设计和治理框架等方面取得一系列进展。

第一节　国际组织应对海洋垃圾问题取得重要突破

2018年，国际组织在应对海洋垃圾问题上取得重要突破，最具代表性的是联合国启动"全球反塑料污染行动"及欧洲议会通过针对一次性塑料的禁令。

12月4日，联合国宣布启动全球反塑料污染行动。联合国大会主席埃斯皮诺萨称，八成的一次性塑料制品最终会进入海洋，预计到2050年，海洋中的塑料将超过鱼类。联合国大会主席办公室将全力支持全球反塑料污染行动。此次行动由联合国环境规划署、安提瓜和巴布达、挪威等机构和国家发起。① 同时，联合国拟成立专家组讨论海洋塑料垃圾对策。为应对海洋塑料垃圾和"微塑料"等国际性问题，联合国将首次由各国政府推荐专家并成立专家组，每年召开1~2次会议，讨论具体的削减方法和替代品并采取对策。联合国计划2019年3月在第四届环境大会上提交讨论结果，包括分析塑料替代品性能、费用及普及问题，考虑具有法律约束力的国际条约等政策，力争向问题严重的发展中国家提供有效对策。另外，2018年世界环境日，联合国环境规划署呼吁各个国家出台相关措施控制塑料垃圾污染，同时编制了《一次性塑料：可持续发展路线图》，提供了包含10个步

---

① 《联合国宣布启动全球反塑料污染行动》，新华网，2018年12月5日，http://www.xinhuanet.com/world/2018-12/05/c_1123808056.htm。

骤的路线图引导各国政府制定一次性塑料制品的管理政策。①

10 月 24 日，欧洲议会审议通过塑料垃圾治理法令，欧盟成员国将根据该禁令起草各国相关计划和战略，鼓励使用多用途产品以及再利用和再循环产品。在此之前，欧盟委员会通过首个《欧洲循环经济中的塑料战略》（A European Strategy for Plastics in a Circular Economy），战略涉及海洋垃圾污染问题，包括来自船舶的塑料生活垃圾和废弃渔具，建议采取措施确保不向海中排放废物，限制有意使用微塑料（例如化妆品）和减少塑料颗粒溢出，但对于微塑料的无意释放（例如轮胎磨损或洗衣服），委员会只提出"政策选择性检查"。根据该战略，预计到 2030 年，各成员国的塑料制品回收率将从当前的 30% 提高到 55%。

6 月 9 日，七国集团（G7）峰会发布《海洋塑料宪章》，并作为七国峰会成果《健康海洋和韧性海岸社区的夏洛瓦蓝图》的附件。该文件提及的量化目标主要有：2030 年前，努力使塑料 100% 可重复利用、可循环使用、可回收；在 2030 年之前，努力使塑料制品中可循环使用部分的比例提高至少50%；2020 年之前，努力减少微塑料在化妆品中的添加；2030 年之前重复利用 55% 的塑料包装；2040 年之前 100% 回收所有塑料。② 值得注意的是，美国和日本此次并未签署《海洋塑料宪章》，对此，加拿大绿色和平组织发表声明予以批评，但是美日两国国内的产业协会和环保组织都在积极响应全球塑料治理（美国化学委员会曾提出 2040 年回收 100% 塑料包装的目标，日本化学工业协会牵头的五大同业协会也出台过 22 家公司的塑料治理方案）。

国际海事组织海洋环境保护委员会在第 73 次会议上通过一项行动计划，旨在加强现有法规的执行，并引入新的配套措施，以减少船舶产生的塑料废弃物。行动计划中确定的措施包括：开展船舶塑料垃圾研究，减少渔船等船舶产生的海洋塑料垃圾，提高港口垃圾处理设施的有效性，提高公众及船员的环保意识，加强国际合作，开展有针对性的技术合作及能力建设等。行动计划将定期进行审查，并根据需要进行更新。更多的措施和

---

① 张嘉戌，柳青，张承龙，等，《海洋塑料和微塑料管理立法研究》，《海洋环境科学》，2019 年第 2 期，第 167-177 页。

② 刘哲，《〈海洋塑料宪章〉的主要内容和潜在影响》，《世界环境》，2018 年第 5 期，第 38-40 页。

细节将由海洋环境保护委员会第 74 次会议进一步审议。东亚各国领导人在东亚峰会上发表了《关于应对海洋塑料垃圾的声明》，具体行动包括提升对塑料废弃物的环保管理与利用效率；加强公民和企业减少海洋塑料垃圾的公共宣传；支持评估海洋塑料垃圾状况的研究工作；酌情加强政策改革和执法合作；促进预防和减少海洋塑料垃圾的国际合作等。

此外，亦有不少环保组织和行业协会积极开展全球"反塑行动"。如全球环境基金开展的"新塑料经济计划"，世界自然保护联盟在亚非地区治理塑料污染的行动，南非伊西曼格利索湿地公园、英国亨德森岛、夏威夷帕帕哈瑙莫夸基亚国家海洋保护区开展了多次海洋清理运动。世界知名邮轮企业联合禁用一次性塑料产品，包括美国嘉年华邮轮集团、大洋邮轮公司、丽晶七海邮轮集团、皇家加勒比邮轮/名人邮轮/精钻邮轮公司、迪士尼海上巡航线公司、林德布拉德探险公司以及加拿大 G 探险公司、英国维真集团、英国和澳大利亚的 P&O 邮轮公司、挪威诺真唯邮轮公司等，这些公司联合宣布禁止其旗下邮轮提供吸管或一次性塑料产品，并承诺不久将禁用所有一次性塑料，以限制和减少海洋塑料垃圾。

第二节　全球近七成国家已出台海洋垃圾"禁塑令"

2018 年，许多沿海国家继续出台针对塑料产品或含塑相关制造业的"减塑"政策、法律或计划，致力于海洋垃圾与塑料治理。联合国环境规划署 2018 年发布了《一次性塑料和微塑料的法律限制：国家法律和法规的全球审查》报告，从塑料袋、一次性塑料制品、塑料微珠 3 个方面(本书将前两个方面合并为塑料制品)对各国禁塑立法进行了全面统计。截至 2018 年 7 月，所统计的全球 192 个国家(或地区)中有 127 个国家(占比约为 66%)已通过某种形式的立法加强对一次性塑料袋的管制。当前，各国限制使用一次性塑料袋的主要立法举措包括生产政策、销售政策、使用政策、贸易政策、税收政策以及废弃物政策，最常见的立法举措是销售政策。

塑料制品主要包括塑料袋、塑料吸管、一次性餐具、棉签棒等。据统计，全球有 27 个国家颁布了禁止特定塑料制品(如盘子、杯子、吸管、包装)生产销售的立法，有 27 个国家对塑料袋生产商征税，有 30 个国家对塑料袋消费者征税或收费，有 43 个国家在立法中明确塑料袋生产商的责任延伸，有 63 个国家通过"押金-退款制度"和产品回收手段增加生产商对一次性塑料制品的环境责任要求。2018 年，全球针对塑料制品出台新"禁塑令"的国家及其立法内容如下。

（1）亚洲。蒙古国明确自 2019 年 3 月 1 日起，禁止厚度小于 0.025 毫米的塑料袋生产及使用；乌兹别克斯坦自 2019 年起禁止使用厚度小于 15 微米且容量小于 5 升的塑料袋，自 2020 年起禁止使用厚度小于 50 微米且容量小于 10 升的塑料袋；泰国政府已宣布计划研究塑料袋征税政策；印度政府于世界环境日宣布到 2022 年禁止使用一次性塑料，并已开始在孟买禁止使用一次性塑料袋、塑料瓶和塑料餐具；11 月 8 日，日本环境省公布了海岸漂抵垃圾对策基本方针的修改方案，塑料袋收费等具体措施及目标已作为"塑料资源循环战略"进行讨论，将形成大致框架。

（2）欧洲。摩尔多瓦禁止免费提供包装袋（厚度小于 15 微米的除外），且自 2019 年起禁止生产销售和使用厚度超过 50 微米的塑料袋，自 2020 年起禁止生产销售和使用厚度超过 15 微米的塑料袋，自 2021 年起禁止生产销售和使用各类塑料袋；土耳其，自 2019 年起对厚度超过 15 微米的塑料袋实施收费；塞浦路斯宣布自 2018 年 7 月 1 日起对零售商用塑料袋征收 5 欧分加 19%的增值税；希腊规定厚度小于 50 微米的轻质塑料袋需缴纳 7 欧分加 24%增值税的环境费用；卢森堡计划持续减少塑料袋消费量，到 2025 年 12 月 31 日，全国每人每年的轻质塑料袋消费量不超过 90 个，且自 2018 年 12 月起商场不再免费提供塑料袋。

（3）加勒比地区。多米尼克总理 2018 年 7 月宣布计划制定禁止一次性塑料的立法，到 2019 年 1 月禁用一次性塑料餐具、塑料杯和食品容器等；牙买加、圣文森特和格林纳丁斯、圣基茨和尼维斯、巴哈马、伯利兹，拟采取措施禁止一次性塑料袋使用，但尚未发布相关立法草案。

（4）拉丁美洲。哥斯达黎加政府宣布自 2021 年起全面禁止使用塑料袋；阿根廷政府 2018 年宣布了两项方案促进 3R 利用塑料制品；智利众议院通过了由环境部提出的关于禁止使用塑料的法律草案，同时也成为皮涅拉总统当选以来首个被通过的法案，法案规定，禁令生效后任何公司向客户提供塑料袋将会被处以每个塑料袋 23 万比索的重罚。

（5）大洋洲。群岛小国比澳大利亚和新西兰等主要国家的行动更为迅速。瓦努阿图政府宣布从 2018 年 1 月 31 日起正式实施一次性塑料袋禁令，瓦努阿图外交部海洋事务司负责人称，禁令的颁布将有助于该国实现"无塑化"，2月7日再次宣布将进一步提出减少海洋垃圾的方案；纽埃也宣布将于2019年7月1日起正式实施"禁塑令"，并称从瓦努阿图的"禁塑运动"中吸取了经验教训，将改革适应期定为1年；萨摩亚政府宣布从2019年1月起正式禁用一切塑料制品，并规定"凡是在2019年1月30日后继续使用塑料袋或塑料吸管的民众将面临罚款"，该国自然资源和环境部首席执行官表示，政府还将在2020年逐步禁止聚苯乙烯泡沫塑料的使用。新西兰总理宣布自2019年起将"逐步"淘汰一次性塑料袋，智库预测澳大利亚政府将在2020—2021年征收塑料垃圾税。

（6）非洲。赞比亚政府制定了规范塑料制品制造、进口、贸易和商业交易的法规草案。

塑料微珠，又名塑料微粒或塑料柔珠，通常指直径小于2毫米的塑料颗粒，大量应用于个人护理产品生产中，这些含有塑料微珠的产品在使用后经污水排放并最终汇入海洋，产生一系列生态环境问题。由于微塑料替代需较为先进的生产工艺和较高成本，目前出台微塑料禁令的国家主要是欧美发达国家。截至2018年，有8个国家(加拿大、法国、意大利、韩国、新西兰、瑞典、英国、美国)以国家法律法规的形式出台塑料微珠禁令，另有4个国家(比利时、巴西、印度、爱尔兰)已将禁止使用塑料微珠的立法提上日程。2018年新出台塑料微珠禁令的国家有：

（1）瑞典政府发布禁令，决定在化妆品、牙膏、洗发水等产品中禁止使用微塑料。该禁令将从2018年7月1日起适用。与此同时，瑞典政府决定，从2018年至2020年每年拨款1700万克朗给各地市政当局，用于清理海滩上的塑料垃圾。

（2）6月19日，英国塑料微珠销售禁令正式生效。自即日起，英格兰及苏格兰境内零售商将不能再销售含有微珠的化妆品和个人护理品，以预防有害塑料进入海洋环境。英国环境部长称，微珠很小，但是对海洋生物的影响却是致命的。该禁令是英国25年环境计划承诺的一部分，旨在消除可避免的塑料垃圾，环境部将与财政部一道，通过改变税收制度减少一次性塑料的使用。

第三节 海洋垃圾和塑料污染研究取得新发现

权威机构和学术界关于海洋垃圾和塑料污染的科学研究继续保持高速增长态势,重要研究结论集中在漂移分布、生态毒性、污染治理3个方面。

一、海洋垃圾及微塑料已几乎遍及全球海洋各个角落

进入海洋的垃圾和微塑料可通过风力、洋流等作用进行远距离迁移和扩散,科学研究的证据表明,海洋垃圾和微塑料已遍及海洋各个角落乃至深海、两极。挪威极地研究所的野外考察队在南大西洋和南极洲之间的布韦岛上开展冬季实地考察时,发现了4只被塑料网缠身的海豹,且发现岛上有漂浮物和塑料瓶等塑料垃圾,证明海洋垃圾已经到达了世界上离任何人类居住区和污染源最远的岛屿。德国阿尔弗雷德韦格纳研究所科学家在《自然·通讯》发文称,2014年春和2015年夏在北冰洋五个区域收集的冰芯中,每升海冰的微塑料浓度超过12 000粒,比先前记录高出2~3倍,且发现了17种不同类型的塑料痕迹,包括聚乙烯和聚丙烯之类的包装材料,还有油漆、尼龙、聚酯和醋酸纤维素(用于制造香烟过滤器)。深海碎片数据库中的数据显示海洋塑料垃圾污染已到达深海,统计5010次潜水中收集了3000多件人造碎片,其中超过三分之一是塑料碎片,89%是一次性产品。而在6000米以上的深海,一半以上的碎片都是一次性塑料。最新研究《人类在深渊中的足迹:30年深海塑料碎片记录》表明,在海平面以下11 000米的马里亚纳海沟发现了塑料袋。目前海洋中存在的5大塑料碎片聚集地基本与海洋表面的南北太平洋、西北大西洋、南北大西洋和印度洋亚热带环流带重合①,其中,北太平洋亚热带环流东部存在一个著名的“大太平洋垃圾带”,荷兰研究团队警告称,在太平洋漂流的塑料垃圾覆盖面积现已超过法国、德国和西班牙国土面积总和,不但远比先前预测的面积大,且扩大迅速。研究人员使用船队和飞机观测“太平洋大垃圾带”,发现塑料垃圾累积量相当惊人,高达8万吨。挪威极地研究所在斯瓦尔巴群岛经过36年跟踪研究,认为巴伦支海可能会成为全球海洋中第6个漂浮塑料

---

① 武芳竹,曾江宁,徐晓群,等,《海洋微塑料污染现状及其对鱼类的生态毒理效应》,《海洋学报》,2019年第2期,第85-98页。

垃圾场。

二、海洋微塑料的生物毒性证据愈发清晰

《科学》刊文称海洋塑料垃圾使珊瑚致病率上升 20 倍，康奈尔大学在调查分析亚太地区受塑料垃圾影响的 159 个珊瑚礁 12.4 万只造礁珊瑚变化情况的基础上，认为塑料垃圾使珊瑚致病或死亡的概率由 4% 剧增至 89%。研究指出，塑料垃圾影响珊瑚的途径主要包括：减少光照、释放毒素及造成缺氧等。据估计，亚太地区共有多达 111 亿个塑料制品缠绕在珊瑚礁上，预计到 2025 年这一数字将增加 40%。法国科学家研究称，首次发现海水中老化塑料释放雌激素，研究人员分析比较了 3 种塑料——不可降解的 PVC、PET 和可降解的 PBAT，将其置于法国洛里昂湾 502 天后，监测其生物毒性，结果表明老化的 PVC 和 PBAT 本身并无细胞毒性，但会迅速或缓慢释放雌激素化合物。

三、一些国际组织和研究团队陆续发布了海洋塑料垃圾清理和塑料替代材料研究进展

6 月 1 日，联合国环境规划署发布《探索替代材料潜力以减少海洋塑料垃圾》研究报告，通过来自世界各地的 25 个案例，说明一系列材料(棉花、木材、藻类、真菌、菠萝叶等)可以替代一次性塑料。荷兰企业家博扬·斯拉特发起"海洋清理"工程，在旧金山启动长达 2000 英尺的巨型垃圾搜集器，重点清理"太平洋垃圾带"的塑料垃圾，争取每 5 年减少一半。洪都拉斯 Soda Stream 打造大型海洋设备收集塑料废物，该装置在罗阿坦岛海岸外的加勒比海上试用，这是商业公司进行外海废物清扫方面的首次尝试。

第十三章　美国印太战略的考量和趋势研判

2017 年 11 月初，美国总统特朗普开启了其上任以来的首次亚洲之行。访问期间，他多次强调"自由开放的印度洋–太平洋"（free and open Indo-Pacific）概念。"印太"提法由来已久，大约自 2007 年开始出现在印度、澳大利亚和美国智库学者的研究中，此后因与日本首相安倍晋三提出的"自由与繁荣之弧"概念存在一致性而被日本大肆拥护。此后，美日印澳等国都以不同方式不同程度地呼应印太战略。2018 年，美国的印太战略完成了从概念构想到具体实施的过程，对地区安全形势、"一带一路"倡议的实施产生了冲击和影响。

第一节　美国印太战略的动因

特朗普首次亚洲行再次抛出以美日澳印为中心、谋求构建"自由开放的印度洋–太平洋地区"的设想，既有其在亚洲地区的主动布局，也有对外部压力的被动回应，主要是出于应对世界大变局、发挥印度在地区事务中的重要作用、回应地区盟友的疑虑和担忧三方面考虑。

一、应对世界大变局的现实需要

进入 21 世纪以来，以中印为代表的新兴大国快速发展，特别是中印两国的经济崛起以及由此带来的海上贸易繁荣，使印太两洋的海上通道对地区乃至全球经济具有重要意义。与此同时，印度洋–太平洋地区发展成为世界经济的引擎、全球消费品的主要产地，也成为世界军事力量最集中的地区。"印太"正日益融合为一个广泛而有机联系的弧形战略区域，成为国际关注的焦点。在这样的背景下，特朗普政府用"印太"战略来替代奥巴马的"亚太再平衡"，试图将亚太防线扩展至印度洋地区，将印太两洋作为一个整体进行战略布局，并选择东（印度）西（日本）南（澳大利亚）三个支点，

从三个方向投棋布子，以阻止世界出现一个能与美国进行力量抗衡的
国家。

二、拉印度入伙壮大声势

特朗普上台后，美印关系持续升温，印度被确定为美国的"主要防务
伙伴"。① 印度是美国印太战略重点倚重的对象。美国希望借印太战略发挥
印度"准盟友"的作用，拉拢印度介入地区事务，利用印度在东印度洋的战
略优势向西太平洋施压，同时寄希望于印度在印太地区特别是印度洋安全
问题上承担更多责任，鼓励印度成为印度洋地区的"净安全提供者"。②
正如负责东亚和太平洋事务的美国副助理国务卿黄之瀚(Alex N. Wong) 所
言，"'印太'这个概念承认了南亚，特别是印度在太平洋、东亚、东南亚
地区所发挥的关键作用，印度在该区域日趋重要的作用符合美国以及该地
区的利益"。③

三、回应地区盟友的热切期盼

日、澳是"印太"概念最积极的鼓吹者。2007 年，日本首相安倍晋三曾
呼吁建立美日印澳四方机制。近年，安倍政府又提出"自由开放的印太战
略"，力图让日本扮演海洋秩序维护者的角色，对中国形成更大牵制。④ 澳
大利亚地处印度洋和太平洋的"交汇地"，也希望借助"印太"概念提升国际
地位。特朗普政府上台后，先后退出 TPP、破坏美韩自由贸易协定，加之
尚未公布全面的亚太战略，其行为无疑增加了地区盟友担心美国"撤出亚
洲"的猜测。而特朗普此次亚洲之行反复强调的"印太"构想极大地增强了
盟友的信心，对消除疑虑有很大帮助。

---

① 朱翠萍，《"印太"：概念阐释、实施的局限性与战略走势》，《印度洋经济体研究》，2018 年
　第 5 期。
② 朱翠萍，《特朗普政府"印太"战略及其对中国安全的影响》，《南亚研究》，2019 年第 1 期。
③ Alex N. Wong, Briefing on the Indo‑Pacific Strategy, U. S. Department of State, Apr 2, 2018,
　https：//www. state. gov/r/pa/prs/ps/2018/04/280134. htm.
④ 《特朗普提"印太"战略：拉拢印度，制衡中国?》，搜狐网，2017 年 11 月 20 日，http：//
　sohu. com/a/205362394_616821。

第二节 主旨内涵和战略推进

2017 年底白宫发布《国家安全战略》报告，确认了"自由开放的印度洋-太平洋"的表述。进入 2018 年，美国政府高官先后对"印太"的主旨内涵作出了阐释，并加紧推进实施。

一、主旨内涵围绕基于规则的秩序

2017 年 12 月 18 日，特朗普发布了其任内首份《国家安全战略》报告[1]，将"保护美国人民、国土和生活安全，促进经济繁荣，以实力求和平，提升国际影响力"确立为美国安全战略的四大支柱，将"印太"列为美国区域战略的优先位置，指出"印度洋-太平洋地区正在发生世界秩序间的地缘政治竞争，从印度西海岸至美国西海岸的广大地区是世界上人口最多、经济活力最大的地区，美国对自由开放的印度洋-太平洋的利益有着自始至终的依赖"。报告称，"我们将加倍承诺建立联盟和伙伴关系，同时扩大和加深与尊重主权的新伙伴的关系、公平和互惠的贸易及法治"，"在公平和互惠基础上追求双边贸易协定"。

从 2018 年初开始，美国政府高官对印太战略内涵及后续计划做出了阐释。1 月 30 日，美国务院负责南亚和中亚事务的副助理国务卿丹尼尔·罗森布鲁姆（Daniel N. Rosenblum）在孟加拉国国际战略研究院"美国与印太地区"[2][3]座谈会上阐述了印太战略的背景以及美国推动该战略将采取的措施。他指出，印度洋-太平洋地区的范围从美国西海岸延伸至孟加拉湾，美国将加强对海洋自由以及依据国际法和平解决领土和海洋争端的承诺，致力于建立联盟和伙伴关系，并加强军事关系、建立强大的防务网络；扩大经济连通性、改善基础设施，美国将通过商业法开发计划（CLDP）及其他资助计划来提供资金支持，同时加强与日、印、澳在印太地区的安全和

---

[1] National Security Strategy, the White House, Dec 18, 2017, https：//www. whitehouse. gov/wp-content/uploads/2017/12/NSS-Final-12-18-2017-0905. pdf.

[2] Lecture on the United States and the Indo-Pacific Region, Jan 30, 2018, http：//www. biiss. org/web_2018/newsclippings_30_jan_18. pdf.

[3] Daniel N. Rosenblum, The United States and the Indo-Pacific Region, Jan 30, 2018, https：//www. state. gov/p/sca/rls/rmks/2018/277742. htm.

基础设施合作。

4月21日，负责南亚和中亚事务的代理副国务卿汤姆斯·瓦达（Thomas L. Vajda）在美国乔治城大学演讲①时表示，"自由开放的印太战略是印、日、澳以及美国在该地区的其他密切伙伴共同的愿景，推进自由开放的印度洋-太平洋意味着确保海洋和空天自由、和平解决领土和海洋争端、推进市场经济、支持善政、防止外部经济胁迫"。

6月2日，美国防长马蒂斯在第17届香格里拉安全对话会上发表讲话②，对印太战略做出了详细解读，他宣称"美国将继续留在印太地区"，"印太战略的核心要素是在互惠互利和可信赖的关系方面加强美国与盟友和伙伴的关系"，他指出特朗普政府印太战略重点关注4个方面：一是确保海洋公域的安全与自由，美国将通过支持伙伴加强海军建设、增强执法能力来强化对海洋利益和海洋秩序的维护；二是加强安全合作，美国将通过向盟友和伙伴提供美国国防设备、军事教育等，从软硬方面加强融合；三是增进法治、公民社会和透明治理；四是加强基础设施投资，支持私营部门主导的经济发展。

7月30日，美国国务卿蓬佩奥在美国商会主办的印太商务论坛上阐述了"自由开放的印太战略"的内涵③，他认为，"自由"意味着每个国家都能免受他国胁迫，意味着良政以及公民可以享受基本权利和自由；"开放"意味着每个国家都享有开放的海空通道，意味着公平互惠的贸易、开放的投资环境、国家间的透明协议、改善互联互通。

8月4日，美国务院发表"美国在印太地区的安全合作"情况说明书④，宣称"《国家安全战略》报告确定的推动自由开放的印太地区是美国最重要的优先事项"，除重申确保海洋和空天自由、推进市场经济、支持良政与

---

① Thomas L. Vajda, Remarks at Georgetown University's India Ideas Conference, Apr 21, 2018, https：//www. state. gov/p/sca/rls/rmks/2018/280702. htm.

② Department of Defense, Remarks by Secretary Mattis at Plenary Session of the 2018 Shangri-La Dialogue, Jun 2, 2018, https：//dod. defense. gov/News/Transcripts/Transcript - View/Article/1538599/remarks-by-secretary-mattis-at-plenary-session-of-the-2018-shangli-la-dialogue/.

③ Michael R. Pompeo, Remarks on "America's Indo-Pacific Economic Vision", Jul 30, 2018, https：//www. state. gov/secretary/remarks/2018/07/284722. htm.

④ Department of State, Fact Sheet：U.S. Security Cooperation in the Indo-Pacific Region, Aug 4, 2018, https：//www. state. gov/r/pa/prs/ps/2018/08/284927. htm.

自由、保障主权国家免受外部胁迫①4 项主要内容外，还特别增加了促进伙伴有能力维护和推进基于规则的秩序的内容。

综上可见，美国印太战略的主旨内容涵盖政治、安全、经贸、投资、民主等议题，核心是基于规则的秩序，即通过美国与盟友和伙伴在安全、政治、经贸、投资、价值观等领域合作，共同维护一个有利于美国及其盟友、符合美国意志与利益的所谓自由开放的印太秩序②。

二、外交、经济、安全领域协同推进

2018 年是美国印太战略落地和推进实施的一年，主要体现在外交、经济和安全 3 大领域。

第一，外交领域，拉拢盟友和伙伴。印太战略的实施离不开盟友和伙伴的支持。在推进印太战略过程中，美国尤其重视美日印澳四方安全合作，正如《国家安全战略》报告所述，"我们将寻求提升与日本、澳大利亚、印度的四方合作"。③ 2017 年 10 月 25 日，日本外务大臣河野太郎提议美国、印度、澳大利亚进行首脑级别战略对话，以亚洲的南海经印度洋至非洲这一地带为中心，共同推动自由贸易、基础设施投资及防卫合作。11 月 12 日，在日本的积极推动下，美日印澳四国外交官举行了近 10 年来的首次"四方对话"。2017 年 12 月 19 日，白宫网站把特朗普推动四方对话的努力列为特朗普执政第一年在外交方面的一大成绩。④⑤ 2018 年 6 月 1—3 日，在新加坡举行的香格里拉对话会上，美、澳、日、印继续就"建立自由、开放、包容的印度洋-太平洋地区"进行商讨，"印太"的地缘战略概念成为中心议题。9 月 6 日，美国国务卿蓬佩奥、防长马蒂斯与印度外长斯瓦拉杰、国防部长希塔拉曼举行首次部长级"2+2"对话，期间美国明确了印度作为其主要防务伙伴的重要性，表示要加强两国在安全、防务领域的合作

---

① 陈积敏，《特朗普政府"印太战略"的进程、影响与前景》，《和平与发展》，2019 年第 1 期。

② 陈积敏，《美国印太战略及其对中国的挑战》，中共中央党校官网，2018 年 10 月 22 日，http：//www.ccps.gov.cn/dxsy/201812/t/20181212_124841.shtml。

③ National Security Strategy, the White House, Dec 18, 2017, https：//www.whitehouse.gov/wp-content/uploads/2017/12/NSS-Final-12-18-2017-0905.pdf.

④ Present Donald J. Trump's First Year of Foreign Policy Accomplishments, The White House, Dec 19, 2017, https：//www.whitehouse.gov/briefings-statements/president-donald-j-trumps-first-year-of-foreign-policy-accomplishments/.

⑤ 徐金金，《特朗普政府的"印太战略"》，《美国研究》，2018 年第 1 期。

与协调。① 2018 年 11 月东亚峰会期间，美日印澳在新加坡举行了第三次司局级四方会议②，主题为"支持自由、开放、包容、基于规则的秩序"，内容涵盖一系列安全和经济议题。③

除日澳印外，美国印太战略还将部分东南亚国家视为其实现战略目标的重要组成部分。2018 年 1 月，时任防长马蒂斯访问印度尼西亚和越南，就安全挑战与共同利益议题展开讨论；6 月初，马蒂斯在参加香格里拉安全对话会期间会晤了域内国家的参会代表，包括印度总理莫迪、马来西亚防长沙布、菲律宾防长洛伦纳扎等人。国务卿蓬佩奥自 8 月 2 日起 5 日内先后访问马来西亚、新加坡和印度尼西亚 3 个东南亚国家，他欢迎东盟作为印太地区架构的核心角色，在新加坡，除了出席东盟系列活动外，蓬佩奥还密集参加了涉及地区安全与经济关系的广泛议题的讨论。④ 他在记者会上宣布美国将向东南亚国家提供近 3 亿美元的"安保资金"，用于加强海上安全、人道主义援助、维和能力和打击跨国威胁等领域的安全合作。⑤ 此外，美国对南亚重点国家也给予了特别关注。8 月 13 日，美国务院宣布，美国将向斯里兰卡提供 3900 万美元资金，以确保"印度洋－太平洋地区的自由、开放和基于规则的秩序"。美国务院声明表示，"我们期待与斯里兰卡政府讨论该计划将如何支持美国的孟加拉湾倡议以及斯里兰卡的人道主义援助和灾害应对优先事项"。尽管这些国家国力相对弱小，但基于地理位置或其他属性，其立场同样可能影响整个印太格局的走势。

第二，经济领域，加大基础设施投资。特朗普政府强调，经济安全就是国家安全。印太地区的发展、稳定与繁荣关系到特朗普政府"让美国再次伟大"这一战略目标的实现。⑥ 因此，加强经济干预、加大投资成为印太战略的重中之重。

7 月 30 日，美国跨部门机构在华盛顿召开印太商务论坛，重申特朗普政府对印太区域的一系列战略倡议，如数字联通与网络安全伙伴关系倡

---

① ⑥　陈积敏，《特朗普政府"印太战略"的进程、影响与前景》，《和平与发展》，2019 年第 1 期。

②　《"美日印澳"为支柱的"印太战略"不利于东盟》，《印度尼西亚国际日报》，2018 年 12 月 1 日，http://www.guojiribao.com/shtml/gjrb/20181201/1342125.shtml。

③　《港媒：美日印澳"四方安全对话"议题暗指中国》，参考消息网，2018 年 11 月 19 日，http://www.cankaoxiaoxi.com/china/20181119/2355288.shtml。

④ ⑤　朱翠萍，《"印太"：概念阐释、实施的局限性与战略走势》，《印度洋经济体研究》，2018 年第 5 期。

议、亚洲能源促进增长与发展(EDGE)倡议、基础设施交易与援助网络倡议。① 蓬佩奥出席论坛时宣布,作为服务美国印太战略的一部分,美国将新增约 1.13 亿美元的支出用于亚太地区的投资,高科技、能源、基建是重点投资领域,其中,2500 万美元用于改进伙伴的数字联通、扩大美国技术出口,5000 万美元用于亚洲能源促进发展与增长(EDGE)计划,帮助印太地区的合作伙伴进口、生产、运输、储存及部署能源资源,3000 万美元用于基础设施发展和援助网络。他表示,这些资金是美国对印太地区和平与繁荣经济承诺的"首付款",未来将支持"建设法案",届时融资能力将达到 600 亿美元。②

11 月 16 日,美国副总统彭斯在亚太经合组织峰会上发表讲话③称,过去两年,美国工商界已宣布在印太地区开展了 1500 多项工程,安排 610 多亿美元的新投资。美国在印太地区的总投资已超过 1.4 万亿美元,超过中国、日本和韩国的投资总和,美国在印太地区的投资将继续增长。不仅如此,彭斯还宣布,美国将实施"印太地区透明倡议"(Indo-Pacific Transparency Initiative),在 4 亿多美元的支持下,推进地区公民抗击腐败、增强自主,从而在促进印太地区透明治理与公民社会方面也有所推进。

与此同时,美国还加强与盟友在印太基础设施投资领域的合作。11 月 12 日,美国的民营海外投资公司、日本的国际协力银行、澳大利亚外交贸易部及出口信贷保险公司签署合作备忘录,通过银团贷款和担保业务等推动能源、通信、资源等开发项目。④ 11 月 13 日,美国与日本发布了《能源、基础设施和数字联通合作,推动自由开放的印太地区》联合声明,致力于加强该地区的能源、基础设施和数字联通合作,通过高层协调、能源发展、可持续融资、私营部门合作和标准制定等方式,深化和扩大双边伙伴关系。

---

① 陈积敏,《美国印太战略及其对中国的挑战》,中共中央党校官网,2018 年 10 月 22 日,http://www.ccps.gov.cn/dxsy/201812/t/20181212_124841.shtml。

② Michael R. Pompeo, Remarks on "America's Indo-Pacific Economic Vision", Jul 30, 2018, https://www.state.gov/secretary/remarks/2018/07/284722.htm.

③ Remarks by Vice President Pence at the 2018 APEC CEO Summit, The White House, Nov 16, 2018, https://www.whitehouse.gov/briefinds-statements/remarks-vice-president-pence-2018-apec-ceo-summit-port-moresby-papua-new-guinea/

④ 《美日澳"牵手"推进亚洲基础设施建设》,环球网,2018 年 11 月 12 日,http://finance.huanqiu.com/gjcx/2018-11/13525682.html? agt=182。

第三，安全领域，强化军事部署和军事援助。特朗普指出，"印太地区的未来不应被独裁者的暴力征服，以及核讹诈的扭曲妄想所绑架"，"所有国家支持法治、个人权利、航行及飞越自由，并制止伊斯兰恐怖主义及其他跨国威胁"。①②在美国推进印太战略过程中，军事手段是一项重要措施。

5 月 30 日，特朗普政府将美国太平洋司令部更名为印度洋-太平洋司令部，进一步明确美军的战略任务。马蒂斯在更名仪式上表示，几十年来，太平洋司令部不断适应变化的环境，如今肩负着美国将注意力向西集中的新使命，鉴于印度洋与太平洋日益增强的关联性，太平洋司令部更名为印太司令部。他强调，印太司令部应遵循并执行 2018 年美国防战略的三条主线，增强印太司令部的杀伤力，发展与盟友和伙伴的信任关系，并对任何有损于上述两大目标的指挥行为进行改革。③④

与此同时，美国还对印太地区军事战略进行新的规划和评估，《2019 财年国防授权法案》要求国防部长在 2019 年 3 月 1 日前向国会提交"印度洋-太平洋稳定倡议"的五年规划，明确美国的战略目标，并对实现这些目标的战略资源、轮换或常驻美军力量、后勤能力、基础设施、安全合作投资等进行评估。⑤⑥根据该法案，特朗普政府还将"海事安全倡议"（Maritime Security Initiative，MSI）的授权延长 5 年，把"东南亚海事安全倡议"重新定义为"印度洋-太平洋海事安全倡议"，孟加拉国、斯里兰卡、印度等被扩大为受涵盖国家，从而增加南海和印度洋的海上安全与海域感知能力。⑦⑧

① Donald Trump "Remarks by Present Trump at APEC CEO Summit", The White House, Nov 10, 2017, https：//www. whitehouse. gov/the-press-office/2017/11/10/remarks-present-trump-apec-ceo-summit-da-nang-vietnameremony".

② 徐金金，《特朗普政府的"印太战略"》，《美国研究》，2018 年第 1 期。

③ James N. Mattis, "Remarks at U.S. Indo-Pacific Command Change of Command Ceremony", May 30, 2018, https：//dod. defense. gov/News/Transcripts/Transcript-View/Article/1535689/remarks-at-us-indo-pacific-command-change-of-command-ceremony/.

④⑥⑧ 陈积敏，《特朗普政府"印太战略"的进程、影响与前景》，《和平与发展》，2019 年第 1 期。

⑤⑦ H. R. 5515 - John S. McCain National Defense Authorization Act for Fiscal Year 2019, Aug 2018, https：//www. congress. gov/115/bills/hr5515/BILLS-115hr5515enr. pdf.

此外，美国还通过与地区盟友和伙伴举行联合军演来强化军事介入印太地区。2018年6月，美印日在西太平洋关岛海域举行了"马拉巴尔2018"海上联合演习，这是太平洋司令部更名为印太司令部后的首次演习，目标是应对地区出现的"前所未有的复杂问题"，尤其是来自水下的威胁。此后不久，被称为世界上最大规模海上军演的"环太平洋2018"开演，25个国家参演，太平洋舰队司令约翰·阿奎力诺宣称，"演习是为了和平、稳定、安全以及自由开放的印太地区而进行的合作"。

第三节　日澳印对印太战略反应不一

在美国的助推和影响下，"印太"概念已被日本、澳大利亚、印度广泛接受。但日澳印对印太战略的认知和侧重点各有不同。

一、日本表现活跃

美国印太战略契合了安倍晋三政府的外交理念和需求，日本成为印太概念积极的鼓吹者。日本注重"印太"的地缘经济色彩，着眼于通过密切与印太地区相关国家的经济联系，谋求地区经济秩序的主导权。①

2018年1月3日起，日本外相先后访问巴基斯坦、斯里兰卡、马尔代夫，推广其印太战略。日本认为，上述国家是中国推进"一带一路"倡议的重要组成部分，中国正在巴基斯坦和斯里兰卡等国推进"珍珠链"战略，并参与了阿曼港湾建设，考虑到中国正在加强海洋活动，日本谋求与上述国家强化合作以维护海洋秩序。2018年2月，日本政府开发援助（ODA）发布了2017年版《开发合作白皮书》，将安倍的"自由开放的印度洋–太平洋战略"写入其中，强调要发挥ODA对维持日本一贯重视的"法治"海洋秩序的作用，确保发展中国家海上交通安全与法制完善，为全球经济发展做出贡献。具体包括：谋求与中国"一带一路"建设进行合作，同时向东南亚各国提供巡逻船艇及设备，加强沿岸国家海上执法机构能力，针对各国存在的问题普及法律制度，在印太地区建设"高质量基础设施"，"让货物流动与人员往来更加活跃"。

---

① 朱翠萍，《"印太"：概念阐释、实施的局限性与战略走势》，《印度洋经济体研究》，2018年第5期。

日本高度关注孟加拉湾和南海，这是连接印度洋-太平洋的关键。在印度，日本正在安达曼群岛和尼科巴群岛建设包括横跨孟加拉湾的光纤电缆在内的电力和通信等设施，为海底监视系统提供支持；在缅甸，日本正在为仰光附近的一个新集装箱港口和经济特区分别提供 2 亿美元和 8 亿美元的资金支持；在孟加拉国，日本为马塔巴瑞港和发电站项目提供了 37 亿美元资助。2018 年以来，日将安全援助扩大至斯里兰卡。3 月，日本首相安倍晋三与斯里兰卡总统西里塞纳在官邸举行会谈，就"自由开放的印度洋-太平洋战略"加强海洋安全合作达成一致，主要内容包括防卫交流和援助斯里兰卡提高海上警备能力。

二、澳大利亚态度积极

澳大利亚地处印度洋和太平洋的十字路口，相互独立的印太两洋被看作一个战略整体，可为其带来天然的地缘政治优势①，因而澳大利亚对印太概念表现积极、行动迅速。在其《外交政策白皮书（2017）》中，"印太"被明确界定为通过东南亚连接起来的印度洋东部和太平洋地区，包括印度、北亚和美国，"印太"一词出现频率高达 74 次。在官方文件中，"印太"已取代"亚太"成为澳大利亚思考和应对国际事务的主要地区框架。

除了官方文件，澳大利亚对印太战略的重视还体现在官员的公开表态中。2017 年底美日印澳举行四方安全对话会议之后，澳大利亚外交贸易部发表的声明内容与美国发布的相关声明几乎如出一辙。2018 年 2 月，澳大利亚总理特恩布尔在华盛顿出席美国州长联盟会议时，督促美国不要减少在印太地区的存在，认为美国是地区和平与繁荣的保障，强调自第二次世界大战以来美国主导的基于自由原则和规则的国际体系所发挥的积极作用，并期待美澳两国企业能在太平洋和东南亚地区开展更多的基础设施建设。②

---

① 朱翠萍，《"印太"：概念阐释、实施的局限性与战略走势》，《印度洋经济体研究》，2018 年第 5 期。

② Andrew Probyn, Malcolm Turnbull urges US not to diminish presence in Indo-Pacific, ABC News, Feb 24, 2018, http：//www. abc. net. au/news/2018-02-25/malcolm-turnbull-urges-us-not-to-diminish-presence-indo-pacific/9482428.

澳大利亚对印太战略的具体操作主要落实在军事、安全和经济援助层面。2018年1月18日，澳大利亚总理特恩布尔访问日本，其中一项重要内容是商讨两国军队在对方领土内驻军的合法性，以便"未来开展联合军演、军事物资运送"等事宜。4月24日，约1500名美国海军陆战队员抵达澳大利亚北部城市达尔文，开始新一轮为期6个月的轮调部署，这是近年来美军轮驻澳大利亚规模最大的一次部署，被认为是澳美合作、扩大美国在东亚、东南亚地区军事影响力的一项关键性举措。① 2018年5月，澳大利亚政府宣布，出于对中国华为的"安全"担忧，澳政府将投资约2亿澳元，开发一条通往巴布亚新几内亚和所罗门群岛的海底互联网电缆。② 11月8日，澳大利亚总理莫里森（Scott Morrison）宣布，设立20亿澳元（约15亿美元）的基金，向太平洋国家提供援助贷款，用于基础设施建设，以此来削弱中国在该地区的影响力。

三、印度态度审慎

在印太战略的驱动下，2018年印美防务合作取得了新突破。9月6日，印美两国在新德里举行首次由两国外长和防长参加的"2+2"对话会，双方在会谈中表示同意加强两国国防和安全合作，双方一致认为，在印太地区开展合作已成为双边合作的重要组成部分，并强调有必要保持海上贸易通道开放，确保自由、开放的印太地区。会议期间印美两国签署有关安全与情报共享的《通信、兼容与安全协议》，该协议允许印军使用美国装备上的高端加密通信设施，为印度从美国进口高科技武器铺平道路。双方同意2019年在印度东部沿海地区举行首次陆海空三军联合演习。③ 印度与日本的防务安全合作也日趋活跃。8月20日，日本防卫大臣小野寺五典访问印度，并与印度国防部长希塔拉曼在新德里举行年度部长级会晤，双方一致同意加强两国的战略、防务和安全联系，并就联手强化在印太地区的军事影响力达成一致。印日两国还计划在2019年举办第七届印日副部长级安全

---

① 《大批美军进驻澳洲，直指亚太！》，搜狐网，2018年4月25日，http://www.sohu.com/a/229354797_805245。

② 《澳拟砸20亿澳元援助太平洋岛国　德媒：抗衡中国影响力》，参考消息网，2018年11月8日，http://www.cankaoxiaoxi.com/china/20181108/2350291.shtml。

③ 《如何看待美印"2+2"会谈》，搜狐网，2018年9月16日，http://sohu.com/a/254211342_619333。

政策会谈，继续推动印度海军与日本海上自卫队海上合作，开展高频度的军舰港口停靠活动与反潜演练，加快日本向印度出口 US-2 水上飞机的军售程序。① 与此同时，印度与印太地区其他国家的合作也表现出积极态度。莫迪在 6 月 1 日香格里拉对话会上强调了印度与东盟和泰国签署自由贸易协定，与印度尼西亚升级全面战略伙伴关系，与新加坡、日本和韩国确立全面经济伙伴关系等诸多外交举措。此外，印度不顾美国反对，与俄罗斯签署了价值 50 多亿美元的 S-400 型防空导弹系统采购协议。

　　印度是美国印太战略的重点倚重对象，但总体来看，印度对美国印太战略的态度较为审慎。印度奉行"不结盟"政策，而且对印度洋地区任何域外势力的介入都保持高警惕性，因此与日本、澳大利亚相比，印度在推进美国主导的印太战略的过程中积极性不高，对该战略的理解也存在一定分歧。2017 年 11 月，在美印日澳印太协商会后发表的新闻稿中，印度强调"印度的东向行动政策是其介入印太地区的基石"。② 2018 年 6 月 1 日，印度总理莫迪在香格里拉安全对话会上强调"印太是一个自然区域"，"印度不希望印太成为个别国家的同盟，也不希望被小集团掌控，印太区域应该是积极和多元的，开放和自由的"，"我们都应该根据国际法平等地享有在海上和空中使用共同空间的权利，这需依赖国际法航行自由、不受阻碍的贸易以及争端的和平解决"。③ 2018 年 4 月，为淡化"四方联盟"，印度拒绝接受澳大利亚参与由印度牵头、美日参与的"马拉巴尔 2018"多国军演。7 月 30 日，美日澳三国发起了一项在印太地区投资基础设施项目的三边合作计划，以抗衡中国"一带一路"倡议。但有消息人士称，印度决定不参加此次以美国为首的抗衡中国"一带一路"倡议的三边合作，并将继续对"一带一路"倡议持审慎态度，努力维护印太地区的和平稳定。正如印度知名学者曼诺基·约什（Manoj Joshi）所分析的，美国提出

---

① 慕小明，《印日防务合作升级的战略考量》，中青在线，2018 年 9 月 6 日，http：//news. cyol. com/yuanchuang/2018-09/06/content_17556287. htm。

② Question No. 653 Meeting with Officials on the Sidelines of ASEAN, http：//www. mea. gov. in/rajya-sabha. htm? dtl/29212/question+no653+meeting+with+officials+on+the+sidelines+of+asean.

③ Ministry of External Affairs, Prime Minister's Keynote Address at Shangri La Dialogue, June 1, 2018, https：//mea. gov. in/Speeches-Statements. htm? dtl/29943/Prime_Ministers_Keynote_Address_at_Shangri_La_Dialogue_June_01_2018.

印太战略的目的，明显是要将印度拖入美国的亚太军事阵营。他建议，印度当然要与美国发展紧密的关系以抵消中国日趋增长的权力，但印度也要确保在印太战略的义务上保持平衡。①② 因此，印度成为美国推动印太战略的最大变数。

第四节　印太战略的影响及其趋势

美国主导的印太战略对地区形势产生了诸多影响，对中国"一带一路"倡议造成一定冲击；与此同时，在印太战略框架下，美日印澳"四方机制"既存在较大的不确定性，也存在扩容的可能性。

一、"一带一路"倡议遭遇阻碍

美国政策界对"一带一路"倡议的负面认知持续深化，认为"一带一路"倡议具有使中国成为欧亚大陆霸主的潜力，"中国寻求在印太区域取代美国，扩展其国家驱动经济模式的范围，并以有利于中国的方式重构该地区秩序"③，"中国的主导会破坏印太地区多数国家的主权"。④ 印太战略成为制衡中国"一带一路"倡议，特别是"21世纪海上丝绸之路"倡议的重要举措。未来美国将在经贸上加大对印太地区的关注度，进一步细化与日澳联手推出的三边基础设施投资倡议，坐实"一带一路"倡议的替代方案，从而平衡中国在地区政治经济中的影响力，干扰中国和平发展的进程。与此同时，在国际上继续宣扬"中国利用'一带一路'建设进行经济掠夺""'一带一路'建设项目不公平、不透明""债务外交"等负面论调。此外，美国可能借印度、澳大利亚的地区主导作用，分别对南亚、南太地区的国家施加压力。除此之外，域内外大国的介入也增加了"一带一路"建设沿线国家的观望心理，损害这些国家与中国合作交往的信心。如果美日印澳在印太地区实现有效合作的话，将对地区经济秩序产生持久而广泛的影响，中国畅通

---

① Manoj Joshi, Trump Got It Wrong Again, His Asia Tour Was No Success, http：//www.orfonline.org/ research/trump-got-itwrong-again-his-asia-tour-was-no-success/.

② 林民旺，《"印太"的建构与亚洲地缘政治的张力》，《外交评论》，2018年第1期。

③ 陈积敏，《特朗普政府对华战略定位与中美关系》，《国际关系研究》，2018年第1期。

④ The White House, National Security Strategy of the United States of America, Dec 2017, https：// www.whitehouse.gov/wp-content/uploads/2017/12/NSS-Final-12-18-2017-0905.pdf.

印太海上通道、做活欧亚经济圈的区域发展和战略布局将陷入被动。

二、"四方机制"前景有待观察

2017 年 11 月美日印澳重启"四方对话"，与会各方的声明各有侧重，日本未提及"互联互通"；印度未提及针对南海的"航行与飞越自由"、尊重国际法和海上安全等有关议题；只有美澳明确使用了"四方"一词，表明各方在地缘安全、威胁认知以及对中国动向的看法等问题上存在差异。① 从四方对话内部来看，日本和澳大利亚已经是美国的军事同盟，而印度是"不结盟"运动的倡导者，其政策和立场具有较大的不确定性。2018 年 4 月，习近平主席同印度莫迪总理在武汉举行非正式会晤后，中印关系出现明显的回调。6 月的香格里拉对话会上，莫迪对"四方对话"只字未提。正如兰德公司所分析的，基于多方考虑，为避免刺激中国，印度很可能脱离四方安全机制，但并不会影响与美日澳之间的双边或三边互动。澳大利亚也有类似的摇摆心态。2018 年 7 月美澳"2+2"部长会议上，澳国防部长佩恩明确拒绝了美国有关"澳大利亚应该在南海问题上采取更激进的措施"的要求。②

与此同时，"四方机制"还存在战略扩张的可能性，美国可能拉拢域内中小国家共同参与。2018 年 6 月，四国再次举行磋商会议，从日本会后发布的声明来看，会议有两个重点：一是支持东盟在地区机制构建中的中心地位；二是推进地区可持续经济合作。③ 这表明，按照美日印澳的战略设计，"四方联盟"不止于四国，部分东南亚国家也在此架构之内。

---

① 大国策智库译，《"四方安全对话"与中国的"海上丝绸之路"倡议》，美国战略与国际问题研究中心官网，2018 年 5 月 19 日，http：//www.daguoce.org/article/83/253.html。

② 《美国再提南海自由航行，盟友当场拒绝，称这是步险棋》，搜狐网，2018 年 7 月 27 日，http：//www.sohu.com/a/243647675_600545。

③ Ministry Foreign Affairs of Japan, "Japan – Austria – India – US Consultations", June 7, 2018, https：//www.mofa.go.jp/press/release/press4e_002062.html.

第十四章　俄乌黑海争端复杂化

　　黑海海域是欧亚大陆联通欧洲与亚洲的陆间海，四周由巴尔干半岛、小亚细亚半岛以及高加索地区环绕，仅通过博斯普鲁斯海峡、达达尼尔海峡、马尔马拉海与地中海联通。由于黑海地理位置特殊，成为各方势力争夺的关键海域。2018年，俄罗斯与乌克兰围绕黑海东部刻赤海峡的通航问题发生武力对峙。这是2014年克里米亚半岛并入俄罗斯以后，双方矛盾在黑海海域的延伸。这场争端在以美国为首的西方势力插足后，变得更为复杂。

第一节　黑海争端的背景

一、黑海海域是区域矛盾的焦点之地

　　错综复杂的历史、政治矛盾，激烈的资源竞争，重要的战略位置等多方面因素使黑海海域一直都是大国争夺的焦点地区。苏联在继承沙俄政治遗产以后，将黑海沿岸大部分地区纳入国土之中，并通过社会主义阵营的实力在黑海占据了绝对优势。苏联解体以后，曾经潜藏在苏联国家之下的民族、政治矛盾逐渐凸显出来，在黑海地区新增多个主权国家，黑海海域权益的分割更加复杂。其中主要的方面就是其原苏联加盟共和国俄罗斯与乌克兰、格鲁吉亚等国的领土矛盾；黑海周边信仰伊斯兰教的民族与俄罗斯之间的矛盾；巴尔干半岛国家与苏联-俄罗斯累积的矛盾等。而近年尤为突出的问题就是原苏联加盟共和国俄罗斯和乌克兰围绕黑海海域的亚速海权益问题以及此后发生的克里米亚半岛争端。

　　黑海一直是俄罗斯咽喉通道的重要海域和西南部的交通运输线，具有特殊的地缘政治意义。俄罗斯历史上各个阶段的政府也都将保障黑海的控制权作为海洋战略的重要组成部分。在实施黑海战略过程中，位于黑海中央部的克里米亚半岛一直都是俄罗斯的重要战略据点。19世纪俄罗斯就是

从土耳其手中攻占克里米亚半岛获得黑海的战略优势，此后在克里米亚半岛长期驻扎黑海舰队。苏联时期，其领土涵盖了俄罗斯与乌克兰，因此克里米亚问题尚未成为争夺的焦点问题。直至苏联解体，乌克兰与俄罗斯独立以后，黑海权益争端逐渐凸显出来。双方围绕克里米亚的主权、黑海舰队及其母港塞瓦斯托波尔要塞的归属问题进行了长期的交涉与博弈。① 20世纪末，俄罗斯与乌克兰达成了关于分割黑海舰队的协议，俄罗斯通过租用的方式掌控黑海舰队的母港塞瓦斯托波尔要塞，承认克里米亚属于乌克兰领土。

二、俄乌及域外势力在黑海的角逐

俄罗斯与乌克兰围绕黑海海域的划界问题一直纠纷不断，其根本原因是乌克兰实际控制了刻赤海峡的深水区航道。这一航道是俄罗斯西南内河通往黑海的唯一通道，俄罗斯为此每年不得不向乌克兰缴纳巨额的通行费用。俄罗斯与乌克兰为亚速海和刻赤海峡的划界标准始终没有达成共识，其间曾多次产生纠纷。在此后10多年双方围绕亚速海和刻赤海峡的问题谈判过程中，对于双方共同使用刻赤海峡水域达成一些技术性的协议和条约，但是没有形成一致承认的划界条约。由于乌克兰与俄罗斯同属于原苏联加盟共和国，在历史上存在千丝万缕的联系，双方的海域争端一直都没有过于激化，始终能通过对话和利益交换达成某种临时的共识。然而这种状态随着黑海域外的西方势力介入而出现转变，情况变得愈发复杂。

苏联解体以后，黑海域内国家的政治转型与域外西方国家势力的介入，使得黑海海域的国际矛盾日益加剧。黑海海域沿岸主权国家增多，俄罗斯的战略影响急剧衰退。包括欧盟、北约在内的西方政治势力趁着沿岸国家的政治、经济转型之际，利用经济、政治乃至军事手段介入黑海海域，实施北约、欧盟东扩政策。其中尤以21世纪初引发的"颜色革命"最具代表性，促使格鲁吉亚、乌克兰等国发生亲西方的政权更迭。而后在波罗的海-里海-黑海沿线组建民主国家联盟，支持苏联势力范围内的国家与俄国敌对，进一步压缩俄罗斯的西南部战略空间。

---

① 陈玉柱，《2017年乌克兰将收回克里米亚所有俄海军基地——俄罗斯黑海舰队将何去何从?》，《国际展望》，2015年第12期，第46-47页。

2013 年底，乌克兰总统亚努科维奇企图倾向俄罗斯，中止与欧盟签署政治自由贸易协定，由此引发亲西方的反对派街头示威抗议，最终推翻亚努科维奇总统，建立了亲西方政府。俄罗斯一方对此反应强烈，直接派遣军队占领克里米亚，并于 2014 年 3 月支持乌克兰的克里米亚共和国以及塞瓦斯托波尔市全民公决，以联邦主体身份加入俄罗斯联邦。在克里米亚归属俄罗斯以后，俄罗斯成为刻赤海峡的实际控制者，并巩固了黑海舰队在塞瓦斯托波尔的存在。

三、俄乌与北约在黑海的军事部署

克里米亚半岛并入俄罗斯以后，黑海沿岸国家亲西方势力与俄罗斯两大阵营的矛盾升级为军事对立。克里米亚并入俄罗斯的行动引起乌克兰及西方国家的强烈反响。2014—2018 年，乌克兰在西方国家的支持下，武力打击东部俄罗斯族的分裂势力，在卢甘斯克州和顿涅茨克州开展军事行动。2016 年乌克兰还将俄罗斯告上海牙国际法院，再次声称对克里米亚及其毗连黑海、亚速海与刻赤海峡拥有主权。

乌克兰在经济、军事方面迅速全面地倒向欧盟、北约，乌克兰和罗马尼亚加入欧盟成员国构成的东欧维谢格拉德集团，与欧盟国家建立了牢固联系。美国、欧盟等西方国家和组织不仅对俄罗斯实施制裁措施，还加大了对乌克兰的支持力度。2014—2016 年，欧盟迅速发布将乌克兰纳入欧盟伙伴关系国的法律文件，声明支持乌克兰的领土完整。

作为西方军事同盟的北约组织也在 2014 年以后设置了资助乌克兰保障国家安全的专项基金。北约作为军事联盟近年也积极加强了在黑海的军事存在。2017 年北约布加勒斯特会议上，其针对黑海地区作出决议，呼吁北约成员国就黑海安全问题与格鲁吉亚、乌克兰进行战略磋商。在具体军事行动方面，北约以罗马尼亚为黑海重要前沿，先后于 2016 年部署 F-22"猛禽"战斗机，在德韦塞卢空军基地部署"宙斯盾"反导系统。[1] 北约组织在黑海地区全面覆盖空中、地面、太空电子侦察系统，单在 2017 年一年之内，就在黑海沿岸举行了 18 次军事演习。[2]

---

[1] 慕小明，《北约的黑海攻势与俄罗斯的战略应对》，《学习时报》，2017 年 12 月 27 日。

[2] 《北约多国举行"军刀卫士"军事演习》，新华社，2017 年 07 月 14 日，http://www.xinhua-net.com/2017-07/14/c_1121316450.htm。

俄罗斯面对来自西方国家和乌克兰的压力，围绕克里米亚半岛进一步加强了黑海沿岸的军事部署。首先加速刻赤海峡两岸（俄罗斯本土与克里米亚）的一体化，于2016年建设刻赤海峡大桥，并于2018年通车，将克里米亚与克拉斯诺达尔边疆区连成一片。加快克里米亚军事设置的建设，增加当地驻军人数。在俄罗斯黑海沿岸领土部署了最先进的S-400防空导弹系统①和"堡垒"陆基反舰导弹系统。② 针对北约国家在黑海地区的军事演习，俄罗斯针锋相对地采取同等规模的军演，以远程轰炸机在北约国家公海巡航的措施。

四、黑海矛盾的爆发原因及影响

截至2018年，黑海海域的政治态势已经成为西方北约组织与俄罗斯军事对立的前沿地带。这种态势的形成并非一蹴而就，是"冷战"结束以后两大矛盾的长期积累与爆发的结果。第一个矛盾就是西方欧美阵营势力东扩，大规模压缩俄罗斯的传统战略空间，后者被逼到"墙角"黑海沿岸，原来一直引而不发的俄国与西方的矛盾日益凸显出来。第二个矛盾是苏联国内各加盟共和国之间以及俄罗斯与原华沙条约组织东欧成员国之间的矛盾在苏联解体后日益升级。黑海沿岸国家在第二次世界大战以后大多对苏联及其继承者俄罗斯抱有戒备心理，加之独立后大多发生政治、经济转型，政治向西方倾斜，这也加剧了他们与俄罗斯之间的矛盾。

黑海一直都是俄罗斯西南边疆传统的安全屏障，北约、欧盟通过黑海沿岸国家的亲西方政策介入海域冲突，构筑事实上的黑海反俄联盟，直接威胁到俄罗斯本土及其西南入海通道的安全。俄罗斯采取直接而激进的军事行动来应对急剧恶化的安全局势，而作为西方势力前沿地带的乌克兰也力图在北约各国军事后盾的支持下，继续寻求收复对克里米亚、刻赤海峡的实际管辖权。在这种特殊敏感时期，俄乌双方已丧失其他谈判、协商的平台和渠道，刻赤海峡划界纠纷随时都可能成为双方军事冲突的导火线。

---

① 《俄将在克里米亚部署第4个S400营　控制整个黑海》，《环球时报》，2018年11月29日，https://m.huanqiu.com/r/MV8wXzEzNjY5MzM5XzIyXzE1NDM0NTI5NjA＝。
② 慕小明，《北约的黑海攻势与俄罗斯的战略应对》，《学习时报》，2017年12月27日。

第二节　黑海争端的升级

一、俄乌两国在刻赤海峡的武力冲突

2014 年克里米亚并入俄罗斯以后，俄罗斯对刻赤海峡两岸进行实际控制，将海峡变成了事实上的俄罗斯内海。尤其是 2018 年刻赤海峡大桥竣工以后，俄罗斯完全掌控了刻赤海峡的通航权，乌克兰船只若要通过，需要接受俄罗斯的检查。如有军舰通过，则需要俄罗斯的舰船引导，[①] 这一局面给乌克兰亚速海沿岸的领土安全造成极大威胁。乌克兰于 2018 年在亚速海沿岸建造海军基地，扩大军事设施。同时，2018 年 9 月，乌克兰正式启动加入欧盟和北约的法律程序，并由安全官员向外界放风，表示欢迎北约海军到亚速海进行军事演习。乌克兰希望将北约军事力量引入克里米亚及亚速海沿岸，借助后者的力量夺回克里米亚的控制权。2018 年 10 月，乌克兰在亚速海举行大规模军事演习，引起俄罗斯的强烈抗议。[②]

2018 年 11 月 25 日，乌克兰 3 艘海军舰艇在没有事先通知俄罗斯的情况下，试图强行通过刻赤海峡，俄罗斯方面派出舰艇撞击乌克兰拖船，并向乌克兰一艘炮艇开火，最终俄方将乌克兰海军 3 艘舰艇"别尔江斯克"号、"尼科波尔"号、"亚内卡布"号及其 24 名舰员扣押。随后，俄罗斯封锁刻赤大桥下的航海通道，并出动战机在周边巡航。俄乌双方围绕此事互相指责，俄罗斯方面称，乌克兰舰艇非法进入俄罗斯水域进行危险演习，俄国海军在警告无效的情况下，采取武力措施进行制止。乌克兰一方则称，其舰队在通过刻赤海峡进入亚速海时遭到俄罗斯舰艇的阻拦，并向乌克兰舰艇开火。乌克兰指责俄方对其"公然侵犯"，认为俄罗斯蓄意激化局势，敦促国际社会对俄罗斯采取新的制裁措施。

这场历时近 5 个小时的俄乌海上冲突进一步加剧了各方在黑海海域的对立与矛盾。作为当事方，乌克兰宣布与俄罗斯陆地接壤的东部地区以及亚速海地区在 11 月 28 日进入为期 30 天的战时状态。北约表态全力支持乌克兰的主权与领土完整，支持亚速海是乌克兰的内海主张。12 月 4 日，北

---

① 张弘，《刻赤海峡冲突与俄乌关系的困境》，《世界知识》，2019 年第 1 期，第 34 页。

② 马晓霖，《刻赤摩擦：俄罗斯乌克兰再次开杠》，《华夏时报》，2018 年 12 月 3 日。

约成员国与乌克兰、格鲁吉亚在布鲁塞尔举行外长会议，协调黑海局势的立场，并声明北约将继续扩大黑海海域的存在。与外交活动相呼应，美国派遣军舰于 12 月 5 日驶入俄罗斯彼得大帝湾附近水域，对俄罗斯进行警告。俄罗斯方面则相应地派遣两艘潜艇在黑海海域进行紧急部署，作为紧急应对措施。不过，俄罗斯在整个过程中，坚守战略底线，不主动将事态扩大。

二、刻赤海峡冲突有关两国外交动向

俄乌刻赤海峡冲突为本已有缓和迹象的俄美关系重新蒙上阴影。事发以后，美国总统特朗普在国内政治压力下，宣布取消原定与俄罗斯总统普京在 2018 年 11 月底 G20 峰会的会晤。[①] 俄罗斯在危机处理方面，没有采取更为激烈的措施，而是力图降低事态的影响。俄罗斯总统普京第一时间与德国总理默克尔通话进行讨论，以对欧盟进行协调与对话。

从此次危机的发展态势来看，是乌克兰一方主动挑起，其动机有两个：首先是国家安全面临俄罗斯的全面压制，需要欧美国家的支持；其次是在亲西方政府掌权的近 4 年时间内，乌克兰内外交困，经济发展持续倒退，波罗申科政府的唯一出路在于加入欧盟与北约，利用西方势力维持政治、经济发展。因此，乌克兰选择在 G20 峰会美俄首脑会晤前这一关键时间节点挑起刻赤海峡争端，主要目的在于阻止美俄关系的缓和以防乌克兰的利益受损。因此，西方各国对危机的外交处理相对温和，没有采取过于激烈的敌对措施。原因主要是，美俄之间相互忌惮，特朗普政府也不愿意与俄罗斯发生正面冲突。

乌克兰方面采取多种措施，经济上对俄罗斯进行制裁。对此，俄罗斯作为反制措施，于 11 月 1 日公布制裁名单，有乌克兰政府官员、法官、议会议员、企业负责人等，涉及乌克兰公民 322 人、企业 58 家。俄罗斯提出，如果乌克兰取消对俄罗斯公民和法人的限制，俄罗斯将会撤销经济制裁。[②] 不过，俄罗斯的措施并没有得到乌克兰的积极回应，于是 12 月 29 日，俄罗斯进一步扩大了对乌克兰的制裁。此次制裁名单中的个人和企业

---

① 张弘，《刻赤海峡冲突与俄乌关系的困境》，《世界知识》，2019 年第 1 期，第 35 页。
② 《俄罗斯宣布制裁乌克兰公民和企业》，央视网，2018 年 11 月 2 日，http://news.cctv.com/2018/11/02/ARTIh8o5q5HSL9mOuTDSXcl7181102.shtml。

加在一起共 200 多个，① 禁贸产品超过 50 大类，包括工业品、原材料、农副产品等。② 不过，两国的互相制裁未能使情况变得好转，而是进入了扩大经济制裁的恶性循环。

三、刻赤海峡冲突对国际关系的影响

与此同时，北约和俄罗斯也没有停止对黑海海域的军事部署和对峙。北约在俄罗斯边境附近继续部署海基反导系统、战略非核精准武器和增加军事基础设施等，不断提高作战能力。俄罗斯则派遣 100 艘军舰在海上执行任务，以防海上威胁。③ 2018 年俄乌刻赤海峡冲突，促使俄罗斯进一步在其西南边疆地区强化军事武装。

2018 年底的俄乌刻赤海峡冲突是近年黑海海域克里米亚危机的延续，是其矛盾的再一次爆发。俄罗斯对此事件的处理较为低调和理性，与乌克兰高调的态度相反。其原因在于，作为克里米亚半岛、刻赤海峡的实际控制者，俄罗斯占据政治、地缘优势，无须受到乌克兰的政治影响而破坏其黑海防务的整体战略。刻赤海峡冲突仅仅是一场局部冲突，无法改变俄罗斯与乌克兰在海域内的整体实力对比。同时，域外的西方大国也都试图将冲突影响限制在一个小范围内，避免因此事与俄罗斯发生正面冲突。然而，这并不意味着黑海海域的政治对立状态得以缓解。

自克里米亚危机发生以来，欧美等西方国家利用黑海海域的其他国家对于俄罗斯的历史芥蒂，积极拉拢黑海海域周边国家形成对俄限制阵营，取得了极大的进展。这也很大程度上与俄罗斯违反国际法的基本原则，暗中支持乌克兰东部地区的分离主义，抢占克里米亚半岛，加强黑海舰队的军备等措施，引起区域内其他国家的警觉有很大关系。这些国家都希望通过加入西方阵营而获得安全保障，不再重蹈乌克兰危机的覆辙。

---

① 《俄罗斯扩大对乌克兰制裁名单》，人民网，2018 年 12 月 26 日，http：//world. people. com. cn/n1/2018/1226/c1002-30487528. html。

② 《俄罗斯称愿有条件取消对乌克兰制裁》，中国新闻网，2018 年 12 月 31 日，http：//military. people. com. cn/n1/2018/1231/c1011-30497364. html。

③ 《俄罗斯表示将对北约在俄边境附近部署战略精准武器做出应对》，新华网，2018 年 12 月 26 日，http：//world. people. com. cn/n1/2018/1226/c1002-30489580. html。

第三节　黑海局势的展望

2018 年俄乌刻赤海峡冲突是"冷战"结束以后黑海局势日趋紧张的一个缩影，这是长期以来黑海地缘政治矛盾累积的结果，短期而言则是欧美等西方国家奉行挤压俄罗斯战略空间的政策所致。因此，西方大国和俄罗斯是决定黑海局势走向的主要力量。在刻赤海峡冲突中，这些国家都力图低调处理，力避事态升级。就一定时段内而言，黑海海域不会出现大规模的热战。

但是，西方国家与俄罗斯基本战略政策并未改变，政治上互相敌视的程度日益加深。前者已经借助刻赤海峡冲突，以支持乌克兰对克里米亚和刻赤海峡领土和主权完整，维护航海自由为借口，进一步强化在黑海海域的军事存在，将铁幕布置在俄罗斯西南近海处。俄罗斯也积极加强克里米亚及周边沿海地区的军事布防，强化黑海舰队的军力，以应对以北约为代表的西方军事力量的逼近。这意味着，黑海沿岸的军事对峙情况难以发生改变。

从地缘政治格局而言，俄乌冲突标志着黑海沿岸的政治格局基本形成，黑海沿岸原有的亲俄势力发生分裂，一部分转而成为西方阵营对俄围堵、限制的前沿阵地。以后的基本态势是西方在黑海地区采取强势，俄罗斯则采取守势。俄罗斯丧失黑海西岸势力范围，加强同黑海东南高加索-里海地区、中亚国家的联系，力图通过开展能源外交政策，稳固该地区的外交关系。从目前俄罗斯的外交对策来看，基本上采取大棒在手，温声细语的政策，利用自身对欧洲的资源优势，推进与欧盟关系的缓和。同时，以德国为代表的欧盟主要国家，除了在能源问题外，还在中东问题等方面与俄罗斯存在共同立场，与美国貌合神离。俄罗斯同欧盟对于黑海局势有可以进一步谈判与妥协的空间。

作为黑海冲突最前沿的一些前独联体国家，如乌克兰、格鲁吉亚等国，其国际地位较为尴尬，国力弱小，游离于西方主要政治集团边缘之外，同时又脱离了俄罗斯为中心的独联体关系，与俄罗斯为敌。因此，这些国家的基本外交战略未来仍以在经济上争取加入欧盟阵营，军事上成为北约的一员为主。在未来的一段时间内，黑海局势的最大变数应在这些黑海沿岸西方与俄罗斯对立的前沿国家。以乌克兰为例，从其国内状况来看，可以认为某种程度上乌克兰是为了影响国内大选的局势才主动挑起刻赤海峡冲突的。这些国家很有可能利用有限度的冲突促使欧美等西方国家迅速站队，表明对俄制裁的立场，同时再次增加对其政治、军事支持，减小俄罗斯与西方国家修复关系的可能性。在2019年，类似这种有限度的边缘冲突，在黑海沿岸各国微妙的内政与外交形势下，依然有可能再次发生。

第十五章　南极保护区建设的现状、进展与发展趋势

　　南极，即南纬 60 度以南的地区，包括南极大陆、南纬 60 度以南的所有南极岛屿以及海洋等，南极是南极洲和南大洋的总称。南极大陆及其周围岛屿约 1400 万平方千米，南纬 60 度以南的海洋总面积约 2033 平方千米。南极洲是世界上最大、最质朴的荒野大陆，南大洋海域地理位置特殊、气候环境极端、资源丰富，是科学研究的天然实验室，南极的资源、科研和环境价值对人类发展意义深远。1959 年，《南极条约》签署，搁置了各国对南极领土主权主张的争议，确立了南极向所有国家开放、和平利用南极的宗旨以及非军事化、科学研究和环境保护等南极国际治理的基本原则。然而，也由于南极错综复杂的地缘政治和法律制度，使南极地区成为国家利益博弈的政治工具之一。

　　如何将人类活动对南极这一"净土"的环境影响降到最低限度，一直是南极事务中各国重点关注的事项，也是历次南极条约协商会议的中心议题之一。[1] 当前，科学已经证实极地和高山地区在地球气候系统中起着关键作用，并且是具有日益重要的战略意义的地理区域的情况下，南极保护问题更是成为国际南极事务的核心问题。为保护南极特殊的地理环境、生态环境，目前在《南极条约》体系下，已经形成了两套保护区建设体系：一是基于《关于环境保护的南极条约议定书》（以下简称《环境议定书》）体系、由南极条约协商会议（ATCM）决策的南极特别保护区和南极特别管理区，以保护南极的固有的荒野价值、美学价值和科研价值等；二是基于《南极海洋生物资源养护公约》（以下简称《养护公约》）、由南极海洋生物资源养护委员会（CCAMLR）决策建立的养护和合理利用南大洋生物资源的南极海洋保护区。

---

[1]　刘惠荣，陈明慧，董跃，《南极特别保护区管理权辨析》，《中国海洋大学学报（社会科学版）》，2014 年第 6 期，第 1-6 页。

第一节　南极特别保护区和南极特别管理区

建设南极保护区，是随着《南极条约》体系的签署和发展、对南极生态环境保护认识的不断深入而逐步形成和完善的一个过程，也是南极条约协商国会议的重要成果之一。南极保护区，从相关概念的构想与提出、保护区的实际划设再到系统性制度的逐步形成，经历了一个漫长的过程。

一、概念的形成阶段

1961 年生效的《南极条约》搁置或者说"冻结"了各国对南极领土主权的声索，南极条约协商国普遍认识到，必须采取特别的措施来保护一些具有重大荒野价值、环境价值、科学价值、美学价值、历史价值的区域。[①]而对南极的管理也从主权争议转向对南极的环境管理和资源管理等方面。1964 年，在第 3 届 ATCM 上通过了《南极动植物保护议定措施》，从而首次提出了在南极设立"特别保护区"的概念。[②]

二、建设与系统化发展阶段

1966 年，第 4 届 ATCM 首次在南极设立了 15 个特别保护区。由此，南极保护区开始进入实践建设阶段。此后的 1972 年和 1975 年，分别在第 7 届、第 8 届 ATCM 上又讨论和提出了建立"特别科学兴趣区"，并通过了相关的建议案。[③]之后，经过 10 多年的运行和发展，在 1989 年的第 15 届 ATCM 上，提出了建立包括特别保护区、特别科学兴趣区、多用途规划区以及历史遗址和纪念物(HSMs)在内的保护体系。[④] 南极保护区制度逐步向系统化、多样化、规范化的方向发展。

至 1991 年，南极条约协商国已共提出了 8 类南极保护区，实际建立了 42 个各类保护区。这 8 类保护区分别是：特别保护区、特别科学兴趣区、特别旅游兴趣区(并未设立)、历史遗址和纪念物、坟墓、特别保留区、海

---

①②③　凌晓良，陈丹红，张侠，等，《南极特别保护区的现状与展望》，《极地研究》，2008 年 3 月第 20 卷第 1 期，第 48-63 页。

④　刘惠荣，陈明慧，董跃，《南极特别保护区管理权辨析》，《中国海洋大学学报(社会科学版)》，2014 年第 6 期，第 1-6 页。

洋特殊科学兴趣区和多用途规划区。① 同年，1991 年的 ATCM 通过了《环境议定书》，将整个南极确定为"一个专用于和平与科学的自然保护区"。

三、规范化发展阶段

1998 年《环境议定书》生效，在同年的第 22 届 ATCM 上专门设立了南极环境保护委员会(CEP)，南极的环境保护机制不断完善和发展。《环境议定书》的 5 个附件详尽地规定了关于南极环境保护的 5 个方面：环境影响评价、南极动植物保护、废物处理及废物管理、预防海洋污染和区域保护及管理。依据《环境议定书》这 5 个方面中有关"区域保护及管理"的规定，在 2002 年第 25 届 ATCM 上通过"南极特别保护区的命名与编号系统"的决定，从而将前期所设立的各类保护区进行了重新命名，确立为两类，分别为：南极特别保护区(ASPA)和南极特别管理区(ASMA)。② 而之前所设立的特别保护区和特别科学兴趣区则全部归入了"南极特别保护区"并重新统一编号和命名，其他的几类则归入到南极特别管理区。③同时，将历史遗址和纪念物单独列出并建立了官方清单目录。④

(一)南极特别保护区

根据《环境议定书》附件五第 3 条的规定，"任何区域，包括任何海洋区域，均可被指定为南极特别保护区，其目的是保护显著的环境、科学、历史、美学和荒野形态的价值或者任何此类价值的结合，以及支持和协助正在进行的或计划进行的科学研究活动"。同时，附件五的第 4 条规定，进入南极特别保护区需要取得相关的许可证。⑤因此，所谓"南极特别保护区"是旨在保护南极具有重大荒野价值、环境价值、科学价值、美学价值和历史价值的区域。南极的任何区域(包括任何南极海洋区域)均可被指定为南极特别保护区。由于到目前为止，各国设立的特别保护区都设在南极大陆，因此这一体系覆盖的范围仅为南极大陆，暂不包括南大洋。③

---

① 凌晓良，陈丹红，张侠，等，《南极特别保护区的现状与展望》，《极地研究》，2008 年 3 月第 20 卷第 1 期，第 48-63 页。

②③④⑤ 刘惠荣，陈明慧，董跃，《南极特别保护区管理权辨析》，《中国海洋大学学报(社会科学版)》，2014 年第 6 期，第 1-6 页。

③ 李影，《南极特别保护区发展现状与影响因素研究》，复旦大学硕士学位论文，2013 年 5 月，第 6 页。

自南极特别保护区制度建立以来，包括中国在内的不少国家，如美国、澳大利亚、英国等，或单独设立或与他国合作共同设立南极特别保护区。从 1966 年第一批 15 个特别保护区通过了 ATCM 的审核①，截至 2019 年 5 月底，共有 75 个特别保护区被设立(最后一个建于 2012 年)，南极特别保护区已经走过了 50 年的历史。

(二)南极特别管理区

《环境议定书》附件五第 4 条对南极特别管理区的内涵进行了定义：在南极的任何地区，包括海洋区域，只要是正在从事人类活动或将来可能从事人类活动的区域均可被指定为南极特别管理区，以协助规划和协调活动，避免可能发生的冲突，增进南极条约协商国、缔约国之间的合作或最大程度降低人类活动对环境的影响。一般南极特别管理区包括以下两类区域：①人类活动较多，需要进行协调和规划的区域；②被认可具有历史价值的遗址和纪念物。② 南极特别管理区是南极环境保护体系的重要组成部分，目前其覆盖面积已超过 5 万平方千米。③

截至 2019 年 5 月底，南极条约秘书处官网"南极保护区数据库"统计如下：共建立了 75 个南极特别保护区、7 个南极特别管理区。此外，92 个历史遗址和纪念物。其中，中国与澳大利亚、印度、罗马尼亚及俄罗斯共建有 1 个南极特别管理区、3 个南极特别保护区(其中一个是与澳大利亚、印度及俄罗斯共建的)以及 2 个历史遗址和纪念物。

第二节　南极海洋保护区

围绕南极大陆周围的南大洋将太平洋、大西洋和印度洋相贯通，被科学家认为是地球上最易受气候变化影响的区域之一，同时其在全球气候变化中也发挥着重要的作用。④ 南极海洋环境、生态系统对于地球环境和气候来说有着特殊重要的意义。南极海洋保护区，即是为保护南极海洋区域

---

① 李影，《南极特别保护区发展现状与影响因素研究》，复旦大学硕士学位论文，2013 年 5 月，第 5 页。

②③ 顾悦婷，孙波，陈丹红，等，《南极特别管理区现状分析与未来展望》，《极地研究》，2010 年 12 月第 22 卷第 4 期，第 431-440 页。

④ 王威，"南极海洋保护区法律问题研究"，兰州大学硕士学位论文，2018 年，第 6 页。

的自然资源而设立的区域，是在 CCAMLR 的倡议下，由成员国提议并设立的海洋保护区，在保护南极海洋环境、养护海洋生物资源方面发挥着重要的作用。① 为满足保护栖息地、监测生态系统或对海洋渔业进行管理等特定目标，在南极海洋保护区内，某些人类的活动会受到限制。② 由于南极海洋保护区是国家管辖范围以外海洋保护区的一部分，因此，南极海洋保护区不仅在南极保护区建设中具有重要意义，而且对国家管辖范围外的其他海洋保护区建设具有重要的引领和推动作用。③④

一、近年来南极海洋保护区已成为关注焦点

从南极特别保护区和南极特别管理区以及南极海洋保护区的设立情况看。前两者经过近 50 年的发展，相关制度已经基本成熟和稳定，而且由于前两者在对南极区域保护的过程中，涉及的区域面积较小、涉及的利益冲突较少，近年来已经越来越少有国家进行申请。自 2012 年以来的 7 年时间里，并没有新增南极特别保护区和南极特别管理区。

南极特别保护区和南极特别管理区的数量远远超出了南极海洋保护区，但从面积上来看，现有的两个南极海洋保护区的面积已经远远超过了点状分布的前两者。随着南极海洋保护区设立提案的提出，各国的主要争议集中在南极海洋保护区的设立问题上。这是由于南极地缘政治格局复杂，南极海洋保护区建设涉及的法律体系更为复杂、造成的国家之间的利益博弈更为复杂，对南极治理的影响也愈发大。

设立南极海洋保护区，在有利于南极海洋生态环境保护的同时，也是各国争取和彰显在南极国际事务中的影响力和话语权的重要举措。⑤南极海洋保护区设立的国际影响更大、涉及法律问题较多、谈判过程利益调和更为困难，对国家产生的影响也更为广泛和深远。③

二、南极海洋保护区建设的迫切性与重要性

海洋占地球表面积的 70%以上，对地球的环境健康和人类生存的联系

---

①③　王威，"南极海洋保护区法律问题研究"，兰州大学硕士学位论文，2018 年，第 6 页。

②④⑤　庞小平，季青，李沁彧，等，《南极海洋保护区设立的适宜性评价研究》，《极地研究》，2018 年 9 月(第 30 卷第 3 期)，第 338-348 页。

③　何志鹏，姜晨曦，《南极海洋保护区建立之中国立场》，《河北法学》，2018 年 7 月第 36 卷第 7 期，第 25-43 页。

又极为密切。科学研究指出，到 2030 年，需要将至少 30% 的海洋设为海洋保护区，才能保护海洋中的生物资源、确保人类粮食安全以及应对全球性气候变化。对此，联合国提出在 2020 年前将全球海洋面积的 10% 设立为海洋保护区的目标。[1]

南极海洋保护区可以为企鹅等南极野生动物提供更好的庇护。尽管早在 2009 年，南极 ATCM 就已经确认要在南极建立海洋保护区网络，并计划于 2012 年实现这一工作目标，然而，截至目前，这一网络还远远没有建成，且未来的道路还很漫长。[2] 自 2005 年以来，CCAMLR 一直致力于建设南大洋海洋保护区的基础工作，包括制定所有成员国一致通过的法律框架、开展广泛的相关科学研究。

三、发展历程

在南极建立海洋保护区的讨论自 2005 年开始进入 CCAMLR 的议程以来，目前，在南大洋共建有两个海洋保护区，分别是英国提议的南奥克尼群岛南大陆架海洋保护区（SOISS MPA）和由美国、新西兰联合提案的南极罗斯海海洋保护区（RSR MPA）。截至目前，另有 3 个南极海洋保护区的提案仍在商讨中。

南极海洋保护区的制度建设。1982 年《养护公约》生效，随之成立了 CCAMLR 以实施该公约的规则。为了在《养护公约》等《南极条约》体系及其他有关国际公约框架下掌握南极国际事务方面的主导权，国外较早地开展了南极海洋保护区的研究。[3] 2005 年，在 CCAMLR 科学委员会的授权下，美国主导召开了《养护公约》框架下关于南极海洋保护区的第一次专题研讨会，就如何促进公约目标、相关原则和实践、建立海洋保护区的科学信息等进行讨论。会后，CCAMLR 表示支持这一研讨会提出的建议，即在南极条约体系下，建立一个保护南极海洋环境的机制。[4][5] 2007 年，CCAMLR 通过了南大洋生物地理分区图。

---

[1][2] https：//baijiahao. baidu. com/s？ id = 1616365524707512153&wfr = spider&for = pc.

[3][4] 庞小平，季青，李沁彧，等，《南极海洋保护区设立的适宜性评价研究》，《极地研究》，2018 年 9 月（第 30 卷第 3 期），第 338-348 页。

[5] 何志鹏，姜晨曦，《南极海洋保护区建立之中国立场》，《河北法学》，2018 年 7 月第 36 卷第 7 期，第 25-43 页。

　　南极海洋保护区的划设。2009 年英国提议建立南奥克尼群岛南大陆架海洋保护区(SOISS MPA)，提案获得 CCAMLR 同意并通过，成为世界上首个完全位于国家管辖范围外区域(ABNJ)的公海保护区。该保护区规定：保护区内禁止一切捕捞活动，除非为与渔业有关的科研活动。然而，该保护区的提案中并未制订相关管理和科学监测计划。①② 2011 年，美国和新西兰分别向 CCAMLR 提交了关于建设南极罗斯海海洋保护区(RSR MPA)的提案，但经审议未通过。2012 年，双方协商一致并将两个方案合并后再次共同提出，经过多次修改和合并，提案最终于 2016 年获得通过。③南极罗斯海海洋保护区由一般保护区、特别研究区和磷虾保护区 3 部分组成。保护区旨在实现特定的保护和科学目标，同时允许在保护区内开展一些捕鱼活动。④

　　除上述两个南极海洋保护区以外，当前还有一些南极保护区的提案已经被提交，但尚未获得 CCAMLR 的审议通过，包括澳大利亚提出的东南极海洋保护区、德国率先提出的威德尔海海洋保护区。

第三节　南极海洋保护区的最新进展

　　自 2016 年设立了世界上最大的海洋保护区——罗斯海海洋保护区之后，全球对于在南极建立具有代表性的海洋保护区网络的目标更加充满信心，对于在 2018 年 11 月的 CCAMLR 会议上能够通过新的南极海洋保护区提案的期望持续高涨。因此，为推动这一目标的实现，从 2018 年初开始，环保非政府组织、南极周边国家、南极渔业相关企业等开展了各类准备工作，采取了多项南极生物资源保护行动。然而，2018 年 CCAMLR 会议上，这一众人期待的世界最大海洋保护区的提案最终流产。总结 2018 年多国媒体关于南极海洋保护区建设的相关报道，主要包括以下方面的最新进展。

---

① ③ ④　https：//baijiahao. baidu. com/s？id＝1616365524707512153&wfr＝spider&for＝pc.

②　庞小平，季青，李沁彧，等，《南极海洋保护区设立的适宜性评价研究》，《极地研究》，2018 年 9 月(第 30 卷第 3 期)，第 338-348 页。

一、国际环保组织和部分国家加强南极科考，为推动南极海洋保护区建设提供依据和前期准备

对于在南极建设海洋保护区，非政府国际环保组织"绿色和平"最为积极，也是一马当先，通过组织长期南极海域的科学考察、采取和平抗议行动、发声呼吁等方式，积极为南极海洋保护区建设收集保护区建设紧迫性的依据，扩大影响力。

早在 2018 年 1 月 2 日，绿色和平组织智利分部就从智利的蓬塔阿雷纳斯乘科考船出发，奔赴南极执行为期 3 个月的保护极地野生动物科考任务。这次考察也是人类首次进入威德尔海的南部区域。① 据绿色和平组织官网报道，南极考察旨在支持南极海洋保护区建立。南极科学考察期间，将对南极威德尔海北部和南极半岛西部的海底进行 8 次潜水活动并开展塑料污染采样工作。科考行动意在强调，迫切需要保护南极地区脆弱的海洋生态系统，保护南极海域不受捕鱼业的影响，以便提高南极生态系统应对气候变化的抵御能力。这个占地 69.5 万平方英里的保护区如果建成，将成为地球上最大的海洋保护区。②

绿色和平组织从这次考察中已经发现，气候变化正在影响磷虾数量，而且南极地区的磷虾捕捞行业正在与南极企鹅和鲸类展开"食物拉锯战"，对南极生物造成极大的影响。在此情况下，绿色和平组织呼吁磷虾捕捞业立即停止在南极保护区域内的所有捕捞活动，并停止从南极受保护地区采购海产品。③

这次为期 3 个月的南极考察还发现，在南极偏远地区也存在塑料废料和有毒化学品，这就证明污染已经扩散到了大陆最偏远的栖息地，从而改变了以往关于南极生态系统不受垃圾入海和化石燃料燃烧影响的观点。绿色和平组织再次呼吁，政府和企业采取紧急行动，减少海洋塑料垃圾，并号召建立南极海洋保护区网，以提高海洋生态系统应对气候变化、捕捞业和塑料污染影响的适应能力。④ 此外，9 月，南极与南大洋联盟（ASOC）的

① 绿色和平组织智利分部官网，2018 年 1 月 3 日。
② 绿色和平组织官网，2018 年 2 月 26 日。
③ 绿色和平组织官网，2018 年 3 月 12 日；美国《海事执行》杂志，2018 年 3 月 13 日。
④ 绿色和平组织官网，2018 年 6 月 6 日；美国《国际财经时报》，2018 年 6 月 9 日。

专家表示，南极的阿德利企鹅因气候变暖和磷虾捕捞而面临灭绝威胁，同时就在南极洲东部建立新的海洋保护区进一步开展讨论。①

近南极国家智利和对南极具有主权声索的英国（其对南极主权要求覆盖了威德尔海地区），也在为南极海洋保护区建设开展各类考察和论证工作。1 月，智利开展了南极科考并也提议设立海洋保护。智利南极研究所科考船"卡普吉"号开始首次极地水域考察活动，承担海洋生态系统和鱼类、甲壳类生态学等多个研究项目。智利将以此为科学基础，向南极海洋生物资源保护委员会提交设立海洋保护区的建议。② 英国学界加强南极研究，希望有助于保护南极。2 月，英国南极考察局、英国国家海洋学中心和英国南安普敦大学共同在《科学》杂志发文称，由其绘制的海洋栖息地图将有助于深入了解南乔治亚岛上的特有物种分布，从而有助于合理规划该渔业区域。南乔治亚岛位于南大西洋，海洋生物丰富，设有捕鲸作业基地和英国南极考察站。③

二、为支持建立南极海洋保护区，国际组织与多国企业积极采取行动

绿色和平组织维权人士对磷虾捕捞作业采取了抗议行动。3 月 22 日，2 名绿色和平组织人士将其所在的一艘小船连接到位于南极水域的一艘乌克兰拖网磷虾捕捞船的锚链上，通过这种方式和平抗议捕捞业对企鹅和鲸类的重要食物来源的威胁。绿色和平组织呼吁磷虾行业承诺停止在政府考虑建设海洋保护区的地区开展捕捞活动，并支持南极海域保护工作。④

到了 7 月，旨在推动南极海域保护的"南极 360"活动得到来自中国、挪威、韩国、智利的 5 家磷虾捕捞公司支持。这 5 家公司在南极海域的磷虾捕捞规模总和占到了全球份额的 85%。这些公司都自愿停止在南极生态敏感海域及企鹅繁殖区的捕捞活动，并从 2020 年开始永久关闭在这些地区的运营办公场所，并承诺支持在南极建立世界最大的海洋保护区。绿色和

① 俄罗斯"卫星通讯社"，2018 年 9 月 10 日。
② 智利南极研究所官网，2018 年 1 月 17 日。
③ 英国南极考察局官网，2018 年 2 月 19 日。
④ 绿色和平组织官网，2018 年 3 月 22 日。

平组织表示，这些公司的决定具有远见，将为南极洲和世界各地的商业捕捞带来更大的利益。科学家、政府、企业和保护组织之间的合作是保护南极生物多样性和生态环境以及维持全球海洋健康所必需的。[1]

三、南极建立世界最大海洋保护区的计划继续搁浅

2018 年在澳大利亚塔斯马尼亚的霍巴特举行的 CCAMLR 年会于 11 月初黯然落幕。实际上，24 个国家和欧盟组在为期 2 周的闭门会议中，在经过了激烈的讨论后，最终，总面积超过 320 万平方千米、分别由欧盟和澳大利亚共同提议的东南极海洋保护区草案、由欧盟单独提议的威德海海洋保护区草案，以及由阿根廷和智利共同提出的西南极保护区草案，因未能达成共识而均未获得通过，相关进程已经停止。CCAMLR 采用"协商一致"的原则，中国、俄罗斯和挪威反对，保护区提案就无法通过，而且，原本就已经远远落后于其他区域渔业管理组织的南极大会渔船转运协议也没能在会上得到修订和更新。

媒体对这一结果普遍表示失望。可以说，自从 2016 年会议后，南极海洋保护区的谈判就没有取得任何新的进展。海洋保护区提案是 CCAMLR 大会各项议题中的重要内容之一。此次提案的 3 个保护区的面积加起来达320 万平方千米，而其中威德尔海保护区的面积更是达到了 180 万平方千米，若成功建立就将是全世界最大的自然保护区[2]，将禁止在威德尔海海域捕鱼，以保护海豹、企鹅和鲸等关键物种。[3][4]

对上述结果，绿色和平组织批评 CCAMLR，称其未能履行其保护南极水域的职责，不能促成成员国就建立南极海洋保护区达成一致意见。绿色和平组织南极保护运动的代表表示，目前处于建立南极最大的保护区的历史机遇期，对保护野生动物、应对气候变化和改善全球海洋健康都至关重要。如果 CCAMLR 还不能在南极保护的任务中取得实质进展，那么只能寄

---

[1] 绿色和平组织官网、美国皮尤慈善信托基金官网，2018 年 7 月 9 日；美国深度海洋网，2018 年 7 月 13 日。

[2] 澎湃新闻，访问时间：2019 年 3 月 21 日，https://baijiahao.baidu.com/s? id = 161636552470 7512153&wfr = spider&for = pc.

[3] 南极和南大洋联盟官网，2018 年 11 月 2 日；菲律宾《马尼拉公报》，2018 年 11 月 3 日。

[4] 绿色和平组织官网，2018 年 11 月 5 日；瑞典海洋和水管理局官网，2018 年 11 月 7 日。

希望于联合国在全球海洋条约谈判中取得进展。①②

第四节　南极海洋保护区建设的争议与博弈

对于 CCAMLR 来说，需要 25 个成员完全达成一项决议，这绝非一件易事，需要调和不同成员之间有关南极保护区建立的法律依据、实际管理等争议，同时还需要明确不同成员在这一问题上的利益所在。

一、当前南极海洋保护区建设中存在的主要争议

由于存在法律依据、科学依据、实际管理规则等多方面的分歧，使得在南极海洋保护区问题上，CCAMLR 成员国不会轻易达成一致。

第一，关于在南极建立海洋保护区的法律依据存在分歧。当前的《南极条约》体系并没有明确就海洋保护区的建立提供法律依据。不仅如此，《南极条约》体系与《联合国海洋法公约》之间在南极国际海底区域等问题的不相适应，也成为南极海洋保护区建设的法律障碍。对于南极海洋保护区建设的法律争议主要是：在南大洋建立和管理海洋保护区的法律依据是什么？CCAMLR 在此问题上是否具有法律权限？例如，2013 年 CCAMLR 特别会议上，关于建立罗斯海海洋保护区与东南极海洋保护区的讨论中，针对新西兰、美国修改后的提案，俄罗斯提出了一系列问题，认为对于"海洋保护区"缺乏明确定义，且没有明确的法律基础，《养护公约》及《关于建立南极海洋生物资源养护委员会海洋保护区的总体框架》(简称《总体框架》)均不能作为其法律依据，而且海洋保护区与用于科学研究或保护而封闭的区域、南极特别保护区与南极特别管理区之间的关系都存在混淆；而《总体框架》不包含建立海洋保护区的程序及实施的措施等。

第二，南极海洋保护区的建立缺乏科学依据以及技术与管理规则。虽然，2012 年南奥克尼群岛南大陆架海洋保护区、2017 年南极罗斯海海洋保护区都在分歧重重的情况下最终得以建立，但从 2018 年建立威德尔海海洋保护区的失败现实来看，显然保护区建设没有形成示范效应。例如，作为

① 绿色和平组织官网，2018 年 11 月 5 日；瑞典海洋和水管理局官网，2018 年 11 月 7 日。
② 庞小平，季青，李沁彧，等，《南极海洋保护区设立的适宜性评价研究》，《极地研究》，2018 年 9 月(第 30 卷第 3 期)，第 338-348 页。

最初实践，2010 年 5 月正式建立的南奥克尼群岛南大陆架海洋保护区是最早在南极建立的海洋保护区，是全球第一个完全位于公海的海洋保护区，也是南大洋建立具有代表性海洋保护网络的里程碑。在这一保护区内禁止捕鱼和倾倒、排放渔船废物。然而，即使如此，其实践情况却差强人意：没有对毗邻该保护区的生物多样性丰富的海域进行保护；该保护区没有相应的《管理计划》和《科研监测计划》，具体管理方案缺失。①

与此同时，CCAMLR 在建立南极海洋保护区的过程中，是由科学委员会来提供科学依据和相关资料的，然而，科学委员会并没有办法提供足够的科学依据。

第三，关于海洋保护区建设与渔业权利之间的争议。21 世纪，人类逐渐深入向海要资源、要空间。在这一背景下，虽然南极早已在 20 世纪中叶就已经搁置主权，但南极所蕴藏的丰富的各类资源逐渐被发现，与南极资源开发利用有关的问题成为国际社会关注的焦点。尤其是对于南极海洋生物资源来说，南极海洋保护区的建立正是这些焦点问题的突出表现。南极海洋保护区内生物资源的"养护"与"合理利用"之间，如何平衡与协调？这也是南极海洋保护区讨论过程中存在分歧的重要问题之一。例如，早在南奥克尼群岛南大陆架海洋保护区设立的过程中，多国提出了不同的意见。日本认为，海洋保护区的目标及管理计划都存在模糊，而日本之所以最终能够接受英国的提案，是由于进行渔业活动的区域被排除在了提案之外。韩国及俄罗斯也对这一最终结果表示赞同。② 美国也认为，海洋保护区的设立，应当考虑到生物资源的合理利用，而捕鱼区域往往与生物多样性保护的目标区域相重合，因此，需要寻求特定的保护方式。中国也持有类似观点，认为海洋保护区的建设，需要平衡和协调保护与合理利用之间的关系，二者之间要进行比例的协调。③

当然，不少国家反对日本所提出的海洋保护区应该与渔业活动互相排斥的观点。例如，澳大利亚坚持认为，海洋保护区建设的目标，就是要避免包括渔业活动在内的一切对海洋生物可能产生影响的活动。重要南极环

---

① 李洁，《南大洋海洋保护区建设的最新发展与思考》，《中国海商法研究》，2016 年 12 月第 27 卷第 4 期，第 92-97 页。

②③ 何志鹏，姜晨曦，《南极海洋保护区建立之中国立场》，《河北法学》，2018 年 7 月第 36 卷第 7 期，第 25-43 页。

境保护组织南极与南大洋联盟（ASOC）也认为，在海洋保护区制定捕鱼配额机制，是生态价值的让步。①

二、各国在南极海洋保护区问题上的博弈

从国际社会长期以来有关南极海洋保护区提案、谈判的过程可以看出，在南极大陆及其周边海域建设和管理各类保护区，已经成为南极利益相关国家强化对南极实质管控、主导南极利益分配格局和竞争话语权的主要形式之一。

第一，包括海洋保护区在内的南极保护区建设，已从单纯的科学问题、环保问题成为各国南极政治博弈的重要工具之一，受到各国政治考量和经济利益的影响较大。2018 年底的南极海洋保护区提案，因不符合 CCAMLR 的"协商一致"原则而未能获得通过，从而也将提出反对意见的国家推至舆论的风口浪尖。

各国提议建立南极海洋保护区，在实际上很容易成为部分国家高举生态环保大旗下的南极圈地之争。因此，CCAMLR"协商一致"通过原则能够在一定程度上制约这一后果的产生，但同时也使各国在 CCAMLR 会议上的决策，由于各国南极利益之外的国内政治或经济考虑而受到影响。例如，美国和新西兰提出罗斯海海洋保护区提案后，之所以多年未能通过提案，是由于俄罗斯、乌克兰和中国等一直以来对南极海洋保护区建设的一些基本问题仍然存在质疑。直到 2015 年，罗斯海海洋保护区的建设出现了转机，在中美两国首脑的对话期间，中方公开表达了对罗斯海提案的支持，在 2016 年第 35 届 CCAMLR 年会上，俄罗斯也最终改变了先前的反对态度，对罗斯海海洋保护区提案表示赞成。最终，在大国一致同意的情况下，罗斯海保护区提案得以通过，保护期限为35 年。

第二，南极海洋保护区建设问题激化了南极主权声索国和非声索国两大阵营之间的矛盾。尽管《南极条约》就已经搁置了各国对南极大陆的领土主权要求，但各主权声索国一直试图通过各种其他活动来强化其主权主张，正如前面所述，南极海洋保护区建设问题成了近年来强化主权要求的

---

① 何志鹏、姜晨曦，《南极海洋保护区建立之中国立场》，《河北法学》，2018 年 7 月第 36 卷第 7 期，第 25-43 页。

工具之一。而且事实上，提出南极海洋保护区提案的国家中，如英国、澳大利亚、新西兰、阿根廷、智利等均为南极主权声索国，这些国家或单独或共同提出的南极海洋保护区提案的覆盖范围，又都与各自主权声索的南极陆地领土周边的"专属经济区"之间存在着重叠。① 由此可见，即使其保护南极海洋生态环境的目标不容置疑、符合南极海洋生态环境保护的必要性，但也无法令其他国家完全信服其主张与南极领土主权要求无关。正因为如此，也难免使得南极非主权声索国提高警惕，从而对海洋保护区提案的合理性和合法性提出质疑。

正如有媒体指出，这也是南极领土主权声索国与非声索国之间的矛盾。有关媒体表示，对于南极主权声索国来说，南极属于其核心利益之一，这些国家自然会投入大量的人力、物力，以推进南极的制度建设。而中国作为非直接声索国，在建设方面投入有限，在海洋保护区问题上，没有技术能力与提案国进行对等的讨论，特别是"当中国把海洋保护区建设视为对现有《南极条约》体系的挑战时，中国的立场也会更加趋向保守"。②

第三，南极条约协商国在南极海洋保护区建设问题上的不同立场。从2018年末南极海洋保护区建设的最新情况来看，虽然在 CCAMLR 会议上最终提出表决的只有赞成和反对两方，但根据国际媒体对持反对意见的挪威、俄罗斯和中国立场的报道情况看，显然，无论是赞成一方的内部，还是反对一方的各国，都有着不同的利益诉求，并不是简单的赞成或反对。按照各国在南极海洋保护区建设问题上的主要观点，主要有3种：

一是以欧盟、美国等为首的南极海洋保护区建设的积极推动者，坚持南极海洋保护区建设的必要性和紧迫性。自2014年起，比利时和法国以南极陆基及后勤支撑活动对海洋环境造成影响为由，连年在南极条约协商会议上提交"海洋环境中的突出价值"议题，要求根据《环境议定书》，在南极周边的南大洋新设或扩张特别保护区，并试图通过提高保护措施对各国开展的南极资源合理利用、基础科研、后勤保障及旅游等活动进行严格管

---

① 澎湃新闻，访问时间：2019年3月21日，https：//baijiahao.baidu.com/s？id=16178023848 44185336&wfr=spider&for=pc。
② 英国《金融时报》，2018年11月16日。

控、甚至禁止。2016 年第 39 届南极条约协商会议上，比利时再次抛出加快南极特别保护区建设议题，并得到德国、荷兰、法国、英国等国的一致支持和行动配合。同时，欧盟还在《养护公约》框架下积极推进海洋保护区建设，并试图将两个法律机制框架内的保护区加以混同，实现迂回联动、扩大南极海洋保护区的目的。由此可见，在南极条约体系内全面推动海洋保护区和特别保护区的建设及其联动，已经成为欧盟南极战略的重点。在这一过程中，美国虽然对相关事务优先顺序提出了意见，但在原则上仍然是支持的。此外，美国和新西兰提出的罗斯海海洋保护区提案获得通过，已经表明，美国是这一机制的最大受益者之一，与欧盟之间有着共同的利益。

二是以俄罗斯为代表，对南极海洋保护区建设的法律依据或科学依据持怀疑态度。早在 2013 年的 CCAMLR 特别会议上，俄罗斯代表就表示，目前的《养护公约》和《总体框架》中都没有对"海洋保护区"进行明确定义，因此，在南极建立海洋保护区缺乏一定的法律依据。[1] 而这也是长久以来 CCAMLR 各成员国争议的重要问题之一。[2]

三是以挪威为代表，对南极海洋保护区建设的必要性持赞成，但其认为需要有明确的科学依据。自 2018 年，在 CCAMLR 会议上挪威投了反对票后，挪威政府受到了环境保护组织的强烈谴责。绿色和平组织极地顾问 Laura Meller 博士发表评论认为，"尽管挪威同意创建一个以现有的最佳科学资料为基础的南极海洋保护区，但却决定提出自己的建议，将该地区一分为二。本着达成共识的精神，我们敦促挪威为其承诺制订一项工作计划，并明确时间表，说明他们自己的提案如何有助于委员会急速着手建立大规模海洋保护区网络。"[3]对此，挪威外交部官员表示，挪威支持在南极地区建立广泛的保护区，目前只是没有支持欧盟的提案，挪威是提出了自己的提案（将保护区分成东西两个部分，先建立西部保护区，同时继续商议东部保护区的建立）。挪威希望保护区的建立有充足的知识储备及科研

---

[1]　张弛，《南极海洋保护区的建立——国际海洋法律实践的新前沿》，浙江大学硕士学位论文，第 19 页。

[2]　张弛，《南极海洋保护区的建立——国际海洋法律实践的新前沿》，浙江大学硕士学位论文，第 14 页。

[3]　绿色和平组织官网，2018 年 11 月 2 日、2018 年 11 月 6 日。

调查，以此切实达到海洋可持续发展的目的。[1][2] 挪威《日报》发文指出，挪威代表团此次做法是合理的，指出目前对威德尔海东部地区的科研知识储备不足，不应贸然制定方案保护包括东部和西部的整个威德尔海区域。需要有更充足的信息来证明建立保护区的必要，所以应等待更完善的科研数据，暂时只在威德尔海西部建立保护区。

四是以中国为主，认为需要就南极海洋保护区建设持谨慎态度，关心如何在保护与开发利用之间进行平衡。长期以来，中国对南极海洋保护区的建设持谨慎态度。虽然中国早在1985年就已经成为南极条约协商国，但2007年才加入CCAMLR，是其最新的成员之一，中国对于建立南大洋保护区一直秉持较为保守的立场。在2009年英国提出的南奥克尼保护区谈判中，中国首次就南大洋保护区问题提出主张，认为海洋保护区的建设不应当影响成员国捕鱼的正当权利。即在保护的同时，不应该损害"合理利用"南极生物资源的权利。例如，在2014年的CCAMLR会议上，中国代表团认为，现行的CCAMLR体制运行良好，相关海域内的渔业资源并未受到任何实质性的威胁。[3] 到了2015年，中国也是在最后一刻才决定支持建立罗斯海海洋保护区，但这并不意味着中国对于南极海洋保护区提案都支持，中国仍然坚持一事一议的态度。[2] 而且，任何禁止捕捞的海洋保护区的建立，对于作为远洋捕捞大国的中国来说，显然不符合国家的长期利益。[3]

三、南极海洋保护区提案反对国和 CCAMLR 受到国际舆论施压

在2018年11月初，南极海洋保护区提案因未获得一致同意再遭搁浅的消息传出后，绿色和平组织等国际环保机构倍感失望，从而将批评的矛头指向俄罗斯、挪威和中国，进行了舆论谴责。同时，绿色和平组织批评CCAMLR工作不力，也对其能否胜任南极海洋保护任务的能力提出质疑。作为公海保护区建设的引领者，CCAMLR原定的时间线是在2012年以罗

---

[1] 挪威《日报》，2018年11月6日、2018年11月7日、2018年11月13日。

[2] 挪威《世界之路报》，2018年11月3日。

[3] 澎湃新闻，访问时间：2019年3月21日，https://baijiahao.baidu.com/s?id=1617802384844185336&wfr=spider&for=pc。

斯海和东南极保护区的通过初步建立南极海洋保护区网络，但自 2016 年通过南极罗斯海保护区后未就南极保护区谈判取得任何进展。

第五节　南极保护区的未来发展趋势

一、长期艰难磋商将成为南极保护区建设的常态

《南极条约》体系下建立的南极特别保护区、南极特别管理区、南极海洋保护区都受到了地缘政治因素的影响。例如，所有国家提议的南极特别保护区、海洋保护区等均覆盖其主张南极领土或与之邻近，即使是南极特别管理区(除个别例外)也是如此。因此，单纯以保护环境为由的各类保护区提案，并不具有强烈的说服力。在这一过程中，各个成员国对提案的审议、谈判，必然会倾向于地缘政治因素考虑，从而衡量国家内部的政治经济利益等，也就决定了未来的保护区建设，尤其是争议复杂、博弈激烈的南极海洋保护区，必然需历经各方长久的磋商过程。①

二、从全球范围来看，南极海洋保护区的关注度和重要性日益突出

从近年来南极特别管理区和南极特别保护区的建设来看，都已经基本处于停止状态，各国都更为注重在保护区内的管理和运营。而对于南极海洋保护区来说，却有所不同。当前，联合国有关国家管辖海域外生物多样性(BBNJ)养护与可持续利用的研究和讨论，标志着国际社会向指定一份具有法律约束力的公海及国际海底区域生物遗传资源国际管理协议又迈出了重要一步，对全球海洋事务影响重大。海洋保护区的设立，是 BBNJ 最重要的实施工具之一。而对于具有广泛的公海的南大洋来说，设立海洋保护区，已经成为最受各国关注、利益冲突较为密切的重大事务之一，各方博弈也最为激烈的事项之一。

---

① 何志鹏，姜晨曦，《南极海洋保护区建立之中国立场》，《河北法学》，2018 年 7 月第 36 卷第 7期，第 25-43 页。

三、南极海洋保护区的关注焦点将持续关注反对国，尤其是中国的态度

2018 年投反对票的国家的态度已经成为媒体和各国关注的焦点。同时，由于在前两次南极海洋保护区建设的最终表决上，中国都扮演着异常关键的角色，使得国际舆论对中国在这一问题上的态度关注较多。随着 2019 年 CCAMLR 会议的不断临近，上述国家在很大程度上可能不会改变对南极海洋保护区问题上的根本观点和态度，因此，三国受到的舆论压力也可能会更大。

第十六章　日本退出国际捕鲸委员会反响强烈

2018 年 12 月 26 日，日本政府宣布退出国际捕鲸委员会（以下简称"IWC"）。在履行相关程序之后，日本于 2019 年 6 月底正式退出该组织。导致日本宣布退出的直接原因是日本向 2018 年 9 月的国际捕鲸委员会大会提交了重启商业捕鲸活动的提案，但由于遭到澳大利亚等国家的强烈反对，提案最终以 41 票反对、27 票赞成的结果遭到否决。在正式退出 IWC 后，日本将从 2019 年 7 月起在本国管辖的领海和专属经济区海域内重启商业捕鲸活动。但是，日本政府虽然积极推进商业捕鲸活动、扩大规模，但鲸肉在日本国内的需求持续下降，市场销售也不乐观，整个产业的前景也难以预料。除此之外，日本一直致力于通过积极参与国际合作，融入国际社会，树立良好国际形象，退出国际组织的举动实属罕见，此举将产生重要的外交影响。可以预计日本退出国际捕鲸委员会及其后续行动仍将会给国际鲸类保护与管理产生重要和持续的影响。

第一节　国内政治经济环境推动日本退出 IWC

引发日本政府采取果断行动的背景是捕鲸活动在日本体现出的"文化-经济-政治"相统一的特点，其所代表的日本饮食习惯与社会文化、捕鲸活动相关产业以及国内政治因素是影响日本政府行动的主要因素。特别是在日本宣布正式退出国际捕鲸委员会后，以安倍晋三为首的内阁成员及有关部门在公开场合提及此事均反复强调捕鲸是日本的"传统文化"，试图为其经济利益和政治用意披上"文化特色"的外衣。

一、"饮食文化"成为日本在国际社会推行商业捕鲸的"外衣"

日本首相安倍晋三就退出 IWC 表示，将向世界发布和传播日本饮食文化和传统。此举意在表明日本将捕鲸作为"饮食习惯"和"传统文化"加以推广。有关日本食用鲸肉的传统，最早可以追溯到 7 世纪关于捕食鲸肉的文献记载，17 世纪以后逐渐变成了部分沿海地区的传统习俗。但是日本国民大规模食用鲸肉则是第二次世界大战之后才开始的。由于当时国内食物短缺，鲸肉为缓解粮食危机发挥了重要作用，直到 20 世纪五六十年代，日本国内社会对鲸肉蛋白的依赖超过了 70%。① 随着日本国内经济发展和生活改善，年轻一代的日本人已不吃鲸肉，同时传统的商业捕鲸活动以及相关产业也开始逐渐衰退。因此，仅仅由于推广传统文化并不足以让日本作出退出国际捕鲸委员会的决定。

二、捕鲸产业的持续衰退促使日本必须突破现有局面

日本虽然有捕鲸和食用鲸肉的习惯和传统，但真正引起日本社会关注的还是近代商业捕鲸活动。日本捕鲸数量和规模都曾为其带来丰厚利润。日本于 20 世纪初加入国际捕鲸委员会，当时加工鲸油的利润最为丰厚，为日本赚取了大量外汇。但是 20 世纪 70 年代日本经济发展时期，食用鲸肉开始明显减少，以低收入者为主，导致鲸肉利润直线下降，商业活动难以为继。从 20 世纪 90 年代开始，日本的捕鲸产业持续萎缩，已经处于十分严峻的状况，目前仅有 5~6 家企业的极少数船只出海进行作业。而在现有国际鲸类资源管理体制下，日本若想扩大捕鲸产业的规模，必须突破国际社会的限制，依靠政治力量采取行动就成了选项。

三、政治力量主导实现日本退出

通过政治行动突破国际限制的背景就是日本政界长期以来一直存在支持捕鲸的政治力量以及"政-官-财-研"的运作机制。各政党都有支持捕鲸的议员联盟，政府中的农林水产省水产厅是日本捕鲸的决策部门，而日本渔业联合会等捕鲸利益团体不断通过政治资金方式影响政策。在采取政治行动的过程中，日本国内舆论认为，日本首相安倍晋三和自民党干事长二阶俊博这两位党政首领的意见对日本退出 IWC 的决定产生了影响。作为首相，安倍晋三的家乡山口县下关市就享有"近代捕鲸发源地"的盛名，从这里走出的政治家均将捕鲸活动作为自己政治理念的一部分。作为干事长的二阶俊博在自民党内拥有重要的影响力，重启商业捕鲸是二阶一贯的政治

---

① 毛莉，吴正丹，《捕鲸这件事日本罕见"退群"背后还有更大目的》，人民日报海外网，2018 年 12 月 28 日，https://baijiahao.baidu.com/s?id=16209836277774708302&wfr=spider&for=pc。

主张。此外，自民党捕鲸对策委员会长滨田靖一也来自拥有捕鲸产业的千叶县。[1] 从日本递交提案、正式退出及之后国内反应来看，退出 IWC 已经是日本政界拥有"共同认识"的结果，也是日本此前一直反对国际捕鲸管理制度的集中爆发。

第二节　日本一直试图摆脱国际捕鲸的限制

日本对于国际社会限制和禁止商业捕鲸的态度一直十分抵制和消极，即使成为国际捕鲸委员会的一员，日本也从未放弃摆脱和突破国际限制的立场。

一、国际捕鲸管理制度对日本造成冲击

（一）国际鲸类管理制度的建立冲击了日本的捕鲸活动

20 世纪 30 年代，为对日渐混乱的远洋捕鲸活动进行规范和管理，英国、挪威等主要捕鲸国先后于 1931 年和 1937 年缔结《捕鲸管制公约》和《国际捕鲸管理协定》，建立了国际鲸类资源保护制度。1946 年 40 多个国家在华盛顿缔结《国际捕鲸管制公约》，正式成立国际捕鲸委员会。20 世纪 70 年代开始，支持保护鲸类资源的国家逐渐增加，开始推动禁止商业捕鲸的活动。1982 年 7 月，在美国、澳大利亚等国家的推动下，国际捕鲸委员会第 34 届年会通过了《暂停全球商业捕鲸活动》的决议，并将其作为《国际捕鲸管制公约》的附则，商业捕鲸活动被全面禁止，对日本的商业捕鲸造成了巨大的冲击。

（二）日本坚持采取反对国际捕鲸管理的立场

面对国际捕鲸管理的问题，日本经历了从拒绝加入、明确抵制到被迫承认的转变。起初作为捕鲸国家，日本认为国际捕鲸活动不应受到任何限制，拒绝加入当时的国际公约。但是到 1951 年 4 月，日本正式加入了国际捕鲸委员会。转变态度的原因是日本寻求积极融入国际社会，改变第二次

---

① 八目景子，"鲸を"殺し続ける"反捕鲸国アメリカの実態"，yahoo news，2019 年 3 月 7 日，https：//headlines. yahoo. co. jp/article? a＝20190307-00010000-voice-pol&p＝2。

世界大战后不利国际地位而作出的选择。从实际利益角度看，日本加入还因为当时国际捕鲸委员会成员国基本都是捕鲸国，更注重管理而非限制。①

但是1986年《国际捕鲸管制公约》附则全面禁止了商业捕鲸活动，对此日本采取了坚决抵制的立场，拒绝承认该禁令。在美国政府的压力下，日本1988年1月被迫承认该禁令的有效性，妥协的结果是改为以"科研"名义进行捕鲸。但即便如此，仍然导致日本捕鲸数量的严重缩减。为缓和国际社会反对捕鲸压力，恢复商业捕鲸活动，日本转为通过外交方式，寻求在捕鲸委员会内推翻商业捕鲸活动的限制。

二、日本以多种方式突破国际约束

日本突破国际约束的基本思路是通过"开展对话"与"经济援助"的方式，降低国际社会反捕鲸压力，提升支持捕鲸国家的数量和影响力。

起初，日本突破"捕鲸禁令"的办法是歪曲解释有关条款内容，争取利益最大化。一是推动修改关于鲸种类的规定，2000年日本试图将抹香鲸等濒危鲸类列入"研究类"，以扩大"科研捕鲸"的种类，增加数量，但遭到其他国家的反对。二是日本认为"捕鲸禁令"违背了《国际捕鲸管制公约》的宗旨，没有反映其中管理与利用的精神，主张国际捕鲸委员会应恢复"正常"。

之后，日本在国际捕鲸委员会之外继续强化与支持捕鲸的国家开展合作。日本、冰岛和挪威3个传统捕鲸国一致抵制国际捕鲸禁令，特别是2006年3国达成了公开支持恢复商业捕鲸活动的共识。2010年12月，支持捕鲸的国家在山口县下关市达成了加强合作、恢复商业捕鲸的共识。在2011年7月国际捕鲸委员会第63届年会上，以日本、挪威和冰岛为首的21个国家采取集体退席的方式抗议设立"南大西洋鲸类保护区"，导致国际捕鲸委员会陷入分裂。同时，利用政府开发援助(ODA)拉拢其他国家加入捕鲸委员会，增加力量对比。需要指出的是，任何国家无论是否捕猎鲸类都可以申请加入国际捕鲸委员会，并拥有表决权。因此，为了达到推翻"捕鲸禁令"所需的国际捕鲸委员会四分之三以上成员支持的目的，近年来日本开始通过"援助"拉拢一些国家入会，以改变捕鲸与反捕鲸国家之间的数量对比，援助对象包括南太平洋小岛屿国家、加勒比海地区和非洲地区。日本提供援助的条件包括受援国应符合"与日本拥有渔业协定并必须

---

① 王海滨，《浅析日本捕鲸外交》，《现代国际关系》，2011年第10期，第31页。

支持日本在各国际组织中的立场"。据不完全统计，有 29 个国家先后被日本拉入国际捕鲸委员会，其中还有蒙古国、柬埔寨和老挝这些与捕鲸问题毫无关系，但因经济援助同意日本立场的国家。在国际捕鲸委员会成员数量增加的同时，开始向支持捕鲸的方向转变。一个直接的结果就是在 2006 年 6 月第 58 届年会上，支持日本"恢复商业捕鲸"议案的票数首次超过了反对票数，但由于推翻 1986 年的商业捕鲸禁令需要得到委员会 75% 以上成员的支持，因此商业捕鲸禁令得以维持。

此外，在许多日本安排的多边合作机制中也引入了捕鲸议题，"日本－太平洋岛国论坛""日本－加勒比海地区多边政治对话""东京－非洲发展国际会议（TICAD）"等多边机制中，与会各国均曾就支持日本捕鲸、加强多边合作等议题达成共识。

三、推翻商业捕鲸禁令

上述措施和行动虽然取得了一定成效，但是随着国内捕鲸产业的日益衰退，日本必须在推翻"捕鲸禁令"方面有所动作。日本在 2007 年曾暗示退出国际捕鲸委员会以抗议禁止商业捕鲸，经与美国等国家协商后暂缓。2014 年，日本提交恢复商业捕鲸的提案再次遭到否决。特别是海牙国际法院判决日本在南极海域捕鲸并非出于科研目的，要求日本停止活动。虽然日本暂停了 2014—2015 年的南极捕鲸活动，但在西北太平洋仍在持续。2015 年底，日本在没有获得国际捕鲸委员会批准的情况下，强行恢复在南极海域"科研捕鲸"，引发了与澳大利亚、新西兰的激烈矛盾。在持续受阻的情况下，日本在 2018 年采取了突破国际社会限制捕鲸活动的方式，正式提交开放商业捕鲸的议案，同时做好退出国际捕鲸委员会的相关准备。

2018 年 9 月在巴西举行的国际捕鲸委员会大会上，日本如期提交了改革方案。核心内容是对已经恢复数量的鲸种类重启商业捕鲸活动。日本提交该议案的背景是，已经能够确认座头鲸等鲸种类的数量有所增加，企图以此作为"科学依据"，要求保证水产资源的可持续利用，力推这一提案获得大会表决通过。作为配合策略，日本还建议修改大会表决程序，针对确定捕捞额度需要 IWC 四分之三以上成员赞成方能通过的规定，日本在提案中提议将此比例设定为半数通过。此举无疑意在配合其重启商业捕鲸提案，为提案获得通过降低阻力。

四、坚持扩大捕鲸背景下的策略选择

日本推动改革的另一个重要因素是本届国际捕鲸委员会主席由东京海洋大学教授森下丈二担任，这是日本人时隔大约 50 年再次出任这一职务，对日本来说机会难得，甚至会前日本内阁官房长官菅义伟就在例行记者会上表示："期待重启商业捕鲸。"由于日本国内"孤注一掷"，坚持扩大捕鲸活动，政府部门在会前就表现出如果提案遭到反对便退出国际捕鲸委员会的姿态。当局的决定表明，无论会议结果如何，日本一定要开始其商业捕鲸计划。

但是对于日本在本届大会上提交的重启商业捕鲸和放宽 IWC 的表决条件等内容，美国、澳大利亚等国家坚决反对，未能通过，导致提案最终被否决。代表日本参会的水产厅官员透露，在 IWC 的 89 个成员国当中，48 个为反对捕鲸国，41 个为支持捕鲸国。随后日本政府宣布正式退出国际捕鲸委员会。

五、日本"退出"引发的争议

2018 年 12 月 26 日，日本政府宣布退出国际捕鲸委员会。此举意味着日本将自 2019 年 7 月起可以在领海和专属经济区重启商业捕鲸活动。日本退出国际合作实属罕见，也因此遭到了国内外各方批评，特别是对日本旨在树立良好国际形象的外交政策产生极大的影响。

(一)国内普遍担忧产生不良影响

首先，日本国内普遍担心此举将给整个国家的外交政策带来负面影响。日本许多专家学者认为，政府对于恢复捕鲸的决定，无论在国际社会，还是在国内渔业等行业领域，都将产生负面影响。神户大学政治学教授篑原俊洋表示，日本的决定可能会"以意想不到的方式"对其他国际谈判造成损害，"在敦促其他国家遵守国际框架方面，日本将处于较弱的地位。"早稻田大学研究员真田康弘称，不遵守国际捕鲸公约，会削弱日本在此事上的主导地位。东京基金会高级研究员、IWC 前日本谈判代表小松正之则表示，此举是"易怒和情绪化的"，并且他质疑恢复商业捕鲸后，日本是否真的能因此获得好处。

另外，对于退出后产生的国际影响，日本政府内部人士担心，"今后在各种国际谈判中日本遭遇的逆风或将增强"。特别是对于提倡多边主义的日本来说，退出国际框架可能招致外交形象受损。日本瑞穗综合研究所研究员菅原淳一表示，"存在不得不退出的一面，不过可能遭到海外的严厉指责"。主导退出 IWC 的日本自民党国会议员计划向各国说明日本的主张，但是能够多大程度获得理解仍是未知数。日本农相吉川贵盛 26 日表示，"我个人认为退出令人遗憾"。水产厅则表示，"今后将继续出席国际捕鲸委员会的科学委员会，强烈推动委员会的改革"。另外，退出国际捕鲸委员会，将导致日本今后无法在南极等海域实施捕鲸活动。不得不说这是日本一个代价巨大的判断。日本政府通过退出国际捕鲸委员会来实现的在日本专属经济区内的商业捕鲸是否真的能够获得国际社会的认可也令人怀疑。因为《联合国海洋法公约》针对捕鲸活动也作出了"应通过适当的国际组织，致力于这种动物的养护、管理和研究"的规定。

（二）国际社会对日本退出反响不一

2018 年 IWC 年会对日本提案的表决结果显示，虽然世界主要国家对于重启商业捕鲸活动持否定态度，但是仍有一些国家对此未予否定。这也反映在日本宣布退出决定之后，各国对此的态度也不尽相同。首先，澳大利亚等坚定反对日本捕鲸活动的国家随即表示，日本作出退出的决定将极大地挑战国际鲸类资源管理制度，英国也表示"十分遗憾"，美国政府虽未在第一时间进行置评，但是美国国内舆论对此予以一致的批评，主要媒体如《纽约时报》评论称，"应当重新考虑退出的决定，从产业上、文化上以及科学上看，日本都不具有正当性"。该评论甚至遭到了日本外务省的强烈回应。① 但是，一些支持捕鲸活动的国家如冰岛、挪威声援日本，表示"国际捕鲸委员会职能不完善"，曾经退出国际捕鲸委员会的国家，如加拿大、希腊对日本的决定虽闭口不谈，但仍然期待未来双方相互支持。此外，巴西虽然坚定反对捕鲸活动，但是对于日本退出 IWC 的决定表达了一丝"同情"。在接受日本媒体采访时，巴西前环境部长萨莱斯表示，"尊重日本的立场，虽然日本主张自己的捕鲸文化，但是这种变化要根据时代发

---

① 松冈久藏，《安倍首相が"商業捕鯨再開"のために豪首相を説得した30 分間》，现代商务，2019 年 6 月 6 日，https：//headlines. yahoo. co. jp/article? a = 20190606 - 00065007 - gendaibiz - pol&p = 2。

展进行变革"。① 再有，一些本与捕鲸无关，但是接受日本"捕鲸援助"的国家面对这一局面会有何反应，对今后日本的捕鲸活动发挥何种作用仍有待观察。

第三节　日本退出后扩大捕鲸规模的行动及影响

日本一味追求国家利益，既不利于塑造日本的大国形象，也将对其进一步融入国际社会产生较大消极影响。日本退出国际机制以及重启商业捕鲸的行为将给国际社会带来何种冲击仍不得而知。

一、重启商业捕鲸扩大产业规模

日本政府在 2019 年度预算案中为推动捕鲸活动列入了 51 亿日元。水产厅的计划是，在决定退出国际捕鲸委员会之后，在捕鲸基地、山口县下关市恢复海上作业，同时在和歌山县太地町等全国 6 个地点展开小须鲸的沿岸捕鲸作业。为应对将于 7 月重启的商业捕鲸，日本水产厅将设定捕获鲸的数量上限。日方希望在领海及专属经济区内，实现科学管理，避免被批评滥捕鲸类。日本的捕捞规则也将参考国际捕鲸委员会的规定内容，修正案将分别按照小型捕鲸业、大型捕鲸业、母船式捕鲸业等渔业种类，设置不同鲸种和作业水域的年捕获上限。日本水产厅还将调整捕获的鲸种类和解体设施的规定。另外，在"退出"程序正式生效之前，日本国内船队将赴南极进行最后一次"科研捕鲸"活动，已赶在正式退出前，借助"科研"名义继续在南大洋捕杀鲸类。

二、政治力量继续为捕鲸活动保驾护航

日本政界以"传统文化"为抓手，继续为捕鲸活动保驾护航。在宣布退出 IWC 之后，以安倍晋三为首的日本国内多位政要纷纷发表立场观点。日本首相安倍晋三在国会参院预算委员会议上强调，"不能让商业捕鲸在我们这一代终结，面向未来继续的意义很大"，呼吁"将寻求国际社会的理解，把利用鲸的文化传承给下一代"。对于日本恢复捕鲸的决定，日本内

---

① 《ブラジル環境相、捕鯨「日本の立場を尊重」＝開発と環境の調和必要》，時事通訊社，2019 年 6 月 19 日，https://headlines.yahoo.co.jp/hl? a=20190612-00000011-jij-int。

阁官房长官菅义伟在记者会上表示，"期待给当地增添活力，丰富的鲸文化得到继承"，并将激活地区经济列为退出国际组织的目的之一。日本农林水产大臣吉川贵盛表示，鲸类的利用应从文化多样性角度考虑，国际社会对日本的"食鲸文化"应当予以理解。具有捕鲸传统的和歌山县的知事仁坂吉伸则发表评论称，"支持政府的决定"。而自民党捕鲸对策特别委员会委员长滨田靖一在当天自民党捕鲸议员联盟的大会上表示支持退出的决定，并评价称"这一决定是为了实现将传统捕鲸切实传给后世的目的"。此外，部分亚洲和非洲国家也发表了"支持日本基于科学依据进行捕鲸"的意见。今后，以"传承文化"为幌子的政治推进仍将成为日本捕鲸的重要特征。

三、未来与其他国家联合继续对国际社会产生影响

尽管日本方面已经声称退出国际鲸类管理体制，但是不能认为其从此不再参与相关的国际事务；相反日本会继续影响世界各国，推进日本商业捕鲸的观点仍然是日本的主要目标。

一是通过与支持捕鲸国家密切合作避免被国际社会孤立，鉴于加拿大和希腊等合计 20 个国家曾先后退出 IWC，以及现有成员国中，还有 41 个国家允许和支持捕鲸，加强与这些国家的相互关系可以避免日本在退出IWC 后陷入孤立。

二是作为非成员国，也能学习挪威作为国际捕鲸委员会的观察员身份继续参与事务的方法。目前挪威作为国际捕鲸委员会的观察员参加、继续推进捕鲸活动，而挪威的捕鲸是作为"土著民族生存捕鲸"而获得认可的，每年仅捕获数头。①

三是未来日本还将探索以捕鲸国为中心，设立以资源有效管理和利用为目标，建立"第 2 个国际捕鲸委员会"的国际组织，以此顾及与国际社会的合作。②

---

① 加藤秀弘，《どうなる日本の捕鲸……我が国はノルウェーを手本にしよう》，Yahoo News，2019年 6 月 14 日，https：//headlines. yahoo. co. jp/article？a＝20190614-00010007-flash-ent。

② 《国际捕鲸委から脱退"新たな枠組み作りも"》，日本新闻网（NNN），2018 年 12 月 26 日，https：//headlines. yahoo. co. jp/videonews/nnn？a＝20181226-00000036-nnn-pol。

第三篇

主要国家海洋政策

第十七章　美国海洋和大湖区经济报告

2018 年 5 月，美国国家海洋与大气管理局所属的海岸带管理办公室发布了《美国海洋和大湖区经济报告》（以下简称"《报告》"）。《报告》基于美国国家海洋经济监测系统数据库，对美国 2015 年海洋与大湖区经济的总体情况进行总结和分析，展示了美国海洋和大湖区的经济能力以及海洋建筑业、海洋生物资源产业、近海采矿业、造船业、旅游休闲娱乐业、海洋交通运输业等 6 个主要海洋产业发展和就业等情况。

第一节　2015 年美国海洋和大湖区经济概况

海洋和大湖区支持着美国人的生命、生活和生计，与海洋和大湖区相关的活动为美国国家经济做出重要贡献。石油和天然气产品提供能源，水产品生产和加工满足了餐饮和海鲜市场的需求，旅游休闲娱乐提供了数百万兼职和初级工作岗位，海洋建筑、海洋交通运输和造船为美国进入全球市场提供了途径。

一、海洋经济的重要性

2015 年，15.2 万家涉海企业雇用了约 320 万人，支付了 1280 亿美元工资，产生了价值 3200 亿美元的产品和服务，约占美国就业总人数的 2.3% 和 GDP 的 1.8%。虽然比例很小，但美国经济是多元化的，包括许多很小但却不可分割的部分。例如，大多数人都对农作物生产、通信和建筑等众所周知的经济活动重要性非常了解，而 2015 年海洋经济就业人数超过了这 3 个领域就业人数的总和。

二、海洋经济的复苏能力

海洋经济平稳度过了 2007—2009 年的经济衰退时期，好于当时美国的海岸带经济和全美经济。

2015 年海洋经济就业人数比经济衰退前（2007 年）增长了 11.5%，而 2007 年以来美国就业总人数仅增长约 3.0%。其中，2014—2015 年海洋和大湖区经济就业人数增加 9.7 万人（增长 3.2%），而同期美国就业人数只增长了 2.1%。

GDP 的变化趋势也显示出海洋经济的复苏能力。2015 年，按可比价格计算（通胀调整后，下同）的海洋 GDP 比衰退前（2007 年）增长 26.1%，而同期美国经济仅增长 9.1%。其中，2014—2015 年，按可比价格计算的海洋 GDP 增长 5.7%，是美国经济增长率（2.7%）的 2 倍。

2015 年海洋 GDP 表现强劲的一个重要原因是近海采矿业。该产业按可比价格计算的 GDP 增长了 10.7%，这一增长主要集中在墨西哥湾。海洋石油产量增长了 8.4%（以桶计）。海洋交通运输业的就业增长率最高，达到 6.1%。旅游休闲娱乐业的就业岗位增长最多，达到 7.9 万个。

2015 年，6 个主要海洋产业的 GDP 均有所增长，除近海采矿业之外，所有产业的就业人数均增加。

三、海洋经济的多元构成

6 个海洋产业对经济的贡献存在较大差异。一些产业，如旅游休闲娱乐业，是提供了大量就业的服务密集型产业，相较于对海洋 GDP 36.1% 的贡献，其就业 72.3% 的占比远高于预期。另一些产业，如近海采矿业，是资本密集型产业，是海洋经济的第二大产业，创造了 33.4% 的海洋 GDP，但就业人数相对较少，只占 4.9%。

需要区别这些经济活动与支持它们的海洋资源和生态系统之间的关系。有些海洋产业对海洋的利用是非消耗性的，如海洋交通运输业、造船业、海洋建筑业都依赖于海洋，需要靠近海洋并进行不消耗或"零消耗"海洋资源的活动。商业捕鱼是消耗资源的活动，但如果进行适当的管理，就可以实现渔业资源的可持续利用。而近海采矿业却不同，依赖于巨大但有限的资源。海洋旅游休闲娱乐业则既有对海洋资源的消耗性利用（如休闲捕鱼），也有非消耗性利用（如游泳）。

所有这些活动都存在于同一海洋环境中，凸显了海洋和大湖区有效利用、管理和治理的复杂性与重要性。

四、海洋就业工资水平

各海洋产业的人均工资差别很大。2015 年，近海采矿业人均工资最高，达 15 万美元，职业范围包括：海上石油平台工人、支持勘探开发活动的工程师、地质学家和制图员等。旅游休闲娱乐业人均工资最低，为 2.4 万美元，部分原因是由于该产业大部分是兼职岗位，通常是学生和新入职人员。生物资源产业人均工资 4.2 万美元，低于美国人均工资水平，该产业与旅游休闲娱乐业类似，也雇用了大量没有高薪的季节性兼职工作者。海洋建筑业、海洋交通运输业和造船业的工资水平都高于 2015 年美国人均工资水平。

第二节　海洋建筑业

海洋建筑业是从事与航道疏浚、滩涂修复、码头建设等相关的大型建造活动。

海洋建筑业占海洋 GDP 的 1.9%，占就业人数的 1.4%。虽然该产业在海洋经济中占比很小，但却是重要的组成部分，人均工资达 7.2 万美元，高于美国 5.3 万美元的人均工资水平。此外，疏浚航道和滩涂修复对海洋交通运输业和旅游休闲娱乐业至关重要。

考虑到天气状况对沉积和侵蚀的影响，以及联邦、州和地方政府资助新项目的能力等，海洋建筑业在国家层面也存在很大差异。2014—2015 年海洋建筑业增加值一改前两年的下降趋势，增长了 4.7%，高于美国 2.7% 的总体经济增长率。在州和地方层面，随着主要港口疏浚和滩涂修复项目的启动和完工，海洋建筑活动发展不稳定，且缺乏规律。由于数据未反映出私营企业(石油和天然气管道建设)情况，政府决策成为影响发展趋势的重要因素，但这往往会掩盖产业发展的真实情况。

第三节　海洋生物资源产业

海洋生物资源产业包括商业捕鱼、水产养殖、海产品加工和贸易。

海洋生物资源产业占海洋 GDP 的 2.4%，占就业人数的 2.0%，人均工资在海洋产业中排倒数第二位，但这个规模相对较小的产业却承担了美国所有海产品的生产，在这方面与美国农业的高生产力相当。

海产品加工在生物资源产业中占比最大，就业人数占生物资源产业就业人数的 58.3%，增加值占生物资源产业增加值的 57.0%。

2014—2015 年，海洋生物资源产业就业人数增长了 0.9%，增加值增长了 1.0%。与近海采矿业一样，生物资源产业对全球资源价格很敏感，复苏速度比美国总体经济还要慢，企业数量和就业人数远低于衰退前水平。

海洋生物资源产业的一个重要特征是依赖海岸带和海洋生态系统健康，包括作为海洋鱼类栖息地和索饵场的湿地，作为牡蛎和其他贝类主要栖息地的河口以及作为渔场的海洋生态系统。生态系统的健康状况可能会受到其他一系列活动的影响，其中包括一些涉海活动，这突出表明需要理智地利用、养护和管理海洋、海岸带甚至陆域资源。

海洋生物资源产业的另一个重要特征是文化价值。虽然该产业就业人数相对较少，但商业捕鱼是社区认同的重要组成部分，影响着"家庭、朋友、学校、教堂、政治和社交网络"。龙虾、螃蟹、牡蛎和鱼类对于从缅因州到大西洋中部海岸的切萨皮克湾、佛罗里达州的阿巴拉契科拉湾和华盛顿的格雷斯港的文化影响都很大，甚至海产品加工和交易也可以塑造文化特质，加利福尼亚州蒙特雷的罐头工厂街、华盛顿州西雅图的派克市场就是这样的例子。

海洋生物资源产业最显著的特征是个体渔民在海产品捕捞方面发挥了重要作用。该产业大约一半人员都是个体渔民，他们大多从事捕捞而不是海产品加工和交易。2015 年生物资源产业就业人数达 11.7 万人，其中个体渔民 55 299 人。

据统计，2015 年个体渔民总收入超过 32 亿美元，大于雇用渔民的收入。虽然这些数字不可直接对比(运营费用是从总收入中支付的，而工资情况并非如此)，但个体渔民总收入显示了他们在海洋生物资源产业中的重要性。

海洋生物资源产业发达的地区是阿拉斯加州和华盛顿州。这两个州雇用渔民数相对高于个体渔民数。佛罗里达州、缅因州和路易斯安那州的个体渔民数远远大于雇用渔民数，主要原因是鱼类、牡蛎和龙虾捕捞行业个体渔民较多。

由于个体渔民占据该产业的很大一部分，因此将其与雇用渔民结合起来可以更准确全面地反映该产业的状况。虽然个体渔民占海洋就业人数的 4.0%，占生物资源产业就业人数的 41.6%，但本报告的其余部分数据来自国家海洋经济监测系统（ENOW）数据库，更侧重于关注雇员与企业的关系。

第四节　近海采矿业

近海采矿业包括石油和天然气的勘探生产，海岸带和海洋的石灰岩、砂石开采，其中占比最大的是墨西哥湾的石油和天然气生产。

2015 年，近海采矿业就业总人数仅占就业人数的 4.9%，却占海洋 GDP 的 33.4%。石油和天然气勘探和生产行业工资高，年人均工资超过 15 万美元，是美国人均工资的两倍多。石灰岩、砂石开采行业的人均工资约为 6.6 万美元，也高于美国平均水平。

近海采矿业是资本密集型产业，需要在研究、工程、设施和操作设备（如远洋船舶）等方面持续投入大量资本，需要高工资的高技能人员，若是在危险条件下作业，工资水平更高。由于石油和天然气价格高，使得近海采矿业对海洋经济的贡献率较高。

石油和天然气勘探生产是主导产业，2015 年占近海采矿业就业总人数的 96.1% 和 GDP 的 98.3%。建筑用石灰岩、砂石主要分布在美国沿海各州。一般而言，像加利福尼亚州、华盛顿州、佛罗里达州、得克萨斯州等经济发达、海岸线漫长的地区，石灰岩和砂石生产规模最大。

2014—2015 年，近海采矿业的就业率下降 7.9%，但增加值增长 10.7%。这一增长缘于墨西哥湾近海石油产量增长 8.4%（以桶计）。由于石油价格和生产水平对全球环境更为敏感，未来近海采矿业将受此影响。

美国的石油和天然气中心是得克萨斯州，仅哈里斯县就占美国近海采矿业就业人数的 66.0% 和增加值的 80.0%。

第五节　造船业

造船业包括船舶、游船、商业渔船、渡轮和其他船舶的建造、维护和修理。该行业的主要特点是以大型船企为核心，在少数区域形成极不均匀的产业集聚。相比而言，小型船舶的修造活动在全美范围内的分布较为均衡，且更多地分布在商业渔船和休闲船舶利用率较高的地区。

2015 年，造船业占海洋就业人数的 5.1%，占海洋 GDP 的 5.6%。人均工资为 6.6 万美元。船舶的建造、维护和修理占该产业就业总人数的 83.7% 和增加值的 84.7%。

2014—2015 年，造船业的就业率增长 2.6%，增加值增长 3.4%，在经济衰退期间经历了一些起伏。

修造船及其产业链延伸的相关活动趋于在少数区域聚集，从而导致产业极度不均衡。大型船企对大多数沿海地区的海洋经济贡献几乎为零，而在这些大型船企所处地区，因其可提供成千上万的就业岗位而对当地经济产生巨大贡献。同时要考虑本行业所包含的修船服务——修船企业往往规模较小，但因多数沿海地区均有休闲船舶，其修船行业需求往往较大，为修船企业提供了广阔市场。

2015 年，弗吉尼亚州对造船业的就业贡献最大，占 23.0%，华盛顿州对造船业的 GDP 贡献最大，占 20.7%。华盛顿州的凯特萨普郡是美国最大的船舶制造基地，占该产业就业人数的 8.3% 和 GDP 的 16.1%。

第六节　旅游休闲娱乐业

旅游休闲娱乐业企业较多，就业人员超过其他 5 个行业就业总人数，但增加值仅占海洋经济的三分之一。旅游休闲娱乐业包括餐饮、酒店住宿、风景优美的水之旅、水族馆、公园、码头、游艇销售、房车停车场和露营地以及体育用品制造等。

旅游休闲娱乐业的重要特征是季节性。雇用大量兼职人员是该行业人均工资相对较低的原因之一。值得注意的是，大量学生从事该行业，员工平均年龄较低。

旅游休闲娱乐业还有一个重要特征是吸引游客的海岸带和海洋设施都是免费的，不产生直接的就业、工资和 GDP，但"非市场"特征往往能极大地推动市场活动。另需注意的是，旅游休闲市场可能在很大程度上受到生态系统健康、水质和美学的影响。

在旅游休闲娱乐业中，只有近岸商业活动依赖海洋，其余大部分并不高度依赖海洋,如酒店住宿和餐饮。

大部分酒店餐厅集中于拥有大量旅游景点的近岸地区,酒店餐饮行业占该产业就业总人数的93.9%和GDP的92.0%。与之相比,尽管水族馆、鲸表演、垂钓等行业规模要小得多,但也会吸引大量游客。虽然度假者住酒店、在餐厅消费,但真正吸引他们的是海洋娱乐活动以及非市场化的冲浪和沙滩休闲等活动。

旅游休闲娱乐业从经济衰退中迅速复苏。2014—2015年增加了7.9万个就业岗位,占海洋就业总人数增加量的80%。经济衰退期间,该产业的增加值有所下降,但迅速复苏,已实现6年持续增长,2015年增速达到2.8%。

2005—2013年,游艇销售和制造持续下滑,但2014年开始反弹,2015年该行业增加值增长7.4%。2014—2015年,娱乐和休闲服务的就业率(5.5%)和GDP(9.3%)增长最快。

2015年,加利福尼亚州和佛罗里达州是对该产业贡献最大的两个州,就业人数和GDP均占三分之一以上。

第七节　海洋交通运输业

海洋交通运输业包括从事远洋货运、海洋客运、管道运输、海洋运输服务、仓储以及导航设备制造等产业活动,占海洋就业人数的14.3%和海洋GDP的20.6%。尽管占比不高,但却是海洋经济的重要组成部分,2015年该产业人均工资为7.2万美元。

仓储是海洋交通运输业的最大行业,占该产业就业总人数的46.6%。为避免高估,ENOW数据库仅统计近岸仓储活动。

此外,这些数据仅包括装货、卸货、仓储以及进出港等经济活动,不包括货物本身的价值。2015年,进出港货物价值1.5万亿美元,对沿海港口产生重要的间接影响。这些货物占美国对外贸易价值的40%、重量的69%。这些影响遍及美国,进入国际市场的农产品和制成品生产者以及依赖进口商品的制造商和零售商均从中受益。

在海洋交通运输业中,加利福尼亚州贡献率最高,约占该产业就业总人数的21.4%和GDP的25.7%。其余分布在美国各地,集中在主要港口区。

第十八章 美国国家海岸带管理项目
战略规划(2018—2023)

2018年9月,美国国家海洋与大气管理局(NOAA)海岸管理办公室发布《国家海岸带管理项目战略规划(2018—2023)》(以下简称"《战略规划》")。《战略规划》是美国海岸管理工作的指导性文件,提出了美国国家海岸带管理项目未来5年的工作任务、指导原则、主要目标、关键指标以及政策措施,为美国海岸管理明确了工作方向和目标。

第一节 美国海岸带的基本情况

海岸带对美国的环境健康、社会福祉和经济繁荣至关重要。大约一半的美国人生活在沿海地区,因此,沿海地区在自然和文化资源方面发挥了重要的支撑作用。当前,越来越多的人口向沿海集中,洪灾风险不断提高,沿海开发和经济活动亟须进行负责任地规划、平衡及选址。这些都是沿海州、边疆区和NOAA面临的紧迫问题,也是国家海岸带管理项目所要解决的问题。

美国沿海地区人口超过1.24亿,提供了5360万个就业岗位,为美国经济贡献7.6万亿美元,占全国经济产出的46%。2014年,涉海企业雇用了300多万人,支付工资总额达1230亿美元,其中近四分之三的就业岗位集中在旅游和休闲娱乐业。海洋产业提供的就业机会比建筑业、电信业和种植业的就业总和还要多。

虽然沿海地区是美国最富经济生产力的地区,但某种程度上也是最脆弱的地区。生活在这里的民众需要面对极高的风险,其中包括儿童、老年人、非英语家庭以及贫困人口。2017年登陆美国的哈维、厄玛和玛丽亚飓风再次让人们认识到沿海地区的脆弱性。飓风造成人员伤亡和财产损失,总额高达2650亿美元。

美国沿海地区除了要面对不断增加的强风暴威胁外，还要应对海水涨潮带来的更大麻烦。一些沿海城市每年都要有 10~20 天，甚至更长时间遭遇洪水侵袭，导致道路被封、下水道不堪重负以及基础设施和水质等被破坏。自 20 世纪 60 年代以来，洪水灾害增加了 3 倍之多。预计到 2050 年，大多数美国沿海地区每年都会经历 30 天的潮汐洪水。鉴于海岸带对国家的重要性及其面临的风险加大，美国更加需要对其进行协调和基于科学的管理，以应对当前和未来的挑战。

第二节　《战略规划》介绍

一、愿景

通过建立联邦、州和边疆区之间的牢固伙伴关系，为当代及未来打造具有经济活力、适应力强和健康的海洋和海岸带。

二、任务

促进海岸带合理规划和决策；预报和应对沿海灾害，提高沿海地区的抗灾能力；确保公众享有健康的海岸带。通过这些措施最终实现保护和负责任地利用国家宝贵的沿海资源。

三、指导原则

（1）合作原则。建立有效的伙伴关系，支持联邦、州和地方层面之间的合作与协调，实现共同的目标，完成预定的指标。

（2）赋能原则。协助各州和边疆区指导其经济发展、资源保护、公共利用以及沿海地区享用。

（3）灵活多样原则。包容沿海资源的多样性，认识到州和边疆区项目在解决沿海问题和向利益相关方提供服务方面的独特优势。

（4）积极主动原则。增加投资，应对当前和未来的海岸带管理机遇和挑战。

（5）科学决策原则。利用科学指导海岸带管理过程中的复杂决策。

第三节　加强沿海社区、州和边疆区规划，有效应对未来变化

美国沿海地区面临着一系列压力，包括居民和游客数量的迅速增长、极端天气和气候引起的灾害风险日益增加以及许多开发和经济活动方面的需求。这些压力为美国带来挑战的同时也为美国创造了机会，即建立并使用能够满足平衡、可持续和适应性要求的国家沿海和海洋开发利用的管理方式。

一、应对和降低沿海灾害、环境变化和新兴开发利用带来的风险

（1）支持州和地方政策及计划的制定和执行，有效应对沿海灾害，如风暴、洪水、侵蚀、海平面上升和湖泊水位变化。

（2）向州和地方决策者提供政策支持和最佳管理实践指导，包括比较不同方法之间的成本、收益和效果，最大限度地减少沿海灾害的风险，提高天气和气候适应能力。

（3）借助"数字海岸"的信息、培训和工具等服务，以满足资金和其他资源需求，持续提高沿海规划者实施减灾行动和海洋管理的能力。

二、将社会和经济信息纳入海岸带管理

（1）明确现有和新兴的经济、社会、文化、生态、利益相关方及其他相关数据信息，将其纳入决策进程，从而为沿海和海洋管理行动提供信息支持。

（2）公众进入、低成本建设、生境修复和海滨重建等海岸带管理政策和投资行为会对沿海主要经济部门造成影响。从地方到国家各个层面，加快推进对这些影响的定量评估。

三、促进沿海经济增长

（1）加强与州和边疆区海岸带管理项目的合作，支持沿海地区的政策更新和规划，从而确定需要优先重建的港口或海滨区。依据海岸带的利用

方式，确保港口和海滨区能够更好地抵御沿海灾害，并成为当地经济的重要组成部分。

（2）通过改进协调合作、加强海岸带管理政策对海岸带开发活动的指导性、提高监管效率和推广成功实践经验等方式，促进以风险为导向的沿海功能区选址，例如水产养殖、渔业活动、基础设施、能源开发、港口建设和旅游活动的选址。

四、案例研究：得克萨斯州《海岸修复总体规划》指导飓风防范和修复工作

得克萨斯州海岸约有 650 万人，收入总额高达 370 亿美元。该海岸还建有繁忙的港口以及军事设施。25% 的国家炼油厂以及国家大部分战略石油储备也集中在此。最近，得克萨斯州海岸遭受了几次飓风的严重侵扰。该州海湾 65% 的海岸线正以每年平均 2 英尺的速率受到侵蚀。这意味着该州正在失去海滨地区，房屋和企业容易遭受洪水和风暴潮的破坏。认识到形势的严峻性，得克萨斯州土地办公室在 NOAA 海岸管理办公室的资助下，制定了《海岸修复总体规划》。通过清理海洋垃圾，修复沙丘、海滩、湿地、牡蛎礁以及一个岩礁岛，维护和增强得克萨斯州海岸的自然风光。此外，该规划还包括稳定得克萨斯海湾沿岸航道和加强休斯敦航道周边的保护屏障，这些措施可以保护沿岸产业和人口稠密的居住区。该规划为哈维飓风过境后的修复和重建工作提供了极有价值的指导。

第四节　保护、保存与修复沿海和海洋生态系统，满足开发利用和享用需求

美国民众希望享用干净的海滩，欣赏美丽的风景。国家海岸带管理项目正努力维护和改善国内海岸线的健康状况。尽管取得了一定进展，但政策和实践方面仍有待加强，应加大新政策和方法的采纳力度。海滩、沼泽和其他沿海系统既是游客和当地居民的娱乐场所，也是鱼类和野生动物的栖息地，同时还是洪水和风暴的缓冲地带。

一、保护、修复、更好地了解沿海和海洋生态系统提供的服务

（1）通过征地、地役权、减缓措施以及采纳相关计划和政策，保护和

修复沿海生态系统。

（2）确认、评估、量化并相互交流沿海和海洋生态系统服务及功能的价值，包括生态系统的变化将对沿海地区产生的影响。

（3）制定、实施和分享创新的实践经验和政策，以解决当地生态系统面临的威胁，这些实践经验和政策应能反映对当前和未来海岸变化的认知。

二、促进那些体现自然属性及尊重自然规律的沿海基础设施建设方案的采纳

（1）对于体现自然属性以及遵从自然规律的沿海基础设施项目的建设方案、效果、成本、收益和挑战，应提高对其理解和认识的程度。

（2）确认并在现有政策和规划中纳入相关机制和高效管理方式，以促进和激励实施体现自然属性及遵从自然规律的沿海基础设施建设方案。

三、改善公共通道状况，让所有人都有机会享受休闲娱乐

（1）开展人口和地理空间评估，包括公平和公正性考量，确定应优先设立或加强的海岸进入地点。

（2）设立和加强面向所有人群的安全进入地点，提高公众享受海岸的能力。

（3）改进标识、宣传和公共参与方式，提高公众进入海岸的意愿。在可能的情况下，将交流信息翻译成多种语言，从而增加公众获取信息的机会。

四、案例研究："海滩进入 APP"将游客带到南卡罗来纳州海岸

沿海旅游业是南卡罗来纳州经济的重要支柱。该州海岸带管理项目的一个关键政策目标是保护、加强和促进公众进入海滩。新版"海滩进入APP"使游客更容易找到海滩入口。该 APP 提供了详细的海滩进入地点和水质信息，用户可以查看该州 300 千米海岸线上 620 多个公共进入地点，获得详细指南。此外，该 APP 还提供关于停车场、卫生间、残疾人设施、水质状况以及其他咨询信息。

第五节　加强项目能力建设，推进海岸带管理

美国国家海岸带管理项目，包括NOAA以及各州和边疆区海岸带管理项目，与沿海州的团体组织协调开展工作。在推进海岸带管理方面，该国家项目有着丰富的合作历史。随着人们对海岸带需求的日益增加，需要建立新的伙伴关系，提高对项目资源的认识。这就要求在国家网络内外进行更多的交流与合作。

一、加强国家海岸带管理网络，建立伙伴关系

（1）通过分享经验并积极识别不同尺度的区域合作机会，在跨领域的利益和需求领域，加强各州和边疆区海岸带管理项目之间的协同。

（2）确认并扩展与NOAA其他项目和其他联邦机构之间的重要关系，协同优先解决州或边疆区一级海岸带管理方面的问题。

（3）确认并扩展与其他外部伙伴之间的战略关系，增强海岸带管理活动的参与度及效果。

（4）NOAA将为主要合作伙伴提供目标管理援助和培训机会，解决《海岸带管理法》一致性和项目变更等问题。

二、提高州、边疆区和地方海岸带管理的执行能力

（1）针对NOAA、州及边疆区海岸带管理项目的新入职人员，协助提高其项目管理技能水平；为其他正式员工提供专业发展和学习机会。

（2）确认并落实国家海岸带管理项目的效率要求，提高各州与NOAA合作执行其海岸带管理项目的能力，可通过合作协议管理、评估、指导、环境合规性以及项目变更等途径实现这一目标。

（3）建立"数字海岸"伙伴关系，利用其资源，高效达成国家海岸带管理项目目标。

三、提高地方、州和国家对国家海岸带管理项目及其资源的认知水平

（1）建立关于国家项目的地方、州和联邦官员知识库，确保与相关政

策和优先事项保持一致。

（2）针对特定优先项目，集中开展关于国家海岸带管理项目价值及影响的信息交流，包括项目的环境、经济和社会价值等信息。

（3）继续并扩展 NOAA 与沿海州组织之间的战略交流与协作，通过信息共享增强项目的连通性。

四、案例研究：提高对国家海岸带管理项目的认知水平

2015 年，太平洋岛屿区域的海岸带管理项目迎来了一批新员工。为帮助新员工认识和了解该项目，了解联邦与州的伙伴关系以及常见的海岸带管理活动，项目经理对培训人员提出了要求，这一要求得到了国内其他项目经理的响应。为此，NOAA 与太平洋岛屿区域的海岸带管理项目以及国家网络内的其他项目合作，开发出一系列关于《海岸带管理法》和项目活动的学习模块。这些模块统称为"CAMA 101"，为用户提供可通过"数字海岸"界面获取的自学资源。"CAMA 101"包括一些介绍性信息和活动，能够帮助新员工了解法案的关键要素、与州海岸带管理项目的关系、对州海岸带管理项目日常工作的支持以及常见项目活动的基本内容。这些信息资源还向更广泛的公众开放，包括学生、教育工作者和国家项目网络以外的海岸带管理专业人员。

第十九章　美国海岸警卫队海上贸易战略展望

2018 年 10 月，美国海岸警卫队发布《美国海岸警卫队海上贸易战略展望》，强调美国海岸警卫队在促进海上贸易方面具有持久作用，并支持和发展美国海上贸易战略的 3 条至关重要的路线，即促进安全航道的合法贸易和航行、促进航标和船员信息系统现代化、促进队员和伙伴关系变革，以适应日益复杂的行动环境。

第一节　战略环境现状

美国 90% 以上的全球贸易通过海上运输实现，并依赖于安全、可持续、高效和弹性的海上运输系统。海上运输系统是相互依赖的集成运输网络的一部分，是美国经济繁荣的基础，与美国的国家安全密不可分。

一、美国是海洋国家

美国拥有得天独厚的天然通航航道、深水港、受保护的港口，并且可自由进入世界两大洋。这一强劲的海上能力巩固了美国的经济和国家安全。密西西比河及其支流，包括密苏里河和俄亥俄河的通航部分，是世界上最大、最繁忙的内陆航道之一。密西西比河及其支流穿越 17 个州，通航航道 9656 千米，占所有内河系统货运量的 95%，占美国全球出口农产品总量的一半以上。

美国的屏障岛链与东部和墨西哥湾近四分之三的沿岸各州平行，形成了沿岸航道并增加了 3219 千米的通航航道，用于向美国海港运输粮食、煤炭、精制石油产品、天然气凝析液、化学品和其他货物。五大湖和圣劳伦斯航道在运输原材料(如钢铁产业用的铁矿石、建筑产业用的石灰和水泥及发电用的煤)中扮演重要角色。

凭借天然港口(如普吉特海湾、圣弗朗西斯科湾和切萨皮克湾)和深水港（如洛杉矶/长滩、纽约/新泽西、休斯敦/加尔维斯顿、波特兰和查尔斯顿），美国海港数量和运力充足。天然的内陆通航河流网、受保护的海湾、屏障岛屿、海洋通道和最大的港口潜力，为美国大部分人口提供获取制成品和农业产品的便捷方式和廉价的水运渠道。此外，美国的航道和港口使关键国防具备全球海上补给能力，为美国军队提供调遣、物流和可持续性。这些广阔且相互交错的海上运输系统保障了国家安全，并为国家经济提供了动力。

二、经济增长的门户

美国的联运式国家运输体系是一个铁路、公路、海港、河流、运河、管道和航线相互交错的网络，对经济繁荣和国家安全至关重要。每种运输方式直接依赖于另一种运输方式，从而形成一个高度集成、相互交错且相互依赖的运输和供应链。该链的关键就在于海上运输系统，海洋运输系统包括4万千米的通航航道、361个港口、超过1400个联运节点以及数百万的船舶和用户。这些航道极大地推动了贸易，注入的资本为美国经济提供了动力，促进了繁荣，确保了经济和国家安全。

海运是最经济、高效且环保的货物运输方式。例如，一艘五大湖散货船的货物承载量相当于7辆100节车厢的货运列车。美国海外贸易进出口有90%以上通过船舶实现。此外，海上运输对环境的影响要远远小于任何其他方式。广泛的航道和港口网为美国消费者和商业与国内外市场的连接提供了至关重要的渠道。

美国广泛的海洋、海岸、内陆航道、港口和海港组成的运输网络，每年支持4.6万亿美元的经济活动，为2300万美国人提供就业机会。通航航道直接服务41个州，美国海上运输系统不仅是国家经济繁荣的生命线，而且是全球贸易极其重要的环节。内陆航道使内陆港（如匹兹堡和圣路易斯港）可以通达全球市场，大大增加美国人的经济机会。海上运输系统促进了美国农产品和制成品在世界范围内的供应，因此，海上运输系统如有任何破损都将会延迟货物运输，造成成本上升、销量损失、出口指标无法达成等后果，并对全球供应链、美国经济和大众福祉造成重大不利影响。

美国是拥有世界上最大专属经济区的渔业领导者，并且是第三大捕鱼国，每年捕鱼量约有490万吨。2015年，美国商业和休闲渔业提供了162

万个工作机会，创造了 2080 亿美元的经济总量。2016 年，美国出口了 280
亿美元的鱼类产品。海洋为全世界提供了最大的单一来源的蛋白质。管理
并维护美国渔业，符合美国的国家战略利益。海岸警卫队是执行美国渔业
保护和管理活动的主要联邦机构。

三、海上运输系统的能力

拥挤的铁路和高速公路网增强了对海上运输系统的需求。更大的船舶
和对海上运输系统需求的增长使发生船只碰撞、搁浅、安全和环境事故的
风险逐步升级。自 1968 年以来，集装箱运载能力增长了约 1200%。日程紧
张的情况下，准时交货系统依赖于运输货物的货船和港口的能力，要求不
断提高效率并建立协调良好、互联互通的联运网。提高能力和效率的趋势
推动了船舶及港口设计和作业的创新，并对海上运输系统及其联运基础设
施提出了更高的要求。当前趋势表明，美国集装箱货运量将继续扩大，且
美国港口需要的集装箱船的尺寸将继续加大。巴拿马运河扩建后增加了第
三套船闸，这个船闸要比 1914 年竣工的原有船闸更长、更宽、更深。这意
味着在太平洋与大西洋之间可以运输载货量更大的货船，对东海岸和墨西
哥湾沿岸港口的要求也显著提高。通过地方公共和私人投资以及联邦政府
专项拨款建成的港口基础设施和联运节点，一般已超过其设计的使用年限。
为确保美国的竞争力，需要在港口、联运节点和航道方面投入大量资金。

美国的航道支持了海洋环境中广泛的竞争活动，包括商业捕捞、休闲
娱乐船业、采矿、海洋旅游业、替代能源(风能、潮汐能和波浪能)和海洋
保护区等。休闲娱乐船业正日益增长，年度经济影响超过 1210 亿美元。美
国已经增加了海洋保护区的数量，以保护关键海洋生态系统及其提供的重
要资源。采矿方面的新技术使人们能够发现先前不可获取的深海海底能源
储备。平衡海洋领域的竞争性活动与海上运输系统的竞争性活动，对经济
繁荣、海洋安全和航海至关重要。然而，随着航道变得越来越受限制，航
道也不可避免地变得越来越政治化。

四、逐步发展的海运业

市场竞争和准时物流推动着全球海运供应链的逐步发展和创新。开采
技术日益进步，如为页岩气和深海石油勘探提供水力压裂和定向钻井。天

然气是世界上发展最快、最容易获取的能源之一，美国已成为世界上最大的天然气生产国，并且正在扩建液化天然气设施，以将其出口到海外市场。事实上，使用天然气取代船用柴油作为舰船推进燃料，正在成为满足日益严格的国内和国际空气排放要求的首选替代性方案。2017年，解除40年之久的原油出口禁令为美国原油运输到海外打开了市场。新产品、新路线、新燃料和新操作方式都需要通过海上运输系统运输油、气、化学品和其他产品。

此外，新市场的发展也影响着全球供应链。例如，基于平台的在线货运代理和报关代理服务也在彻底改革联运货运。但是，这也对高效的货物操作和更短的海运时间提出更大需求，这明显打破了传统联运船舶市场。海运业盈利的在线市场将根据快速即时的服务需求，租用、运营或拥有定制化的货船和港口基础设施。在为海上运输系统带来更多运输量的同时，在线物流服务也将使先前没有直接与海运业和相关海运服务开展业务的商业实体能够更进一步参与其中。

创新的动力是造成设计、操作和系统管理日益复杂的原因。船舶系统利用各类通用协议集成了相互联网的信息技术。联网系统使船主和设备制造商能够实时监控船载系统。集成系统是制造和物流合并的物联网技术的现行趋势。目前正在开发自主船舶，能够将控制点从船上转移到陆上，同时也对监管、法规和操作带来新的挑战。港口设施日益自动化，减少了人机界面，更多地依赖于技术和人工智能来移动设备和货物。能源生产、推进系统和自动化方面的技术进步极大地改变着海上运输系统。

五、海上运输系统的网络威胁和机遇

通过自动化降低成本并提高效率，海运业的操作日益集成化。现代自动化有赖于由全球定位系统提供的单一来源的精确导航和计时。随着系统变得越来越互联、自动、复杂，对全球定位系统的依赖程度也不断增加。尽管这种依赖提高了效率，但新的风险和挑战也随之而来。例如，全球定位系统容易受到干扰并发生电子欺骗，极大地影响船舶和港口操作，导致互联联运系统发生连锁效应。联网船舶系统的趋势使得关键船载操作愈加容易受到网络攻击。对船载联网的物联网系统的远程监控将进一步导致这些船舶和海上运输系统陷入网络攻击的风险之中。

六、变化中的北极

北极环境正在发生巨大变化，且这些变化增加了日益方便进入该地区开展海上活动面临的风险。卫星观测显示，在北极的夏天和初秋，多年冰雪正在减少，无冰水面不断增加。由于北极地区广泛的季节性冰雪覆盖，冬天和春天的海上航行受到严格限制，但是，在最近的夏天和初秋，海冰达到历史最低值，使得季节性海上航行更加可行。资源开采、渔业、探险旅游、北极和跨北极运输等形式的经济发展，很大程度上推动了北极地区当前的航海活动。北极海冰的物理变化增加了夏季月份在北方海航道和西北航道进行商业运输的可行性。较短的海上航线有可能将亚洲和欧洲港口之间运输货物的时间减少数天。据估计，北极地区拥有世界上 13% 的未勘探石油和 30% 的未勘探天然气。日益减少的海冰和近岸石油产量激励人们进行海上开采。这些活动带来的风险，可通过适当的海事管理、海洋规划和能力发展予以降低。

七、未来

在可预见的将来，塑造美国海洋领域的 3 个关键驱动因素是：提升海上运输系统能力；日益增长的减少船舶和设施对环境影响的需求；融合新技术、平台和操作概念，以提高效率、利用机会并减少浪费。在提高效率、降低成本的同时，这些驱动因素还将增加海上运输系统的操作复杂性和脆弱性。

第二节　美国海岸警卫队在促进贸易中的持久作用

自殖民时代起，美国依赖海洋开展贸易、维持生计和进行防卫的海上利益从未改变。海岸警卫队维护这些国家利益，确保人们在美国航道上不受限制且无障碍地开展贸易和旅游。为了促进和保卫美国商业，海岸警卫队保障海上安全已超过 228 年。

美国第一任财政部长亚历山大·汉密尔顿成立了水陆关税队（后更名为"缉私船局"），负责执行联邦关税和贸易法律，并防止海上走私。如今，海岸警卫队的职权和使命来源于缉私船的基本任务，包括开展海上执法、监控贸易、评估和改善美国主要港口的运营。与此同时，灯塔科从各州接管了美国现有灯塔和航标，并继续建立更多有助于船员避免危险的航标。在早期蒸汽动力革命期间，成千上万的生命因锅炉爆炸和起火而丧生。1838年，国会立法要求对蒸汽船舶进行检查，设立汽船检查管理处，并向汽船官员颁发执照。1848年，美国救生服务局成立，旨在帮助营救失事船舶的船员和乘客。1884年，国会设立航务局，管理美国不断增长的载有官员和船员的商船队。1932年，汽船检查管理处和航务局合并，成立航务和汽船检查局；1936年，变更为船舶检验和航务局。

1915年，缉私船局与救生服务局合并，成立现在的海岸警卫队。1946年，海岸警卫队合并了灯塔局以及航务和汽船检查局，将联邦海上安全、安防和环境管理整合为一个联邦机构。目前，海岸警卫队拥有广泛的法定权限、独特的能力以及作为军事、执法、监管、紧急响应和人道主义服务的伙伴关系，通过推动海上贸易系统的安全和环境可持续性来促进美国繁荣。

《国家基础设施保护计划》指导海岸警卫队保护并支撑海上运输系统，海岸警卫队是据此负责运输系统部门海运方式的主要联邦机构。根据2002年《海上运输安全法》，海岸警卫队负责防止运输安全事故，即会导致生命丧失、特定地区环境破坏、运输系统中断或经济破坏的事件。海岸警卫队确保对在到紧急情况影响并对海上运输系统造成破坏的港口和航道进行功能恢复。海岸警卫队还在冬季月份开展必要的破冰作业，尽可能保持港湾、港口和航道贸易畅通，并防止春雪融化期间来自冰坝的洪水。

海岸警卫队对确保船舶操作员、全体船员和乘客的安全负有首要责任。在为防止船舶搁浅、碰撞和撞击而开展航标任务时，海岸警卫队维护并放置5万多个浮标、日间标记、雾号、无线电塔和信标。通过海上运输系统各个位置上的12个船舶交通管理系统，海岸警卫队监控、通知、建议并(如有需要)对船舶在拥挤航道上的安全操作作出指示。海岸警卫队还负责在通航航道上安置和清理2万多座桥梁，包括吊桥作业、施工监控、改建不合理阻碍桥梁和桥梁照明，以协助船舶安全通过。

作为独特的军事、执法、情报和监管机构，海岸警卫队为海上运输系统提供安全保障。在港务主任的权限下，作为联邦海事安全协调机构，海岸警卫队负责多式联运枢纽的安全和安防。海岸警卫队拥有保护国际和州际贸易的独特能力，开展海上安全响应作业，部署快速海上应急力量以应对美国海上关键基础设施面临的紧急安全威胁。

作为执行海事检查的主要机构，海岸警卫队确保国内商船符合所有法律法规要求，并确保船舶操作者达到必要的培训和熟练标准。海岸警卫队检验船舶以及批准船舶和设施安全，还在港口方面促进海上安全利益攸关方采取统一标准和一致努力。通过国际协议，海岸警卫队对在美国水域的外国乘客和货船执行安全和安防标准。作为联邦现场协调机构，海岸警卫队长期对珍贵的海洋自然资源的环境健康和经济活力进行管理。作为搜救任务协调机构，海岸警卫队对在美国管辖的公海水域身处危险的人员进行协调救援。这些权限对美国航道和近海水域的安全、安防和效率而言至关重要。

第三节　促进安全航道的合法贸易和航行

作为保护美国海上运输系统的首要联邦机构和海运业的主要监管机构，海岸警卫队通过确保贸易港口和航道的安全以及统一的船舶标准，促进美国繁荣。在降低海上运输系统受到破坏的风险的同时，海岸警卫队必须在支持有效贸易畅通的风险和成本之间寻求平衡。

一、目标 1：降低对关键基础设施造成的风险

理解相互关联的系统之间的脆弱性，促使海岸警卫队及其联邦、州和地方合作伙伴以及海运业采取适当措施，降低海上运输系统面临的攻击、开采、故障或滥用的风险。海岸警卫队始终对与低概率但高后果事件相关的独特风险保持警惕，例如，高容量客船、装运危险货物的化学品船和天然气船，在外大陆架作业的浮动设施和船舶。这包括来自人为的或是自然的环境灾害的威胁。加之，船舶和港口设施对网络基础设施依赖性不断增强，使关键船舶和港口作业产生新的脆弱性。为了降低与高后果事件相关的风险，海岸警卫队将：

（1）加强海域信息技术安全。作为国土安全部下属的海上关键基础设施的特殊机构，海岸警卫队将与国家和国土安全部的政策保持一致，为保护海上关键基础设施制定有效的预防和响应框架。海岸警卫队将基于港口

设施和船舶风险管理的现有权限扩大预防制度，将安全和安防合规与公认的产业网络安全标准挂钩。

（2）开展基于风险的海上安全和响应活动以应对威胁，例如，安全登船，固定和移动（船舶护航舰）的安全区执法，空中、岸边和水上巡逻。海岸警卫队将力图深入施行基于风险的规划，以通告其海上安全和响应活动的执行情况。海上安全和响应活动的现有人员在很大程度上可以应对当今存在的海上威胁。然而，诸如与无人、自主的空中、水面和水下舰艇相关的新兴挑战以及支持目的地和极地运输的高海拔作业的出现，需要额外的预防和响应能力。

（3）防止威胁美国港口并推动计划实施，如《国际港口安全计划》，改善安防程序、促进对话并分享最佳经验。海岸警卫队将加强情报部门与《国际港口安全计划》之间的情报收集和沟通联系，提升情报部门开展外国港口安全调查能力，支持《国际港口安全计划》。

（4）增强海上安全伙伴之间的海域感知和信息共享。确认威胁、排查船舶及相关船员和乘客、信息共享并与情报部门和国际伙伴通力合作，对降低风险至关重要。

二、目标2：在海上运输系统内建立恢复能力

为确保美国全球供应链的连续性，海岸警卫队将在《国家响应框架》的保护下，继续领导对海上运输系统中主要突发事件的响应。海岸警卫队的广泛权限使其能够很好地协调短期恢复活动，旨在恢复港口的商业流通和其他关键海上活动。海岸警卫队将：

（1）评估并更新现有的分类模式，重新开放遭到广泛破坏和停运的港口，包括加强《海洋运输系统恢复单元》。海岸警卫队将吸取以往重大突发事件的教训，建立正式的内部审查程序。

（2）优化安全管理系统的有效使用，并增强产业内的安全文化，以识别并降低风险。

（3）确定自然灾害或紧急事件发生后对港口开放至关重要的物理航标。海岸警卫队将完善国家、地区和地方层面的恢复政策、计划和程序。海岸警卫队将与其他机构和海上利益攸关方密切合作，制定并实施快速响应和恢复活动的政策、程序和计划。

（4）分析运输中断时恢复贸易的各项协议。海岸警卫队将从海上利益攸关方收集输入信息，以审查破坏性事件，重新评估风险并完善预防措施和响应计划。

（5）推进内河供应船队的操作灵活性，以确保对紧急事件的充分应变能力。

三、目标3：在海上运输系统内加强一致努力

美国航道所面临的复杂性和挑战要求各级政府机关和私营部门与海上利益攸关方相互协作，实现共同目标，并不断加强一致努力。随着全球海上环境的用户互动变得日益复杂，相互协作变得比以往更为重要。海岸警卫队继续设法改善这些关系并确定新的参与机会。海岸警卫队依赖产业和联盟机构伙伴关系来实现目标，许多执行倡议都取决于与外部利益攸关方的协同努力。先进的化石燃料和矿物开采的产业创新对美国海上资源造成新风险，并改变石油开采的地理位置，对现有航道提出新的要求。海岸警卫队将：

（1）改善并增强与海事领域的合作关系，包括地方港口安全委员会。海岸警卫队将支持所有利益攸关方参与，以确保其在美国海上运输系统中安全高效地活动。海岸警卫队将利用规划和咨询委员会，改进与来自私营部门内各利益集团的新兴技术关键议题专家的协调机制。

（2）加倍努力建立机构间伙伴关系，通过参与美国海上运输系统，支持并提高海上运输系统的效率。继续增强与以下机构的伙伴关系：美国海上运输系统、美国陆军工程兵团、美国国家海洋与大气管理局、美国海关与边境保护局以及州、地方和部落机构及产业利益攸关方，如美国航道经营公司、美国港务局协会、美国联合飞行员协会和世界海运理事会。

（3）继续在全球海上安全、安防和管理中行使领导权。充分利用双边和多边关系，协助其他沿海国建立增强海事管理所需要的制度、意识、信息共享和操作能力。

（4）鼓励并授权区域海事安全委员会，继续着眼于对海上运输系统的高后果风险进行识别、预防、降低、响应、恢复和复原，完善网络安全分委会并提倡海上运输系统的网络信息共享。

（5）评估海上运输系统面临的新兴环境威胁，包括先进的化石燃料、

矿物提取和勘探技术的产业创新带来的威胁，以采取最为有效的预防、降低、响应和恢复措施。海岸警卫队的努力包括更新区域应急计划，开展实际演习，以确保有效的协调响应。

（6）凭借其在国际海运领域的地位和专业知识，塑造包括自主船舶和其他网络相关问题在内的国际标准和指导方针。海岸警卫队将继续扮演国际论坛的关键贡献者，如国际海事组织、国际航标协会和国际海道测量组织的角色。

（7）继续与州和地方政府接洽，以确保在保护和保存州水域方面进行地方合作，船舶能够受到统一执法标准的约束。

第四节　促进航标和船员信息系统现代化

技术进步促使海上贸易更加高效，并推动更大程度地开发自然资源。创新引领世界更为互联且多产，同时导致利益攸关方面临新的风险。海岸警卫队必须拥有相关和更新的基础设施，为船员提供及时、相关、准确且用户可访问的航行安全信息。为维持美国作为全球贸易伙伴的竞争力，海岸警卫队有责任确保美国的航道和海运业使用最先进的创新系统。必须减少或降低船员、船舶和海上资源面临的风险。

一、目标1：改善美国航道

美国航道在促进美国的贸易和航行方面扮演着至关重要的角色。美国经济的竞争力取决于现代化的先进联运港口和航道网络。海岸警卫队将充分利用新兴技术确保海上运输系统可以提供可靠且安全的解决方案，以应对持久的和操作性的挑战，最大程度地确保美国港口和海洋资源利用的安全和可持续性。预计未来电子航标的使用会不断增加以补充现有的航标系统，然而，如浮标、日间标记和视程等固定和浮动的航标仍是航标系统的主要组成部分。航道障碍会降低通行能力，造成海上交通延误和美国供应链中断。其中一个潜在障碍就是横跨航道的老旧桥梁，危害至关重要的贸易畅通。海岸警卫队将：

（1）发展世界一流的海岸警卫队力量，最大限度地满足现代电子自主船舶系统的需求，开发新兴替代能源和推进系统，支持美国航道成为世界上技术最先进的海上运输网络。

（2）提供增强型海上安全信息，向海员提供实时、可存取和相关的航程规划数据，以便通过海上运输系统实现更为高效、经济且安全的运输。海岸警卫队将强化与美国国家海洋与大气管理局的密切联系，通过自动识别系统将实时信息集成到航道和天气数据广播中，并继续寻求额外的伙伴关系和信息资源。

（3）促进现代导航系统（如电子航标）与世界级浮标和信标系统的整合。

（4）通过数据驱动和基于风险的方法增加电子航标的使用，使其成为物理航标的最佳补充，以改善通航航道优化标记的程序。海岸警卫队必须采用系统而全面的方法检查当前的一系列航标，考虑利益攸关方的投入、环境因素、通道框架、用户能力以及可使用的技术和资源。

（5）只要满足准确、可靠和网络安全的条件，适当推广使用电子航行图取代纸质航行图。海岸警卫队将成为安全航行"无纸化"的有力倡导者。

（6）充分利用产业和咨询委员会等合作伙伴，如拖船安全顾问委员会和航行安全顾问委员会，以确定在维持公平的安全水平的同时放宽航海图的显示性能标准。

（7）支持美国陆军工程兵团努力探索改善美国内陆航道中船闸和大坝可靠性的更有效方法。

（8）推动桥梁和航道交叉点障碍最小化，重点优化桥梁允许通航的时间，并持续监控和评估可能阻碍通行的桥梁。

二、目标 2：优化海事规划

有效的海事管理和规划是履行海岸警卫队法定义务不可分割的一部分。海事规划是基于对海洋、海岸、内陆水域、五大湖地区当前和未来利用情况的严格分析而建立的一套全面、适应、集成且透明的流程。海事规划减少用户之间的冲突，增强可预测性，增加商业机会，减少环境影响，促进统筹使用，维护关键生态系统服务和海上运输系统，从而实现经济、环境、安全和社会目标。海岸警卫队必须适应海洋领域的新兴要求，如可再生能源、新能源产品的开发、风电场、流体动力学、水产养殖及海上设施和其他基础设施的施工和运营。海岸警卫队将：

（1）委托海上利益攸关方确认潜在冲突、未来船舶使用趋势及产业需要。海岸警卫队必须在跨部门、联邦、州和地区海洋伙伴关系方面具有前瞻性，以履行法定义务并实现国家政策目标。

（2）利用国家和区域数据门户确认潜在的冲突和影响，通知决定并增进机会。

（3）在联邦、州、部落和地方政府、海洋产业、海洋科技团体和其他利益攸关方之间，促进海事协调和磋商。

（4）在传统和可再生能源、水产养殖、船舶设计与建造的新兴变化、海岸和海上设施及其他基础设施的施工和作业以及新兴能源产品的安全运输方面，支持不断变化的要求。

（5）发展并实施新一代航道系统设计，以改善服务交付，增强船员态势感知，并提高航道的恢复能力。海岸警卫队将充分利用技术增强船员的态势感知并降低风险。

（6）改善与政府间伙伴和海运业的信息共享，以监控产业的新兴技术（如自主系统、机器人船）以及替代能源和推动系统的开发、获取和使用。

三、目标3：老旧资产的资本重组

海岸警卫队面临着水面和航空资产老化以及海岸基础设施陈旧的问题。海岸警卫队大量浮标和施工船已超过使用寿命，却仍在使用，损害了其在美国航道设立、维护并修理信标和浮标的能力。海员依赖于固定和浮动的航标进行安全航行并防止发生灾难性事故，如碰船、碰撞和搁浅。航标作为航道的道路标志并将该位置标记为隔离危险区，为海员提供协助。除了安置浮标并设立航标之外，海岸警卫队的船队是内河唯一的联邦海上部队，提供洪水灾害恢复和紧急响应服务，执行搜救作业，在美国偏远地区发生紧急情况时，立即部署联邦响应资产。同时，海岸警卫队唯一作业的重型破冰船在极端破冰作业中容易产生故障，任何故障都有可能使海岸警卫队必须向有重型破冰能力且愿意伸出援手的国家寻求协助。随着进入北极的可行性增加，亚洲和西欧之间更长的海上航线将被更短且更直接的西北通道、北方海航道或跨北极路线所取代。随着数据的互联和增长，海岸警卫队必须利用数据权力，投资信息基础设施，包括掌握额外海事数据的信息技术储存和处理能力。海岸警卫队将：

（1）投资执行航标任务的现代资产，包括投资内河建设和供应船队，如新航道商业船以及信息技术储存和数据处理能力。

(2)振兴国内和极地破冰能力。海岸警卫队必须在五大湖、东海岸和极地地区展示并维持其影响力以及开展破冰作业,在冰封的海洋和航道中确保主权、国家安全和经济安全。

(3)在审查优先破冰服务的现有级别体系时,加强产业内的伙伴关系。

四、目标4:更新信息系统并提高信息系统的效率

将数据转化为信息、将信息转化为情报的能力是一种助力器。在海洋领域,企业为了在高度竞争的市场中与商业流通保持同步,正广泛投资信息技术系统,并更多使用基于电子条件的船舶和设备监控、电子证书、电子凭证和电子航行系统。海岸警卫队海上安全、证书授予和航行信息系统的老旧和过时将产生阻碍作用,老旧的舰艇、桥梁、船闸和淤塞的航道也影响海上运输系统的效率。海岸警卫队必须推动信息系统现代化,以实现21世纪海上运输系统。海岸警卫队将:

(1)研发现代适应性信息系统,以促进安全、安防、可持续的贸易畅通。该系统应能够促进不同公共和私人数据源之间的共享与使用,改善对安全、安防和环境威胁的风险识别。

(2)改善证书授予、认证和文件记录系统,为用户提供友好、安全而透明的服务。

(3)促进监管程序合理化。海岸警卫队必须将海洋环境中基于规则的监管结构转换为基于风险和原则的监管结构,与新问题和技术进步(如电子和自动系统)保持同步。

(4)在信息技术解决方面,加强机构间伙伴的合作,以改善情报、监督、侦查、情报分析以及筛查和身份管理。

第五节 促进队员和伙伴关系变革

海岸警卫队必须具有高度适应性并能够随时待命,以推进、保障并促进创新带来的日益复杂的海上运输系统中的合法贸易和航行。商业市场和需求因创新而发生变化,服务局必须有能力且足够灵活。海岸警卫队必须加强适应性建设,以便在技术快速变化中仍然能够熟练操作。服务局将继

续审查人力资本体系，招募、培养并留住最优秀的人员，确保其适应不断变化的环境。

一、目标1：充分利用并确保第三方的有效监督

根据国会、国土安全部、海岸警卫队监管和国际海洋组织的要求，已推动海岸警卫队增加对具有监管职能的第三方组织和标准认证机构的利用和监督。为实现此目的，海岸警卫队将：

（1）谨慎利用第三方组织，并确保海岸警卫队队员拥有必要的能力、熟练程度和技术专长，并为其提供管理和监督所需的原则、策略、培训和教育。

（2）加强第三方监督、审计和综合风险管理。海岸警卫队必须制定一种由第三方组织衡量绩效的制度，以确保达到持续的高绩效标准，并根据需要对培训平台进行改进。

（3）调整组织结构及相关权限、角色和职责，以确保服务局有能力监督代表海岸警卫队执行委托职能的美国舰队和第三方组织。

二、目标2：提高高技术和适应服务的能力

减少环境影响并提升能力和竞争力，促使产业发展更趋复杂、操作高度自动化。日益依赖自动化和网络能力对海洋安全造成新风险。工程、材料、燃料、货物方面的进一步创新对现有规范性监管制度提出挑战。与此同时，通过更多地使用基于条件的监控、数据和分析，海岸警卫队有机会充分利用新技术来优化服务局的合规和监督方式。海岸警卫队随时待命的人员将拥有有效审计和验证新系统的技术专长。

服务局必须对可能使海运部门发生变化甚至中断的主要的、影响大的产业趋势和创新保持感知。海岸警卫队必须鼓励创新，激发不同的观点以及非常规的创意和解决方案。海岸警卫队将：

（1）在履行海上安全职责中发展数字工具。海岸警卫队将优化技术、移动、云计算、大数据分析和人工智能的使用，以提高任务的执行效率（包括船舶检查和调查）。

（2）重点投资新兴领域的高等教育和产业培训，如自动化、人工智能、数据分析和网络安全。

（3）确定产业、学界和政界首个采用者和其他创新者，并寻求与新兴技术产业建立新的伙伴关系，以提升队员在先进复杂系统中的能力。

（4）拓展组织的周边视野。海岸警卫队将发展一批非传统战略思想家，持续跟踪国内或国际背景中服务局面临的新趋势、新技术和其他环境变化或战略转移，以上报领导。

（5）充分利用海岸警卫队的"常青工程"，跟踪海运业趋势，创造不同的未来，促使服务局在快速变化的世界中准确定位。

（6）与产业、学界和政府利益攸关方促进并建立海上新兴技术联盟。

三、目标3：发展预防和响应作业的队员

吸引并留住最好的官员、准尉、士官和平民，对于构建与产业前沿保持同步所必要的能力、技能和经验而言至关重要，确保构建一个安全、安防、高效、经济且生机勃勃的海上运输系统。海岸警卫队必须丰富队员的多样性，以更好地反馈其所服务的人群和致力于营造的包容性环境。海岸警卫队队员必须在战略相关的先进技术中实现优势。这将需要实施强健的、最先进的培训和资质计划，该计划能使海岸警卫队成员在最高水平的任务执行中达到专业性。海岸警卫队将：

（1）招募、培养并留住有能力且敏锐的预防和响应专业人士，并可在技术和工具不断变化的环境中茁壮成长。海岸警卫队将强化队员技能和专长，以扩大技术联盟（包括网络安全），并将利用升职和提升至领导岗位的充足机会，规划预防和响应人员的职业道路，使其精力充沛且能获得专业回报。

（2）开发先进技术信息知识库，包括最先进的船舶推进和航行控制系统。

（3）与学界、产业和政府机构合作，进行灵活先进的培训和教育，与技术创新保持同步。海岸警卫队将扩大新兴技术领域的实习、专业课程学习和现场体验。

（4）破除在预防和响应中使用前沿技术的文化和法律壁垒。

（5）推动事件管理、危机响应和紧急规划的灵活性和熟练度。海岸警卫队将建立一个关于危机领导的经验共享库，阐释响应者如何在面临极其不确定性和不完整信息的情况下，适应变化的条件，充分利用新技术并在

有限时间内作决策。

(6)促进专业主义文化，吸取过去的经验，不断评估当前环境，并积极为未来做准备。

第六节　确保长期成功

除了上述路线，以下几个概念对海岸警卫队的长期成功也至关重要。

(1)一致努力。海岸警卫队将利用现有的伙伴关系，并在联邦、州、地方和部落及私营产业内寻找机会建立新的伙伴关系，探索维护美国经济安全的平衡方法。海岸警卫队将利用其广泛权限、关系和能力，在确保海上运输系统效率和安全的同时，继续成为海事规划的领导者，帮助地区更好地应对管理挑战。海岸警卫队的领导将继续促进与美国海上运输系统委员会的合作，保持海上运输系统协调的有效及高效。一致努力将确保海岸警卫队优先实现所有关键性的国家目标。

(2)注重适应性服务。海岸警卫队将创造高度适应技术快速变化的文化。尽管更大的互联性和数字集成带来新的威胁，但也提供了巨大的机遇。面对这些挑战，海岸警卫队将迎难而上，并在执行任务过程中审慎投资辅助性人工智能、移动系统和云计算。海岸警卫队将预见变化，更趋敏捷，总结经验，并接受技术的快速发展。

(3)作为国家优先事项的海上运输。海岸警卫队将宣传美国港口、航道和内河的重要性，并展示经济和国家安全与最佳海事基础设施和海上运输网络息息相关。

(4)未来投资。海岸警卫队将力求与海运业的进步保持同步。海岸警卫队将对应对系统日趋复杂、创新步伐日益加速和新技术快速运用带来的挑战而言至关重要的资源进行投资。为了保持海上商业流通，海岸警卫队将对老旧资产进行再投资，包括舰艇、船舶、飞机和设施，并对支持新兴平台的信息技术基础设施进行投资。海岸警卫队将继续执行合理的风险管理、应急规划和响应以及监管框架，以确保海上运输系统的安全和弹性。

(5)态势感知。海岸警卫队将向决策者和海上伙伴提供海上作业的实时、有用且可行的信息。服务局将就新兴技术趋势、新船舶系统和设计、环境影响、海上威胁、危害、海域竞争利益以及美国航道的潜在破坏作出明智决策。

（6）国际参与。海岸警卫队将继续最大程度地依靠港口安全联络官评估国际船舶和港口设施安全法以及外国港口的其他反恐安全措施的实施情况，以降低港口、航道、船舶和整个海上运输系统的风险。

第二十章　美国海洋科技十年愿景

2018 年 11 月，美国国家科学技术委员会发布《美国海洋科技十年愿景》报告(以下简称"报告")。报告主要确定未来 10 年(2018—2028 年)美国海洋科技事业发展的迫切需求、机会领域和宏观目标，包括了解地球系统中的海洋、促进经济繁荣、确保海上安全、保障人类健康以及促进具有弹性机制的沿海社区发展。每个宏观目标都有促进自身实现的可行的优先事项。

第一节　了解地球系统中的海洋

一、促进研发基础设施的现代化

海洋研究需要的基础设施和技术主要包括船舶、潜水设施、飞机、卫星、陆基雷达、系泊设备与电缆浮标以及各种无人操作的水下、海面和空中设备。研究基础设施还包括陆基设施，即先进实验室，进而支持已部署的海洋资产，利用支持广泛获取和使用信息的高性能计算机及通信网络接收、分析以及管理传入数据。

海洋观测对于提高海洋系统随时间变化的认知和检测变化以及预测天气对人类社区基础设施、安全及商业的影响仍尤为重要。开发可部署的无人驾驶技术将提高我们探索北极等难以到达地区的能力。新型技术采集到的数据将为海上作业人员提供战术模型和辅助决策以及关于经济活动和国家安全活动的关键信息。海洋观测和定期调查由必要的基础设施保障开展，包括船舶和飞机编队以及海洋遥感资产。固定监测站和系泊设施、漂流浮标以及电缆观测站也属于海洋研究的代表性基础设施。自主水下航行器和远程操作飞行器以及水面航行器作为创新技术，目前正在改变海洋研究。凭借精确的导航、高耐久性和多传感器，将这些设备从船舶和陆地站发射之后，可以有效采集和自动发送大量有价值数据。

优先事项包括:

(1)维持海洋监测重点,继续对时间序列数据进行搜集,提供促进研究、推进预测以及支持可靠资源管理决策的持续信息流,支撑世界海洋的新观测和发现。

(2)优先发展缺乏基本认知过程的新观测方法。

(3)识别并扩大对极端事件的独特过程和位置以及取样不足海域的观测。

(4)支持水陆、水气、冰水以及水与海底等界面受控环境的技术开发与准确性。

(5)利用局地水文、地球物理和大气变量数据以及海底的测深图,作为观测和模型的边界条件,促进海啸和地震早期预警系统的发展。

(6)扩展 Argo 计划,包括全海洋深度覆盖(深海 Argo)、动力完整(混合 Argo:Argo 搭载了湍流传感器)和生物地球化学传感器(生物 Argo)。

二、充分利用大数据

充分利用数据的能力和海洋基础设施的研发同样重要。在未来 10 年,美国将会升级四维数据的同化,改进对现有数据的分析。大数据正在颠覆对地球系统中海洋的认知。科学家充分利用大数据测量并获取大量有关环境的信息,直接将相关信息转化为科学模型和产品,从而改善决策的制定。改进大数据功能亦可改善一般环流模型和综合地球系统模型,也可以改善用于未来状态预测的动态、综合/耦合生物物理模型。海洋学中大数据的两个来源包括:由全球范围内远程和原位传感器收集的各种海洋变量的大量多维数据;经过合理约束和验证的全球、区域和局地范围内的海洋过程模型模拟的高时空分辨率数据。

优先事项包括:

(1)改进大数据分析和云计算平台,进而识别和预测海洋环流、热量及淡水输送、海洋生物地球化学循环、海洋生态系统、生态系统服务以及海平面上升的变化。

(2)提升并维持海洋社区对可用大数据的访问,加强海洋观测、研究以及模拟之间的交互。

(3)提升高性能计算,有效处理和使用大数据分析和组学技术,增强对地球系统中海洋的理解。

(4)对最新的技术进展,如环境 DNA 以及其他组学方法进行部署、整合和评估。

(5)促进整合组学、生物多样性、经济和环境数据库的合作平台。

(6)鼓励非机密、可发布的数据,特别是大数据,让地区和区域的政策制定者和公众更容易获取和使用。

三、开发地球系统模型

加深对地球系统内海洋的了解,所需要的基础研究和技术包括海洋动力学的建模。沿海和深海需要额外的研究,更好地了解当前沿海地区和深海的变化可以用来提高预测未来沿海海洋如何应对变化、对海洋生态系统服务相关的影响和对此十分依赖的社区恢复力的能力。对海洋环境的进一步了解也在增进与俯冲带有关的地质灾害的了解方面发挥了关键作用,包括地震、海啸、火山爆发和滑坡。

优先事项包括:

(1)增强地球系统建模的能力,包括海洋–冰–陆地–大气各种成分的动力耦合系统。

(2)与各研究团体开展合作,提高模型成功率并提供持续改进和支持。

(3)改进生物和生态建模,促进生物信息学分析的发展,进而可以更好地预测压力因素对沿海及海洋生态系统造成的影响。

(4)对定量降水预报和数据同化进行检测,实现更为精确的海洋–陆地–天气耦合模拟。

(5)加强对海气界面的研究,以便更好地理解海洋特征之间的关系,包括输送海面动量和海洋内部的混合过程。

(6)将新监测技术纳入现有和新兴的海洋观测系统(如美国海洋综合观测系统、联合国全球海洋观测系统),同时确保质量和数据可比性。

四、加快研究向运营转化

将研发成果应用于运营、商业化或其他用途,对于推动美国在海洋科技领域的发展、促进经济繁荣、强化海洋安全、保障人类健康、维系弹性沿海社区而言至关重要。部署这种研究概念需要全面了解海洋地球系统,包括外部因素的作用。采用社会-生态系统视角，考虑整个系统，特别是特定环境因素的研究，更具可行性。经过耦合的物理、生物、化学、地质和社会经济模型，支持以诸多海洋科技应用所依赖的方法为基础的所有系统。

优先事项包括：

(1)将环境观测和预测系统与多功能预测和模拟系统相结合，确保广泛开展经济高效、环境友好以及运行成功的海上作业。

(2)支持全球作战建模能力，以提高保护作战部队、设施和设备免受物理环境危险条件影响的能力。

(3)制订可以为决策支持提供较为准确、高效、长距离的全球海域、大气、海冰预报系统计划，为飞行安全、航行安全以及任务规划提供决策支持。

(4)推进机构间合作，以实现在飓风季节之前部署无人水下滑翔机等目标，这将提高对风暴强度的认识，从而改善飓风预报。

(5)维持预测能力，例如，维持北冰洋漂流浮标网络，该浮标网络持续收集了3~5年的天气和海洋学连续观测资料，并向业务和科学团体提供现场数据。

(6)鼓励公私伙伴关系，特别是利用知识和资源，确保海洋研究成果的成功应用，避免重复工作，并加强海洋研究人员和海洋使用者之间的交流。

第二节　促进经济繁荣

一、扩大国内海产品生产规模

目前，美国90%的海产品都需要进口，导致海产品贸易逆差高达140亿美元。鉴于世界银行预计在2006—2030年间全球鱼类消费量将增长近50%，美国将以此为契机，满足这一需求，保障食品安全，创建新产业，通过最大限度地提高可持续野生和水产养殖产量，提供就业机会。

优先事项包括：

(1)支持传感器的开发和部署，以探测、识别以及量化目标物种和受保护物种。

（2）利用实时数据技术和现代数据管理来降低渔业管理中的不确定性。

（3）利用和发展科学工具和信息，为清晰的水产养殖许可路线图提供支持。

（4）开发和测试保护野生遗传多样性的遗传方法，同时允许对养殖贝类等资源进行遗传改良，并利用孵化基地为软体动物等各类具有商业价值的资源制定遗传选择计划。

（5）推进基于海洋的生物量研究和技术，进而利用海藻养殖基地等各类资源更好地生产食品、纤维、生物燃料以及其他产品，并将技术转化到产业中。

二、勘探潜在能源

美国海岸线和广袤的专属经济区蕴藏大量未开发的可再生能源（波浪能、潮汐能、风能、热能）和不可再生能源（石油和天然气），可为国家发展提供能源动力。除了发电供岸上使用外，海上（海浪、海流或风）产生的电力可用于满足其他现有或新兴海洋产业（水产养殖、海洋矿物开采、海洋研究或军事任务）的需要。将能源创新与海洋科学、安全和海洋技术的新发展结合起来，可以为进一步推动沿海经济发展提供动力。国内能源的开发应与军事行动、训练和试验相协调。

优先事项包括：

（1）继续对美国专属经济区和全球海底地形进行测绘，并对海洋资源和栖息地、数据工具和测井平台进行调查和特征研究，以提供时间和空间覆盖范围，并对分类、条件和估值地图进行评估。

（2）为海洋观测平台开发高效、低成本的海上发电（利用海浪、甲烷、太阳能、风力等）。

（3）对污染物排放（如石油泄漏、自然渗漏、污染物装载）以及底栖生物扰动进行研究，进而提升对沿海社区和交通路线所受影响的认知，并改进技术以限制负面影响。

（4）支持采用新技术对沿海和开放海洋环境中的水下噪声水平和声学条件进行测量，进而量化海洋噪声水平的长期趋势，监测声学环境和水下技术所干扰的变化并评估人类产生的噪声不断增强的影响。

三、评估关键海洋矿产资源

美国多数近海和深海地区仍处于未开发和未利用阶段。对于美国在全球市场中的独立、主导地位而言，获取海洋环境中的关键矿物质尤为重要。可以通过勘探外大陆架的深海平原、热液喷口和大洋中脊海山来获得包括锰结核、富钴结壳和多金属硫化物在内的宝贵资源，来支持这项工作。

优先事项包括：

(1)通过沉积物特征和地球化学信号识别和量化重要深海矿物的位置、大小和性质，以便更好地了解资源利用的复杂性和可伸缩性。

(2)开展基础研究和应用研究，给出深海采矿对脆弱海洋生态系统影响的特征描述，包括对光、热、岩屑、海底沉积物卷流、噪声以及生物多样性损失的影响。此项研究应当包含深海生物多样性记录以及改进深海勘探对环境影响预测的规模和程度。

(3)通过调查和差异分析，研究敏感环境和重要领域的物理条件，以评估当前监测工作和平台的有效性。

(4)继续参与全球及国际组织相关工作，以加强对海洋环境的认知和保护。

四、平衡经济效益和生态效益

必须在为当代和后代保护海洋环境的同时，促进经济增长。美国受益于广泛的沿海生态系统，从阿拉斯加寒冷的北极水域到温带墨西哥湾，再到佛罗里达南部的热带珊瑚礁。管理这些独特生态系统，需要将特定位置的数据和信息纳入适应性管理战略考量。

优先事项包括：

(1)制定生物和生态系统指标，确定其对理解累积效应的影响，为评估海洋资源和生态系统服务效力。

(2)确定管理者可用于衡量管理战略有效性的标准。

(3)继续定量监测沿海和公海生物地球化学趋势，以表征海洋酸化方面发生的变化，评估海平面上升对海洋资源的影响，并量化累积效应。

(4)探索"干预"科学技术，在环境条件不断变化的情况下，识别并利用物种面临退化或死亡威胁时的固有抗性和适应性特征。

(5)探索与海洋和港口用途相关的低环境影响、可替代燃料,在能效、成本效益和海上安全管理方面作出权衡。

五、提升蓝色劳动力

美国一直走在科学研究和技术创新的前沿,但当今世界与环境有关的挑战仍层出不穷。若要应对这些挑战,就必须加强对海洋的了解。支持并营造一个以海洋文化为基调的人类社会,专注培养受过良好教育的多元化劳动力队伍,与经济福祉息息相关。这些劳动力将利用强大的知识储备,帮助美国在了解海洋环境方面保持竞争优势,同时支持执行 13845 号行政令。研究表明:科学、技术、工程和数学(STEM)方面取得的成就是美国创造就业机会、改善生活质量、保持全球科技领导者地位的关键所在。STEM 领域对于建立海洋模型、创建防御系统以及维持战术优势的国防目标而言也至关重要。

一支训练有素、充满活力的多样化劳动力队伍,不仅能够满足未来的职业需求,而且长期以来一直被认为是美国的工作重点。建立一支充满活力的劳动力队伍以应对国家海洋挑战的需求日益紧迫,重点主要涉及大数据分析、计算建模、海上可再生能源以及仪器操作和维护。为了有效开展与海洋事业相关的科学技术研究,必须在既定挑战和所需的人才培养之间架起桥梁。高级培训机会可以确保现有海洋劳动力有能力在接受传统培训之余,进行强化教育。对人员、基础和应用研究以及设施的投入,也是打造强大的劳动力队伍,实现专业发展,不断走向经济繁荣的关键。这些投资和机遇将提升劳动力适应科技企业内部动态技术进步的能力。

优先事项包括:

(1)开发和强化无人驾驶海上系统认证项目。这些课程计划可确保学生能够参加短期培训,学习航海科学、三维定位、海洋政策、自主系统以及无人驾驶海上系统各界面。

(2)共享资源,支持调查和无人系统操作,允许多个机构的海洋学船队的操作人员确定最佳方法,并通过共同合作将所得经验运用到实践中。

(3)改善并支持联邦政府、政府部门、私营部门与学术机构之间的合作,以便将研究人员和海洋政策专家纳入海洋科学工作者队伍。

（4）为沿海社区提供保障，使其具备养护沿海资源、保护传统生计以及抓住未来机遇的最新技能。

（5）开发和扩大项目，使教育工作者可以激发学生对海洋科学的兴趣，为未来的劳动力做储备。

第三节　确保海上安全

一、提升海域感知能力

海域感知和安全行动要求对海洋及其不断变化的状况进行连续且近乎实时的监测。各类传感技术的快速提升可保障海洋科学和其他重大方面的利益。

优先事项包括：

（1）为海上观测框架提供支持，确保为各类美国终端用户服务的不同感知能力。

（2）维护海洋传感器和自主监测技术，强化各种天气条件下的海洋表面和水下数据收集能力，支持地球系统（陆地和海洋）高空间分辨率和近实时的预报。

（3）寻求全新方法/观测技术，使用分布式有机战术传感器网络收集海洋环境变量。

（4）为遥感研究开发高性价比、低环境影响的跨电磁波谱传感器和利用电子和软材料（导电聚合物）的新兴技术的全海洋深度传感器。

（5）建立国家滑翔机协调标准，支持在沿海地区、强流区以及无法设定漂浮物和浮标的区域内进行海洋采样。

（6）发展先进计算能力，对船舶、操作人员、货物和基础设施数据进行分析，进而识别海域内的异常行为，如非法、未报告和无管制捕捞，人口迁移，海上走私，海上跨国犯罪活动等，以更好地支持合理的安全应对行动。

二、了解北极地区的变化态势

北极地区条件多变，尤其是海冰锐减，导致海上交通以及自然资源开采日益频繁。这些事态发展不但会对国土安全和国家安全行动产生影响，也会影响确保北极地区不存在未监控的非法活动所必需的整体区域意识。

优先事项包括：

(1)支持整合泛北极/全球知识和活动，包括验证海洋-冰-大气耦合模型，以改进对北极多个时间尺度的预测。

(2)改进北极天气预报和预测模型。

(3)促进研究人员、社区和原住民的协作网络，以增强及传播海冰和北极天气系统的知识和预测。

(4)支持重点关注适于北极环境的创新响应技术和程序的国内外研发活动。

(5)研究分散剂的使用以及石油化学品和其他有害物质的影响，以便为北极本地社区、海洋生物和迁徙的海洋哺乳动物提供更好的溢油反应选择和保护。

三、维护并加强海上交通

美国海运系统(MTS)对国民经济和国家安全至关重要。海洋科技可以为加强航道管理和航道安全、扩大航运基础设施、船舶运输能力和网络弹性以及提升港口运营和生产能力提供支持。描述和预测网络威胁以及为海运系统制定弹性选择方案，都将对 MTS 中网络风险管理的缓解策略提供支持。

优先事项包括：

(1)通过在综合船桥系统上使用 AIS 技术来试验传输增强型 MSI(eMSI)，实现海上安全信息传输的现代化。

(2)为海洋/海事信息共享和网络安全提供支持，进而在偏远地区部署海上监视和通信。

(3)支持和验证现场检测设备，从而检测入境口岸的核、化学、疾病、生物和其他威胁。

(4)开发并验证系统，识别和跟踪未能传输所需识别信号的船舶。

(5)检查国家安全与可持续国内外贸易之间的脆弱程度和依赖程度。

(6)通过多样化的监测系统提高港口安全。

第四节　保障人类健康

一、防止和减少塑料污染

海洋垃圾导致野生动物的缠结、误食、栖息地被破坏、水污染、排水系统堵塞，引发洪水、交通和商业障碍以及影响人类健康。

优先事项包括：

(1)建立可靠和可重复的方法，监测海洋和淡水系统中的海洋垃圾，包括塑料的收集、提取、表征和定量。

(2)增进对海洋垃圾在环境场所内外运输和归趋的过程以及聚合物间降解、破碎、生物絮凝和生物聚集等变化过程的认识。

(3)支持开发新一代生物可降解塑料，减少海洋垃圾对海洋生物和沿海社区的影响。

(4)评估商业海产品资源和人类接触微塑料的风险，以提高对潜在接触途径、毒理学机制和公共卫生问题的认识。

(5)与业界合作评估现有的成本效益的技术和方法来收集、回收/再利用和处理塑料废物。

二、提升对海上污染物和病原体的预测

海洋化学可以通过在食物中提供健康化合物来提升人类福祉，但同时也会使人类健康遭受风险。通过对海洋化学物质和条件的先进预测，研究人员和管理人员已经能够降低诸如海鲜传播疾病等威胁的风险。

优先事项包括：

(1)改进与人类健康直接相关的化学成分来源、传输、归趋和降解的预测数学模型。

(2)了解人类和动物接触水生病原体、有毒化学物质和藻类毒素的途径。

(3)了解海洋与大气之间化学污染物和营养素的交换，海洋变化的影响，以及与人类健康相关的化学成分对人类健康影响的发生、频率和严重程度等其他因素。

(4)支持生物积累研究的计算建模能力,特别是威胁水质和食品安全的污染物的药代动力学模拟。

三、应对有害藻华

了解海洋、河口地区和淡水区域对人类健康危害的发生率、严重程度和持续性,需要在多重时空维度上增加观测。其中包括监测站点的阵列和网络、浮标和系泊设备的现场测量及飞机和卫星的遥感数据与图像。

优先事项包括:

(1)制定指导方针、测试方法和快速反应策略,从而准确评估和缓解病原体、正常化学品、有毒化学品和藻毒素造成的危害。

(2)增强最新工具和技术(如组学和生物信息学)并将其转移到管理计划中,从而保障人类健康,保护人类免受有害藻华的侵害和其他海洋相关问题的困扰。

(3)生成用于计算与数学模型的评估和改进的相关数据,以开展有害藻华和其他已知和正在出现的人类健康威胁的风险评估。

(4)记录与有害藻华和其他水质风险相关的人类及动物接触、疾病、传染病和死亡情况。

(5)注重公众访问监测数据,创建容易使用的数据格式,确保提供与健康风险相关参数的现成元数据。

(6)制定社会经济措施,进而估算接触有害藻华和其他与海洋有关的危害人类健康社会成本,并与国家、地方和部落群体分享相关信息。

四、发掘天然产品

虽然许多卓有成效的药物方案都是通过合成方法产生的,但新药品审批中,仍有大约一半来自天然产物。许多应用于医药中的天然产物(抗癌、抗病毒、抗真菌、抗生素),营养素(膳食补充剂、食品添加剂),能源(生物燃料)和其他有益物质(如防污剂、诊断工具和化妆品)都来自海洋宿主。丰富的海洋多样性具有巨大的经济潜力和生物潜力。

优先事项包括:

(1)继续探索和发现海洋生境及相关物种,包括细菌、古细菌、真菌、微生物和病毒,从而发现改善人类健康和环境的天然产物和过程。

（2）协助研究极端和恶劣海洋环境（如深海）的传感器和采集装置，促进以可持续的方式扩大海洋勘探和发现领域。

（3）支持利用基础设施进行筛选、识别和利用有益天然产物。

（4）了解增加大型藻类培养作为食品和生物燃料原料的机会。

（5）加快与私营企业和学术界的合作步伐，为生物合成装配线和孵化床（即示范项目）提供支持，进而将产品快速推向市场，同时改善海水养殖技术，确保研发所需天然产物的供应。

第五节　促进具有弹性机制的沿海社区发展

为保护沿海地区人口和基础设施，国家必须积极鼓励创新，同时降低风暴和其他灾害的风险。利用科学信息、适应性管理策略和加强沟通，帮助社区未雨绸缪，做好准备应对极端天气，使美国成为一个能够对气候变化应对自如的国家。

一、积极筹备应对自然灾害和各类天气事件

随着脆弱程度日渐加剧，确保社区弹性需要各级政府、行业、非营利组织乃至学术界通力合作。决策支持服务辅以物理、自然和社会科学数据与信息，可以帮助沿海社区减轻这些威胁造成的影响。

优先事项包括：

（1）开展需求评估，确定已提供的工具和信息的状态，识别现有差距，强化技能，提高提供、整合、显示、传播数据和信息的能力。

（2）支持和宣传用于理解科学和进行科学转化的工具，进而在海洋和沿海社区、水上游憩用户以及遭受旱涝灾害的人群中推广弹性方法。

（3）识别需求、协调领域、技术转让方法，开发并执行一套完整的海洋气象产品，提供早期预警，进而更好地预测海上恶劣天气条件，强化现行水质工作，降低极端天气事件和风暴潮的风险。

（4）制定并执行沟通和外联战略，通过相关重大事件、培训工具和媒体关系平台，提供技术、复原力和商业相关的成功案例，以展示产品和服务，改善认知和教育，并实施应变战略。

二、降低风险和脆弱性

虽然自然灾害和天气事件是人类面临的主要威胁，但由于存在许多其他方面的干扰，所以沿海社区依然处于风险之中。

优先事项包括：

(1)对利用行业和利益相关者的经验、关注点和需求的社区驱动型弹性计划进行检查，并将其观点与传统科学支持的公共部门规划工作结合起来。

(2)确定和记录相关基线条件(如生物物理条件、经济条件、生态条件、社会文化条件)，这些条件用于评估环境和自然灾害、灾难性事件、累积效应、社区脆弱性和恢复能力。

(3)考察美国沿海地区的环境危害如何对美国社区造成不同程度的影响，从而导致某些群体产生财产和社会脆弱性的问题。

(4)在可能的情况下，理解、描述和量化社会脆弱程度以及有助于依赖和参与沿海及海洋资源的社区恢复能力的因素。

(5)评估未来环境状况和环境变化如何与灾害及灾难性事件相互作用，进而影响社区脆弱程度、复原能力以及连续性。

(6)描述和评估主要驱动因素对社区和经济弹性的影响。

(7)由于海洋酸化及其他海洋变化与高危人群、粮食安全以及对人道主义危机的影响息息相关，因而必须对此加以研究。

三、授权地方和区域决策

为了保障沿海社区的恢复能力，必须建立干扰应对机制。因而，需要更好地了解社区和行业特性，支持动态风险评估的信息以及地方和区域权衡的成本效益分析情况。

优先事项包括：

(1)检查社区各部门的激励措施和成功采用的特定计划或概念。确定并告知决策者与进一步改善社区恢复能力和适应能力相关的具体激励措施及抑制因素。

(2)评测社区对环境变化的现有及潜在适应情况，从而了解在减轻影响方面最有效的要素以及对采取这些适应措施最为重要的因素。

（3）提升向面临风险的所有社区提供研究成果和文化相关产品的能力。

（4）确定提高社区能力的方法和激励措施，从而根据社区自身的具体需求和目标，有效评估和提高社区复原能力。

（5）建立观察和监测系统、工具及传送机制，进而对各种情境进行评估。同时，在社会、生态、文化、经济、健康和福利方面，考虑到各种情境的可能性，从而更好地作出决策。

第二十一章　美国珊瑚礁保护项目战略规划（2018—2040）

2018 年 11 月，美国国家海洋与大气管理局发布《珊瑚礁保护项目战略规划（2018—2040）》（以下简称"《战略规划》"），旨在实现管辖海域珊瑚种群繁盛，且具有活力、多样化和恢复力，能够为当代和后代持续提供宝贵的珊瑚礁生态系统服务。《战略规划》针对当前珊瑚礁面临的环境压力，提出了美国珊瑚礁保护与恢复工作的指导方针和目标，从增强对气候变化的抵御能力、提高渔业可持续性、减少陆地污染源和恢复有活力的珊瑚种群等 4 个方面提出了政策措施和要求，并针对各具体措施制定至 2040 年需要完成的指标。

第一节　《战略规划》的制定

一、主要目的

《战略规划》旨在减少美国水域珊瑚礁所遭受的威胁，基于生态尺度恢复珊瑚礁生态系统的功能。

《战略规划》涵盖的工作内容及要实现的目标远非一个机构独立完成，需要多方协调合作。《战略规划》为珊瑚礁保护团体制定了一个合作框架，为综合利用多个机构和组织的专业知识与资源提供了机会，在保护团体之间建立起新的更广泛的伙伴关系。

《战略规划》采用基于恢复力的管理方法，重点保护珊瑚抵御环境压力并得以恢复的能力。开展的活动包括保护恢复区域、减少污染源、防止破坏珊瑚礁栖息地、防止过度捕捞草食渔业物种（如鹦鹉鱼和海胆），等等。

《战略规划》的重点是美国珊瑚礁生态系统，美国国家海洋与大气管理局将与 7 个拥有珊瑚礁的州和海外领地（美属萨摩亚、北马里亚纳群岛联邦、佛罗里达州、关岛、夏威夷、波多黎各和美属维尔京群岛）以及一些合作伙伴(包括渔业管理委员会、联邦机构、市政机构、非政府组织和学术团体)密切合作。此外，"珊瑚礁保护项目"还支持加勒比地区、密克罗尼西亚、西南太平洋和珊瑚三角区(与美国珊瑚礁有生态联系的)的能力建设活动。

二、长期目标

珊瑚：到2040年，恢复和保护具有生态恢复力、遗传多样性和种群再生能力的珊瑚物种，以保持关键珊瑚礁脉的生态系统功能。

鱼类类群：到2040年，美国海域中主要珊瑚礁鱼类类群在丰度和平均规模上将全部保持稳定或增长。

水质：到2040年，关键流域水质将全部保持稳定或改善。

珊瑚再生栖息地：到2040年，主要珊瑚礁脉至少有40%的固结基质没有沉积物和大型藻类覆盖，能够满足再生栖息地的条件。

三、四大策略

策略一：气候方面，增强对气候变化的抵御能力。

策略二：渔业方面，提高渔业可持续性。

策略三：污染方面，减少陆地污染源。

策略四：恢复方面，恢复有活力的珊瑚种群。

这4个方面构成了减少珊瑚所面临威胁和恢复珊瑚的策略。然而，《战略规划》也认识到这些威胁往往是累积的，具有协同效应，因此在执行规划时必须考虑不同方面之间的相互作用，才能成功地保护珊瑚礁。所有工作都将遵循基于恢复力管理的原则，对"珊瑚礁保护项目"及其合作伙伴在珊瑚礁保护方面的战略投资提供指导。例如，开展的所有项目都将根据未来环境和气候条件进行规划。

四、时间表及实施

每项策略都包含短期目标(2～5年)和中期目标(5年以上)。近期，《战略规划》将指导保护方面的投资，为管理决策提供最佳的科学认识、技术方法和策略。

珊瑚礁由于生长缓慢，生态尺度变化通常短时间内无法显现，因此将长期保护目标时间节点设定在 2040 年。观测监测结果将用于对项目的适时调整和修订。

虽然美国和国际合作伙伴的保护和管理制度各不相同，但《战略规划》涵盖大部分"珊瑚礁保护项目"的保护行动。区域性的 3 年实施计划将针对可在短期内跟踪的地点制定具体行动，以达到地方层面的中期结果和目标，将确定关键地点和类群，以指导制定大西洋和加勒比海盆地及太平洋盆地的恢复计划。《战略规划》将在美国国家海洋与大气管理局内部及其他合作伙伴，特别是州和海外领地政府合作的基础上实施完成。珊瑚礁保护项目办公室依据适应性管理原则跟踪计划进展情况，每 3 年对这些计划进行审查和修订，并根据需要作出调整，进行资源优化，以实现长期保护目标。

第二节 增强对气候变化的抵御能力

美国"珊瑚礁保护项目"正在与合作伙伴合作，评估气候变化对珊瑚礁生态系统的影响，包括海洋酸化对珊瑚礁生态系统的影响，强调采用基于恢复力管理的保护方法解决这方面问题。恢复力是指生态系统抵抗干扰并从干扰中恢复的能力，维持其结构和功能以提供生态系统服务。最近，若干国际和美国国内合作伙伴把基于恢复力的管理方式，将气候变化因素纳入珊瑚礁管理的有效方法。

为支持实施基于恢复力的管理方式，《战略规划》在气候变化方面侧重于以下 3 个方面：①了解气候变化在过去、现在和可预见未来对珊瑚礁的影响；②气候变化可能引起的社会及生态响应；③确定应采取的管理行动及优先次序，帮助恢复生态系统功能，使人类能够享受生态系统带来的福祉。

一、支持基于恢复力的管理方法的目标和指标

（1）支持与联邦、州、海外领地及外国政府管理合作伙伴就基于恢复力的管理方法及其利益进行持续对话，并为基于恢复力的管理原则和技术方法提供必要的培训和能力支持。

气候指标 C1.1：到 2022 年，为 7 个司法管辖区和/或外国管理合作伙

伴提供技术能力和管理支持，以实施基于恢复力的管理。

（2）支持对珊瑚礁生态系统应对气候变化影响的脆弱性评估，使评估结果为管理行动提供信息支持。

气候指标 C1.2：到 2022 年，7 个管理合作伙伴根据珊瑚礁应对气候变化的脆弱性作出管理决策。

（3）支持对多种类型监控和模拟结果的采集、共享和集成，提供对生态系统的动态理解，为决策和自适应性管理提供信息。

气候指标 C1.3：到 2022 年，美国国家海洋与大气管理局正在收集数据并提供技术援助，以支持各司法管辖区整合建模和监测工作，包括状态与趋势监测、响应监测、有效性监测和气候脆弱性再评估。

（4）支持在国际、国家和司法管辖区层面开展研究，以解决在验证和改进基于恢复力管理方法中出现的关键问题。

气候指标 C1.4：到 2024 年，实施 5 个经管理合作伙伴确定的具有优先研究需求的"珊瑚礁保护项目"，反馈取得的结果，以此指导基于恢复力管理方法的实施。

（5）支持和鼓励管理合作伙伴在作基于恢复力管理规划时解决潜在气候变化的影响。

气候指标 C1.5：到 2025 年，7 个管辖区和/或外国管理合作伙伴能够应用气候恢复力和脆弱性信息以提高对气候变化干扰的抵抗力，支持生态系统恢复、能力建设整合、监测、建模和研究。

二、关键合作机会

美国国家海洋与大气管理局珊瑚礁保护项目、大堡礁海洋公园管理局、大自然保护协会、共生组织、联合国环境规划署珊瑚礁小组、大堡礁基金会和珊瑚礁生态组织之间的合作伙伴关系促进了在对国际珊瑚礁生态系统进行管理中采用基于恢复力的管理方法。美国国家海洋与大气管理局将继续与合作伙伴（包括司法管辖区和美国珊瑚礁工作组）合作，加速学习这种在未来不确定条件下管理珊瑚礁的新方法。美国国家海洋与大气管理局将努力为其合作伙伴的保护管理行动做出贡献，整合其数据，提供技术支持，帮助开展能力建设。

第三节 提高渔业可持续性

依据《马格努森-史蒂文斯渔业保护和管理法案》，进行渔业管理是一个自适应性过程，它依赖于健全的科学、创新的管理方法、有效的执行、良好的合作伙伴关系和强有力的公众参与。可持续渔业通过为国家提供商业、休闲娱乐、自给性捕鱼以及可持续海产品供应的机会，在国家经济中发挥着重要作用。为了支持可持续的珊瑚礁渔业，"珊瑚礁保护项目"正在与7个管辖区的渔业管理机构、4个区域渔业管理委员会以及美国国家海洋与大气管理局区域渔业办事处密切合作，促进渔民、当地社区和其他主要利益攸关方的参与。

渔业方面将开展以下4项工作：①重点关注那些对珊瑚礁状况具有生态重要性且易被过度捕捞的珊瑚礁鱼类类群；②为渔业管理人员提供关键数据，填补空白，使其能更好地了解那些能够维持珊瑚礁生态系统功能的渔类的可持续性，并及时提交数据、反馈结果；③为管理合作伙伴提供可行的管理方法和措施，以达到适应性管理、充分执行和服从的目的；④改进项目工作方式，包括提高可比性、共享数据、吸引更多的合作伙伴参与以及开发更有效的交流产品。

一、提供珊瑚礁渔业管理所必需的数据

（1）与国内伙伴机构和组织合作，酌情使用国家珊瑚礁监测项目作为制定方案、选取校准因子和指标的样板，提高可视化普查监测数据的可比性，增加数据交换内容，扩大数据交换范围。

渔业指标F1.1：到2022年，"珊瑚礁保护项目"的鱼类监测数据可与来自至少5个合作伙伴监测项目的数据进行统计比较，并以管理者可以使用的形式共享。

（2）支持关键海洋保护区的基线评估、生物效能评估或社会经济评估，以更好地了解人类认知和行为，更好地实现生态效益。

渔业指标F1.2：到2024年，75%的关键海洋保护区完成基线和效能评估。

（3）支持和倡导生命过程和生态研究、监测和数据整合，以提供种群

状况、关键珊瑚礁鱼类类群生态学信息，促进我们对生态可持续性的认识。

渔业指标 F1.3：到 2026 年，75%的关键珊瑚礁鱼类类群完成存量或总量评估，提供评估信息，提出量化管理的建议。

（4）鼓励社区和渔业伙伴参与"珊瑚礁保护项目"支持的渔业研究和监测，将更多的地方和传统知识纳入数据收集和分析过程中，增加对渔业相关数据及其应用的普遍认识。

渔业指标 F1.4：到 2026 年，50%的"珊瑚礁保护项目"渔业研究计划在制订和实施过程中要有当地利益相关者的参与及合作。

（5）通过整合现有生物和社会经济数据，包括国家珊瑚礁监测项目的数据，制作有针对性的宣传和交流产品，与管理者和决策者分享有效的管理方法和公众支持的范例。

渔业指标 F1.5：到 2026 年，75%的关键海洋保护区拥有各种技术方法和产品，这些技术方法和产品从生物和社会经济评估中发展而来，并推广到利益攸关方。

（6）确定评估和决策支持工具，为渔业和海洋保护区管理人员提供培训和技术援助，考虑到生态相互作用，努力维护生态系统功能，促进生态系统的可持续性，支持渔业管理。

渔业指标 F1.6/F2.3：到 2029 年，"珊瑚礁保护项目"为所有管辖区和委员会与关键珊瑚礁鱼类类群相关法规提供数据和技术支持。

二、开展珊瑚礁渔业管理能力建设

（1）协助国内外合作机构确定渔业和海洋保护区管理者的优先需求，如基于生态系统的渔业管理、规划、监测、评估和可持续性融资，并通过技术方法帮助满足上述优先需求。

渔业指标 F2.1：到 2024 年，50%的管辖区和国外管理伙伴使用合作开发的管理能力建设工具。

（2）协助国内外合作机构确定成功的执行模式和解决方案，并在管辖区之间共享。

渔业目标 F2.2：到 2026 年，50%的国内和国外合作机构采用或实施新的或改进的方法，以强化执行力度与合规性。

（3）为渔业和海洋保护区管理者提供能力建设工具、培训和技术支持，为更具生态可持续性的渔业管理创造有利条件。

渔业目标 F2.3/F1.6：到 2029 年，"珊瑚礁保护项目"为所有管辖区和委员会与关键珊瑚礁鱼类类群相关法规提供数据和技术支持。

三、关键合作机会

除了与相关渔业管理委员会和机构开展密切合作之外，"珊瑚礁保护项目"还可以与负责管理关键海洋保护区的国际、联邦、州和地方机构合作，帮助减轻关键海洋保护区内的渔业影响，包括由渔具和种群衰退造成的影响。与国内其他监测和数据收集项目进行合作，以提高数据可比性和共享度，这将是"珊瑚礁保护项目"实现数据最大化应用的关键。"珊瑚礁保护项目"还将与当地社区和渔业团体开展更多合作，从其知识和技能中获益。此外，"珊瑚礁保护项目"寻求利用专业知识，开展渔业管理执法能力和社会营销推广能力建设，为管辖区和国外管理伙伴提供技术支持。

第四节　减少陆地污染源

陆地污染源包括由地表水、径流、地下水渗漏和大气沉降携带而进入沿海水域的沉积物、营养物和其他污染物。

美国珊瑚礁生态系统健康有赖于临近海岸和山地的土地利用效率、水质和其他资源管理活动。"珊瑚礁保护项目"采用流域综合管理方法，包括综合管理计划以确定源头和基线特性，以此全面了解影响、确定优先管理响应行动以及详细计划合作伙伴的角色和责任。

"珊瑚礁保护项目"将继续支持最佳的管理实践，减少陆源污染相关工作将为项目执行情况的监督评价、能力建设和多方协调提供技术援助，以推动管辖区乃至国际范围的流域管理工作。此外，鉴于有多个部门承担这方面的联邦授权，能够对与陆源污染相关的联邦行动产生强烈影响，"珊瑚礁保护项目"还将为《濒危物种法》提供技术支撑，并为区域层面鱼类重要栖息地磋商提供支持。

一、制定、协调与实施流域管理计划

（1）与管理合作伙伴协作并利用资源，对由"珊瑚礁保护项目"确定的

关键流域的管理计划进行修订，使其符合美国国家环境保护局 A-I 标准。

减少陆地污染源指标 L1.1：到 2024 年，所有关键流域都制订出符合美国国家环境保护局 A-I 标准的流域管理计划。

（2）为管理机构制定"珊瑚礁保护项目"确定的关键流域沉积物和营养物的水质指标提供技术援助和科学支持。

减少陆地污染源指标 L1.2：到 2024 年，50% 关键流域的沉积物或营养物达到适合珊瑚礁健康生长的水质指标。

（3）通过协调基线监测和执行情况监督，确定侵蚀和沉积物控制、风暴雨水管理等措施的有效性，以减少沉积物和营养物负荷。

减少陆地污染源指标 L1.3：到 2024 年，所采取的侵蚀和沉积物控制、风暴雨水管理等措施对减少沉积物或营养物的有效性实现量化。

（4）支持在关键流域实施流域管理方法，以改善水质并提高珊瑚礁生态系统恢复力。

减少陆地污染源指标 L1.4：到 2029 年，超过 50% 关键流域的沿海水域的沉积物和营养物负荷达到既定水质指标。

二、建设并保持地方层面的流域管理能力

（1）与管理合作伙伴协作并利用资源，在每个关键流域建立流域协调机构，通过这种方式强化地方针对陆源污染影响近岸珊瑚礁生态系统的应对能力。

减少陆地污染源指标 L2.1：到 2024 年，所有关键流域都设有协调机构。

（2）促进管理部门与非政府机构的伙伴关系，在管辖区内推进流域综合管理方法。

减少陆地污染源指标 L2.2：到 2024 年，50% 关键流域由管辖区的管理合作伙伴开展改善水质和提高珊瑚礁生态系统恢复力的优先管理活动，每个管辖区至少选定一个关键流域。

（3）增强管理伙伴的技术和财政能力，以实现改善水质和提高珊瑚礁生态系统恢复力的优先管理活动的财政独立。

减少陆地污染源指标 L2.3：到 2024 年，每个管辖区至少有一个关键流域，实现针对改善水质和提高珊瑚礁生态系统恢复力的优先管理活动的

投资(外部合作伙伴对"珊瑚礁保护项目"的投资资金)比例超过1:1。

三、关键合作机会

通过流域伙伴关系倡议,"珊瑚礁保护项目"将继续与美国珊瑚礁工作组合作,加强和协调伙伴关系,努力提高成员机构的资源和技能对实施特殊地理环境活动和综合活动的贡献,减少污染对珊瑚礁生态系统的压力。流域伙伴关系倡议还促进现有法律的应用与威胁珊瑚礁健康的陆地污染源治理的行政职能保持一贯性,并进一步强化执行。此外,"珊瑚礁保护项目"将寻求与有权制定水质指标、支持减少对珊瑚礁健康有害的沉积物和营养物行动的机构之间的协调与合作。"珊瑚礁保护项目"还将坚持把流域最佳管理实践纳入基于恢复力的国内外管理框架中。

第五节 恢复有活力的珊瑚种群

保护珊瑚礁需要多管齐下。保持珊瑚礁生态系统活力和功能需要在地方层面采取直接和具有生态意义的干预措施。地方性压力,诸如食草物种(如海胆和食草鱼类)损失、物种入侵、长期固定影响和船只搁浅等,都需要在地方层面解决,同时努力恢复主要珊瑚礁种群。采用新的生态干预措施(如应力硬化与辅助基因流),积极并有针对性地恢复珊瑚种群,有助于珊瑚礁生态系统适应不断变化的环境条件。

恢复策略是建立和保持珊瑚应对威胁的抵抗力和恢复力的专门方法,并能促进生态系统恢复。恢复策略将支持必要研究,实施防止珊瑚及其栖息地继续受损的实际行动,应用创新的恢复和干预技术,针对关键珊瑚种类建立具有恢复力、遗传多样性和有活力的可再生种群。此外,"珊瑚礁保护项目"将更好地利用监管授权,通过支持向许可机构转让技术知识、鼓励最佳管理方法的持续使用以及向缓解方案提供适当的恢复技术,防止珊瑚和珊瑚礁栖息地丧失。

一、改善珊瑚恢复地的环境质量

(1)支持研发有效、高效的食草动物繁殖技术,以增加野生种群数量。恢复指标R1.1:到2022年,在80%的关键珊瑚礁脉确定恢复项目并实现食草动物保留率。

（2）支持和鼓励开展食草动物补充活动，以减少藻类覆盖。

恢复指标 R1.2：到 2024 年，关键珊瑚礁脉减少藻类覆盖面积并维持在预定水平。

（3）支持研发争夺珊瑚恢复地的入侵物种（如藻类）和有害物种控制技术。

恢复指标 R1.3：到 2022 年，试点清除项目将关键珊瑚礁脉入侵物种和有害物种覆盖面积减少到既定百分比。

（4）支持和鼓励应用入侵物种和有害物种控制技术。

恢复指标 R1.4：到 2024 年，关键礁脉入侵物种和有害物种覆盖面积减少到既定百分比。

二、防止珊瑚及其栖息地可避免的丧失

（1）确定高风险区域，制订并实施计划，减少因船只搁浅和船锚等造成的物理损害。

恢复指标 R2.1：到 2024 年，在计划实施的高风险区域内，海事损毁事故报告减少 25%。

（2）支持在高价值区域（珊瑚覆盖率高的区域）建立受物理损害事件（如船只搁浅、飓风）影响的应急响应和区域恢复。

恢复指标 R2.2：到 2022 年，每年针对 50% 遭受物理干扰且恢复能力尚存、需要恢复的珊瑚种群开展恢复行动。

（3）支持使用现有机制，并建立新机制，强制物理损害责任方对损害进行恢复。

恢复指标 R2.3：到 2024 年，增加解决珊瑚礁损害事件的数量并提高资源受益的成功案例百分比。

三、提高种群恢复力

（1）继续建立国内外伙伴关系，利用珊瑚礁联盟网络，在生态意义范畴内开展恢复项目。

恢复指标 R3.1：到 2024 年，针对陆基繁殖、水插繁殖、幼虫繁殖、移植、监测、海岸保护和恢复、遗传恢复等特定恢复实践和科学领域，珊

瑚礁联盟出台一系列"最佳实践"和"扩大规模"指导文件。

（2）支持研发提高珊瑚礁恢复力的创新性干预措施（如应力硬化珊瑚、协助迁移和基因流动、控制共生关系），以开展低风险试点项目。

恢复指标R3.2：到2023年，美国国家海洋与大气管理局及其合作伙伴启动至少4项被推荐优先准备根据美国国家科学院审核的"提高珊瑚礁恢复力的干预措施"进行测试的干预措施。

（3）支持研发幼虫繁殖技术，以显著降低珊瑚移植后的死亡率。

恢复指标R3.3：到2024年，证明现有技术能够提高珊瑚幼虫移植后的存活率，确保试点项目的推进。

（4）支持实施关键珊瑚礁脉恢复力和移植后存活技术相结合的珊瑚幼虫繁殖项目。

恢复指标R3.4：在证明提高移植存活技术可行的5~7年内，实施小规模项目，以证明恢复成功且在环境压力下具有恢复力。

（5）帮助关键珊瑚礁脉从区域到生态系统尺度实施无性繁殖和有性繁殖技术。

恢复指标R3.5a：2019—2029年，提高助育条件下无性繁殖年均成活率。

恢复指标R3.5b：2019—2029年，提高助育条件下有性繁殖的新珊瑚从存活到性成熟的年均百分比。

四、改善珊瑚的健康与生存状况

（1）支持研发珊瑚疾病和以珊瑚为食动物的控制技术。

恢复指标R4.1：到2024年，至少研发一种新的珊瑚疾病和以珊瑚为食动物的控制技术，并经在关键珊瑚礁脉验证是有效的。

（2）在适当范围实施控制技术防止珊瑚额外损失。

恢复指标R4.2：到2029年，恢复项目将50%关键珊瑚礁脉的发病率和以珊瑚为生的动物量降至自然水平。

五、关键合作机会

"珊瑚礁保护项目"需要诸多合作伙伴的协助，以实现修复恢复战略目标。珊瑚恢复协会成员涵盖所需各学科和技能领域，是主要的合作伙伴。

为研发各种技术，"珊瑚礁保护项目"将与学界、非政府组织和私营企业合作。例如，2018年初，美国国家科学院开展了一次24个月的评估，"提高珊瑚礁恢复力的干预措施"项目取得的成果可为珊瑚修复行动提供信息。修复技术在生态意义尺度方面的应用还需要与修复者、私人基金会、联邦和地方管理机构(如美国珊瑚礁工作组)以及工程和技术开发方面的少数传统伙伴建立伙伴关系。

第二十二章　如履薄冰：
英国在北极的防御报告

2018 年 7 月，英国下议院国防委员会公布 2017—2019 年度第 12 期研究报告《如履薄冰：英国在北极的防御》(以下简称"报告")。报告主要论述在俄罗斯北极活动日益频繁的背景下，英国要维护其在北极和远北地区的国家利益，并解决国家安全所面临的巨大挑战。报告概述了英国在北极和远北地区的国家实力、国家利益、国家安全形势以及英国北极政策，并对英国维护其在北极和远北地区的利益提出建议。报告为英国在北极和远北地区的未来战略部署指明方向，是英国新时期北极活动的主要指导文件。

第一节　北极和远北

一、北极和远北的定义

科学界对"北极"的定义一直莫衷一是，传统的定义——北极圈边线北纬 66.6 度——并不能完全反映北极环境的物理特征，但为基于地缘政治视角认识北极提供一定基础。同样，"远北"的定义也多种多样。报告中的"远北"是指"欧洲北极"，大致西起格陵兰岛，东至巴伦支海的挪威—俄罗斯边界，包括具有重要战略价值的格陵兰—冰岛—英国缺口和斯瓦尔巴群岛。

二、北极地区的管理

北极地区有多项法律和管理制度，其中包括普遍适用的国际条约以及涉及科考、环境和商业活动的多边协议。最重要的政府间国际组织是北极理事会，英国是其观察员国。

三、变化中的北极

北极变暖的速度比全球其他地区大两倍，北冰洋正从永久冰冻向季节性无冰转变。如果不对人类排放温室气体加以控制，到 2050 年北冰洋将在夏季变成无冰区，这一状况也有可能在未来 10~20 年内提前出现。随着冰川融化，人类活动也发生变化，最显著的是与自然资源相关的商业活动开始增多。北极地区拥有储量丰富的金属和矿产资源，天然气储量占全球储量的 30%，石油储量占全球未勘探储量的 13%。此外，新的海上航道更加便于航行。东北航道有可能成为一条新的主要航道，极大地缩短欧洲和亚洲之间的航行距离。

四、争议和紧张的起源

"冷战"结束后，北极国家普遍认为北极是紧张程度较低的地区，相关国家通过对话与合作，建立多边机制，签订有关协议。北极地区因气候变暖而开辟的新航道目前存在争议，西北航道和东北航道分别穿过加拿大和俄罗斯的部分领水和专属经济区。加拿大主张，西北航道的一部分为其领水，但美国和其他国家对此持不同意见，认为这些水域是国际航行海峡。加拿大分别与丹麦和美国之间存在紧张程度较低的海权争议。俄罗斯也对东北航道主张类似的管辖权，对在该航道行驶的外国船舶主张较高强度的控制权。目前，俄罗斯的大陆架主张正由联合国大陆架界限委员会仲裁，该主张涉及自然资源储量丰富的罗蒙诺索夫海岭周边海域，而加拿大和丹麦也主张在该海域拥有大陆架权利。

五、斯瓦尔巴群岛

斯瓦尔巴群岛由位于挪威与北极点之间的一系列岛屿构成。虽然挪威对斯瓦尔巴群岛行使主权具有法律依据，即 1920 年《斯瓦尔巴条约》，但该条约同时也将登岛权和商业开发权赋予 46 个缔约国。近几年发生的事件使斯瓦尔巴群岛处于紧张态势。2015 年，俄罗斯副总理飞赴斯瓦尔巴群岛，此举违反赴北极点旅行的禁令，挪威要求俄罗斯做出解释。2016 年 4 月，车臣特种部队指挥员在进行极地冰川伞降训练前，登陆斯瓦尔巴群岛。据报道，作为"西方-2017"演习的一部分，俄罗斯以大规模电子战为由，针对斯瓦尔巴进行了模拟两栖攻击。大约在同时，俄罗斯外交部长谢尔盖·拉夫罗夫对挪威的斯瓦尔巴政策展开新一轮攻击，将挪威的地位与多项军事化问题以及北约在远北地区的强势表现联系起来。因此，斯瓦尔巴群岛可能成为北极问题的潜在爆发点。

六、北极地区是亚洲的新利益点

中国、日本、印度、新加坡和韩国于 2013 年成为北极理事会观察员国。印度和韩国已在斯瓦尔巴群岛开展极地研究项目，并部署研究设施。韩国于 2013 年首次发布北极政策文件。相比之下，中国拥有开展已久的极地研究项目，且为斯瓦尔巴群岛的研究配备科研设施。有提案指出，中国在北极地区的商业存在日益强化，包括在格陵兰矿山开采和俄罗斯北极沿岸天然气开采中的大额投资。中国于 2018 年 1 月发布的有关文件证实了这一观点，该文件认为东北航道是"冰上丝绸之路"的高速公路，而"冰上丝绸之路"是规模宏大的"一带一路"倡议的组成部分。中国表面上追求北极的多边主义，但却声明在经济活动中更倾向于双边合作。预计未来，中国海军将在北极地区开展潜艇行动。第二次世界大战结束后，北极国家成功维持了北极和远北地区的低竞争状态。但面对北极地区自然和安全环境翻天覆地的变化，这些国家选择合作。有人认为，北极是国际法例外地区，这种看法是危险的。随着北极地区持续"全球化"，越来越多远离北极的国家宣称对北极事务感兴趣，希望分享北极开放带来的利益。但在"强权竞争"的新时期，有必要认识到，这种事态难以持久。政府应寻求与盟友之间的紧密合作，在所有北极国际法问题上保持一致立场，确保国家间争端不至于激化或被利用。

第二节 当前英国北极政策

英国外交和联邦事务部极地处负责两极事务，但其大部分时间都用来处理南极事务。极地处只负责不同政府部门之间的北极政策协调。上议院委员会建议政府设置北极专使或全权公使，确保政府部门的工作重心更趋一致，并负责协调北极政策。英国第一份北极白皮书《北极政策框架(2013)》拟定了英国为应对北极变化而采取的总体策略，包括与北极地区相关的人员、环境和商业政策。北极未成为英国国防和安全政策文件中的重点内容。《战略防务与安全评估(2010)》未提到北极，《战略防务与安全评估(2015)》对北极内容一笔带过，没有对皇家海军陆战队的北极作战能力展开详细讨论。《国家安全与能力评估（2018）》未提及北极。北极地区的合作形势良好，紧张程度较低。然而，北极确实存在军事活动。与其他地区相比，当前北极地区的军事活动都是防御性的。

英国长期致力于维护北极地区的稳定与安全，国防委员会将通过防务参与、双边和多边安全合作，与国际伙伴和盟友开展合作，形式包括开展严寒条件下的训练演习和参加北极安全部队圆桌会议。北约仍是极地国家合作的关键要素。极地处的主要职责是南极事务，导致北极的优先性降低，且政策缺乏一致性，使北极工作雪上加霜。政府未设置北极专使负责协调政策、强化英国在北极事务中的发言权，国防委员会呼吁政府重新考虑。

第三节　北极地区的新安全环境

一、俄罗斯

从历史、文化、经济和安全等方面看，北极对俄罗斯具有重要价值。在北极保持足够的军事存在对俄罗斯至关重要，军事实力是俄罗斯维护地区利益的必要条件和保证。北极为俄罗斯贡献了 12%～15% 的国内生产总值以及 80% 的天然气。维护北极地区的国家利益是《俄联邦军事学说（2015）》的核心任务。2014 年，俄罗斯重组地区军事指挥机构，设置专门的联合战略指挥中心（北方）负责北极地区防务。该中心和北方舰队共同负责管理与巴伦支海、喀拉海和北冰洋俄罗斯岛屿临近的广大区域内的军事设施。

当前，俄罗斯海军活动显著增强。俄罗斯海军第一艘军事破冰船于2017 年加入北方舰队服役。俄罗斯陆军的存在也明显强化，特别是俄罗斯在北极复建或新建永久性基地。俄罗斯将联合战略指挥中心（北方）的两个机械化步兵旅总部分别部署到挪威和芬兰边界，进行北极特种作战训练。2007 年，俄罗斯恢复远程战略轰炸机巡航，巡航区域跨越北极上空，直至多个邻国空域。北极紧张程度提高，一些已敲定的合作事宜极有可能发生变化。

二、挪威

挪威对英国北翼的防御具有关键性作用。北极长期保持和平、稳定与国际合作的积极态势，挪威的战略目标是未来继续保持这一态势。过去 10 年，挪威安全环境最显著的变化是俄罗斯军事实力明显增强，外交立场趋于强硬，更乐于使用武力。一旦发生危机，挪威特别重视在挪威海、北海和 GIUK 缺口的自由行动。

三、丹麦

丹麦国防和安全政策的首要目标是确保北极地区保持缓和态势，维护国际合作。北极的未来总体上取决于北极的合作与竞争，而非对抗和冲突。虽然丹麦也注意到北极军事活动正在升级，但这不是最主要的安全问题。丹麦在《防务政策评估(2018—2023)》中认识到，该地区的地缘政治重要性正在上升，并重申其首要目标是维持北极地区较缓和的局势。

四、冰岛

冰岛没有常备军，但因其在北大西洋中的地理位置特殊，具有重要的战略价值。之前，冰岛国内曾有人反对制定国防和安全政策，但美军撤离后，随着北极环境变化以及新风险和新机遇的出现，冰岛开始重新评估本国安全政策。未来，俄罗斯军事实力的提升可能成为冰岛的关切问题。

五、瑞典和芬兰

位于北极地区的瑞典领土有限，但北极始终在瑞典国防事务中占有重要地位。瑞典北极政策的基础是《北极战略(2011)》，该文件指出，"当前北极安全政策的挑战不是军事性的"。俄罗斯军事活动成为瑞典愈发担忧的问题。

芬兰总理办公室于 2016 年发布外交和国防政策报告称，近年来，俄罗斯增强北极地区军事存在和活动，但北极局势仍保持相对稳定。芬兰是西方社会的一员，欧洲和波罗的海紧张的安全形势直接影响芬兰，不排除芬兰遭受武力攻击或武力威胁的可能。瑞典和芬兰虽然不是北约成员国，但却是北约高级机遇伙伴，在盟军演习和情报共享中发挥重要作用。

六、美国

北极安全问题通常在美国国防政策中的分量微乎其微，北极问题除了阿拉斯加以外基本没有其他事项。近期，美军（和美国情报机构）开始重新关注北极，海军和海岸警卫队尤其关注北极局势。陆军部队开始加强在北极地区的小规模分队训练。潜艇部队通过每两年举行一次的"冰原演习"保持战斗力。美国海岸警卫队准备建造 6 艘大吨位破冰船，强化其在北极地区的存在。

七、加拿大

加拿大北极军事安全政策一直谨小慎微，严守非军事化和环境安全的承诺。但随着自然环境变化，各种安全问题浮出水面。2017 年，加拿大国防白皮书涉及两项议题：一是世界各国在北极地区的利益不断增多；二是随着北极环境的开放，新的安全挑战将会出现。白皮书提到，俄罗斯有能力保护其军力经由北极进入北大西洋，将对加拿大及其北约盟友造成安全挑战。白皮书认为，重点是提升监视能力，加强北极地区的区域预警能力，包括采购新的无人机系统和空间监视设备。加拿大在北极的主力驻军是加拿大游骑兵，这是一支自给自足的轻装机动部队。

八、北约

由于欧洲方向的威胁正在减弱，北极和远北地区在北约战略中的地位也在下降。冰盖迅速融化带来的变化成为北极理事会和北约成员国之外多个国家关注的焦点。在这种情况下，北约需要认识到如何凭借其特有优势获取利益。北约国家尚未在北极和远北地区问题上达成共识，但盟友对加强北约在北大西洋地区作用的态度越来越坚决。英国通过北约和其他多国军事演习，维持在该地区的存在。

九、其他国际安全合作组织

由于北极理事会刻意排除军事安全议题，且对北约在北极地区的作用未达成共识，其他多边防务和安全合作组织可能成为军事合作的平台。两个国际组织与北极安全问题存在较高相关性，即"英国远征军联合部队"和"北方集团"。"英国远征军联合部队"是一支由英国领导的远征军，包括 9 个成员国，宗旨是建设一支反应快速、适应性强的部队，能够在世界各个角落迅速增援英国及其盟友的作战。"北方集团"是英国议员利亚姆·福克斯担任国防部长期间发起的倡议，重点是 11 个参与国的国防部长定期举行会晤。

北极和远北地区的军事活动正在增强，英国及盟友应密切关注俄罗斯在该地区的意图。很难相信，俄罗斯在北极地区部署军事力量仅出于防御目的。俄罗斯长期善于利用地区性军事优势获取政治利益。尽管北极仍然是紧张程度较低的地区，但这种状况可能很快发生变化，尤其是在俄罗斯意图改变基于规则的现有秩序的情况下。北约重新关注北大西洋的举动得到赞同。政府应制定战略规划，明确英国在北约之外的北极安全合作组织中应发挥的作用。

第四节　英国在远北的防御能力

一、海洋

英国应维持少量潜艇的作战能力。目前，核动力攻击潜艇的数量不够，英国至少需要 8 艘。有些潜艇搭载的平台定位是多功能性的，但仍未充分估计到极端天气条件对设备造成的压力，开发阶段也未经过充分测试。此外，操作和维护核潜艇的人员队伍也存在短缺。从总体上看，英国皇家海军需要进一步增加人手，满足对工作人员数量的需求。

从北极到北大西洋的海洋空间对英国的历史重要性早已确立，但几十年前诸多战略因素如今又重现。俄罗斯海军在不列颠群岛周围和大西洋入口处的活动越来越频繁，英国政府已经关注这一问题。此外，海底电缆易遭破坏，关键性数据传输和通信联络一旦被切断，将在短时间内造成混乱。俄罗斯海军在已知电缆线路附近的活动也愈加频繁。英国是否有足够的实力应对威胁？是否具备充分的冰下作战能力？目前，英国的冰下作战处于"低水平"状态，是否应着力发展该领域？政府应重新聚焦北极，将北极战斗力作为威慑实力的一部分，公众希望今后在该地区部署一艘或多艘航母。国防部应详细说明在北大西洋和远北地区的航母部署计划，包括训练和演习安排以及与盟友开展合作的可能性。

二、空中

反潜作战不仅需要水面舰艇和潜艇，还要定位和追踪在辽阔水域内频繁出现的潜艇，因此，空中反潜作战实力尤为重要。上议院北极委员会对《战略防务与安全评估（2015）》进行预评估时指出，缺乏海上巡逻机是严重的缺陷，将导致军事和搜救面临严重问题，必须立刻研究补充英国海上巡逻机。缺乏海上巡逻机将带来巨大损失，沉重打击英国反潜作战能力。加之，无法监视进入北大西洋的敌国潜艇，英国在苏格兰法斯兰克莱德海军基地的核威慑设施也面临安全风险。《战略防务与安全评估（2015）》宣布，英国将从美国购买9架波音P-8A"海神"反潜巡逻机，重建海上巡逻机队伍，预计P-8A服役时间为2019年。这一举措可以在一定程度上解决海上巡逻能力不足的问题，但不确定英国购买的数量能否满足需求。2016年，北约联合空中力量能力中心发布空中反潜作战报告指出，"冷战"结束后，所有盟友的反潜作战能力急剧下降。2017年，英国皇家空军恢复位于设得兰群岛萨哈·沃尔德的远程雷达中心，该中心曾于2006年关闭。国防部应确保空中平台拥有足够的航程和适应能力，满足在远北地区执行任务的要求。国防部还应提交证据，证明已对设备在寒冷天气和高纬度条件下的性能做过适当的测试。

三、陆地和滨海

英国继续加强在挪威北翼的军事力量，为此，英军极寒气候专家已入驻皇家海军陆战队。陆战队的专长是山地作战，配备具有山地和极寒条件下作战所需专业知识的教官和专家。三个陆战旅每年派出部队到挪威北部开展一系列演习，增强在极寒条件下的作战能力。但仍有很多问题制约当前和未来英军在极寒条件下的训练。

首先是资金问题。极寒条件下训练的范围和演习的计划周期受制于每个财年资金来源的稳定性。皇家海军正重建航母并维持核威慑力，整个海军都面临支出压力。国防预算压力和每年训练计划外支出分配制约着长期训练计划的制定和战略成效，削弱与盟友紧密合作的能力。国防部应研究制订更加灵活的多年极寒训练计划，而非制订年度计划。

其次，官僚主义阻挠极寒条件下的长期训练，财政紧张导致无法探讨中长期计划，越来越广泛地影响训练的开展。在极寒的远北地区作战，合适的衣物和设备非常重要。设备更换计划和资金更换安排均存在不确定性，新设备和未损坏设备的供应出现短缺。确定专业设备需求的过程漫长，手续烦琐。大多时候，官僚机构无法提供专业人员所需标准规范，导致设备更换过程更加漫长。

当前和未来，英国两栖作战实力十分重要。国防部在筹划未来的两栖作战时，需要考虑的关键因素是两栖作战与极寒训练之间的关系。如果英国两栖作战实力衰落，对北约的承诺也将难以兑现。

第二十三章 德国国家海洋技术总体规划

2018 年 11 月，德国经济事务和能源部发布新版《国家海洋技术总体规划》(以下简称为"《规划》")，根据全球海洋产业数字化、网络化进程和新业态发展趋势，对 2011 年版《规划》做了更新调整。这是 2014 年德国政府将海洋经济纳入国家高科技战略以及 2017 年通过"海洋议程 2025"以来出台的首部关于海洋产业技术的专项规划，旨在进一步提振德国海洋经济的全球竞争力与产业辨识度。

第一节 德国海洋产业发展目标和指导方针

一、《规划》的总体目标

第一，在综合性海洋政策的基础上将海洋视为经济空间，推动海洋的可持续发展，力求在所有海洋经济领域分支内，实现与环境、社会公平相匹配的增长，同时满足海洋、海洋物种和栖息地等多样化的保护需求。该可持续发展战略被视为欧洲委员会实现更多"蓝色增长"的长期综合目标。"蓝色增长"也是全球、欧盟以及许多国家的发展目标之一，涵盖了海洋政策框架的指导纲领以及海洋规划指导纲领的各项要求。

第二，为日益增长的海洋经济利用开发提供可持续发展和绿色方案，包括将海洋作为运输途径服务于能源、原材料和食品的获取。

第三，确定并推广现有及新兴海洋市场的新技术，并支持推动与市场需要相匹配的产品开发。

第四，在船舶制造业、海洋产品供应业以及海洋技术和海洋能源技术领域，维持并新增高端就业岗位。

第五，维护高端船舶制造，推进沿岸地区海洋技术的形成与发展，确保出口能力(系统技术、物流、航运路线)，开发未来海洋市场。

第六，维持德国制造大国地位，强化持续创新，并将其视为稳固世界市场地位的保障以及开拓新市场的前提条件。

所有依照技术政策制定的机制都将服务于以上目的。在与各市场参与者达成一致意见的前提下，针对各项新技术，制定以结果为导向的措施。

二、《规划》的指导方针和措施办法

第一，构造基础性政策条件，持续支持海洋技术产业，包括提高所有相关应用领域的公众辨识度和政治认知度。

第二，引导产业论坛，以便分析产业潜能，并确定必要的行动。

第三，加速海洋相关领域内各项科学研究与产业发展之间的技术转化。

第四，确定全新的、技术和发展相结合的未来发展主题，探讨可能的风险，并进一步分析相关主要市场、中期市场发展状况以及未来潜力。

第五，推进创新主题，为重要研究项目提供中长期设计，着眼于未来市场的发展，并考虑整合重要交叉技术课题，如数字化以及产业/海洋4.0等。

第六，开发指导性灯塔项目及其"最佳实践应用"。

第七，筹划和举办专家会议，以评估现状，并扩大论坛会议，促进国内外合作。同时，这些会议还将在国内外展示平台和创新交流场所的开发等层面上提供支持，例如协助参加国内外认知度很高的会议和博览会等。

第八，通过国家、国际标准化和技术法规支持创新驱动的监管发展。

第九，"跨界创新"，不仅要加强海洋产业内各参与成员之间的互联，还要加强与如IT和航空航天等其他技术领域的互联。

第二节　强劲的蓝色增长

海洋技术战略以国家和国际海洋产业增长趋势为导向，在传统海洋市场的船舶制造、海洋运输、港口和渔业等产业基础上，增加全球价值创造链中的"海洋化"元素。此背景下，在气候、自然以及环境可承受范围内的增长也是《规划》的核心行动指南之一。

近30年来，海洋经济的增长被打上多重时代烙印。究其原因，不仅有近30年来商品流动日益全球化的因素，也包括新兴经济体数量增长、国际间竞争加剧、气候变化愈发可见以及日渐增多的环境和安全因素。此外，还包括对能源需求的不断增加、能源转型重要性日益凸显、原材料短缺以及人口增长导致的粮食供应保障要求持续提高。以未来发展为导向的海洋经济拓展了生活和经济空间，导致了对新型资源和环境创新型海洋技术的需求显著增加。虽然这一需求可能出现间歇性中断，但其中期和长期的增长势头仍然良好。

海洋技术市场的短期和中期全球营收预计平均每年超过 3660 亿美元，其中包括供应商为船舶制造和其他海洋终端用户提供的船舶和直接服务的预期产值。如果预计增加的二级产值约为 1000 亿~1200 亿美元，则整体市场平均规模为 4750 亿美元。此数值不包括海洋技术市场的中长期预期。

德国将基于效率和长期环境兼容性的考虑致力于在气候和环境保护的基础上进行开采。海上可再生能源是能源转型的关键，可持续发展的养殖海产品占人类蛋白质供应的比重不断增加，并具有提供能源的潜力。替代性技术可以为此提供新的方案，并降低海洋制造产业对环境的影响，同时开辟新市场。良好的海洋环境也是海洋作为生活空间和休闲空间发展的先决条件。产业的国际化程度越来越高，增长势头强劲。这一点清楚地体现于邮轮行业在德国和欧洲的市场发展。为了实现国际气候保护目标，世界市场针对海运业，特别是 21 世纪中叶的国际海上运输业提出了低碳运行要求，这对本行业的技术变革提出了巨大的挑战，但同时也为德国高科技产业的发展带来巨大机遇。例如，在适当的条件下，德国海运业在欧洲发展推进基于绿色氢能概念的新能源气体转化技术，其中所用到的燃料全部是利用可再生资源进行电解生成的合成燃料。除此之外，还存在难以脱碳运行的领域，然而这些领域在交通运输业的发展中仍具有广阔应用前景。

人们对海洋技术和航运技术有着相当大的需求，这些技术必须在经济发展和生态保护方面发挥确切的作用，并符合国际标准。这些标准适用于各学科技术，包括特殊船只制造和用于驱动设备和装备的船只制造系统、发电、传感器、测量与环境工程、水下技术、民用海洋安全、港口技术、冰面与极地工程、过程与自动化工程、勘探与资源工程、产业/海洋 4.0、集成 IT 方案，等等。此外，还包括各种咨询和工程服务，各种研究学科和与海洋相关的职业。

第三节　强大的德国海洋经济

在德国，船舶制造、海上风能、材料、系统、部件和服务领域的海洋技术供应商中有多达1350家拥有海洋产业优质资质证书，总计雇用了超过12.5万名员工，分布在各个联邦州。向海洋经济提供服务的公司总数超过2700家，其中大多数是中小型企业，员工少于250人。

德国海洋产业（包括港口和航运等服务领域）的年销售额估计超过550亿欧元，就业人数约为40万人。因此，与其他高科技产业相比，海洋产业不仅处于同一水平，而且是诸多未来发展的增长要素及源动力。在船舶制造业的价值创造链中，具备一级、二级资质的供应商以及拥有出口资格的船舶制造厂在该行业贡献了超过230亿欧元的年产值。这使得德国的船舶制造业能够位列韩国、中国、美国和日本之后，全球排名第五。若不考虑船舶制造业的海运供应服务出口数据，德国则和挪威位列韩国之后，并列第二名。在2008年金融危机之后，德国海运业总体恢复好于欧洲平均水平，其销售额比2005年高出约18%。德国在海洋科学技术方面拥有良好产业基础和科学储备，德国的海洋研究和开发项目超过750个，发展势头良好。

2016年版的《海洋研究地图》概述了德国海洋研究项目。得益于传统强大的机械工程、电气工程、基础科学以及信息和通信技术，德国公司为海洋应用提供各种多功能、高性能的技术产品，该产业已为许多技术学科的发展提供了优质的方案和理念。德国企业凭借其综合实力，在全球市场中占据领先地位。随着高技术要求的海洋产业的发展，高技能岗位在未来市场中将具有重要战略意义。海洋产业依托联邦政府的一系列创新支持政策形成了以下优势条件：系统、组件和材料关键技术的可用性；使船舶制造厂成为各种技术创新的系统集成商；拥有丰富专业知识的海洋产业的配套供应行业；产品服务可靠性；环保方案；国际上公认的研究权威性；部分西方市场的世界领导地位；强大的出口能力和增长潜力。

第四节　德国重点发展的技术项目

一、主要任务

第一，能源转型规划，发展海上风能产业链，开发海洋其他可再生能源，包括海上风电场的建设、维护、监测、运营和拆除技术。

第二，绿色航运规划，提高能源效率，推进替代燃料转型，如氢能技术，在 21 世纪中叶前为消除海运中的温室气体做出贡献。

第三，建立技术开发框架，以便加强民用海洋安全，例如在海洋基础设施建设、物流和环境监测领域。

第四，为有益于经济和环境发展的深海矿产勘探技术开发创造先决条件。

第五，作为系统集成商支持创新型船舶制造。

第六，增强海运系统行业和服务供应商在国际价值创造链中的定位，除船舶制造业外，该要求也适用于海上可再生能源、海上石油和天然气、港口系统和其他海运市场。

第七，产业/海洋 4.0，改造生产和价值创造链，创新生产方法。

第八，开发水下技术(包括自主海洋系统)和冰雪以及极地技术领域的未来科技。

第九，促进从其他行业向海洋市场的技术转移("跨行业创新")。

第十，通过有针对性的制造业教育和培训政策来保持效率。

第十一，确定和支持海洋研究与监测的创新和技术需求，也作为水下技术或冰雪和极地工程的一部分。

第十二，构建更多的国际伙伴关系，将其纳入技术参与战略的考量范围。

二、核心主题

(一)可再生能源——海上风能

1. 背景

海上风能是能源转型的重要支柱产业，是德国重要的经济增长推动因素。在开发和建立新型海上风能技术的过程中，传统的海洋经济也为此做出了重要贡献。海上风电场的扩建和运营以及与陆上电网的连接都需要继续研发和建造高性能、创新型、结构复杂的专业船舶以及基础设施和平台。未来，必须支持更多有助于降低成本的措施。此外，还需要依靠创新的技术方案，采取措施加速海上风电场电网连接的实现。为了增强竞争力，需要对各类创新型电网连接方案和风力发电设备进行大规模测试，以实现低成本运营。海上风电场的扩建进度取决于额外电力集成到电网和能源系统的情况，因此必须持续推进陆地电网的优化规划和扩建。

2. 目标

（1）开发着眼于未来的方案，明确新型环保风电机组的建设要求（基础设施、支撑结构、机械和发动机舱、转子、浮动设施），着手未来系统建设，提出实施精简设备的方案。

（2）优化海上风电行业与海洋产业之间不间断的网络连接。

（3）持续推进海洋经济与海岸风能互联工作组之间的合作。

（4）明确和发挥技术及物流领域的潜力以降低成本。

（5）在加速和降低成本方面，提出维护技术和创新型电网连接的方案。

（6）扩建陆地电网，提高现有电网利用率，并充分利用部门间合作机会。

（7）为发掘德国特种船舶制造业潜力创造条件，如特种船舶的建设、运营和维护。

（8）为海上风能提供港口服务项目。

（9）通过新海上风力涡轮机测试和创新电网连接来增强创新能力。

（10）创建包括医疗保障在内的国际标准化框架条件，以便部署专业人员。

（二）民事海洋安全技术

1. 背景

民事海洋安全技术特指关键基础设施的维护，如海洋运输航线、港口和大型装置的保护，近海设施、海上交通的监控和保障，以及对外贸来说尤为重要的全程物流。在通过高效环保技术解决海上安全问题上，德国有机会发展成为标杆性市场。政府的主要任务是创造必要的条件，公示其安全行业的可持续发展政策方向（包括民事海洋安全），以支持其发展，保证其业绩和竞争力的不断增强。为此，联邦政府于2016年12月21日出台相关文件，提出了关于加强德国民事安全工业的关键性战略。

2. 目标

（1）进一步发展海洋基础设施和大型海域自主监测，强化海陆综合交通管制，提供海洋安全服务，进行海洋环境监测和供应链管理。

（2）加强与德国航空航天中心的合作。

（3）支持国际合作，开发展示平台作为集成方案的一环，助力制定新技术标准。

（三）深海矿业

1. 背景

作为一个工业国家，德国重要金属原料很大程度上依赖进口。目前未开发的资源包括国际水域的海洋矿物资源，未来可能作为原材料为德国经济做出额外贡献。深海矿产勘探的重要基础是满足国际海底管理局对无害环境下的深海矿产勘探的要求以及掌握处理原材料（如锰结核）的环保技术。德国自 2006 年以来持有在太平洋锰结核的勘探许可证，自 2015 年以来持有国际海底管理局颁发的、允许在印度洋勘探块状硫化物的第二份许可证。此外，海洋技术以及工业水下技术对于深海矿产勘探也是重要的课题，它们为德国机械工程行业，特别是中小企业提供了巨大的创新空间与潜力。此外，创新潜力还源于该领域内环保战略的重要性，由于这些特殊要求，德国企业凭借他们的相关技术优势获得了极高的关注度，成为德国企业进入国际市场的重要助力。自 2014 年 4 月以来，在《规划》框架下成立的工作团体——深海矿产勘探联合会作为一个共同的工业平台，为各个企业在政治、商业和社会方面的利益提供保障和支持。

2. 目标

（1）评估采矿潜力和所需处理技术、功能及其对环境的影响。

（2）支持德国在两个勘探许可区域的行动，包括为其提供用于必要科学监测的公共资金。

（3）对高科技原材料的需求日益增长，在此背景下，联邦政府希望与相关行业合作支持深海海底矿产勘探的研究和开发项目，以及各类创新型采矿试验。

（4）包括在延长期内也使用环保型技术方案，遵照国际海事局的相关要求，以技术为先导，环保、科学地利用两个德国勘探许可证。

（5）在深海开采的国际合作框架内，通过现有的国际合作机制，创造新的组合（如与法国、挪威、比利时、东欧），还包括准备和实施相关技术双边测试。

（6）继续深度支持国际海底管理局开采法规的强制性制定，其中包括严苛环保法规的深化，以及确立未来深海矿产勘探的各项临界值。

（7）进行勘探、开采锰结核及块状硫化物创新和环保技术的开发和商业化运作。

（8）加强研究工作，为锰结核和块状硫化物零废料开发提供方案，特别是关注相关科学技术合作项目。

（9）审查德国深海矿产勘探综合战略的发展，包括技术、经济和环境方面的所有要求。

（10）维持德国在修订、实施和监管相关国际标准方面的重要地位，这些国际标准包含了针对未来商业项目的环保法规。这要求德国积极参与国际海底管理局的现有各类活动，这些活动由《联合国海洋法公约》规定。

（四）创新型特殊船舶制造

1. 背景

在将海洋作为经济领域不断开发的过程中，客船、近海特种船舶和各种海洋工程在海洋经济领域变得越来越重要。对德国和欧洲船舶制造业具有重要意义的游轮目前有着极其强劲的市场需求。对于运输和内河航道来说，船舶技术要求越来越高，以便适应世界航运业的结构性变化。对"系统技术复杂性和集中性"的掌控以及与环境相适应的设计和新技术研发都持续对作为系统集成商的船舶制造厂以及海洋系统工程行业带来了更大的挑战。

2. 目标

（1）在考虑环境兼容性的前提下，在轻质结构、系统集成以及能效方面研发新型技术方案。

（2）在成本效益、环境兼容性、船舶技术安全、河流适应性以及自动和（部分）自主技术（船舶4.0、LH2/电子船舶、适应河流的内陆船舶等）基础上为未来船舶和海上平台提供开发设计服务。

（3）提高船厂的系统工程施工能力，进一步加强集成商与系统技术创新者和供应商的进一步整合（价值创造链的垂直整合）。

（4）加速制定和实施监管框架并批准创新方案。

（五）"绿色航运"

1. 背景

就单位运输环节来看，海运是最环保和最节能的方式。但是，必须进一步减少因航运量增加而对环境和气候造成的负担。"绿色航运"旨在最大限度地减少污染物排放，严格控制海上交通的温室气体产生。由于国际涉海组织的条例制定工作进展缓慢，急需尽快采取措施，进一步在船运过程中减少温室气体和空气污染物的排放，以实现国际气候变化目标，协助空气污染控制。然而，航运公司存在运营上的问题，这使得投资环保型技术和运营变得更加困难。可以预见，未来在没有强制性法规的情况下，只有相当少的用户会主动通过改进航运来减少排放，保障其产品服务产生更少的环境影响。欧洲和国际社会应采取高要求、高约束力的环境和气候保护措施，引入经济激励机制，积极推进替代能源和陆地电力供给的发展建设，完善配套的基础设施。让新型环保驱动技术、减排系统、港口的替代能源供应系统以及替代燃料成为发展中的重要竞争因素。在此背景下，行业首创的"海洋能源变革"发挥了特殊作用，通过引进新的燃料和推进系统，对减少温室气体和有害气体的排放起到了显著作用。得益于部门协作，电力燃料的使用将成为关键因素，以实现海运中的气候目标。为此，必须对燃料排放建立适当的监管框架，尤其是在欧洲层面上针对可再生能源政策的修订。

2. 目标

（1）为实现联邦政府的气候和环境保护目标做出贡献。

（2）为受船舶排放影响的港口空气污染控制做出贡献。

（3）根据《巴黎协定》和欧盟及国际环境标准，为国际海运创建具有约束力的气候目标。

（4）通过蓝色天使环保标识对海船，特别是国家扶持的海船和官方船只进行认证。

（5）增加可持续发展电力燃料和气候平衡燃料的使用，并根据需要发展基础设施，包括陆地电力供给。

（6）提高船舶运输中的能源效率，严格减少海上温室气体排放，实现到21世纪中叶海上运输的温室气体平衡。

（7）支持相关利益者互联，特别是移动服务客户的互联，以增加对气候和环境友好型船队的支持。

（六）海上石油和天然气

1. 背景

目前，海上石油和天然气在燃料供应方面发挥着重要作用。如今大部分石油和天然气供给源于海洋，且深海生产的份额在不断增加。因此，水下生产理念变得越来越重要。德国公司在该项特殊技术领域是强有力的市场参与者，但这一点还需要在排除德国国内市场需求的情况下，通过自身技术实力来验证。

近海经济目前受到全球石油和天然气产业发展瓶颈的严重影响。因此，国际上该领域的优势公司正在推动有针对性的能源开发，以提高效率，降低成本，在这方面数字化和产业技术发挥着关键作用。鉴于德国公司在这些技术领域的领先地位，国际用户和竞争对手都会集中关注德国公司的表现。我们的目标是促进德国能源产业的国际合作，在德国能源转型和国际气候目标的背景下，使石油和天然气技术更具有环保和节能性。这也为德国海运业提供了重要的市场机遇。

2. 目标

（1）保持德国在海上石油和天然气行业的领先地位以及国际贸易博览会上的影响力。

（2）重要出口市场的政策支持，例如，国际博览会和其他活动包括代表团的高层互访和政策交流。

（3）与国际 IT 系统集成商及信息技术供应商进行合作。

（4）积极进行监督以及国际标准化的统一。

（5）改善德国供应商的行业形象和全球市场影响力。

（6）促进国际技术合作。

（7）确定和支持研发无公害的近海石油和天然气技术。

（8）研发无公害海上石油和天然气平台的精简理念及相关技术。

（9）为可持续性水下生产提供创新方案。

（七）海港应用技术

1. 背景

港口未来的发展需要在建设、运营和维护方面进行进一步创新和研究。港口系统的进一步发展涉及许多不同的领域。人工智能未来将为优化整个供应链和端口输出流程带来重要帮助。材料研究可以促进材料和制造工艺的发展，例如对货物和垫料的包装。如果将传感技术、机器人技术和材料处理技术相结合，可以使超限货物安全进行包装并以自动方式装载。具体到相关设施建造方面，如水利设施的研究可以降低水文区域相关基础设施建设成本。《规划》有助于创建活动框架，使得该项技术的市场化在德国系统集成制造商和国际港口系统集成商中高效进行。

2. 目标

(1)技术开发人员和供应商的互联，将技术多方面利用，包括非海洋产业。

(2)针对出口供应商和国际港口开发商进行港口供应系统的改进、发展和能力提升。

(3)为港口和水利工程的建设、运营和维护创造进一步发展的条件。

(八)产业/海洋 4.0

1. 背景

海洋产业正在经历一个转型过程，其特点是整个价值创造链的数字化程度不断提高。这一发展给相关各方带来了巨大挑战，同时为海洋产业挖掘了相当大的新潜力，由此开发、生产和船舶运营的流程效率有望显著提高。实时数据的收集和结合(如天气数据、导航数据、船舶操作数据或船舶货物数据)是开发系列创新技术的基础，有助于优化海运中的导航系统，并提高安全性。而生产和物流的网络共通以及数字周期管理则开辟了全新的业务领域。

及时建立德国核心竞争力会带来显著的竞争优势。产业/海洋 4.0 平台是一个用于德国国内和国际数字化转型活动的跨行业网络，汇集了来自商界、科学界及其他社会各界的参与者。为了强化宣传"产业/海洋 4.0"这一主题，需要实施行业数字化战略。

2. 目标

(1)开发产业/海洋 4.0，同时促进生产技术的进步。

(2)区分工程、自动化制造、供应链集成、售后服务等应用领域，从不同子学科中选择"同类最佳产品"。

（3）加强仪表与控制系统数字化技术的"海洋应用"，如大数据、通信技术、微控制器和处理器、传感器、电子射频识别和人机界面等。

（4）通过与航空航天和汽车工业等部门的密切合作，加强"跨领域创新"措施，以最大化发挥协同潜力，特别是在自动系统、传感器和实时服务领域。

（5）改进海洋应用网络安全理念。

（6）根据范围进行技术配置和组织调整。

（7）为海洋经济配置专门的产业/海洋4.0方案。

（8）提升此类新技术研发的接受度并扩大其应用范围。

（9）在数字化过程中进一步强化法律框架。

（10）加大（海上）标准和规范的落实力度，以便更好地实现数字化的数据交换。

（11）将该主题纳入相关研究计划。

（九）工业水下技术

1. 背景

工业水下技术范围广泛，主要包含了近海经济和海洋经济领域中主要工业应用市场的各类技术、工艺、服务、产品和系统，以用于研究开发及利用。在海上和海洋工程领域，水下技术常作为横向技术应用于多种海洋技术领域。未来几年，海上建筑的建造、维护、监控和拆除技术将变得愈发重要。水下设施在安全性、可靠性和环境兼容性方面，需要达到极高的标准。德国公司在此领域拥有先进技术。同时，还须考虑增加对噪声排放的限制，以保护海洋生物。

2. 目标

（1）降低维护及操作期间的事故风险。

（2）改进技术方案，以降低维护频率，方案还用于远程诊断和减少对环境的影响。

（3）将系统价格降低到适于销售的水平。

（4）实现行业内部更深层次的互联。

（5）扩大德国在主要国际贸易博览会上的影响力。

（6）更紧密地联系德国水下技术企业，加强生产和研究之间的互联。

（7）扩展德国水下技术及相关服务，提升科研地位，研发可持续的环保方案。

（8）专家进一步重点讨论应用市场问题，如海上风电、近海石油和天然气以及未来市场问题，如深海矿产勘探。

（9）完成工业水下技术方面的报告，包括制定产业应用技术发展路线，提出强制性环境标准。

（10）德国水下技术公司之间以及与其他主要市场（近海石油和天然气、海上风电、冰雪和极地技术、深海矿产勘探、海洋等可再生能源）核心工业企业间的互联。

（11）研发具有市场竞争力的技术集成方案。

（12）研究消除或减少水下噪声的措施。

（十）冰雪和极地技术

1. 背景

德国极地技术在全球起着主导作用。特别是在破冰船建造、破冰船和海上结构设计工程服务及设施的模型试验方面尤为凸出。极地技术是一种重要的剖面技术，广泛应用于海上石油和天然气（包括液化天然气）、船舶制造、船舶供应、海洋基础设施、民用海洋安全和海洋测量以及环境保护相关技术中。在极地敏感特殊的环境下，必须确保该技术的环保性。与此同时，该技术保障了德国海洋产业的强势竞争力。

2. 目标

（1）加强德国企业和机构在冰雪和极地技术方面的互联，特别是启动联合项目，如建立数据库。

（2）通过与德国北极办事处协调，实施《规划》相关活动，支持德国参与北极理事会活动。

（3）监督欧盟北极战略的实施。

（4）在冰雪和极地工程工业研究项目中更多地利用德国和欧洲的资金资助。

（5）建立、更新和扩展《规划》关于冰雪和极地技术状况报告，做好海上石油和天然气、液化天然气、特种船舶制造和北极航运等主要应用市场的详细市场分析。

(6)在拥有主导地位的国际博览会和行业大会上扩大德国在极地技术方面的影响力。

(7)寻求与北极圈邻国之间合作的可能性以及政策支持。

第五节　德国海洋技术战略产业布局

一、内部协调和网络管理

联邦经济事务和能源部(BMWi)已成立《规划》事务部，以协调部署《规划》下的海洋技术战略任务。在行业协会和沿海国家的参与者日益密切的基础上，近年来利益相关者之间的合作得到大大加强。在相关各方的参与下，该事务部负责协调海洋技术战略下正在进行的所有活动，特别是与海洋行业协会的合作以及 BMWi 与其他部委和参与的联邦州之间的协调工作。此外，事务部与 BMWi 一起组织了具有国际水平的专业活动，如举办说明会、更新《规划》网站以及通过媒体进行针对贸易领域的报道。

二、产业可持续发展

《规划》将在 2017 年联邦内阁通过的"海洋议程 2025"框架下进行更新和补充。它是一个动态的工具，与协会、联邦政府部门和联邦政府等重要参与者密切合作，以适应不断变化的外部条件。合作内容具体包括对所采取的措施和为划定目标进行持续的审查和评估以及重新规划调整相关重点工作。为配合《规划》的不断更新以及海洋产业自身的定位，《规划》事务部分析、选定业务领域并评估其市场潜力。

三、产业国际化发展

德国并不是欧洲唯一对海洋经济的重要性及其未来潜力进行正面评估的国家。除了能源和运输政策目标外，欧洲还想实现诸如欧盟蓝色增长的战略目标，即可持续发展战略以及支持所有海洋和海运业中能够兼顾环境和社会的增长目标。海洋作为运输途径、能源和原料开采的工业场、栖息地等提供了巨大的创新和增长潜力，是欧洲经济的引擎，但同时也要考虑海洋保护方面的需求。

　　根据欧洲委员会的统计，欧洲的"蓝色经济"雇用员工 350 万人，每年创造的总价值约为 1780 亿欧元。欧盟蓝色增长战略在结合海洋政策的基础上对实现"欧洲 2020"的战略目标、可持续和包容性增长目标做出了应有贡献。

　　海洋技术政策的实施需要不断强化与欧盟总部的联系，以便在兼顾制造业利益的前提下能参与欧盟海洋政策的推进。具体包括，更加频繁地协调欧盟意见，最终成立海洋利益共同体组织，如计划委员会。该委员会将定期报告欧洲委员会在海洋经济领域的相关活动。

四、加强海洋新型研究工具的开发

　　研发高质量的、资源节约型和驱动市场的海洋技术是在可持续发展和保护环境前提下，利用海洋为经济和生活创造价值的重要先决条件。在政策研究方面，海洋技术战略应强调研究和开发工具的必要性。重要的是发展和加强海洋技术，使其在联邦政府高科技战略中占有核心地位。只有通过推广尖端技术，才能在苛刻的外围条件下，如恶劣的天气条件和极度深水情况下，在环保的基础上高效利用海洋资源。

　　在此背景下，《规划》承担了为核心产业制定中长期海洋技术战略的任务，并不断更新这些战略。以这种方式确定的优先事项应纳入现有支持范围，以此作为支持工具的设计参考，旨在制定与社会利益相匹配的海洋创新战略。《规划》的目标是制定确保符合海洋产业要求及其经济意义的计划。联邦政府通过各种手段，加强部门间协调，对设计进行补充以及扩大使用环保型方案。欧洲的资助计划，特别包括框架计划在内的第 9 次准备计划，将纳入本计划。

第二十四章　日本海洋基本计划

2018 年 5 月，日本综合海洋政策本部正式发布第三期《海洋基本计划》（以下简称"《计划》"），作为今后 5 年日本海洋事业发展的政策大纲。《计划》是依据 2007 年出台的《海洋基本法》的规定制订的综合性海洋事业发展计划，涉及日本海洋事务发展的众多领域，是日本推进"海洋立国"战略最具体的政策和措施。自 2008 年首份计划发布以来，经过 10 年的发展和调整，新一期的《计划》较之前作出了重大改变，标志着日本海洋战略的转型。

第一节　回顾与展望

一、《海洋基本法》实施 10 年回顾

2007 年 7 月，日本颁布《海洋基本法》，旨在全面系统地推动与海洋有关的各种措施，以实现"海洋立国"的目标。2008 年 3 月、2013 年 4 月，日本相继颁布第一、第二期《海洋基本计划》。在第一期计划实施期间，日本向大陆架界限委员会提交了外大陆架划界申请，制定了《处罚和应对海盗行为法》《为促进对专属经济区及大陆架的保护和利用而颁布的关于保护低潮线和建设基地设施的法律施行规则》等海洋相关法律法规；发布《海洋能源和矿物资源开发计划》，通过《日本海洋保护区设立的方式》，开始运行"海洋信息交换共享"平台等，扎实推进各项政策措施。在第二期计划实施阶段，修订了《海洋能源和矿产资源开发计划》，根据《有人国境离岛区域保全以及特定有人国境离岛区域社会维护特别处置法》实施国境离岛命名，开展国境离岛无主地的国有化财产登记，执行《促进使用海洋可再生能源发电设施法》内阁决定，制定"关于旨在加强海洋管理的离岛安全和管理的基本方针""日本的北极政策""强化日本海域感知能力行动"等各项推进政策措施。

二、近期形势发展情况

(一)海洋安全保障

日本周边海域的情势愈发严峻,外国船只在日本领海活动的次数增加、活动范围扩大。加之,从日本到中东、欧洲、澳大利亚以及美洲大陆的重要航线面临威胁。

(二)海洋产业利用

近年来,人们对新的海洋资源开发和海洋能源开发利用的期待日益高涨。日本的海运业却处在油价低迷、船舶吨位过剩的严峻环境中。全球水产品需求高涨的同时,水产资源却在减少。

(三)海洋环境保护

随着气候变化和海洋酸化,海洋生物多样性保护与可持续利用、海洋垃圾等问题日渐显现,国内外对海洋环境保护问题较以前更为关心。为解决这些全球性问题,需要推动以联合国为首的国际机制。

(四)海洋人才培养和增进国民理解

人口减少、少子老龄化和全球化等因素对海洋人才的培养带来重大影响。而且,最近人们海水浴、海洋休闲活动减少,出现了"国民远离海洋"的趋势。

(五)充实科学知识、北极政策以及国际合作

国际社会对基于海洋观测充实科学知识的必要性达成了共识。关于北极地区,近年随着海冰的迅速减少,对北极环境变化等全球性问题的应对,以及北极航道利用和资源开发的可能性吸引了全世界的目光。

三、日本的应对

(一)海洋安全保障

日本与各国紧密协作,确保航行与飞越自由和安全、依据国际法解决

争端、支持以"法治"为基本规则的国际秩序。对于维持和发展"开放与安定的海洋"，日本发挥了主导作用。强化海上安保体制，完善和平安全法制，在各种事态发生之际，可以迅速应对。盟友在通过国际合作防止威胁出现的同时，加强日美两国的威慑力和应对能力。此外，为防备海洋灾害，推进多重防护的海洋防灾地区建设。

（二）海洋产业利用

在海运、造船、船舶工业、海洋工程、信息通信等支撑海洋开发的产业及海上运输节点港口，努力加强国际竞争力。对于海洋资源和矿产资源的开发，推进海水热液矿床的发现工作和烷烃水化物的生产试验。为推动海上风力发电，通过 2016 年 7 月实施的港口法修正案，除引入占有使用公开募集制度之外，推进港口法修订及一般海域的使用规则制度化工作。此外，还推进强化国际水产资源管理。

（三）海洋环境保护

内阁决议通过《生物多样性国家战略（2012—2020）》、"气候变化影响适应计划"，推进海洋环境保护工作。

（四）海洋人才培养和增进国民理解

在 2017 年的中小学学习指导纲要中，充实了日本海洋领土教学内容，还将在全国开展海洋教育，通过产、官、学合作建立国际网络，培养引领海洋产业发展的战略人才。通过"海之日""海洋月"等活动唤起国民对海洋的理解和关心。

（五）充实科学知识，推进北极政策以及国际协调与合作

推进研究开发和海洋调查，以此支持海洋资源开发和应对气候变化等全球性问题。关于北极政策，充分利用日本强大的科学技术，以研究开发、国际合作、可持续利用 3 个领域为中心，推进各项工作。此外，在各领域推进海洋立国目标相关工作，利用国际会议，向国际社会传递"法治"的重要性，在新的框架和规则形成方面发挥主导作用。

四、推进海洋政策相应的政府体制

有关充实科学知识，由具有专门知识和权限的部门来采取具体措施，政府在此基础上制定综合政策。综合海洋政策本部应与负责实际工作的综合海洋政策推进事务局作为一个整体，发挥政府"司令部"的作用。各部门应制定海洋政策实施流程表，并引进实施情况评估机制。应以更加易懂的方式向国民发布政策信息。

第二节　海洋政策的主旨

一、今后 10 年海洋政策的理念与方向

(一)海洋政策的理念

(1)自由、民主主义、尊重基本人权以及法治是实现世界和平、安全与繁荣的基础，日本应为创造良好形势和环境付诸努力。日本通过海运贸易和海洋资源开发实现经济增长，成为"稳定开放的海洋国家"。日本通过自身力量保卫本国和平与安全的同时，在"自由开放的印太战略"下，努力为世界和平与安定做贡献。

(2)在人口日益减少的情况下，确保日本国力的可持续性。为此，应重视海洋权益的重要性，最大限度地利用海洋的富饶资源与潜力。技术能力将会成为海洋产业国际竞争力的源泉。

(3)海洋是人类的共同财产，为使子孙后代继承美丽富饶的海洋，日本应在环境保护领域发挥领导作用，通过培育海洋产业，整体性推进全球海洋可持续开发利用和环境保护。

(4)日本将进一步发挥科学技术优势，通过发展海洋资源开发技术、环境保护技术、海洋净化技术、调查观测技术来提高其在海洋领域的便利性和实用性。日本必须要在北冰洋和深海占据主导地位，开发海洋的未知领域，为人类进步做贡献。

(5)所有日本公民应当充分享有亲近海洋、享用海洋的机会。推动海洋政策实施的最基本要素是得到国民的理解。因此，必须确保每个公民都能够准确认识海洋的重要性、利益和威胁。

(二)海洋政策的方向

(1)走向开放安定的海洋，保护国家和人民。根据海洋安保情势及日本海洋权益的扩大，将海洋安保政策与强化海洋安保的基本政策措施结合起来融为一体，形成"综合海洋安全保障"。

(2)依海富国，让子孙后代继承富饶海洋。通过振兴海洋产业、促进海洋产业利用，实现海洋可持续开发，并与海洋环境保护相结合，有效推进政策实施。谨守海洋综合管理理念，以期实现海洋可持续开发利用和海洋环境保护相协调的新海洋政策。

(3)挑战未知海洋，提高技术，了解海洋。强化深海等未知海域的研究，创造人类知识财富并提升国家重点战略科学技术能力，资助推进创造新领域的研究开发。最大限度利用日本拥有的科学技术知识，为解决海洋自然灾害和气候变化等全球性问题持续努力。通过科技应用，维持和强化海洋观测网络，切实掌握海洋情况，据此主导世界海洋科学领域，为国际社会做出贡献。

(4)先发制人，倡导和平，成为海洋世界的主宰。应对情势变化，创造对日本友好的环境作为开展国际协调和国际合作的目标。在新的框架和规则形成过程中，日本将倡导"海洋法治"和"基于科学知识实施政策"作为国际社会的普遍标准。

(5)培养海洋人才。培养并确保支撑海洋立国目标的人才，加强学校的海洋教育。扩大国民接触海洋的机会，使国民能够及时了解海洋政策的内容与实施情况、海洋产业的重要性、科学技术的意义及海洋遗产和传统文化的魅力。

二、综合海洋安全保障的基本方针

(一)海洋安全保障

国际社会当前处于全球化进程中，仅凭一国之力无法守卫和平和安全，这种趋势在海洋领域更加显著。日本应积极协调国际社会，确保日本的海洋权益长久稳定，且形成有益于日本和国际社会和平安定的海洋秩序。在"国家安全保障战略"中，对涉及海洋的安全保障政策措施进行汇总，将其作为"综合海洋安全保障"的核心内容，推进各项政策措施。另外，与相关国家协作，推动"印太战略"。

(二)强化海洋安全保障的基础

1. 强化海洋安全保障基础政策

(1)"海域感知"下的信息收集和整合，对海洋安全威胁的早期察觉和掌握十分重要，今后将建立海域感知系统作为计划的重点工作。

(2)保护和管理国境离岛是保护日本海域的重要政策措施，也是此次计划的重点工作。

(3)海洋调查与海洋观测在海洋安保领域具有多种用途，有益于加强海洋安保。

(4)促进科学技术进步不仅直接关系到海洋产业振兴，而且作为海洋安保相关领域的基础也具有重要意义。

(5)让国民认识海洋活动是在确保海洋安全保障的基础上开展的，培养具有海洋安保理念的人才是为强化海洋安全保障做贡献。

2. 海洋安全保障补充政策

(1)推进日本专属经济区的海洋资源利用，对确保日本能源与矿物资源稳定供给十分重要。

(2)确保海上运输体制、加强商队的国际竞争力、建设和经营日本重要航道沿线国家的港口基础设施、完善日本的港口功能，这些对保障日本经济安全十分重要。

(3)切实实施海洋环境保护，应与向国内外展示日本的海域管理能力结合起来。

三、海洋政策的基本方针

(一)促进海洋产业利用

(1)将整体推进海运、渔业、资源开发等海洋经济活动作为"促进海洋产业利用"政策的基本方针。

(2)促进海洋能源和资源开发，实现"商业化"。

(3)大力推进提高和运用信息通信、环境、物联网等先进技术，加强海洋产业的国际竞争力。

（4）探索利用海洋产业新领域，扩大海洋经济活动。通过海洋能源的开发实现新的经济振兴。

（5）确保国内外海运，完善海上运输支点，提升国际竞争力。

（6）妥善管理渔业资源，促进渔业发展，建立收入改善和年龄平衡的渔业从业结构。

（二）维护海洋环境

（1）在可持续发展目标等国际框架下保护海洋环境。推动建立海洋保护区、保护脆弱的生态系统、防止海洋污染、采取海洋垃圾对策、应对气候变化等。同时，将基于科学知识实现海洋可持续开发利用与保护作为日本的基本理念体现出来，要对保护海洋环境做出积极贡献。

（2）在保护海洋环境的前提下，享受海洋的恩惠。在利益相关方的配合下，开展陆海统筹的综合性管理。对于封闭性海域，在保护水质的同时，要有意识地保护自然景观和文化景观，保证水产资源的可持续利用。

（三）充实科学知识

（1）推进海洋科学技术研究和开发。海洋科学技术作为国家战略性的重点科学技术具有多重意义，应立足长远，持续强化相关工作。同时，推进开放创新工作，将从海洋科学领域研究开发获得的知识、技术、成果返还给社会。

（2）维持和加强海洋调查、观测和监测。将日本已经建立的海洋观测网作为重要的资产进行维持和强化。在此基础上，建立先进的观测系统，推动相关技术开发，加强海洋信息的获取并实施统一管理。与此同时，要在观测技术的国际标准制定中发挥领导作用。

（3）海洋与宇宙的对接以及实现"社会 5.0"的研究开发。通过利用宇宙，更为广泛地充实海洋科学知识，进行海洋观测并掌握船舶航行状况，推动海洋卫星信息的利用。为实现"社会 5.0"，要继续完善和利用海洋大数据，推动气候及海洋变化预测的相关研究开发。

（四）推动北极政策

通过北极观测和研究活动促进全球性问题的解决，从而提升日本的存在感。积极参与国际规则的制定，加强国际合作，创造有利于日本国家利益的国际环境。科学技术是日本主导北极政策最为强有力的手段，也是参与国际规则制定、推动国际合作极为重要的手段。因此，应优先考虑科学技术的研发、国际合作和可持续利用，切实认识到北极的潜力以及生态环境的脆弱性，尊重北极地区原住民传统社会经济基础的延续性。

(五)国际协调与合作

在海洋领域主导国际规则的制定。尊重以《联合国海洋法公约》为中心的国际规则，享受这些规则赋予的海洋权利。基于"法治"，维护"自由开放的"海洋秩序。要与日本重要航道的沿线国家加强合作，对国际共识的形成发挥主导作用。主张依据国际规则处理海洋争端和利益冲突。不仅将"海洋法治"和"基于科学知识实施政策"作为日本的国内原则，还应通过向国际社会呼吁将此作为整体和普遍的标准，从而实现日本的国家利益。

(六)培养海洋人才和增进理解

加强儿童和青少年的海洋教育。在各教育阶段，加深有关国土和产业、气候科学、日本历史与海洋关系的理解。推动海洋体验活动，在亲近海洋的过程中，让人们认识到海洋产业的必要性和重要性。培养并确保支撑海洋立国的专业人才。有志青年在海洋相关高校、高专和大学进修，可确保美好的就业前景。充分利用世界范围内的技术和人才，在世界网络中积累技术和经济信息。在技术研发和人才培养方面制订中长期计划。另外，增进国民对海洋的理解。广泛宣传外向型海洋国家观、丰富"海之日"宣传活动、扩大国民接触海洋的机会，让国民切身感受海洋。

第三节　海洋政策与措施

一、海洋安全保障

(一)确保日本管辖海域内的国家利益

(1)提高自身威慑能力和海上执法能力；

（2）通过外交努力确保主权和海洋利益；

（3）与盟友、友好国家加强合作；

（4）建立情报收集、分析、共享系统；

（5）确保海洋交通安全；

（6）采取措施预防海洋灾害。

（二）确保日本重要航道的稳定使用

（1）与重要航道沿线国家建立合作关系，提高海上执法能力，支援沿线国的能力建设，抓住机会使海上自卫队的舰艇在沿线国停港以及派遣巡逻船；

（2）提高沿线国以及相关国家的海洋信息收集能力，建立海洋监视信息框架；

（3）与盟友和友好国家合作，包括能力建设、共同训练演习、防卫装备和技术合作。

（三）强化国际海洋秩序

（1）通过七国集团、东亚峰会等国际框架，与相关国家和组织开展合作，确保日本在涉海国际组织中的地位和人数。通过这样的外交努力，实现海洋"法治"。

（2）政府战略性宣传日本立场，争取国际社会的理解与支持。

（3）维护"自由开放的海洋"，开展双边和多边各级别安全保障对话、防卫交流，利用"世界海上安全机构长官级会议"等多国间框架，共享基本价值观。

二、推进海洋产业利用

（一）推进海洋资源开发与利用

（1）推进烷烃水化物（可燃冰）的海洋调查和技术开发，未来实现商业生产；

（2）实现高效的石油、天然气探查，提高市场竞争力；

（3）利用民营企业技术，掌握海底热液矿床资源量；

(4)研究富钴结壳、锰结核以及稀土的采矿、扬矿技术；

(5)推动在一般水域开发海上风力发电，对波浪、潮流、海流等海洋能源相关技术进行开发。

(二)振兴海洋产业与强化国际竞争力

大力推进"海洋生产力革命"战略，提高附加值与生产率，转变产业结构，通过扶持民营企业、大学、研究机构，战略性地发展海洋资源开发产业，增强海洋产业的国际竞争力。与观光产业、海洋产业以及相关产业的从业人员合作，招揽访日游客，促进海洋观光、海洋休闲、地区资源产业。在产、学、官合作下开展提高国民海洋意识的活动。

(三)确保海上运输安全

(1)确保日本商船的国际竞争力和国际海上运输安全，建立以日本船舶、日本籍船员为核心的海上运输体系；

(2)将以确保交通稳定、提高生产率为重点，确立三大主题的实施政策，即加强国内航运经营者业务基础、发展与推广先进船舶、稳定有效的海员保障与培训；

(3)推进大型船舶进入国际散货战略性港口，通过企业间协作促进大型船舶的联运。

(四)渔业资源的切实管理与水产业的产业化发展

(1)大幅扩大基础资源调查，切实管理水产业资源；
(2)培养渔业人才，建立高效稳定的渔业经营实体，增强国际竞争力；
(3)推动流通机构改革和水产品出口；
(4)综合维护渔港、渔场、渔村；
(5)发挥水产业和渔村所拥有的海产品供应以外的其他功能；
(6)努力支持渔业和渔村振兴。

三、维护和保护海洋环境

(一)海洋环境保护

(1)努力保护脆弱的生态系统，在国家管辖海域外，推进海洋生物多样性的保护与管理；

（2）实施海洋观测和监测，准确把握海水升温和海洋酸化对海洋环境、海洋生态系统以及气候的影响；

（3）通过技术开发和国际合作，努力减少海洋垃圾对环境的影响；

（4）对废弃物进行监测，制定相关对策，加强对溢油的防除体制建设，有效开展油类防除活动；

（5）与相关省厅、机构合作监测海水、海底土壤和海洋生物的辐射浓度，根据结果采取必要的措施；

（6）协调海洋开发利用和环境保护。

（二）海岸带综合管理

（1）推进海岸带综合管理。在充分考虑森林、乡村、河流和海洋之间联系的基础上，对整个流域的水循环和生态系统进行管理，采取措施应对自然灾害、保护生物多样性及处理海洋垃圾等问题；

（2）推进陆地和海洋地区的综合管理。开展综合性的沙土控制与泥沙输送预测研究工作，创造与自然友好且容易利用的海岸，恢复和促进营养盐及污染物负荷的妥善管理与循环；

（3）在封闭水域，制定"国家振兴项目"和海洋环境改善项目等各种政策，以便妥善治理、保护和恢复环境。在沿岸区域，制定兼顾地区实际情况的海面利用调整规则。

四、强化海域感知能力

（一）信息收集系统

有效利用防卫省、自卫队、海上保安厅和内阁官房所拥有的舰艇、巡逻艇、调查船、飞机和卫星，与盟友和友好国家进行合作，通过建立信息收集系统，强化海域感知能力，向渔民提供渔场海况监测信息；开发以传感器、无缆水下机器人为主体的自动观测技术，以提高海洋调查的工作效率和精细度。此外，通过信息通信技术的使用，掌握收集船舶运动信息的新方法。提高已有海底地震海啸观测网的利用率。

(二)信息收集与共享系统

推进自卫队和海上保安厅之间信息共享系统的发展，完善二者的信息共享机制。建立和运行"海洋情况展示系统"，与相关组织和其他机构加强合作。有关促进海事政策的信息，要根据信息的机密性确保妥善处理。不仅要促进利益相关者之间的信息共享，还应促进信息在海洋政策和产业活动中的使用。

(三)国际合作

将双边合作和多边合作结合起来，开展广泛的国际合作和国际协商，妥善利用海洋信息，推进各项海洋政策的实施。对国外和各国际组织的海洋信息进行收集。除了要加强日本自身的研究能力外，还将与盟友和友好国家构建"海域感知"技术合作体系，以促进双方共同的技术发展。通过提高沿海国家掌握海洋情况的能力，进一步巩固"海域感知"合作体系。

五、推进海洋调查和海洋科学技术的研究开发

(一)推进海洋调查

(1)海洋调查的战略部署。通过对日本专属经济区、大陆架和周边海域进行海洋调查，实施海洋综合管理、维护争议海域的海洋权益。以构建综合性海洋观测网为目标，开展全面的海洋观测。

(2)开展气候变化与海洋环境调查。积极参与国际性海洋观测计划的制订，掌握陆地或海洋污染物对海洋环境的影响，充实海洋调查数据库。

(3)为减轻自然灾害造成的损失而开展调查。开展海底地壳变动观测、利用全球定位系统的地壳变动观测、海底变动地形调查、声波探测、海啸地震性沉积物的调查、钻孔内观测和地震断层的挖掘调查等。

(二)推进海洋科技的研究与开发

(1)对国家亟待解决的重点问题进行研究与开发。收集整理气候变化的基础信息并制定对策；研发海洋能源、矿产资源开发技术；研究与保护

海洋生态系统;及时预报海洋自然灾害,并制定应对方案。

(2)推进基础研究和中长期研究。强化广泛持续的、具有独创性、多样性的基础研究工作;推进国际深海科学钻探计划的开展;提升海洋科技人才的素质和水平,通过海洋科学技术来解决经济和社会问题。

(3)加强海洋科学技术的共同基础。开发引领世界的基础性技术;完善和应用研究设备;维护和利用海洋大数据。

六、促进离岛保护和专属经济区开发

(一)保护离岛

(1)加强国境离岛和低潮线的保护与管理。

(2)维护离岛灯塔等航标,开展气象、海况观测活动,确保海上交通安全。

(3)保护离岛生态系统,努力维持生物多样性。重点对离岛渔场进行维护和管理,开展海洋资源修复和管理工作,改善海洋动植物生长环境,致力于恢复渔业资源。

(4)促进离岛定居落户,制定离岛产业振兴计划,充分利用离岛的可再生能源。

(5)确保航道的稳定、离岛居民生活的便利性以及海洋旅游发展,保证通信顺畅。

(6)加强离岛的医疗保障及文化教育,减轻经济负担。

(7)加强道路、港口、农林水产等民生类基础设施的建设,推进离岛地区产业复兴和居民生活水平的提升。

(二)推动专属经济区的开发

日本应在《联合国海洋法公约》等国际条约的指导下开展海洋外交活动、维护专属经济区安全,并努力维护基于"法治"的海洋秩序。实现专属经济区的有效利用,对渔场设施加大投资,增进水产资源的可持续利用和保护,继续推进能源、矿物资源开发技术的研究工作。推动海洋调查和海洋信息收集的一体化建设,加强专属经济区的基本信息获取与分析。

七、推进北极政策

(一)研究发展

(1)及时与利益相关方进行沟通，了解实际需求。发挥日本在北极科研上的优势，以行政和科研为抓手，提出对策。

(2)强化北极地区的观测和科研机制。

(3)推进北极地区的国际科学技术合作。

(4)加强北极研究领域的青年研究人员培养工作，增加日本学者在北极国际组织中的席位。

(二)国际合作

(1)与北极国家保持密切往来，开展双边、多边合作。逐步扩大北极地区的经济活动，可持续地利用与管理北极公海地区的水产资源；

(2)积极发挥日中韩 3 国高层对话等国际协商机制，共同探讨北极问题，增强日本在北极问题的话语权，与他国科研人员加强交流与合作；

(3)积极分析北极理事会的议题设置，通过与成员国加强议题讨论，扩大观察员国在理事会的作用。

(三)可持续利用

(1)对海冰分布预测系统和气象预测系统的构建等航行辅助系统进行研究，利用其观测数据继续为北极航道航行安全海冰图的制作提供支撑；

(2)积极参与北极理事会工作组或有关北冰洋海洋环境问题的讨论，提出预防和及时应对的措施；

(3)加强日本对北极地区经济活动的参与度，收集北极航道利用、北极地区天然资源开发等与环境保护背道而驰的信息。

八、确保国际协调，推进国际合作

(一)海洋秩序的形成与发展

积极参与有关海洋的讨论及海洋国际条约的制定，使"依法治理海洋"

及"科学施政"的理念深入人心，提升日本在国际社会中的地位。

（二）海洋领域国际协调

推进海洋安全领域的具体合作，建立海洋环境问题的国际合作机制，加强日本在地区渔业管理机构中的领导力。

（三）海洋领域国际合作

开展国际合作，推进海洋调查与技术研发、海洋环境保护与周边海域管理，提高各国船员素质，保障航行安全，应对事故灾害及提供海难救助。

九、培养海洋人才，增进国民认知

（一）培养和确保支撑"海洋立国"的专业人才

与国外大学、企业和科研机构建立联络机制，将人才培养作为海洋开发的基础。培养造船业与船舶工业人才，提高船员的专业性及就业率，促进日本青年人员参与海洋建筑工程，提高渔业从业者的工作稳定性，将其培养为未来水产业的中坚力量。推动海洋领域计算机人才的培养，组织有助于提高"海域感知"能力的科技项目，推进人才资源的储备。

（二）加强儿童和青少年的海洋教育工作

至 2025 年，将在所有城镇和乡村实施海洋教育，进一步强化相关部门和机构在"日本海洋教育平台"的合作。开发可在学校网站使用的海洋教育阅读软件，组织参观海洋设施，推进海洋职业化教育，拓宽教师对海洋数据和教材的访问渠道，创造一个良好的海洋教育工作环境。与提供学校教育设施、社会教育设施、海事产业设施以及与海洋相关学习场所的各类团体加强合作。

（三）增进国民对海洋的认知

激发国民对海洋的理解和关心，弘扬"海之日"的意义。在产、学、官的合作和支持下，实现练习船向公众开放，开展各种海洋产业设施的参观活动和职场体验活动，进行海洋环境保护、海洋安全教育，普及海洋娱乐。大学和科研机构应通过媒体和互联网传播海洋相关信息。为了能够以通俗易懂的方式向国民传达海洋科技的魅力，研究机构应专门招收从事宣传工作的人才。

第二十五章　韩国海洋空间规划与管理法

2018 年 4 月，韩国国会全体会议表决通过《海洋空间规划与管理法》（以下简称"《规划法》"）。近年来，韩国海洋活动增多，对海洋资源的需求增大，现有海洋空间管理法规无法充分满足这一需求。为此，韩国相关部门进行了整体考虑和统筹规划，协调海洋开发与管理，专门制定了关于"海洋空间综合管理"的法律法规。通过立法，将海洋空间管理范围扩大到专属经济区和大陆架，以有效应对与周边国家的海洋资源开发争端及海洋管辖权争端；以综合海洋空间信息与科学特性评估为依据划分海洋空间功能，促进更科学的统筹分配和管理海洋资源；通过增加相关人士参与规划的机会，协调解决海洋资源利用与生态系统保护之间的矛盾。《规划法》于 2019 年正式实施。

第一节　总　　则

第一条　目的

本法以明确制订和执行海洋空间可持续利用、开发、保护计划的相关事项，增进公共福利，使海洋成为富饶的生活乐园为目的。

第二条　定义

1. "海洋空间"，包括《领海与毗连区法》规定的内水、领海，《专属经济区与大陆架法》规定的专属经济区、大陆架，《空间信息构建与管理法》第六条第 1 款第 4 项规定的海岸线至地籍簿中登记的地域。

2. "海洋空间规划"，是指为了综合管理人类的海洋活动与海洋资源，海洋水产部长官按照第五条规定所制定的海洋空间基本规划，以及海洋水产部长官或广域市长、道知事、特别自治道知事（以下简称"市、道知事"），按照第七条规定所制定的海洋空间管理规划。

3.“海洋空间信息”，是指与存在于海洋空间的自然或人工构造物相关的位置信息、空间认知以及利用海洋所需的权限和制定规则等决策时所需要的信息。

4.“海洋资源”，是指《海洋水产发展基本法》第三条第2项规定的海洋水产资源。

5.“海洋功能区域”，是指为了合理分配管理海洋空间的利用、开发和保护活动而按照第十二条第1款指定的区域。

6.“海洋空间特性评估”，是指引导和决定海洋空间可持续利用、开发及保护方向需要的评估。

第三条　基本原则

海洋空间应按照以下基本原则管理和利用：

1. 为了使生态、文化和经济价值共存，应综合性、前瞻性地利用、开发与保护。

2. 优先考虑国防安全与海上交通安全等公共需求。

3. 保障国民参与海洋空间管理政策制定与健康利用的机会。

4. 为实现海洋空间的综合管理，增进国际合作以及韩朝合作。

第四条　国家的职责

1. 国家及地方自治团体应为海洋空间的可持续利用、开发及保护，采取必要措施。

2. 国家及地方自治团体应公开海洋空间规划的制定等信息，采取适当措施保障国民的参与。

3. 国民应积极配合国家及地方自治团体按照第1款规定制定的政策。

第二节　海洋空间规划的制定

第五条　海洋空间基本规划的制定

1. 海洋水产部长官应按照《海洋水产发展基本法》第七条规定的以下各项，经海洋水产发展委员会审议，每10年制定一次有关海洋空间的基本规划（以下简称"基本规划"），包括：

①海洋空间的基本政策方向；

②海洋空间管理规划的制定方向；

③海洋空间信息的收集、管理、利用相关事项；

④海洋空间特性评估相关事项；

⑤海洋空间管理所需研究开发及国际合作相关事项；

⑥总统令规定的其他事项。

2. 海洋水产部长官在制定基本规划时，应听取市、道知事的意见，并与相关中央行政机构负责人协商。

3. 海洋水产部长官在制定基本规划时，可以要求相关行政机构及公共机构的负责人提供所需资料。在此情况下，被要求的相关行政机构及公共机构负责人，如无特别理由，应遵从其要求。

4. 对于制定、公告的基本规划，海洋水产部长官可以每隔 5 年重新审查其可行性，并变更基本规划。在此情况下，遵从第 1 款至第 3 款规定。

第六条　基本规划的公告

1. 海洋水产部长官在制定和变更基本规划时，应及时在政府公报上通报相关中央行政机构负责人及市、道知事。

2. 按照第 1 款规定接到通报的市、道知事（特别自治道知事除外），应及时让市长、郡守、区长采取措施，使公众能够阅览基本规划。按照第 1 款规定接到通报的特别自治道知事，则应亲自采取措施使公众能够阅览基本规划。

3. 按照第 1 款、第 2 款规定，公告、通报及阅览相关事项由总统令决定。

第七条　海洋空间管理规划的制定

1. 海洋水产部长官及市、道知事应按照以下各项分类制定"海洋空间管理规划"（以下简称"管理规划"）。

①专属经济区、大陆架以及其他总统令规定的海洋空间：海洋水产部长官。

②除第 1 项以外的海洋空间：市、道知事。

2. 尽管有第 1 款规定，但是需要对两个以上跨市、道制定管理规划时，市、道知事可经过协商共同制定管理规划。但相关市、道知事提出要求或未达成协议的，海洋水产部长官可以亲自制定管理规划。

3. 海洋水产部长官及市、道知事在制定管理规划时，应包含以下各项：

①计划的针对海域；

②所辖海域管理的政策方向；

③海洋空间的特性及现状；

④海洋空间的保护、利用、开发相关事项；

⑤所辖海域的空间结构和功能分配相关事项；

⑥海洋功能区域的指定和管理事项；

⑦总统令规定的其他事项。

4. 为了系统地确立管理规划，海洋水产部长官可以制定必要的方针（以下简称"制定管理规划方针"），通报市、道知事。

5. 海洋水产部长官在制定管理规划时，按照总统令的相关规定，应听取市、道知事的意见，与相关行政机构的负责人进行协商后，按照《海洋水产发展基本法》第七条规定，经海洋水产发展委员会审议。但按照第 2 款制定管理规划时，应按照第 6 款举行听证会。

6. 市、道知事在制定管理规划时，需要事先举行听证会，听取当地居民的意见，与相关行政机构的负责人进行协商，然后按照第九条规定经海洋空间管理地区委员会审议，取得海洋水产部长官的批准。在此情况下，海洋水产部长官必须经过《海洋水产发展基本法》第七条规定的海洋水产发展委员会审议。

7. 对于已制定并公告的管理规划，海洋水产部长官及市、道知事可按照需要重新检查其可行性，并变更管理规划。在此情况下，遵从第 1 款至第 6 款规定。但在变更总统令规定的细微事项时，可不必如此。

第八条　管理规划的公告

1. 海洋水产部长官在按照第七条第 1 款规定制定管理规划，或按照第 7 款规定变更管理规划时，应及时在政府公报上通报行政机构负责人，让公众能够阅览。

2. 市、道知事按照第七条第 1 款规定制定管理规划，或按照第 7 款规定变更管理规划时，应及时在政府公报上通报有关行政机构负责人。在此情况下，市、道知事（除特别自治道知事以外）必须及时通报市长、郡守、区长，使其制定、变更管理规划。

3. 接到第 2 款后半段通报的市长、郡守、区长，应及时采取措施，使公众能够阅览。特别自治道知事需要亲自制定公众能够阅览的管理规划。

4. 海洋水产部长官可在预算范围内拨款资助管理规划的制定与实施所需经费。

第九条　海洋空间管理地区委员会

1. 为了审议市、道知事对管理规划的制定、变更以及与海洋空间管理相关重要事项，应设立市、道知事所属海洋空间管理地区委员会（以下简称"地区委员会"）。

2. 按照第 1 款规定，地区委员会的功能、构成及运营相关事项，在总统令规定范围内，按照地方自治团体的相关条例决定。

第十条　与其他规划的关系

1. 海洋空间规划的制定和变更应与以下各项规划相联系：

①按照《公共水域管理与填埋法》第二十二条制定的公共水域填埋基本规划；

②按照《国土规划与利用法》第二十二条、第二十二条之二《城市、郡基本规划》、第三十条制定的《城市、郡管理规划》；

③按照《无人岛屿保护与管理法》第六条制定的无人岛屿综合管理规划；

④按照《水产资源管理法》第七条制定的水产资源管理基本规划；

⑤按照《湿地保护法》第五条制定的湿地保护基本规划；

⑥按照《渔场管理法》第三条制定的渔场管理基本规划；

⑦按照《自然公园法》第十一条制定的公园基本规划；

⑧按照《海洋生态系统保护与管理法》第九条制定的海洋生态保护、管理基本规划；

⑨按照《海洋环境保护与利用法》第十条制定的海洋环境综合规划；

⑩按照《环境政策基本法》第十四条规定制定的国家环境综合规划，以及按照同一法律第十七条制定的环境保护中期综合规划。

2. 为了保护海洋环境和海洋空间的可持续发展，必要时海洋水产部长官可以要求变更其他法令制定的规划或指定的地域、地区、区域。

第十一条　海洋空间规划的遵守

1. 有关行政机构的负责人在开展海洋空间利用、开发及保护相关活动时，应遵守海洋空间规划。

2. 海洋空间规划是其他法律有关海洋空间利用、开发及保护规划的基础。

第三节　海洋功能区域的指定及管理

第十二条　海洋功能区域的指定

1. 海洋水产部长官及市、道知事可以按照第七条第 4 款规定制定的管理规划方针，以及按照第十三条规定实施的海洋空间特性评估结果，指定或变更以下各项海洋功能区域：

①渔业活动保护区域：执照作业、批准作业等渔业活动的保护和培育以及水产可持续生产所需区域；

②砂石、矿物资源开发区：有效、稳定供给海砂及海洋矿物资源所需区域；

③能源开发区：海洋能源开发与生产所需区域；

④海洋观光区：维持和开发海洋观光功能所需区域；

⑤环境、生态系统管理区：保护和管理海洋环境、生态系统及景观所需区域；

⑥研究、教育保护区域：海洋水产研究和教育活动所需区域；

⑦港口、航行区域：维持港口功能和船舶的安全航行所需区域；

⑧军事活动区域：为了保护国防与军事活动所需区域；

⑨安全管理区域：为了保护海洋设施及海洋安全所需区域。

2. 在海洋功能区域内第 1 款各项功能重叠时，海洋水产部长官及市、道知事应按照自然环境、社会经济条件、周边海域的利用及保护现状等情况，设定管理的优先顺序。

第十三条　海洋空间特性评估的实施

1. 海洋水产部长官及市、道知事在按照第十二条第1款规定，指定、变更海洋功能区域时，应对海洋空间的自然特性、位置及利用可能性进行海洋空间特性评估。但变更总统令规定的细微事项，则不必如此。

2. 按照第1款规定进行的海洋空间特性评估内容及程序相关事项，由海洋水产部法令决定。

第十四条　海洋功能区域的管理

1. 对于按照第十二条规定指定的海洋功能区域，海洋水产部长官可以制定并公告有效管理方针（以下简称"海洋功能区域管理方针"）。在此情况下，海洋水产部长官必须事先听取有关行政机构负责人的意见。

2. 海洋功能区域管理方针的内容、公告等必要事项，由海洋水产部法令决定。

第十五条　海洋空间适用性协商

1. 中央行政机构的负责人和地方自治团体的负责人打算在海洋空间，批准、制定、变更以下各项中的任何一项利用、开发计划，或指定和变更地区、区域时，应按照总统令事先与海洋水产部长官协商（以下简称"海洋空间适用性协商"），或征得其同意。
①海洋观光区开发计划；
②海洋空间开采石油（包括天然沥青和可燃气体）计划；
③海洋空间开采矿物、海砂计划；
④港口、渔港开发计划；
⑤海洋空间开发水资源计划；
⑥海洋能源开发计划；
⑦渔场开发计划；
⑧其他海洋资源的利用与开发计划。

2. 按照第1款规定，海洋空间适用性协商的针对计划，以及地区、区域类型、协商时间，由总统令决定。

第十六条　协商程序

1. 中央行政机构的负责人及地方自治团体的负责人按照第十五条第 1 款规定向海洋水产部长官要求海洋空间适用性协商时，须提交总统令规定的海洋空间适用性检查结果。

2. 按照第 1 款规定，海洋水产部长官在接到海洋空间适用性协商要求时，应参照第五条及第七条规定的海洋空间规划、第十三条规定的海洋空间特性评估结果、第十四条规定的海洋功能区域管理方针，研究海洋空间的适用性，并按照总统令规定通报研究意见。

第十七条　协商内容的实施

1. 为了将按照第十六条第 2 款通报的研究意见反映在相应计划的批准、制定、变更当中，或反映在地区和区域的指定与变更当中，相关中央行政机构的负责人及地方自治团体的负责人应采取必要的措施，并向海洋水产部长官汇报计划或计划实施后的结果。

2. 由于特殊原因无法将协商内容反映到相应计划时，相关中央行政机构的负责人及地方自治团体的负责人，应按照总统令的规定与海洋水产部长官协商，然后制订相关计划或指定相关地区、区域。

第四节　海洋空间信息管理

第十八条　信息的收集与调查

1. 海洋水产部长官或市、道知事可以收集海洋空间规划的制定和海洋空间特性评估所需的以下各项海洋空间信息：

①按照海洋水产部长官掌管的法令，生产、管理的资料和信息；

②公共机关受国家或地方自治团体的委托，生产、管理的资料和信息；

③民间团体(包括营利法人)得到国家或地方自治团体的预算拨款，生产、管理的资料和信息；

④按照总统令规定的其他资料和信息。

2. 海洋水产部长官或市、道知事可以按照第 1 款各项规定向生产、管理相关资料和信息的机构、团体的负责人或相关中央行政机构的负责人要求提交必要的资料。在此情况下，相关机构及团体的负责人或中央行政机构的负责人如无特殊理由，应接受其要求。

3. 尽管有第 1 款规定，但根据需要，海洋水产部长官或市、道知事可以另外进行海洋空间特性评估调查，或按照海洋水产部法令委托专门机构进行。

第十九条　海洋空间信息系统的构建

1. 为了统一管理海洋空间规划的制定和海洋空间特性评估所需海洋空间信息，海洋水产部长官可以构建和运营海洋空间信息系统。

2. 按照第 1 款规定，海洋空间信息系统的构建和运营所需事项，由海洋水产部法令决定。

第二十条　海洋空间规划专门评估机构的指定

1. 海洋水产部长官为了有效推动海洋空间信息的综合管理及海洋空间管理业务，可以指定专门机构，并在预算范围内为专门机构开展工作提供经费。

2. 专门机构的指定及运营所需事项由总统令决定。

第五节　补　则

第二十一条　推动研究开发工作

1. 政府为了有效推动海洋空间系统管理所必要的研究和技术开发工作，可以开展以下各项业务：
①海洋空间综合系统的构建、管理、利用相关事项；
②海洋空间特性评估等研究及开发相关事项；
③海洋功能区域的系统管理事项；
④海洋空间相关专业人才的培养与教育；
⑤海洋空间相关国际技术合作与交流。

2. 政府可以在预算范围内为第 1 款各项业务的履行所需的全部或部分经费进行拨款。

第二十二条　推动国际合作

1. 为了实现本法的目的，海洋水产部长官应积极参与业务所需的国际机构及其他国家的国际合作。

2. 海洋水产部长官应努力促进韩朝间海洋空间管理的合作与交流。

3. 按照第 1 款、第 2 款规定推动合作业务时需要的全部经费或部分经费，海洋水产部长官可以在预算范围内拨款。

4. 按照第 1 款、第 2 款规定，国际合作以及韩朝合作的促进对象、方法等相关事项由总统令决定。

第六节　附　　则

第一条　实施日期

本法律自公布一年后开始实施。

第二条　海洋空间适用性协商适用条例

本法实施后，首次批准、制定、变更第十五条第 1 款规定的利用、开发计划，首次批准、制定、变更地区和区域，均适用第十五条至第十七条的规定。

第三条　沿岸海域功能区的暂行办法

1. 在按照第七条规定制定海洋空间管理规划以前，已经按照此前《沿岸管理法》第十九条指定的沿岸海域功能区，应按照以下各项类别，视作本法第十二条第 1 款规定的海洋功能区域。

①渔业活动保护区域：渔港区、渔场区；

②海砂、矿物资源开发区：矿物资源区；

③能源开发区：产业设施区；

④海洋观光区：休闲观光区、海上文化设施区、海水浴场区；

⑤环境、生态系统管理区：海洋水质管理区、海洋环境复原区、水产生物资源保护区、海洋生态保护区、景观保护区、公园区、海洋文化资源保护区、灾害管理区；

⑥研究、教育保护区：海洋调查区；

⑦港口、航行区：港口区、航路区；

⑧军事活动区域：军事设施区。

2. 本法实施时，与按照此前《沿岸管理法》第十九条第 2 款规定指定的沿岸海域功能区重叠时，对其管理的优先顺序以本法第十二条第 2 款规定的海洋功能区域管理为准。

第四条　海洋功能区域暂行办法

1. 本法实施时，以下各项的区域按照本法第十二条第 1 款第 2 项规定视作海砂、矿物资源开发区域。

①《矿业法》第九条第 2 项规定的开采权设定区域；

②《海砂采集法》第二十一条之二第二条第 1 款规定的海砂开采预定地及同一法第三十四条第 1 款规定的海砂采集区；

③《海底矿物资源开发法》第五条规定的开采权设定区域。

2. 本法实施时，以下各项区域视作本法第十二条第 1 款第 5 项规定的环境、生态系统管理区。

①《海洋生态系统保护与管理法》第二十五条第 1 款规定的海洋保护区；

②《湿地保护法》第八条第 1 款规定的湿地保护区。

3. 本法实施时，以下各项区域视作本法第十二条第 1 款第 7 项规定的港口、航海区域。

①《港口法》第二条第 4 项规定的海港；

②《新港口建设促进法》第五条第 1 款规定的新港口建设预定地区；

③《船舶进港与出港法》第二条第 7 项规定的停泊地，按照同一条第 11 项规定的航路；

④《海事安全法》第十条第 1 款规定的交通安全特别海域，第三十一条第 1 款规定的航路，第六十八条第 1 款规定的通航分离水域。

4. 本法实施时，按照《军事基地与军事设施保护法》第二条第 6 项规定的军事基地及军事设施保护区域，视作本法第十二条第 1 款第 8 项规定的军事活动区域。

第五条 制定海洋空间管理规划的暂行办法

按照第七条规定首次制定的海洋空间管理规划，在本法实施后，可以暂且搁置第七条，由海洋水产部长官与市、道知事协商后制定。

第六条 其他法律的修订

1. 修订《2018 年平昌冬奥会与冬季残奥会拨款等特别法》的部分内容。

第四十四条第 6 项修订为：⑥《规划法》第五条规定的海洋空间基本规划及同一法第七条制定的海洋空间管理规划的变更。

2. 修订《经济自由区的指定与运营特别法》的部分内容。

第七条之二第 8 项修订为：⑧《规划法》第五条规定海洋空间基本规划及同一法第七条制定的海洋空间管理规划的变更。

3. 修订《公共水域管理与填埋法》的部分内容。

第二十二条第 2 款中"按照《沿岸管理法》的沿岸综合管理规划"修订为"按照《规划法》规定的海洋空间规划。"

4. 修订《东、西、南海岸与内陆圈发展特别法》的部分内容。

第十二条第 4 款第 8 项修订为：⑧按照《规划法》第五条规定的海洋空间基本规划的制定、变更，按照该法第七条规定进行海洋空间管理规划的制定、变更。

5. 修订《新万金工作推动与拨款特别法》的部分内容。

第十条第 1 款第 7 项修订为：⑦按照《规划法》第五条规定制定的海洋空间基本规划及按照该法第七条制定的海洋空间管理规划的变更。

6. 修订《丽水世界博览会纪念与后续利用特别法》的部分内容。

"第十九条第 1 款第 17 项中按照《沿岸管理法》第九条制定的沿岸管理地区规划，按照同一法第十一条制定的地区规划的公告，及按照同一法第十二条制定的综合规划的变更及该法律"修订为"按照《规划法》第五条规定的海洋空间基本规划的制定、变更，按照该法律第六条制定的基本规划的公告，按照同一法律第七条的海洋空间基本规划的制定、变更，按照同一法律第八条的管理规划的公告及《沿岸管理法》"。

7. 修订《沿岸管理法》的部分内容。

第二条第 3 项"按照本法第六条制定的沿岸综合管理规划"修订为"总统令"；删除同条第 5 项和第 6 项。

删除第二章（第六条至第十四条）及第三章（第十五条至第二十条）。

删除第三十条第 1 款第 1 项和第 2 项。

第三十一条第 1 款中"地区规划的制定、变更与其他管辖沿岸的管理"修订为"管辖沿岸的管理"。

第三十四条第 1 款中"综合规划、地区规划及沿岸建设基本规划的实施现状"修订为"沿岸建设基本规划的实施现状"；删除同一条第 2 款、同一条第 3 款前段；同一条第 4 款中"第 1 款及第 2 款"分别修订为"第 1 款"。

第三十四条第 2 款第 1 项以外的部分中，将"综合规划、地区规划或沿岸管理政策"修订为"沿岸管理政策"。

删除第三十七条第 2 款第 2 项。

8. 修订《地区开发与资源法》的部分内容。

第十六条第 3 款第 5 项修订为：⑤按照《规划法》第五条规定的海洋空间基本规划的制定、变更，按照同一法第七条制定的海洋空间管理规划的制定、变更。

9. 修订《亲水区域利用特别法》的部分内容。

第十五条第 1 款第 20 项修订为：⑳按照《规划法》第五条规定制定的海洋空间基本规划，以及按照同一法第七条制定的海洋空间管理规划的变更。

10. 修订《海水浴场的利用与管理法》的部分内容。

"第十三条第 2 款中《沿岸管理法》第九条规定的沿岸管理地区规划"修订为"《规划法》第七条规定的海洋空间管理规划"。

11. 修订《海洋产业群的指定与培育特别法》的部分内容。

第十三条第 5 项修订为：⑤按照《规划法》第五条规定的海洋空间基本规划，以及按照同一法第七条制定的海洋空间管理规划的变更。

第七条　与其他法令的关系

本法实施时，若有其他法令引用以前的《沿岸管理法》或其规定，且本法中有与此相应的规定，由本法替换以前的规定，视为其他法令引用了本法或本法的相关规定。

第二十六章　至 2030 年越南海洋经济可持续发展战略及 2045 年展望

2018 年 10 月，越南共产党中央总书记阮富仲签署第 36-NQ/TW 号决议，批准发布《至 2030 年越南海洋经济可持续发展战略及 2045 年展望》（以下简称"《战略》"）。《战略》在《至 2020 年越南海洋战略》决议实施 10 周年之际发布，总结了过去 10 年取得的成绩和存在的不足，明确了海洋对于建设和保障国家事业的重要意义，提出要坚持绿色增长、保护海洋价值、发展世界领先的科学技术、加强海洋综合管理和海洋环境保护，至 2030 年建成海洋强国，使各项海洋发展指标达到世界中等偏上国家水平，并到 2045 年进一步建成和平稳定、繁荣富强、可持续发展的海洋强国。

第一节　现状和原因

越南共产党十届四中全会关于《至 2020 年越南海洋战略》的决议实施 10 年来，整个政治体系、全体人民、海外同胞对海洋和岛屿在国家经济发展、保卫国家主权中的地位和作用的认识有了显著提高。国家海上主权和安全得到巩固，海上搜救工作、航行安全基本得到保障，海洋领域对外工作、国际合作得以主动、全面开展。海洋经济、各海域、沿海地区正在成为国家发展的动力源，基础设施建设得到关注并成为投资对象，海域内居民物质和精神生活得到改善。海洋科学研究、基础调查、人力资源开发取得积极成果。管理、开发、使用、保护海洋资源和海洋环境，应对气候变化、海平面上升等工作得到重视。海洋和岛屿相关的政策、法律、国家管理体系逐步得到完善并产生效果。

但是，在海洋经济可持续发展过程中，决议的实施工作仍存在许多限制和欠缺，面临着困难和挑战。海洋经济发展尚未与社会发展和环境保护达到和谐统一；保护海上安全、开展海上搜救、应对海上环境事故等工作仍有诸多不足；一些指标、任务尚未完成；作为世界门户的优势、潜力尚未得到充分发挥；发展一些重要海上经济行业的政策实施情况尚未达到要求。海域与沿海地区之间，沿海地区与内陆地区之间，有海地区与无海地区之间，以及各行业、各领域之间的联系仍不紧密，缺乏成效。许多地方海洋环境污染加剧，塑料废弃物污染已成为紧迫问题，海洋生态系统脆弱，海洋生物多样性下降，一些海洋资源被过度开发，应对气候变化、海平面上升、海水侵蚀等相关工作仍存在较多限制和不足。科学技术、基础调查、海洋人力资源开发尚未成为海洋经济可持续发展的关键因素。海洋领域国际合作尚未取得效果。沿海地区居民贫富差距呈现日益扩大趋势。保护海洋文化价值、发挥海洋文化特色的工作未得到应有的关注。

上述限制和不足有其客观原因，但主观原因是主要的。各级、各部门、地方和人民、企业对海洋的作用和地位、海洋经济可持续发展的认识不足，基于生态系统的综合管理方法未能跟上时代发展趋势。一些党委、地方政府在领导和指导实施决议的工作上，仍存在频度太低、力度不足的问题。海洋相关政策和法律尚未完善，缺乏同步性，党的一些重要政策没有及时制度化。国家对海洋和岛屿的管理工作仍有许多不足。与海洋相关的行业、领域、区域和地方的规划、投资、发展工作，仍缺乏整体性和关联性。对于一些海洋经济集团的组织和管理工作仍然薄弱，需要时间加以克服。对科学研究、基础调查和海洋人力资源开发的投资有限，对沿海地区人民的职业培训、就业支持工作尚未达到要求。

第二节　愿景和目标

一、背景和形势

预计在未来一段时间内，国际形势，尤其是各大国间的战略竞争、海上边界争端以及南海国家之间的分歧将会继续复杂化。跨边界海洋污染、气候变化、海平面上升已成为紧迫的全球问题。经济发展与保护海洋之间的可持续性与和谐已成为主流。全球化和科学技术革命创造了许多机遇和挑战。在国内，稳定宏观经济，保障可持续发展，应对气候变化、海平面上升，保障社会安全有序，仍是主要困难和挑战。

二、愿景

(1)海洋在建设和保卫国家的事业中具有非常重要的地位和作用，应在全党、全军和全民中统一思想和认识。海洋是祖国神圣主权的组成部分，是生存空间和国际交流门户，与建设和保卫祖国的事业密切相连。越南应成为海洋强国，靠海致富，实现可持续、繁荣与安全发展。海洋经济的可持续发展要与确保国防与安全，维护独立、主权和领土完整，加强海上对外关系与国际合作紧密相连，要为营造和平稳定的发展环境作出贡献。越南海洋经济的可持续发展是整个政治体系的责任，是越南所有组织、企业和人民的权利和义务。

(2)在保证绿色增长、保护海洋生物和生态系统多样性的基础上实现海洋经济的可持续发展，确保经济生态系统与自然之间、保护与发展之间、有海洋地区与无海洋地区之间利益的和谐，加强各行业、领域的联系和重组以提高生产力、质量、效率和竞争力，充分发挥海洋潜力和优势，为国民经济发展创造动力。

(3)保护海洋价值，发挥海洋历史传统与文化特色，同时建立一个与海洋亲密友好相处的社会；在保证公平和平等的基础上，按照宪法和法律，确保人民在海洋经济可持续发展中享有参与、获益和履行责任的权利。

(4)加强对资源的综合统一管理及海洋环境保护，生物多样性和海洋生态系统保护，主动应对气候变化、海平面上升；加强对保护和发展生物多样性价值的投资，恢复海洋生态系统；保护从陆地到海洋生态系统的完整性。将保护海洋环境与防控污染、环境事故联系起来，加强区域和全球合作。

(5)以先进和现代化科学技术、高素质人力资源为突破环节，优先将国家财政拨款用于海洋基础研究和调查及人力资源培训等工作；联合调动国内外资源，积极提高国际合作有效性，在平等互利、尊重越南独立、主权和领土完整的基础上，优先引进世界领先的、拥有先进技术资源和管理水平的战略投资者。

三、至 2030 年目标

(一)总体目标

将越南建成海洋强国;达到海洋经济可持续发展的基本标准;建设海洋生态文明;积极应对气候变化、海平面上升;控制海洋环境污染、退化趋势及海岸坍塌、海水侵蚀状况;恢复和保护重要海洋生态系统。让新兴、先进和现代的科学成果成为促进海洋经济可持续发展的直接因素。

(二)具体目标

(1)综合指标方面:按照国际标准进行海洋治理及沿岸区域管理,各项指标达到世界中等偏上国家水平。大多数与海洋和岛屿发展相关的经济社会活动,能够根据与海洋生态系统相符合的综合管理原则实施。

(2)海洋经济方面:海洋经济占全国 GDP 的 10%左右;28 个沿海省市 GDP 达到全国 GDP 的 65%~70%。海洋经济产业根据国际标准进行可持续发展;在海洋生态系统恢复能力范围内控制海洋资源开发。

(3)社会方面:沿海省市的人类发展指数(HDI)高于全国平均水平;沿海省市人均收入达到全国人均收入的 1.2 倍以上。有居民生活的岛屿配备基本的社会经济基础设施,特别是电力、淡水、通信、医疗和教育设施等。

(4)海洋科学技术与人力资源开发方面:海洋科学技术与人力资源开发水平进入东盟国家领先行列,部分海洋科技领域达到世界先进水平。培养和发展海洋人力资源,组建一支高素质、高水平的海洋科技人才队伍。

(5)环境、应对气候变化及海平面上升方面:

①评估重要海洋资源的潜力和价值。至少在 50%的越南海域进行基本资源调查,以 1:500 000 的比例调查海洋环境,并在一些关键领域进行大规模调查。建立海洋和岛屿数字化数据库,确保信息整合、共享和更新。

②预防、控制和显著减少海洋环境污染;在减少海洋塑料废弃物方面成为区域先锋。在沿海省市,危险废物和日常生活固体废物按照环境标准收集和处理率达到 100%;沿海经济区、工业区和城市区,全部以可持续、生态和智能的方式进行规划建设。能适应气候变化,海平面上升,并有废

水集中处理系统，符合环保规定和标准。

③更好地管理和保护海洋、沿海和岛屿生态系统；将海洋和沿海保护区的面积至少增加到国家海域面积的6%；使沿海红树林面积恢复到至少同2000年相等的水平。

④自然灾害、地震、海啸预警能力，海洋环境、气候变化和海平面上升监测能力，包括在应用空间技术和人工智能方面的能力，达到该地区先进国家的水平。采取措施预防、避免、阻止和限制强潮、海水入侵和海岸侵蚀带来的影响。

四、至 2045 年愿景

至 2045 年，继续将越南建成和平安定、繁荣富强、可持续发展的海洋强国；海洋经济为越南国家经济做出重要贡献，为越南建设社会主义制度下的现代化工业强国贡献力量。越南将积极参与并负责国际及区域间各项海洋问题的解决工作。

第三节　若干重大政策和突破环节

一、若干重大政策

(一)发展海洋和沿海经济

1. 发展各类海洋经济行业

至 2030 年，按优先顺序发展下列海洋经济产业并实现突破。

(1)海洋旅游服务：重视旅游基础投资；鼓励越南各经济组成部分参与沿海地区生态旅游、科学探险、社区旅游和高质量海洋度假地发展建设，并为其创造条件；在保护生物多样性的基础上建设、发展丰富的产品、产业链及国际级海洋旅游品牌，发挥各地区自然、文化遗产价值和历史特色，与国际旅游路线相结合，使越南成为国际上具有吸引力的旅游目的地。开展海岛、远海旅游开发试点研究。加强搜救能力，促进科学探险活动，重视海上教育、医疗等工作。帮助、促进沿海地区居民把对海洋有破坏和不利影响的工作转变成保护、可持续与稳定的工作，提高居民收入。

（2）航运经济：重点是有效开发海港和海运服务。同步规划、建设、组织开发综合港、国际中转港和与服务相关的其他专用港口；完善物流基础和运输线路建设，将海港和国内外各地区、地方连通。合理发展海洋运输船队，应用现代工业提高服务质量、满足国内运输市场需求，深入参与各项运输供应链，逐渐增加和占领国际市场份额。

（3）油气和其他各类海洋资源、矿产开采：提高油气行业和其他各海洋资源、矿产行业的能力；逐步主动进行寻找、勘探、开发工作，以应对新时期海洋经济发展任务。推进寻找、勘探工作，增加油气储量；研究、勘探各类新型的海底资源和各类非传统的碳氢化合物；将油气的寻找、勘探工作和调查、考察工作相结合，对各类资源、海洋矿产、深海矿产，特别是储量大、价值高、有战略意义的各类矿产开发的潜能进行评估。提高海洋矿产资源开发与深加工的有效性；促进开发、加工与保护环境、保护海洋生物多样性的和谐发展。

（4）海产品养殖与开发：将传统的海产品养殖、开发方式转变为依靠工业和高新技术的方式。按照减少近岸开发的趋势重新组织海洋开发活动，依照各海域的情形根据生态系统恢复能力及同步开发和保护的需要，推动远洋开发，形成教育引导作用，逐步使渔民转型。促进各项养殖活动，可持续开发海产品，加强海洋资源保护和可持续利用，严禁进行破坏性开采作业。进行现代化海上渔业管理，以合作小组、合作社、联合合作社的形式促进生产联合，组织一批实力雄厚的企业参与远海海产品开采并合作开发远洋区域。投资升级各渔港、码头和船舶停靠区，做好渔业后勤服务。促进养殖、开发、保存和加工海产品中的先进科学、工业应用，创造质量高、经济价值高，能满足市场需求的各类主力产品。

（5）沿海工业：必须立足于规划，权衡区域自然条件优势，优先发展环境保护型高新技术工业和基础工业。合理发展修造船业、石油精炼业、能源开采业、机械工程业、制造业和辅助行业。

（6）可再生能源和各类新型海洋经济：促进风能、太阳能和其他可再生能源的投资建设和开发。发展可再生能源装备制造业，逐渐掌握一些工业、设计、制造和设备生产的主动权；优先投资发展岛屿可再生能源，以服务生产、生活和保障国防安全。注重发展一些多样化海洋生物经济行业，如海洋制药业，海藻、海带、海草养殖与加工业等。

2. 同步发展并逐步形成经济开发区、工业区、沿海绿色都市圈

集中建立和发展经济开发区、沿海生态工业区，与此同时形成和发展海洋经济中心。沿海经济区要在本地及周边经济发展中占据主导地位。在建设和实施发展沿海城市体系过程中应更新思维，根据绿色增长模式和智慧城市标准，打造拥有技术基础设施且与社会基础设施同步的现代化沿海城市体系。按照建设经济开发区、生态工业区的标准加速建设和完善基础设施结构，吸引投资，提高利用劳动力特别是技术人才效率；妥善解决环境和其他社会问题，提高人民生活质量。

(二)利用沿海区域自然条件，实现开发与保护的和谐

按保护-保留区、湿地区、经济-社会发展区的标准合理规划海洋空间，在最大限度地发挥自然条件、地理位置、文化特色及生态系统的多样性，保证沿海区域与非沿海区域有效关联的基础上持续发展海洋经济。

(1)北部海域及沿海地区(广宁省至宁平省)：将海防-广宁地区建设成为海洋经济中心、连接莱县国际港的北部重点经济门户和经济发展引擎，将广宁发展成为与国际接轨的国家旅游中心。

(2)北中部海域及沿海地区、中部近海地区(清化省至平顺省)：发展国际中转深水港和专用海港，同时要与各油气、电力、再造能源、绿色工业区形成密切联系；发展各旅游中心；养殖种植、开发、加工海产品、发展后勤服务和基层渔业。

(3)东南部海域及沿海地区(巴地-头顿省至胡志明市)：发展国际集装箱海港，海港后勤服务，航海安全服务保障，油气开采、加工业，互助型工业和其他油气相关服务业。

(4)西南部海域及沿海地区(前江省至金瓯省、坚江省)：集中建设和发展富国岛，使其成为国际性绿色生态服务和旅游中心；发展加工油气、电气、再造能源、养殖种植、开发海产品、后勤服务，基层渔业；与地区及世界性的经济中心建立密切联系。

(三)保护环境，保护并实现海洋生态发展的多样化；主动应对气候变化、海平面上升问题，预防、应对自然灾害

在合理的国家海洋空间规划基础上，扩大沿海保护区面积、划定新的

海洋保护区域；注重保护生态多样性，保护生态系统，特别是珊瑚礁、湿地森林等沿海植被系统；保持森林与陆地生态系统的完整性。

按照国际标准，严格审核可能对沿海地区产生高污染的投资方案，避免和阻止环境污染，减少和有效处理各污染源；投资建设并巩固关于环境质量的自动检查和预警系统，应对海上化合物、有毒物质污染及其他环境事故；处理海洋垃圾，尤其是塑料垃圾；改善和提高海洋环境质量。

提高预警能力，主动预防、避免及减少自然灾害带来的危害，运用先进科学技术应对气候变化、海平面上升；进一步采取措施预防和抵抗海水侵蚀、冲塌岸堤、水灾、海水盐化腐蚀等问题。

(四)提高人民生活质量，建设与海洋密切相关的海洋文化、社会文化

提高人民生活质量，保证沿海居民、岛上居民及其他海上工作者的安全与安宁。注重为海上和沿海居民营造文化氛围；将当地特色、历史价值、民族特色与海洋发展相结合，视之为建设海洋文化的重要基础。保护文化、建筑和自然遗产。提高对海洋的认识，建设与海洋密切相关的社会意识形态和生活方式。发挥沿海居民相亲相爱的精神。公平、公正地保障居民对于亲近海洋和从中获利的权利和责任。

(五)保证国防、安全、外交和国际合作

朝着现代化方向建设正规、精锐的革命武装力量，优先实现若干海上军种、兵种、执法力量的现代化；与海上人民安全阵线相结合，不断巩固和加强全民防卫体系；确保处理海上情况的能力，维护海上主权、主权权利、裁判权和国家利益。加强应对传统和非传统安全威胁的能力，保证国家安全、社会安全和秩序，并争取挫败利用海上问题的任何阴谋。坚持建设和维护海上和平、稳定以及法律秩序，为安全有效地开发利用海洋奠定基础。加强和扩大对外关系和国际合作，积极参与国际社会在保护和可持续利用海洋方面的共同事务并做出积极贡献；最大限度地利用国际资源及国际支持，提高管理和开发海洋的能力，重点提高科学、技术、知识和人力资源培训领域能力。

二、若干突破环节

(1)完善海洋经济可持续发展体制，优先完善法理依据，改进和发展绿色增长模式，保护环境，提高海洋经济行业、海域、沿海地区的生产力、生产质量和国际竞争力；完善海洋综合统一管理机制。审查、调整、补充和制订与海洋相关的规划，保证各部门和各地方之间的联系和同步。

（2）发展科学技术并培养高质量的人力资源，促进改革、创新，充分利用科学成果和先进技术。引进行业领军专家、科学家等高素质人才。

（3）依据经济和自然生态系统，多目标、同步发展基础设施，将国家主要经济中心、工业园区、城市区和海域、海港连接起来，将北-南战略、东-西战略与国内、国际对接。

第四节　主要解决方案

一、加强党的领导，促进宣传工作，提高对海洋可持续发展的认识，在全社会形成共识

提高认识，加强党委、党组织、有关部门在实施、检查和监督海洋经济可持续发展指导方针和解决方案实施过程中的领导作用。对整个政治体系、全体人民、海外同胞、国际社会进行有关海洋和岛屿的党的主张、国家政策、法律及越南发展可持续海洋经济战略的宣传，提高宣传的有效性和多样性；越南的长期政策是坚持维护和平稳定的环境，尊重国际法。充分发挥越南祖国阵线和各级群众组织的作用，宣传和动员各阶层人民对决议的实施进行监督和社会批评。

二、完善海洋经济可持续发展的制度、政策、战略、规划和计划

按照可持续发展方向审查和完善海上政策和法律体系，保证其可行性、同步性、统一性，使其符合越南加入的法律标准和国际条约。创造有利的法律条件，动员国内外资源投资基础设施建设，发展海洋相关科学技术、开发人力资源，开展知识宣传，积极参与和主动推进与海洋相关的全球、区域机制的形成。

健全从中央到地方的国家海洋综合统一管理体系，保证现代化和同步性；建立一支高素质、有能力的官员队伍。提高各机构间，中央和地方间

在海洋和岛屿相关工作上的协调效率。健全跨部门协调机制，指导统一执行总理领导下的海洋经济可持续发展战略；自然资源与环境部作为协助政府和总理对海洋和岛屿进行管理的国家常设机构，提高管理能力，充分履行职能和任务。

健全组织模式，提高对岛屿、群岛和沿海地区的管理能力。执行对岛上人口的政策安排，同时按照对海洋和海洋环境友好的方向转变生产组织形式。

按照综合管理、符合海洋生态系统要求的方向，审查、补充和新建与海洋和岛屿相关的战略、规划和计划，保证土地、沿海、专属经济区和大陆架之间保护与开发的和谐、同步。抓紧制订国家海洋空间规划及沿海资源开发和可持续利用总体规划。

三、发展科学技术，加强海洋基础调查

促进先进科技成果的更新、应用；加强研究，为海洋经济可持续发展政策和法律的制定和完善提供科学依据。

优先投资基础调查、科学技术研究和海洋人力资源培训；建设使海洋生物技术、深海开发和海洋监测空间技术达到地区先进水平的研究、应用中心。评估自然条件、资源、生态系统及海洋经济行业的潜力和优势，如航海、开采、养殖、水产品加工、可再生能源、信息和数字技术、海洋生物制药、潜水自动装置等。建设并有效实施海洋及岛屿自然资源和环境基础调查重点计划；提升在国际水域开展国际合作调查和研究的有效性。投资建设先进的海洋研究船和有能力进行深海研究的水下设备。

四、促进海洋人力资源的教育、培训和发展

对各级学生加强教育，提高其对海洋、大洋、生存技能、气候变化、海平面上升及自然灾害的预防和认知能力。根据市场需求发展高质量的海洋人力资源；采取机制和特殊政策吸引人才，逐步形成一支具有深厚海洋专业知识的国际标准管理者、科学家及专家队伍。

建立机制支持和提高培训质量，将海洋人力资源培训机构网络发展到该地区的先进水平。要有效地进行岗位培训，满足海洋经济部门的劳动力

及人民职业转换的要求。

五、加强保证海上国防、安全能力和海上执法能力

组织完善海上力量以保证国防、安全和法律执行。投资现代化设备，重视人才培养，提高部队在保护国家主权、主权权利和裁判权及正当、合法利益时的执法效率和协同作战能力。为沿海地区、岛屿、城市中心、经济区和强大的沿海工业区建立警察部队，作为保证海域、海岛政治安全、社会秩序稳定和安全的核心。对于直接负责预防、减少自然灾害，开展搜救、救难，应对气候变化和海平面上升造成危害的部队，提高其行动能力；保证海域居民、劳动者和经济活动的安全；与海上人民的安全阵线相统一，巩固和加强全民防卫体系。

六、主动加强和扩大海洋领域对外关系、国际合作

始终如一地贯彻独立、自主、多样化和多边化的外交路线；提高融入国际社会的效果；坚决为保护国家的海上主权和正当、合法权益而斗争；根据国际法通过和平手段，积极解决争端和分歧；保持和平、稳定、合作的发展环境。在尊重独立、主权和平等、互惠互利以及符合国际法原则上，加强与战略伙伴、全面伙伴和传统友邦、有潜力的海洋国家以及共同利益国家间的关系。积极主动参与国际和区域论坛，特别是东盟框架下的海上合作活动；与各国协调，全面、有效地落实《南海各方行为宣言》，促进"南海行为准则"的签署。

促进海洋管理、使用和保护方面的国际合作；严格执行越南加入的地区和国际海洋条约、协定；研究和加入与海洋有关的重要国际协定，优先考虑自然资源管理、环境保护和海洋科学研究领域；加强参与国际海域自然资源的科学研究、调查、勘探和开发。继续促进合作，利用合作伙伴、国际和区域组织的支持，进行人力资源开发，海洋基础设施建设，将现代化科学技术应用到海洋经济产业、海洋环境保护、防灾和应对气候变化及海平面上升中。

七、调动资源，鼓励所有经济部门对海洋可持续发展进行投资，建设强大的海洋经济集团

促进从各经济部门，特别是私营企业和外商投资企业吸引资源。积极

吸引发达国家的先进技术和具有先进管理技术的大投资者。国家预算优先考虑投资发展前哨地区、远岸地区的海岛县、社；社会化投资海洋和岛屿、经济区及沿海工业区的基础设施。鼓励发展在海上经营的所有经济部门和海洋经济集团，特别是在远海、远洋地区。继续调整国有海洋经济企业，提高管理能力，生产经营效率和竞争力。

第五节　组织实施

（1）省委、市委、党委班子、党委干事、党团、中央直属党委组织学习、深入贯彻决议内容；制定、实施计划和行动目标，包括目标、标志、任务、解决方案、资源、检查和监督机制、负责机构、详细路线图，以在其机构和组织的责任范围内将决议具体化、制度化；加强领导，执行决议时在意识和行动上团结一致。

（2）国会领导法律法规的起草工作，优先考虑直接服务于执行决议的法律提案；加强国会、国会常务委员会、民族组织和国会各部对于越南海洋经济可持续发展的监督。

（3）政府党委指导总体规划和 5 年计划的制订，将决议的观点、目标和战略方向具体化；明确紧迫任务、常规任务、路线和具体分工。加强国家管理的能力和作用，建立国家海洋和岛屿管理的跨部门协调机制。领导和指导各机构、部委、分支机构和地方，审查、调整和补充相关战略、规划、计划和方案；全面完成符合各区域、各地方形势和条件的海洋经济可持续发展法律文件、机制和政策；定期监督、检查和评估决议的实施情况。

（4）中央宣传教育委员会主持，并与相关机构协调组织学习、贯彻和宣传决议；促进宣传，提高人们对海洋的地位和作用以及对越南海洋经济可持续发展战略的认识。

（5）越南祖国阵线和政治-社会组织领导和指导，动员各阶层人员积极参与和监督决议的执行情况。

（6）中央经济委员会主持及与相关机构协调，定期监督、检查和督促组织执行决议，定期进行初步审查和最终审查工作并上报政治局、书记处。

第二十七章　越南海警法

2018 年 11 月，越南第十四届国会第六次会议通过《越南海警法》(以下简称"《海警法》")。《海警法》在 2008 年《越南海警力量法令》的基础上制定，相比 2008 年的法令更加详细、完备。《海警法》重申越南共产党和越南政府对越南海警的领导管理，以法律的形式扩大了越南海警在海上执法时的权限、增加了其任务，扩大了越南海警的开火权、对民间资源的调用权和对国家制定政策的建议权等，将越南海警确立为执法骨干力量。

第一节　总　　则

一、调整范围

《海警法》规定了越南海警的地位、职能、任务、权限、组织和活动原则，关于越南海警的制度、政策，相关机关、组织、个人的责任。

二、术语解释

(一)"在越南海域保卫国家的主权、主权权利、裁判权"指的是，对于机关、组织或个人违反越南社会主义共和国主权、主权权利、裁判权相关法律法规行为的防范、发现、处理行动。

(二)"越南海警的干部、战士"指的是，士官、专业军人、下士、兵士、工人、越南海警在编人员。

三、越南海警的地位和职能

(一)越南海警是人民武装力量和国家的专职力量，是执法保卫国家海上安宁、秩序和安全的骨干力量。

(二)越南海警有责任为国防部长根据职权颁行或为党和国家制定关于保护国家安全和海上安全、秩序相关政策、法律提供参考；保卫越南海域的国家主权、主权权利、裁判权；根据职权要求进行秩序和安全管理，保证越南法律、越南社会主义共和国参与的国际条约、国际协议的执行。

四、越南海警的组织和活动原则

（一）绝对、直接服从越南共产党的领导、国家主席的统领、政府的统一管理和国防部长的直接指导和指挥。

（二）遵守越南宪法和法律及越南社会主义共和国参与的国际条约。

（三）集中、统一管理越南海警司令部至基层单位。

（四）主动防范、发现、斗争和处理违法行为。

（五）结合保卫国家主权、主权权利、裁判权的任务，在发展海洋经济的同时对海上安宁、秩序和安全进行管理。

（六）依靠人民，发挥人民力量，接受人民监督。

五、建设越南海警

（一）国家要建设革命化、正规化、精锐化、现代化的越南海警，为越南海警发展提供优先资源。

（二）越南的机关、组织和公民有责任参与纯洁、过硬的越南海警建设。

六、机关、组织和个人，参与、配合和帮助越南海警工作的责任、制度和政策

（一）机关、组织、个人在越南海域活动时，有责任参加、配合、帮助越南海警的工作，使其履行其职能、任务、权限。

（二）越南机关、组织、公民有责任配合越南海警完成由职权部门颁布的民间人力、船只、工具、技术设备调用决定，以保卫越南海域的国家主权、主权权利、裁判权。

（三）机关、组织和个人在参加、配合、帮助海警工作时，国家根据其要求保守秘密；有成绩的，给予表扬；有财产损失的，给予补偿；有名誉损害的，帮其恢复；受伤或生命、健康受到损害的，其亲人或家庭依法享受相关政策、制度的补偿。

七、严厉禁止的行为

(一)抵触、阻碍越南海警活动;在越南海警执行公务时或出于公务原因,对海警进行报复、恐吓,侵犯其生命健康、人格、名誉。

(二)收买、贿赂、胁迫越南海警干部和战士,使其违反职责、任务、权限。

(三)冒充越南海警干部、战士,假冒越南海警船只、设施;作假、买卖、非法使用越南海警服装、印章、公文。

(四)利用、滥用越南海警干部、战士的工作职务、权限、地位违反法律;侵犯机关、组织、个人的合法权利和利益。

(五)越南海警干部、战士对机构、组织、个人的越南海域合法活动进行敲诈勒索或者给其合法活动造成困难。

(六)违反本法规定的其他行为。

第二节 越南海警的任务、权限

八、越南海警的任务

(一)收集、分析、评估、预报情况;提出保卫国家安全的主张、解决办法、方案;执行涉海法律;为各级职能部门颁行关于保卫越南海域国家主权、主权权利、裁判权的相关法律;保证海上秩序、安全;对于防范与打击海上犯罪、违法活动的政策、法律,开展研究、分析、预报、参谋。

(二)保卫国家主权、主权权利、裁判权,保卫国家和民族安全、利益,保护海洋资源、环境,保护机构、组织、个人的海上合法财产、权利、利益。

(三)防范、打击海上犯罪和违法行为,保护海上安宁、秩序和安全,进行海上搜救、救难,参与处理海上环境事故。

(四)参与国防、安全体系建设,处理海上国防、安全事件。

(五)进行法律宣传、普及、教育。

(六)接受和使用被调用参与保卫越南海域国家主权、主权权利、裁判权的民间人力、船只、工具和技术设备。

（七）在遵守与越南海警职能、任务、权限相关的国际协议和越南社会主义共和国签署的国际条约的基础上开展国际合作。

九、越南海警的权限

（一）根据本法和其他相关法律规定，对越南海域内的人员、船只、货物、行李进行巡查、检查、搜查。

（二）根据本法第十四点规定，使用执行工作任务所需要的武器、爆炸物、辅助工具。

（三）根据本法第十五点和其他相关法律规定，使用设施、专业技术设备。

（四）根据相关行政法律处理行政违法案件。

（五）根据组织机关调查刑事案件相关法律和刑事诉讼相关法律，开展部分刑事调查活动。

（六）追捕海上违法船只。

（七）在紧急情况下调用属于越南机关、组织、公民的人员、船只、工具、技术设备。

（八）在紧急情况下提议国外组织、个人在越南海域内提供帮助、开展救援活动。

（九）依法扣留海上违法船只。

（十）根据本法第十二点规定开展工作。

十、越南海警干部、战士的义务和责任

（一）对祖国、人民、党和国家绝对忠诚；严格执行党的方针、路线，国家政策、法律，上级命令、指示。

（二）坚决维护越南海域国家主权、主权权利、裁判权；防范、打击海上犯罪、违法行为，保证社会安宁、秩序和安全，保护越南海域的和平、稳定和发展。

（三）严守国家秘密、工作秘密，严格执行海警工作办法。

（四）遵守越南签署的各项国际条约和与越南海警职能、任务、权限相关的国际协议。

（五）加强学习，提高政治本领、法律意识、专业水平、业务能力、组

织纪律意识，开展体能训练。

(六)在执行任务时对法律和上级决定负责。

第三节　越南海警的活动

十一、越南海警的活动范围

(一)越南海警在越南海域活动履行本法规定的职能、任务、权限。

(二)出于人道与和平目的，防范、打击违法犯罪活动时，越南海警可以在越南海域外开展活动，在开展活动时要遵守越南法律、越南签署的各项国际条约和与越南海警职能、任务、权限相关的国际协议规定。

十二、越南海警的工作办法

(一)越南海警在开展工作时，运用群众运动办法、法律办法、外交办法、经济办法、科学技术办法、业务办法、武装办法。

(二)越南海警司令根据第十二(一)点规定决定海警使用的办法，并为其决定对法律和上级负责。

十三、越南海警海上执法时的巡查、检查、搜查

(一)越南海警对于人员、船只、货物、行李开展巡查、检查、搜查活动，发现、杜绝、处理海上违法行为。

(二)需要船只停靠进行检查、搜查的情形包括：

1. 直接发现有违法行为或有违法征兆的；

2. 通过专业工具、技术设备发现、确认有违法行为或有违法征兆的；

3. 举报、线报有犯罪、违法行为的；

4. 职权部门对违法人员、船只、工具有紧追、羁押请求的；

5. 违法人员自觉交代违法行为的。

(三)在进行巡查、检查、搜查时，越南海警需展示其船只、飞机和其他装备的颜色；根据本法第二十九点、第三十一点规定展示旗号、徽章、标志、服装。

（四）在越南海域内的机关、组织、个人有义务接受越南海警的检查、搜查。

（五）国防部长规定越南海警的巡查、检查、搜查程序。

十四、越南海警海上执法时使用武器、爆炸物、辅助工具

（一）在执行任务时，越南海警干部、战士，可根据《管理及使用武器、爆炸物和辅助工具法》规定，使用武器、爆炸物和辅助工具并开火。

（二）除根据《管理及使用武器、爆炸物和辅助工具法》规定开火外，在执行防范与打击犯罪，保证海上安宁、秩序和安全相关任务时，属于下列情形之一的，除了外交机构代表船只、外国领事机构船只、国际组织代表机构船只、载有乘客的船只或者已经停下的载有人质的船只以外，越南海警干部和战士可以向船只开火：

1. 已经控制的船只发起进攻或者直接威胁到执行公务人员及他人生命的；

2. 已确定由犯罪对象控制的船只且有逃跑倾向的；

3. 已确定船上载有犯罪对象或载有非法武器、爆炸物、反动材料、国家秘密、毒品、国宝且有逃跑倾向的；

4. 已确定船上的对象作出越南社会主义共和国参加的国际条约中规定和《刑法》中规定的海盗行为、武装劫船行为且有逃跑倾向的。

（三）第十四（二）点规定的可以开枪的情形，越南海警干部、战士在向船只开火前要通过行动、命令、言语或朝天开枪的方式进行警告；在执行有组织任务时需遵守有实权者的命令。

十五、越南海警海上执法时使用设施、专业技术设备

（一）越南海警在收集、分析、评估、预报情况，保卫国家主权、主权权利、裁判权，保护国家、民族海上安全、利益时；发现、逮捕、调查、处理犯罪、违法行为时，根据保护国家安全相关法律、行政违法相关法律、刑事诉讼相关法律，使用设施、专业技术设备、搜集结果。

（二）越南海警的设施、专业技术设备在使用之前需进行鉴定、校准、试验，使其符合法律规定程序和安全保证。

（三）政府规定越南海警使用设施、专业技术设备的管理、使用和

名目。

十六、越南海警海上执法时调用民间人员、船只、工具、技术设备

（一）因人员、船只、工具违法需要紧急逮捕时，开展搜救工作时，应对、克服严重环境事故时，海警干部、战士可调用越南机关、组织、公民的人员、船只、工具、技术设备。

（二）第十六（一）点规定的调用工作，要保证符合被调用民间人员、船只、工具、技术设备的实际能力且在紧急情况结束时须立即归还。

被调用的人员、财产受到伤害时，根据本法第六（三）点规定享受法律规定的制度、政策，得到补偿。实施调用的干部、战士所属机构有责任根据法律规定进行补偿。

（三）越南的机关、组织、公民有责任完成越南海警的调用工作。

（四）因人员、船只、工具违法需要紧急逮捕时，开展搜救工作时，应对、克服严重环境事故时，越南海警干部、战士可向在越南海域活动的外国组织、个人提议，提供帮助和参与救援。

十七、越南海警在海上执法时对海上船只行使紧追权

（一）越南海警在下列情况下对海上船只行使紧追权：

1. 在海上违反越南国家主权、主权权利、裁判权的；

2. 不执行本法第十三（三）点规定的海警停船信号、号令的；

3. 开展国际追捕合作的；

4. 法律规定的其他情形。

（二）越南海警对海上船只行使紧追权的范围、权力、程序，根据越南法律和越南社会主义共和国参与的国际条约规定执行。

十八、公布、通报、更改航行安全指数

越南海警司令部负责公布或更改航行安全指数并向职权部门通报；接收、处理航行安全信息，向在越南海域活动的船只通报适宜的安全航行办法。

十九、越南海警的国际合作原则

（一）在遵守越南法律、越南社会主义共和国参与的国际条约、职权相关的国际协议的基础上开展国际合作，尊重国际法的基本原则，保证国家的独立、主权、主权权利、裁判权，保卫国家、民族利益及组织、个人海上活动的合法权利和利益。

（二）发挥自身力量和利用国际社会的支持、帮助，保证海上法律的执行。

二十、越南海警的国际合作内容

（一）防范、打击海盗、武装劫船。

（二）在越南海警任务、权限范围内，防范与打击毒品犯罪、拐卖人口、非法武器买卖、恐怖活动、非法出入境活动、非法跨境交易、非法货物运输、非法开采海产和其他海上违法活动。

（三）在越南海警职能、任务、权限范围内，防范污染，预防、应对、处理海上环境事故，检查保护海洋资源，保护海洋生物多样性和海洋生态系统，对自然灾害作出防御、警报，开展人道主义援助，应对灾害，进行海上搜救和救灾。

（四）开展培训、培养、专业训练，进行经验交流，转交装备、科学技术，提高越南海警能力。

（五）越南法律，越南社会主义共和国参与的国际条约，与越南海警职能、任务、权限相关的国际协议中规定的其他国际合作内容。

二十一、越南海警的国际合作形式

（一）交流与海上安宁、秩序和安全相关的信息。

（二）组织或参加有关海上安宁、秩序、安全和法律执行的国际会议、研讨会。

（三）根据法律规定，与其他国家职能部门、国际组织一起参加国际协议的签订。

（四）配合巡查、检查、搜查，以保证海上安宁、秩序、安全和法律的实施。

（五）参加演习、训练，依照世界和地区内各国海上法律开展礼节性接待、访问。

（六）根据越南法律、越南社会主义共和国参与的国际条约和国际协议的规定同与越南社会主义共和国有联系的常设机构、关键部门开展工作。

（七）越南法律及越南社会主义共和国参与的国际条约、国际协议中规定的其他国际合作形式。

第四节　越南海警与职能机关、组织、部队联合开展活动

二十二、配合范围

（一）根据本法规定和相关法律的其他规定，越南海警牵头，并与部属机关、组织、部队及其他部级机关和省级人民委员会联合执行越南海警的任务、履行越南海警的权力。

（二）越南海警和国防部所属机构的联合工作由国防部长规定。

二十三、配合原则

（一）配合工作要在部属机关、组织、部队，部级机关和省级人民委员会职能基础上开展；禁止妨碍机关、组织、个人的海上合法活动。

（二）越南海警和部属机关、组织、部队，部级机关和省级人民委员会相互协调，及时完成任务，互相协助履行法律规定的职能、任务和权限。

（三）确保集中统一的主持、调度，在配合过程中对机关、组织、部队的国防、安全、工作方法相关信息进行保密。

（四）确保配合方式灵活、具体、有效，与主持、配合机关的领导责任人紧密联系。

（五）在同一海域上，当发现与多个机关、组织、部队职能、任务、权限相关的违法行为时，则先发现的机关、组织、部队根据法律规定的职权进行处理。不属于自己职权范围内的情况、事项，则将违法档案、人员、赃物、船只、工具转交有职权主持解决的机关、组织、部队；接受的机关、组织、部队有责任向交予方通报调查与处理结果。

二十四、配合内容

（一）交流信息、材料，研究、制定法律规范文本。

（二）保卫海上国家安全、主权、主权权利和裁判权。

（三）保护海洋环境和资源，国家、组织、个人的海上财产，从事海上合法活动的个人的生命、健康、名誉、人格。

（四）开展海上巡查、检查、搜查工作，保护海上安宁、秩序、安全；防止、发现、制止、打击违法行为，打击、防御海盗和武装劫船。

（五）防范自然灾害，开展搜救、救难，克服、应对海上环境事故。

（六）培训、训练、培养越南海警干部、战士，向人民开展法律宣传、推广、教育。

（七）开展国际合作。

（八）配合开展其他相关活动。

二十五、部级机关部长、副部长，省级人民委员会主席在配合越南海警时的责任

部级机关部长、副部长，省级人民委员会主席在自己任务、权限范围内，有责任根据政府规定，配合国防部长开展与越南海警相关的活动。

第五节 越南海警的组织

二十六、越南海警的组织体系

(一)越南海警的组织体系包括：

1. 越南海警司令部；

2. 区域海警司令部和越南海警司令部直属单位；

3. 基层单位。

(二)政府规定第二十六(一)点细节。

二十七、越南海警传统日

每年的 8 月 28 日是越南海警传统日。

二十八、国际译名

越南海警的国际译名是 Vietnam Coast Guard。

二十九、越南海警的颜色、旗帜、徽章和识别标志

(一)越南海警的船只、飞机和其他工具有其自身独特的颜色、旗帜、徽章和识别标志。当执行任务时，船只必须悬挂国旗和越南海警旗号。

(二)政府规定第二十九(一)点细节。

三十、越南海警的印章

在履行职能、任务、权限时，越南海警使用有国徽图案的印章。

三十一、越南海警的服饰

政府规定越南海警的警号、军衔、徽章、警服、礼服。

第六节　越南海警政策、制度和活动保障

三十二、越南海警的经费和物质保障基础

(一)国家为越南海警的活动提供资金、物质基础、土地、办事处、项目支持。

(二)国家优先为越南海警投资现代装备，应用先进的科研成果。

三十三、越南海警的装备

(一)越南海警持有船只、飞机和其他工具，各类武器、爆炸物、辅助工具和专业技术设备用于履行职能和完成任务。

(二)国防部长规定第三十三(一)点细节。

三十四、越南海警干部、战士的等级、军衔、职务、服务制度、政策制度和权利

(一)根据《越南人民军军官法》《专业军人法》《国防工作人员法》《军事

义务法》和其他相关法律规定，实施越南海警干部、战士的职务任免，升职，降职，剥夺职级、军衔，工资增减，教育、培训，录用，服务、退伍等制度、政策和其他规定的权利。

（二）越南海警干部、战士在军队服役时，有权享受适合其任务性质、特殊工作以及政府规定的优惠政策。

三十五、越南海警选拔条件、标准

（一）满18周岁，男女不限，政治品质良好，讲道德，身体健康，意愿鲜明并自愿长期服务于越南海警的越南公民。

（二）具有专业技术证书文凭，具有与越南海警的任务要求相符的技能。

（三）国防部长具体规定第三十五点细节。

三十六、越南海警干部、战士教育及培训

越南海警的干部、战士可参与政治、专业、法律、外语和其他与其任务和权限相关的必要知识的教育和培训；鼓励发展长期服务越南海警的才能。

第七节　部、部级机关、地方政府对越南海警的国家管理和责任

三十七、对越南海警的国家管理内容

（一）在权限范围内颁布、呈送文件和组织实施越南海警相关法律文件。

（二）组织、指导越南海警活动。

（三）教育、培训越南海警干部、战士。

（四）落实越南海警的政策制度。

（五）检查、监察、解决越南海警活动中的投诉、指控、小结、总结、奖励和违法行为。

（六）开展法律宣传、推广、教育。

（七）越南海警的国际合作。

三十八、对于越南海警的国家管理责任

（一）政府对越南海警进行统一管理。

（二）国防部长对政府开展的越南海警国家管理工作负责。

（三）同级部门负责人在其职责范围内有义务配合国防部长开展对越南海警的国家管理工作。

三十九、各级人民委员会和政府的责任

各级人民委员会和政府在其职责和权限范围内，为越南海警利用地方土地资金建设驻地、船只泊位、仓库、码头创造条件；开展越南海警相关法律的宣传、普及、教育工作；根据法律规定为越南海警的干部、战士实施社会住宅政策。

四十、越南祖国阵线及其成员单位的责任

越南祖国阵线及其成员单位在各自的任务和权限范围内，有责任配合有关机构和组织宣传、动员人民实施越南海警相关法律；根据法律规定对越南海警进行监督。

第八节 实施条款

四十一、实施效力

《海警法》自 2019 年 7 月 1 日起生效。

2008 年 1 月 26 日颁布的第 03/2008/PL-UBTVQH12 号《越南海警力量法令》自本法生效之日起失效。

本法于越南社会主义共和国第十四届国会第六次会议通过。

第二十八章　印度海岸管控区域公告(草案)

2018 年 4 月，印度环境、森林与气候变化部发布 2018 年版《海岸管控区域公告(草案)》(以下简称"《公告》")，面向公众和利益相关方征求意见。《公告》明确了海岸管控区域的范围和分类、禁止和许可的活动、海岸带管理规划、使用审批机构和程序、贯彻实施以及需要重点关注的地区(附件略)，拟适当放宽相关政策限制，加大沿海地区开发力度，促进滨海旅游业发展。

第一节　海岸管控区域范围

为了保护沿海地区独特的环境、保障沿海地区渔民社区和当地其他社区的生计安全，综合考虑自然灾害、全球变暖引起的海平面上升等问题，坚持用科学管理推动可持续发展，中央政府现行使 1986 年《环境保护法》第 3 节第(1)条和第(2)条(Ⅴ)款所赋予的权力，特此宣布废止 2011 年版《海岸管控区域公告》，确定除安达曼-尼科巴群岛和拉克沙群岛及其周边海域岛屿外，印度沿海地区与领海外部界线之间的区域作为海岸管控区域，具体包括以下区域：

(1)高潮线向陆一侧 500 米范围内区域；

(2)高潮线向陆 50 米范围内的陆地区域，或溪流入海口处潮汐溯河而上所影响的区域，以二者中较小者为准，海岸带管理规划中应对其进行明确标注和划分；

(3)潮间带，即位于高潮线与低潮线之间的陆地区域；

(4)低潮线与领海外部界限(12 海里)之间的水体、海床和底土，以及河水两岸低潮线之间受潮汐影响的水体及其底土。

第二节　海岸管控区域分类

一、一类海岸管控区域（以下简称"CRZ-I"）

（一）CRZ-I A 类区域

（1）CRZ-I A 类区域包括以下生态敏感地区，以及在维持海岸完整性方面发挥重要作用的特殊地貌区域。

①红树林。在红树林面积超过 1000 平方米的情况下，应划定 50 米以上的红树林缓冲区，该缓冲区属于 CRZ-I A 类区域。

②珊瑚与珊瑚礁。

③沙丘。

④生物活性泥滩。

⑤《野生动物保护法》《森林保护法》及《环境保护法》所划定的国家公园、海洋公园、保护区、森林保护区、野生生物栖息地和其他保护区（包括生物圈保护区）。

⑥盐沼。

⑦海龟孵化地。

⑧马蹄蟹栖息地。

⑨海草床。

⑩鸟类筑巢地。

⑪具有考古价值的区域、建筑物及遗址。

（2）针对管辖区域内的上述生态敏感地区，沿海各邦/联邦属地要根据附件一所述的指导原则制订具体的环境管理规划，并整合到海岸带管理规划中。

（二）CRZ-I B 类区域

潮间带即低潮线与高潮线之间的区域属于 CRZ-I B 类区域。

二、二类海岸管控区域（以下简称"CRZ-II"）

CRZ-II 是指临近海岸线的已开发地块，包括现有的市政区划范围或其他合法的特定区域，已开发的区域面积占总地块面积的50%以上，并已修建排水、引道及其他配套基础设施，如供水管道及排污管道等。

三、三类海岸管控区域（以下简称"CRZ-III"）

CRZ-III 包括受到影响相对较小的地区（即农村地区等）以及不属于CRZ-II 的地区，划分为以下几类：

（1）CRZ-III A 类区域。

CRZ-III 中人口稠密区域，即基于 2011 年人口普查数据，人口密度超过 2161 人／千米^2 的地区，应划定为 CRZ-III A 类区域。在 CRZ-III A 类区域内，根据《公告》，海岸带管理规划经过适当协商程序获得批准后，从高潮线向陆 50 米范围内划定为禁止开发区（禁止开发区不适用于港口地区，下同），若海岸带管理规划未获得批准，则继续沿用高潮线向陆 200 米范围作为禁止开发区。

（2）CRZ-III B 类区域。

根据 2011 年人口普查数据，所有其他人口密度小于 2161 人／千米^2 的地区划定为 CRZ-III B 类区域。在 CRZ-III B 类区域内，从高潮线向陆 200 米范围为禁止开发区。

（3）高潮线至向陆 50 米范围内的陆地区域，或溪流入海口处潮汐溯河而上所影响的范围（以二者中较小者为准），也应划定为 CRZ III 中的禁止开发区。

四、四类海岸管控区域（以下简称"CRZ-IV"）

（一）CRZ-IV A 类区域

低潮线至 12 海里界限之间的水域、海床和底土划定为 CRZ-IV A 类区域。

（二）CRZ-IV B 类区域

CRZ-IV B 类区域包括河水两岸低潮线之间受潮汐影响的水体及其底土，即一年中最干燥的季节时盐度为 5 的水域范围。

第三节　海岸管控区域内禁止的活动

（1）新建和扩建工厂，新增和扩大经营或工程。

（2）加工和处理石油或存储和处置环境、森林和气候变化部公告的危险物质。

（3）新建水产品加工厂。

（4）会对海水自然过程造成影响的围填海项目。

（5）工厂、城镇或其他人类居住区排放的未经处理的废物和废水。

（6）城市废物倾倒及垃圾填埋，包括建筑垃圾、工业固体废物、用于填埋的粉煤灰。

（7）在易受侵蚀的海岸兴建港口。

（8）开采砂石和其他材料。

（9）修整或改造活动沙丘。

（10）为了保护水生生物系统和海洋生物安全，禁止向沿海水域倾倒塑料垃圾。应在海岸管控区域内采取适当措施管理和处置塑料垃圾。

第四节　海岸管控区域内许可的活动

一、CRZ-I

（一）CRZ-I A 类区域

这类地区在生态上最为敏感，一般不允许在 CRZ-I A 类区域进行开发活动，但以下情况除外。

（1）根据《公告》，经过适当的质询程序/公开听证会，得到海岸带管理规划许可，在采取环境保护和预防措施的情况下，可以在确定的区域内进行生态旅游活动，如红树林漫步、树屋、林间小路等。

（2）在红树林缓冲区内，只允许为了公共事务所需进行管道铺设、输电线路铺设、运输系统/机械装置和高架桥建造等活动。

（3）只有在应用于国防、战略和公共事务等特殊情况下，才允许占用

CRZ-I 地区，进行围海造地建造道路和高架桥，但必须由海岸带管理机构进行详尽的海洋/陆地环境影响评估，并经由环境、森林和气候变化部批准；如果这些道路的建设经过红树林地区或可能对红树林造成损害，项目结束后，施工方应当对建设过程中受到影响/毁坏/砍伐的红树林进行补偿性种植，补偿性种植面积至少是受到影响/毁坏/砍伐的红树林面积的 3 倍。

（二）CRZ-I B 类区域

（1）下述活动可以进行土地围垦和填海：

①海港设施建设，如港口、防波堤、码头、堤岸、船舶下水滑道、桥梁和海上连通等。

②出于国防、战略和安全考虑的项目。

③不允许在现有高潮线向陆一侧建设高架道路。围填海土地可以用于公共事务，如大规模快速或多式联运系统、建设和安装相关公共设施和基础设施，包括用于电气或电子信号运输或传输系统、规划的中转站等，但工业经营、修复和保养除外。

④海岸侵蚀防治措施。

⑤维护和清理水路、航道和港口。

⑥安装防砂坝、防潮闸，铺设雨水排水系统，建设防止海水入侵和淡水回灌的设施。

（2）港口、码头、防波堤、海岸侵蚀防治设施、管道、灯塔、航行安全设施、海岸警察局建设等与海岸带直接相关的活动。

（3）非传统能源发电及相关设施建设。

（4）在港口、码头、炼油厂与船舶之间运输危险物质。

（5）附件二中规定的石油产品和液化天然气的接收和存储设施，如果设施用于接收和存储化肥所需的原料，如氨、磷酸、硫黄、硫酸、硝酸等，须遵守有关安全条例，如石油和天然气部石油工业安全局、环境、森林和气候变化部发布的指南。

（6）在获得许可的港口储存食用油、化肥和粮食谷物等非危险货物。

（7）孵化场和鱼干加工。

（8）出于现代化目的（仅用于辅助设施和污染控制措施），现有鱼类加工厂可以使用额外 25% 的附加区域，但须遵守以下规定：

①不得低于现行的城乡规划条例规定的最低安全标准；

②只允许在向陆一侧建造附加区域；

③经过邦污染控制董事会/污染控制委员会（SPCB/PCC）的批准。

（9）废物和废水的处理设施以及经过处理的废水的输送设施。

（10）雨水排水系统。

（11）原子能部项目，以及与战略和国防相关的项目。

（12）原子能部批准或授权的采矿计划，1957 年《矿山与矿产（管理和开发）法》附表一 B 部分所列稀有矿物的人工开采，或潮间带内的一种或多种矿物的人工采矿作业。根据批准的采矿计划，人工采矿作业仅限于使用篮筐和手铲在潮间带内进行采矿。不可以使用钻探、爆破装置或重型机械。

（13）勘探和开采石油和天然气及相关活动和设施。

（14）按照环境、森林和气候变化部公布的环境标准以及国家污染控制委员会/邦污染控制董事会/污染控制委员会（SPCB/PCC）的有关规定，在海滩上建造原材料运输设施、冷却水入口设施、废水排放或火力发电厂冷却水排放设施。

（15）管道输送系统，包括输电线路。

（16）用于飓风监测和预报的气象雷达及相关设施。

（17）采盐及相关设施。

（18）海水淡化工厂及相关设施。

二、CRZ-II

（1）CRZ-I B 类区域允许的活动可适用于 CRZ-II。

（2）只可在现有道路或固定构筑物向陆一侧建造住宅用途的建筑物，如学校、医院、社会事业机构、办事处、公共场所等；在现有道路向海一侧的新建道路，不得在其向陆一侧建造建筑物。

（3）第（2）项所允许新建的建筑物，应遵守当地城乡规划条例以及《公告》关于建筑面积指数和容积率的规定。城市规划局负责依据固体废弃物处置规则对固体废弃物进行妥善处理，未经处理的污水不得排放到海岸或沿海水域。

（4）经许可重建的建筑物，应遵守当地城乡规划条例，不得变更当前土地用途，并应符合《公告》关于建筑面积指数和容积率的有关规定。城市规划局负责依据《固体废弃物处置规则》对固体废弃物进行妥善处理，未经处理的污水不得排放到海岸或沿海水域。

（5）附件三规定了在指定地区空置地块建造滨海度假村、酒店的条件和原则。

（6）按照《公告》规定并经适当的磋商程序或公开听证会等形式审议，可以制定旅游规划，在海滩上设置临时旅游设施，这种临时设施包括棚屋、卫生间/洗手间、更衣室、淋浴间、使用联锁块工艺建造的步行道、饮用水设施、座椅等。这些设施的建造须遵守海岸带管理规划的环保要求。

三、CRZ-Ⅲ

（1）CRZ-Ⅰ B 类区域允许的活动可适用于 CRZ-Ⅲ。

（2）对禁止开发区内活动的管理：

①CRZ-Ⅲ 的禁止开发区内不允许建造任何建筑物，但在不超过现有建筑面积指数、现有地基面积和现有密度的情况下，准许维修或重建现有建筑物；《公告》允许的活动，包括建造或重建对传统沿海社区（包括渔民）活动所必需的设施、必要的灾害管理设施和适当的公共卫生设施。

②农业、园艺、花园、牧场、公园、游乐场和林业活动。

③当地居民所需的药房、学校、公共雨棚、社区卫生间/洗手间、桥梁、道路、供水设施、排水设施、污水处理厂、火葬场、墓地和变电站的建设可经由海岸带管理机构根据个案情况进行审批。

④经有关污染控制委员会的事先批准，建设住宅污水处理和处置设施或其配套设施。

⑤当地渔业社区所需的晒鱼场、拍卖大厅、渔网修补场、传统造船场、制冰厂、碎冰装置、鱼类养护设施等。

⑥如果国家或邦级高速公路穿过 CRZ-Ⅲ 的禁止开发区，道路的向海一侧允许建设卫生间/洗手间、更衣室、饮用水设施和简易棚屋等临时性旅游设施。道路的向陆一侧允许建设度假村、酒店和相关的旅游设施。但必须在按照《公告》和附件三规定的条件、原则将旅游规划纳入批准的海岸带管理规划中。

⑦CRZ-III 的禁止开发区内允许搭建临时旅游设施，包括棚屋、卫生间/洗手间、更衣室、淋浴隔间、使用联锁块工艺建造的步行道、饮用水设施、座椅等。但是必须符合按《公告》规定批准的海岸带管理规划中的旅游规划。

（3）对 CRZ-III 区域除禁止开发区外的其他区域内活动的管理：

①根据附件三有关规定，在指定闲置地块建造海滩度假村、酒店。

②在传统权利和习惯用途的范围下新建或重建住宅，例如现有渔村等。住宅的建造或重建许可须符合当地城乡规划，高度不超过 9 米，建筑不超过两层（地面+一层）。

③在不改变地基区域及现有房屋外观设计的情况下，允许当地社区（包括渔民）经营"民宿"推动旅游业发展。

④建设公共雨棚、社区卫生间/洗手间、排水系统、污水处理系统、道路和桥梁等。

⑤开采石灰岩。根据印度科学与工业研究理事会、中央矿业研究所等采矿领域著名研究所的建议，可以在特定区域内，按照采矿计划选择性开采石灰岩，这些区域须位于高潮线以上，矿石开采位置不得低于高潮线以上 1 米，并应采取保障措施以防止海水入侵、沿海水域污染和海岸侵蚀。

（4）除供当地社区居民饮用外，禁止在高潮线 200 米范围内抽取地下水及建设相关设施。高潮线 200 米至 500 米范围内，在没有其他水源可用的情况下，只允许通过人工方式打造普通水井，开采地下水作为饮用、园艺、农业及渔业用水。在受海水入侵影响的地区，沿海各邦/联邦属地政府指定专门机构负责地下水开采的管理。

四、CRZ-IV

（1）当地社区开展的传统捕鱼和相关活动。

（2）围填海及堤坝建设允许用于以下活动：

①海岸带设施建设，如港口、防波堤、码头、航道和桥梁等。

②出于国防、战略和安全考虑的项目。

③海岸侵蚀防治措施。

④维护和清理水道、航道和港口。

⑤安装防砂坝、防潮闸，铺设雨水排水系统，建设防止海水入侵和淡

水回灌的设施。

（3）与海滨有关或直接需要海滨设施的活动，如港口、码头、防波堤、海岸侵蚀防治设施、管道、航行安全设施建设等。

（4）非传统能源发电及相关设施建设。

（5）将有害物质从船舶运送到港口。

（6）在获得许可的港口储存食用油、化肥和粮食谷物等非危险货物。

（7）将经过处理的污水排入管道的设施。

（8）列入战略和国防相关的项目。

（9）原子能部的项目。

（10）勘探和开采油气及其相关活动和设施。

（11）按照环境、森林和气候变化部公告的环境标准以及国家污染控制委员会/邦污染控制董事会/污染控制委员会（SPCB/PCC）的有关规定，在海滩上建造原材料运输设施、冷却水入口设施、废水排放或火力发电厂冷却水排放设施。

（12）管道、通信输送系统，包括输电线路。

（13）用于飓风监测和预报的气象雷达及相关设施。

（14）有关邦政府在 CRZ-Ⅳ A 类区域内修建纪念碑和相关设施，在特殊情况下，要采取适当的环境保护措施，并遵守以下规定。

①有关邦政府应向邦海岸带管理机构提交在 CRZ-Ⅳ A 类地区建设项目的理由，以及备选场地的详细情况和包括环境参数在内的各种指标参数，邦海岸带管理机构将对项目进行审查，并向中央政府（环境、森林与气候变化部）提出建议，得到授权编制邦政府环境影响评估报告。

②根据联邦政府的授权，有关邦政府应提交环境管理规划草案、环境影响评估报告草案、灾害管理规划草案、风险评估报告草案，包括紧急情况下的现场和非现场应急计划、疏散计划，并按照邦污染控制委员会环境影响评估公告规定的程序，就拟议项目召开公众听证会。

③针对第②项所述的公众听证会期间公众提出的有关问题，有关邦政府在处理后应将最终的环境影响评估报告、环境管理规划、风险评估报告和灾害管理规划提交给邦海岸带管理机构，以备环境、森林与气候变化部审查。

④如果能确定该项目不涉及公共场所的修复和重建，或该项目位置远

离居住区，中央政府在必要时，可以免除第②项所述召开公众听证会的要求。

第五节　海岸带管理规划

(1)所有沿海各邦/联邦属地应根据《公告》规定，及时修订/更新之前按照 2011 年版《海岸管控区域公告》所制定的海岸带管理规划，并尽早提交给环境、森林与气候变化部审核。所有符合《公告》的项目活动均需按照《公告》所制定的最新的海岸带管理规划进行评估。如果海岸带管理规划没有进行修订/更新，则不适用于《公告》的条款，相应项目的评估和海岸管控区域许可将继续按照 2011 年版《海岸管控区域公告》中对海岸带管理规划的规定进行。

(2)海岸带管理规划的编制/修订，由沿海各邦/联邦属地知名且经验丰富的科研机构，或环境、森林与气候变化部下属的国家海岸可持续管理中心进行，并与利益相关者进行磋商。

(3)沿海各邦/联邦属地应按照《公告》附件四中的公众协商规定，按照 1∶25 000 的比例绘制海岸带管理规划图，并对各自属地内海岸管控区域进行分类。

《公告》列出的所有开发活动应由各邦政府/联邦属地管理局、地方当局或相关海岸带管理机构按照《公告》规定，在已批准的海岸带管理规划框架下，视具体情况进行管理。

(4)《海岸带管理规划草案》应由邦政府/联邦属地提交给相关的海岸带管理机构进行评估，包括根据 1986 年《环境保护法》规定的程序进行适当的磋商并提出建议。

(5)各相关邦政府/联邦属地的海岸带管理规划提交环境、森林与气候变化部进行审批。

(6)通常情况下，5 年内不能修订海岸带管理规划，此后相关邦政府/联邦属地可以考虑着手修订海岸带管理规划。

第六节　海岸管控区域使用审批机构

(1)所有根据《公告》使用审批的项目活动，都必须在开工前获得海岸管控区域使用许可。

（2）环境、森林与气候变化部根据相关海岸带管理机构的建议，对所有依据《公告》规定在 CRZ-I 和 CRZ-IV 内进行的开发活动/项目发放海岸管控区域使用许可。

（3）在 CRZ-II 或 CRZ-III 内的所有其他使用审批的活动，应由相应的海岸带管理机构进行海岸管控区域使用审批。在 CRZ-II 或 CRZ-III 内，同时涉及 CRZ-I 或 CRZ-IV 区域的活动，则必须由环境、森林与气候变化部根据有关海岸带管理机构的建议进行海岸管控区域使用审批。

（4）国家环境影响评估局或环境部应根据相关海岸带管理机构的建议，对适用《公告》及 2006 年《环境影响评估公告》规定的项目/活动，对 A 类和 B 类的项目分别进行审议。

（5）相关各邦/联邦属地规划部门根据相关海岸带管理机构的建议，对建筑面积低于环境影响评估公告规定的限制标准的建筑或建设项目进行审批。

（6）建筑总面积不超过 300 平方米的自用住宅，由相应地方主管部门进行审批，无须海岸带管理机构的建议。但是，地方主管部门应根据《公告》对提案进行审查。

第七节　海岸管控区域使用审批程序

（1）项目方根据《公告》需要获得事前审批，要求向相关邦/联邦属地海岸带管理机构提交下列文件。

①项目实施具体信息。

②除建筑施工项目或住宅方案外，还需提交海洋和陆地部分的快速环境影响评估报告。

③位于中、低侵蚀地带的项目，需根据海岸带管理规划，在全面研究的基础上进行综合环境影响评估。

④风险评估报告和灾害管理计划。

⑤环境、森林与气候变化部根据 2014 年 3 月 14 日编号为 J-17011/8/92-IA-III 的指令指定机构绘制的 1∶4000 比例尺的海岸管控区域图，图上需标明国家可持续海岸管理中心确定的高潮线或低潮线。

⑥海岸管控区域图中需标示出项目布局，并对项目用地范围及海岸管控区域的类别进行明确标示。

⑦海岸管控区域图应包含项目周围 7 千米的半径范围，并标示出 CRZ-I、CRZ-II、CRZ-III 和 CRZ-IV 类区域以及生态敏感地区。

⑧各邦污染控制委员会或联邦属地污染控制委员会负责工业废水排放项目审批。

（2）相关海岸带管理机构应按照审批通过的海岸带管理规划和《公告》审查项目方提交的文件，并在收到申请之日起 60 天内提交审查意见。

①对于涉及 2006 年《环境影响评估公告》的项目，A 类项目和 B 类项目的审查意见可以提交给环境、森林与气候变化部或国家环境影响评估局；对于位于 CRZ-I 或 CRZ-IV 内的 B 类项目，由环境、森林与气候变化部综合考虑国家环境影响评估局的意见，提出海岸管控区域最终审批意见。

②对于位于 CRZ-I 或 CRZ-IV 内，但不适用 2006 年《环境影响评估公告》有关规定的项目审查意见，提交给环境、森林与气候变化部。

③对于位于 CRZ-II 或 CRZ-III 内，但不适用 2006 年《环境影响评估公告》有关规定的项目的审查意见，提交给国家环境影响评估局。

④建筑面积小于 2006 年《环境影响评估公告》有关规定的项目审查意见，提交给相关邦/联邦属地规划局。

（3）环境、森林与气候变化部、国家环境影响评估局或相关邦/联邦属地规划局应在 60 天内根据有关海岸带管理机构的审查意见对相应项目进行审批。

（4）若海岸带管理机构由于重组或其他原因不能正常开展业务，则由负责海岸带管理规划的各邦政府/联邦属地主管部门，根据上述条款的规定提出意见和建议。

（5）根据《公告》对项目给予的许可有效期为 7 年，建设活动应自许可证签发之日起开工并于 7 年内竣工。

在有效期内，申请人可向有关当局申请延期，有效期最长可以延长 3 年。

（6）许可后的监管：

①项目方必须根据环境许可规定的条款和条件，每半年向相关监管部门提交软硬件检查合格报告，并在每年的 6 月 1 日至 12 月 31 日将提交的

所有检查合格报告予以公示，其副本应提交给相关海岸带管理机构备案以供查阅。

②检查合格报告应公布在相关监管机构的网站上。

（7）为确保海岸带管理机构工作的透明度，海岸带管理机构应设立专门的网站并发布会议议程、会议记录、决议、许可信函、违规行为、对违规行为和诉讼事项的处理结果，包括法院令以及各邦政府/联邦属地批准的海岸带管理规划。

第八节 《公告》贯彻实施

（1）环境、森林与气候变化部、邦政府/联邦属地有关管理机构、国家海岸带管理机构和沿海各邦海岸带管理机构，有权根据1986年《环境保护法》，推动《公告》的贯彻实施。

（2）国家海岸带管理机构和邦政府/联邦属地海岸带管理机构设置、任期及职责范围，由环境、森林与气候变化部根据《1993年第664号法院令》进行规定。

（3）邦政府/联邦属地海岸带管理机构主要负责《公告》的实施和监督。邦政府和联邦属地应建立地区级委员会，该委员会由相关地方行政长官担任主席，至少包括三名当地沿海社区传统渔民代表。邦政府可以考虑进一步将《公告》的执行权授权给各地方行政长官。

（4）按照2011年版《海岸管控区域公告》的规定，渔民社区和传统部落沿海社区允许兴建住宅，按照上述公告未获得有关部门正式批准的住宅，各联邦属地海岸带管理机构可考虑将符合下列条件的住宅合法化，即：

①未用于任何商业活动的住宅；

②未被出售或未被改造成非传统沿海社区的住宅。

第九节 需要重点关注的地区

一、极度脆弱的沿海区域

（1）对于西孟加拉邦桑德班地区和其他生态敏感地区等极度脆弱的沿海区域，应综合考虑红树林的养护和管理、当地社区的实际需求，如对药房、学校、公共雨棚、社区卫生间/洗手间、桥梁、道路、防波堤、供水、排水、排污等设施的需求、海平面上升及其他自然灾害的影响因素，根据海岸带管理规划的指导方针，制订综合管理计划。

（2）在综合管理计划期审批和公告期间，海岸带管理机构应综合考虑包括渔民在内的沿海社区的意见，根据具体需要建造诊所、学校、公共雨棚/暴风避难所、社区卫生间/洗手间、桥梁、道路、防波堤、供水、排水和污水处理设施等。

二、内陆回水岛屿及大陆沿岸岛屿周边的海岸管控区域

（1）《公告》适用于内陆回水岛屿及大陆沿岸岛屿。

（2）鉴于独特的沿海系统，及沿海地区的空间限制，高潮线向陆20米范围内的海岸管控区域适用于这些岛屿及相应活动，管理规定如下：

①内陆回水岛屿高潮线向陆20米范围内的当地社区现有住宅可以进行修复或重建，但不允许新建住宅。

②在采取适当环境保护措施的情况下，可在海岸管控区域的范围内建设渔港码头、晒鱼场、补网场、传统渔业加工场、造船场、制冰厂、修船场等海滩设施。

③各邦/联邦属地依据《岛屿保护区公告》，制订适用于拉克沙群岛、安达曼-尼科巴群岛等小岛屿的岛屿综合管理计划，并提交环境、森林与气候变化部审批。岛屿综合管理计划制订后，《公告》的条款才会生效，否则，海岸带管理规划应继续按照2011年版《海岸管控区域公告》的规定执行。

三、大孟买市区范围内的海岸管控区域

（1）为了保护大孟买地区的"绿肺"功能，CRZ-II开发计划中所有确定的露天区域、公园、花园、游乐场应划定为禁止开发区。此类区域只允许建设建筑面积指数高于15%的体育和娱乐类的市政设施，不得用于住宅和商业用途。

（2）特殊情况下，没有可供污水处理厂选址的区域时，可以在CRZ-I内建设市政污水处理厂，但需要考虑海岸带管理机构的建议，由中央政府进行审批，若在项目建设中影响/破坏/砍伐红树林，应按照损毁面积的3倍对红树林进行补种。

第二十九章　印度洋行为准则(草案)

2018 年 1 月,斯里兰卡探路者基金会海洋法中心发布《印度洋行为准则(草案)》(以下简称"《行为准则》")。《行为准则》参考了东非国家签署的《吉布提行为准则》和西非国家签署的《雅温得行为准则》,旨在最大限度地打击海上跨国有组织犯罪,海上恐怖主义,非法、未报告和无管制捕捞以及其他海上非法活动。《行为准则》为环印度洋联盟 21 个成员国探讨如何应对印度洋安全挑战提供了蓝本,最终将形成一份具有约束力的多边协议,成为成员国共同维护印度洋海上安全的区域框架。

第一条　定　义

1. "缔约国"是指签署《行为准则》的国家,包括澳大利亚、孟加拉国、科摩罗、印度、印度尼西亚、伊朗、肯尼亚、马达加斯加、马来西亚、毛里求斯、莫桑比克、阿曼、塞舌尔、新加坡、索马里、南非、斯里兰卡、坦桑尼亚、泰国、阿拉伯联合酋长国及也门。

2. "东道主国"是指已签署《行为准则》并接受其他缔约国外派官员的国家。

3. "海盗行为"包括以下任何行为:

(a)私人船舶或私人飞机上的船员、机组人员或乘客,为私人目的,对下列对象所从事的任何非法的暴力或扣留行为,或任何掠夺行为,包括:

(i)在公海上,针对其他船舶、飞机及其人员或财物;

(ii)在任何国家管辖海域外,针对船舶、飞机、人员或财物。

(b)明知船舶或飞机成为海盗船舶或飞机的事实,而自愿参加其活动的任何行为;

(c)教唆或故意便利(a)或(b)项的行为。

4. "海上武装抢劫"包括以下行为:

(a) 在一国内水、群岛水域或领海范围内，为私人目的，对船舶或船上人员以及财产进行的不同于海盗行为的非法暴力、扣押、掠夺或威胁行为；

(b) 教唆或故意便利(a)项的行为。

5. "海上跨国有组织犯罪"包括但不限于以下行为：

(a) 洗钱；

(b) 非法贩运武器与毒品；

(c) 海盗与海上武装抢劫；

(d) 非法石油燃料补给；

(e) 偷盗原油；

(f) 贩卖人口；

(g) 人口偷渡；

(h) 海洋污染；

(i) 非法、未报告和无管制捕捞；

(j) 非法倾倒有毒废弃物；

(k) 海上恐怖主义与劫持人质；

(l) 破坏海上石油基础设施。

6. IUU 捕捞：非法、未报告和无管制捕捞。

7. "外派官员"由海上执法人员或其他经授权的船舶或巡逻机上的官员组成。

8. "海盗船"指被人为实际控制，实施海盗行为或被用作实施此类行为的船舶。

9. "IORA"指环印度洋联盟，是由印度洋沿岸国家所组成的国际组织。

第二条　宗旨与范围

1. 各缔约国应根据各自现有可用资源和相关优先事项、各自国家法律法规以及适用的国际法条例，包括 1982 年《联合国海洋法公约》，在打击海上跨国有组织犯罪，海上恐怖主义，非法、未报告和无管制捕捞及其他非法海上活动方面最大限度地开展合作，以实现：

(a) 共享和报告相关信息；

（b）禁止可疑船只/飞机从事海上跨国有组织犯罪，海上恐怖主义，非法、未报告和无管制捕捞及其他非法海上活动；

（c）确保逮捕和起诉在海上实施或意图实施跨国有组织犯罪，海上恐怖主义，非法、未报告和无管制捕捞及其他非法活动的人员；

（d）在打击海上跨国有组织犯罪，海上恐怖主义，非法、未报告和无管制捕捞及其他非法海上活动中，为受到影响的船员、渔民、其他船上人员和旅客，特别是那些遭受暴力袭击的人员提供适当的照顾、治疗和遣返。

2. 缔约国希望《行为准则》适用于打击印度洋上的所有海上跨国有组织犯罪，海上恐怖主义，非法、未报告和无管制捕捞及其他非法海上活动。

3. 缔约国应遵照《联合国海洋法公约》规定，根据国家主权平等和领土完整以及不干涉别国内政的原则，履行其在《行为准则》下的责任和义务。

4. 在缔约国的领海水域及其上空打击海上跨国有组织犯罪，海上恐怖主义，非法、未报告和无管制捕捞以及其他海上非法活动，均由该缔约国负责，受该国主权管辖。

第三条　指导原则

1. 缔约国根据《行为准则》所采取的任何措施，都应由执法人员或军舰和军用飞机或其他有明显标志可以识别的、并获得相应授权的政府公务船舶或飞机上的官员实施。

2. 缔约国认识到，在基于第四条和第五条所形成的案件中，涉及船旗国、犯罪嫌疑人原籍国、船上人员国籍国以及货物所有权国在内的多个国家的合法权益。因此，缔约国应当与这些国家和其他利益攸关方保持联系并开展合作，互相协调此类活动，以便利救援、封锁、调查和起诉。

3. 在海上跨国有组织犯罪，海上恐怖主义，非法、未报告和无管制捕捞及其他非法海上活动等案件中，缔约国应当考虑相关的国际标准和惯例，特别是国际海事组织采纳的建议，为相关工作提供最大支持。

4. 各缔约国应当在打击海上跨国有组织犯罪，海上恐怖主义，非法、未报告和无管制捕捞和其他海上非法活动中产生的伤亡医疗救助方面开展通力合作。

5. 在确保上述目标实现的同时，缔约国应尽量避免因维护海上安全和海上交通秩序而对印度洋航线海上贸易造成不必要的延时影响。

第四条　国家层面举措

1. 必要时，缔约国将制定和实施：

（a）适当的国家海上安全政策，以保护海上贸易免受任何形式的非法行为影响；

（b）国家立法、实践和程序，在所有安保级别上共同为港口设施和船只安全作业提供必要的安全保障；

（c）国家立法，以确保有效保护海洋环境。

2. 缔约国将根据需要建立国家海事安全委员会或其他机构，以协调国家有关部门、机构以及其他组织、港口运营商、公司和其他有关实体之间的相关活动，负责执行有关加强海上安全和搜救程序的措施。

3. 缔约国将根据需要制订国家海事安全计划及相关的应急计划（或其他机制），以协调和统筹执行旨在加强国际海运或其他运输方式安全的有关措施。

4. 缔约国将根据国内有关法律，在其国内法院起诉针对船员、船舶、港口工作人员和港口设施实施的一切形式的海盗和非法行为的肇事者。

5. 依照适用的法律和法规，实施国家制度是每个国家的责任。

第五条　船舶保护措施

缔约国应考虑到相关的国际公约、法规、标准和建议惯例以及国际海事组织通过的指导原则，鼓励政府、船主和船舶运营商酌情采取保护措施，打击海上跨国有组织犯罪、海上恐怖主义和其他海上非法活动。缔约国应当就实施保护船舶措施开展合作。

第六条　打击海盗措施

1. 各缔约国应根据第二条内容，尽最大努力在以下方面开展合作：

（a）逮捕、调查和起诉犯有海盗罪或被合理怀疑犯有海盗罪的人员；

（b）扣押海盗船和/或飞机及该船舶和/或飞机上的财产；

（c）营救被海盗劫持的船只、人员和财产。

2. 任何缔约国都可以在任何国家领海外部界限以外水域扣押海盗船，逮捕海盗船上的人员，并扣押该船舶上的财产。

3. 只要有合理理由怀疑船舶进行海盗活动，且该活动延伸至缔约国领海范围内，可以在该缔约国的授权下开展紧追船舶的行动。未经相应许可的情况下，任何缔约国不得在或超过该国领土或领海内紧追存在上述情况的船舶。

4. 依据第四条采取扣押措施的缔约国法院可以按照国际法来决定实施何种处罚，也可以决定对船舶或财产采取何种措施，但须受到善意第三方权利的限制。

5. 根据第四条采取扣押措施的缔约国可以根据本国法律并与其他利益实体协商，放弃行使管辖权的权利，并授权任何其他缔约国对船舶和船上的人员进行执法。

6. 除非受到影响的缔约国另行安排，否则根据第五条规定，在其领海内实施的任何扣押措施，都应受该缔约国的管辖。

7. 缔约国应考虑到相关的国际公约、法规、标准和建议惯例，特别是国际海事组织通过的建议，鼓励地方政府、船主和船舶运营商酌情采取措施以防范海盗。

第七条 打击武装劫船措施

1. 各缔约国在某一缔约国领海和领空内打击武装抢劫船舶行为时，应接受该缔约国管辖，包括根据《联合国海洋法公约》规定在缔约国的领海或群岛水域行使紧追权。

2. 各缔约国应成立各自的联络点和中心（根据第八条规定）以便迅速向其他缔约国和有关方面通报有关武装劫船的预警、报告和信息。

第八条 打击非法、未报告和无管制捕捞的措施

1. 缔约国应当在双边和区域层面就政策制定和协调问题进行磋商，以

确保跨海区、高度洄游海域或公海水域海洋生物资源的养护、管理和可持续利用。

2. 各缔约国应与区域渔业机构和联合国粮食及农业组织相互协作，共同防止和打击非法、未报告和无管制捕捞活动，保护渔业资源的长期可持续利用，维持印度洋沿岸和国际社会的生计。

第九条　外派官员

1. 为促进《行为准则》的贯彻落实，各缔约国可指派执法人员或其他授权人员（以下简称"外派官员"）经另一个缔约国（以下简称"东道主国"）授权后登上东道主国的船舶或飞机开展巡逻活动。

2. 外派官员可根据其本国法律和政策规定，并经东道主国的批准携带武器。

3. 外派官员登上东道主国的船舶或飞机后，东道主国应向外派官员提供其与总部之间的联络便利，并应为外派官员提供与东道主国同级别人员同等水平的食宿。

4. 只有东道主国提出明确要求，外派官员方可按照指定方式协助东道主国操作船舶与飞机。此类请求的提出、同意以及落实只能基于缔约国双方法律和政策的许可。

5. 获得正式授权后，外派官员可以：

（a）登上东道主国的任一艘执法船；

（b）依据外派官员本国的法律，在本国水域打击海上跨国有组织犯罪，海上恐怖主义，非法、未报告和无管制捕捞以及其他海上非法活动，或对通过本国管辖水域的船舶行使紧追权以及国际法赋予的其他权利；

（c）授权执法船舶进入指定缔约国的水域并在该水域内航行；

（d）授权执法船舶在指定缔约国的水域内进行巡逻；

（e）授权执法船舶上的执法人员依据法律，协助指定缔约国打击海上跨国有组织犯罪，海上恐怖主义，非法、未报告和无管制捕捞以及其他海上非法活动；

（f）建议并协助其他缔约国的执法人员在船舶行驶过程中执行其本国法律，以打击海上跨国有组织犯罪，海上恐怖主义，非法、未报告和无管制捕捞以及其他海上非法活动。

第十条　资产扣押和罚没

1. 依据《行为准则》，在缔约国水域开展的任何执法行动中查封、罚没或扣押的资产均应按照该缔约国法律予以处置。

2. 如果作为船旗国的缔约国同意根据第十八条的约定由另一缔约国行使管辖权，则根据《行为准则》，缔约国在开展任何执法行动中查封、罚没或扣押的资产，应根据登临人员本国的法律予以处置。

3. 缔约国在其法律允许范围内，根据其认为适当的条件，可以将罚没的财产或出售财产所得转让给专门从事打击海盗、武装抢劫和其他海上非法活动的另一缔约国或政府间机构。

第十一条　协调和信息共享

1. 各缔约国在符合《行为准则》宗旨和范围的情况下，应指定一个国家联络点，促进缔约国之间及时、有效、协调地进行信息沟通。为了保证联络点之间协调、顺畅和有效的沟通，缔约国应利用海盗信息共享中心。

2. 各中心和指定的联络点都应能随时接收警报以及信息或援助请求，并及时作出响应。

3. 各缔约国应当：

（a）在签署《行为准则》时或签署后尽快发表声明并通知其他缔约国指定的联络点，并在发生变化时更新相应信息；

（b）向其他缔约国提供本国联络点的电话号码、传真号码和电子邮件地址，并在发生变化时更新相应信息；

（c）向国际海事组织秘书长和环印度洋联盟秘书长通报第（a）和第（b）款所述信息，并在发生变化时更新相应信息。

4. 各中心和联络点应负责与其他中心和联络点之间的沟通交流。如果任何联络点收到紧急事态、海盗或武装劫船的事件信息，应迅速向各中心发出警报并提供所有相关信息。各中心应在其各自负责的区域内向船舶发布紧急威胁或事故警报。

5. 各缔约国都应确保其指定的联络点与其他国家主管部门，包括搜救协调中心以及有关的非政府组织之间的有效和顺畅的沟通。

6. 各缔约国应尽一切努力，要求有权悬挂其国旗的船舶以及其船主和船舶经营者及时向有关国家主管部门（包括指定的联络点和中心、相应的搜救协调中心和其他相关联系人）通报海盗或武装劫船事件的相关信息。

7. 各缔约国都应遵照其他任何缔约国的请求，遵守其他缔约国所传递信息的机密性。

8. 为促进《行为准则》的实施，各缔约国应充分了解互相适用的法律和指导原则，特别是与封锁、逮捕、调查、起诉和处置抢劫船舶的海盗和武装人员有关的法律和指南。缔约国也可以通过发布手册、召开会议和研讨会的方式推广《行为准则》。

第十二条　事件报告

1. 缔约国应制定统一的报告标准，以确保在考虑到国际海事组织建议的基础上，准确评估印度洋海盗和武装抢劫的威胁。缔约国可以让各中心在各自管辖区域内负责这些信息的收集和传播。

2. 根据《行为准则》进行登船、调查、起诉或司法程序的缔约国应遵守相应的法律和政策，及时将结果通知受影响的船旗国、沿海国、国际海事组织秘书长和环印度洋联盟秘书长。

3. 缔约国应要求各中心：

（a）收集、整理和分析缔约国送达的有关海盗和武装抢劫船舶的信息，包括各自负责区域内实施海上跨国有组织犯罪的个人和集团，海上恐怖主义，非法、未报告和无管制捕捞或其他海上非法活动的相关信息；

（b）根据（a）项所收集和分析的信息编制资料汇编和报告，并分发给各缔约国、航运界、国际海事组织秘书长和环印度洋联盟秘书长。

第十三条　缔约国间相互协助

1. 缔约国可以通过中心或直接要求其他任何缔约国开展联合调查：

（a）在海上跨国有组织犯罪，海上恐怖主义，非法、未报告和无管制捕捞及其他海上非法活动方面有犯罪行为或被合理怀疑有犯罪行为的人；

（b）海盗船，有合理理由被怀疑从事海盗行为的船舶；

（c）其他船舶或飞机，有合理理由被怀疑从事海上跨国有组织犯罪，海上恐怖主义，非法、未报告和无管制捕捞或其他海上非法活动的船舶或飞机；

（d）遭遇海盗或武装抢劫的船舶或人员。

2. 缔约国也可以通过中心或直接要求其他任何缔约国采取有效措施，以应对已报告的海上跨国有组织犯罪，海上恐怖主义，非法、未报告和无管制捕捞或其他海上非法活动。

3. 相关缔约国可以酌情开展合作，如联合演习或其他合作等。

4. 能力建设合作可包括教育和培训等技术援助，以分享最佳实践经验。

第十四条　培训和教育

1. 各缔约国应当合作开展和推广海洋环境相关事项的培训和教育项目，特别是维护海上安全、法律和秩序，保护海洋环境以及减少、控制海洋污染。这种合作包括：

（a）向其他国家提供国家培训课程名额，但要收取相关费用；

（b）共享课程和课程信息；

（c）海军、执法人员、科学家和其他专家开展交流；

（d）就海事问题交换意见；

（e）举行关于共同关切的海事主题会议、座谈会、研讨会和专题讨论会；

（f）促进海事培训机构与研究中心之间的合作，并向其他国家提供国家培训课程名额，但须向国际海底管理局支付有关费用，接受国际海底管理局有关培训。

2. 邀请缔约国定期举行会议，加强在海上执法活动方面的合作与协调。

第十五条　控告、起诉和定罪

鼓励缔约国将《行为准则》第一条第3款中所定义的海上跨国有组织犯罪纳入国家立法，以确保在缔约国领海范围内有效地控告、起诉和定罪。鼓励缔约国制定适合的指导方针行使管辖权、开展调查和起诉被指控的违法者。

第十六条　争议解决

各缔约国应当通过协商及和平方式解决在执行《行为准则》时产生的任何争议。

第十七条　磋　商

在《行为准则》生效之日起3年内，跨地区协调中心将邀请各缔约国开展磋商：

(a)最终将《行为准则》转化为有约束力的多边协议；

(b)评估《行为准则》的实施情况；

(c)分享信息和经验以及最佳实践；

(d)评估国家海事安全中心项目执行情况，并建议下一步将要采取的行动；

(e)审查有关印度洋海事安全的其他问题。

第十八条　索　赔

根据《行为准则》开展行动造成的任何损害、伤害或损失的索赔，应由缔约国主管部门进行审查。如果责任成立，应根据该缔约国的国内法律，并在符合国际法(包括《联合国海洋法公约》第106条和第110条第3款)的情况下予以解决。

第十九条 其他规定

《行为准则》任何内容将：

（a）不适用于创建或制定具有约束力的协议，但第十三条所述除外；

（b）不会以任何方式影响有关国家依据国际法规则对未悬挂其国旗的船舶行使调查或执行管辖；

（c）不会影响非商业用途的军舰和其他政府船舶的豁免权；

（d）不适用于或限制任何缔约国依照国际法在任何国家领海外部界限以外行使登临权，包括登临船舶、向遇难或处于危险之中的船舶、人员和财产进行救援、船旗国授权执法或其他登临行动；

（e）不禁止缔约国采取其他形式的行动或合作，共同打击海盗和武装劫船；

（f）不妨碍缔约国采取进一步措施，在其领土内采取适当行动，打击海盗活动和武装劫船；

（g）不取代缔约国缔结的任何双边或多边协定或其他合作机制，以打击海盗和武装劫船；

（h）不在任何法律程序中改变任何人的权利和特权；

（i）不适用任何缔约国放弃根据国际法通过外交途径向其他缔约国提出索赔的权利；

（j）不会授权某一缔约国在另一缔约国的领土上行使其国家法律规定的排他性的管辖权和职能履行；

（k）不会以任何方式损害缔约国基于国际海洋法航行权利和自由的立场；

（l）不被视为缔约国明确放弃或默认放弃根据国际法或国内法律规定的对《行为准则》的任何特权和豁免权；

（m）不会禁止或限制任何缔约国依据适用的互助法律协议或类似文书的条款请求或给予协助。

第三十章 斯里兰卡海岸带和沿海资源管理计划(2018)

2018年5月,斯里兰卡内阁批准2018年版《海岸带和沿海资源管理计划》(以下简称"《计划》")。《计划》在2004年版的基础上修订完成,目前已是第四版。《计划》提出斯里兰卡在海岸带管理、沿海栖息地保护、沿岸水污染防治、特殊管理区域管理等方面的目标、政策、战略与行动,旨在确保海洋环境和资源的长期可持续利用,以满足国家发展的需要。

第一节 海岸带管理的目标、政策、战略与行动

一、目标1

采用最佳岸线管理工程或软硬结合等措施,以解决海岸侵蚀问题。

政策1.1

确定海岸侵蚀趋势,制定规划,采取沿海稳定措施。

战略1.1.1

确定海岸侵蚀趋势;基于侵蚀的严重程度和对公共和私人财产、经济活动和公共事业以及重点栖息地的威胁程度,划定优先保护区域;采取适当的监测程序并制定具体管理干预措施。

行动建议

(1)研究海岸侵蚀趋势,确定受到严重侵蚀或易受严重侵蚀的北部和东部沿海地区,并给予特别关注。

(2)对划定的优先保护区域实施监测计划,筹备编制沿海状况报告并定期更新。

（3）制定方案，适时推出海岸线管理规划。

（4）在试点基础上，启动优先保护区域的海岸线管理规划编制工作。

（5）对已采取某种保护措施的区域内现有沿海保护工程的性能和海岸线的稳定性进行监测，并采取行动，确保这些保护措施发挥效用。

（6）考虑在海岸带项目审批过程中，对适当区域采用海岸线管理计划中的具体准则。

政策 1.2

对海岸侵蚀管控、海岸线管理进行合理的科学评估。

战略 1.2.1

与国内、国际研究机构及大学合作，提高与海岸侵蚀防控管理相关的所有科学和社会经济信息的收集、存储和利用水平，并建立数据库，方便海岸线管理机构获取此类信息。

行动建议

（1）制订国家计划，定期监测海岸侵蚀，整理和收集相关数据信息。

（2）建立综合数据库并进行维护，对海岸带内水文条件、土地利用、重要沿海生境和社会经济特征进行监控。

（3）建立与海岸侵蚀管理有关的机构间数据库，开展海岸侵蚀和保护状况调查。

（4）制定适当的机制，向公众、私人机构和研究工作者开放元数据库以及机构数据库。

政策 1.3

在已经采取海岸保护措施，但开发过度、侵蚀问题严重、出现生境退化的地区将通过填海实现新的开发并增强沿海地区的经济潜力。

战略 1.3.1

通过有选择性并只在可行的情况下，实施环境上可接受的回填计划，提出扩大现有沿海区域的措施，提高发展、促进沿海保护和提升经济潜力。

行动建议

（1）制定用于开发和额外缓冲区的海岸回填准则。

（2）制定填海计划的编制原则，确保填海工程局限在那些可通过遵循目标进行开发、效益大于回填成本的地区。

政策 1.4

通过种植环境适宜的特殊植被增强沙丘的稳定性，将海岸侵蚀降至最低水平。

战略 1.4.1

严控损害沙丘植被的负面活动，并在原始植被损坏的沙丘上补种环境适宜的特殊植被。

行动建议

（1）严控对沙丘植被造成损害的活动。

（2）在沙丘上补种环境适宜的特殊植被。

政策 1.5

在海岸线管理过程中，提高自然海岸特征的稳定性。

战略 1.5.1

制订和实施海岸线管理计划、海岸保护计划，尽量减少海岸侵蚀的影响，同时增强沿海自然特征的稳定性。

行动建议

立足于沿海自然特征，确定适合采用海岸线管理计划的优先区域。

二、目标 2

海岸带内外开发活动的位置和类型应与自然海岸线和沿海特征保护相

互一致。

政策 2.1

调整海岸带内外的开发活动，以确保沿海自然进程不受阻碍。

战略 2.1.1

海岸带内只允许开展符合退缩区标准的新开发活动，新开发项目应当位于不受侵蚀或洪水危害的地区内。

行动建议

（1）制订监控计划，并根据需要进行许可证监督检查，强制遵守沿海退缩区标准。

（2）确定易发生海岸侵蚀和洪灾的地区，并制定相应的指南。

（3）与相关的州政府机构合作，针对不遵守退缩区标准规定的行为采取法律行动。

（4）在地方、区和省一级层面上提高对退缩区规定的认识水平。

（5）拟定一套包含新的退缩区标准和规定的开发者指南。

政策 2.2

将沿海和海洋建筑对海岸带的不利影响降至最低。

战略 2.2.1

根据环境影响评估或初始环境调查实施减缓措施，尽量减少由沿海和海洋建筑带来的负面影响。

行动建议

通过环境影响评估或初始环境调查，实施推荐的减缓措施，尽量减少沿海建设和其他项目对海岸带的不利影响。

政策 2.3

在海岸带之外及"受影响区域"从事开发活动所造成的影响将被调查。

战略 2.3.1

通过深入的现场调查与公众参与，制定确定受影响区域的相应标准，并确定海岸带或毗邻区域的潜在受影响区域名单。受影响区域以政府公告的形式予以宣布。

行动建议

(1)制定受影响区域的相应标准及备选区域名册。
(2)制定受影响区域的管理条例。

政策 2.4

设立附加缓冲区、填海区及人工岛建设机制，应对海岸侵蚀，缓解海岸带开发压力。

战略 2.4.1

基于技术、生态、社会、经济和政治因素制定相应标准，以确定设立附加缓冲区、填海区及人工岛的适当区域。

行动建议

(1)基于最终确定的标准，确定适宜设立附加缓冲区、填海区与人工岛的备选区域名册。
(2)开展环境影响评估，确定潜在的环境、社会和经济影响及缓解措施。
(3)制定建立人工岛与附加缓冲区的技术指南。

三、目标 3

通过管控海岸带海砂及河砂采挖以及禁止海珊瑚采挖，以提高沙滩的稳定性。

政策 3.1

通过调整沙滩、河流、溪流及运河的河砂采挖提高沙滩稳定性。

战略 3.1.1

通过制定河流、河口采砂限额，设置开采时限及区域限制，制订监测计划，规范采砂活动。

行动建议

（1）与国内有关组织机构合作，制定《海岸带采砂准则》执行战略；该战略同样适用于海岸带的向陆与向海区域。

（2）与地质调查与矿务局及部门秘书办公室合作，负责或协助定期开展海岸带及内陆河流采砂检查，以减少非法挖砂行为。

（3）确保授权许可的采矿作业遵守准则。

（4）与地质调查与矿务局等相关机构合作，对海岸带内外的采砂行动开展调查与数据对比，以确定现有问题的严重程度。

（5）与相关国家机构、大学与研究机构合作，明确可持续界限与采砂预算。

政策 3.2

通过使用可替代资源取代建筑用砂来减少采砂行为。

战略 3.2.1

开展相关研究，寻求可行的建筑业用砂替代方法。

行动建议

海岸带保护与沿海资源管理部同相关机构及管理部门合作研究。确定最大限度地减少建筑用砂的新技术；增加可替代河砂的使用，以满足建筑业的要求。

战略 3.2.2

促进海砂的利用，以替代河砂。

行动建议

（1）调查勘测近海沉积物的来源。

（2）与研究机构、大学等合作研究，整理斯里兰卡与其他国家关于建筑业使用海砂的现有信息与数据，并建成中央数据库。

（3）开展建筑业使用海砂的成本效益研究。

（4）基于现有数据与影响评估结果，与国家及地区层面的机构、媒体与非政府组织合作，形成建筑业使用海砂与海滩养护的效益认知。

（5）通过机构间协调，为采挖河砂的劳动者提供其他就业机会。

（6）鼓励政府单位在公共设施建设中使用海砂。

政策 3.3

禁止珊瑚开采，提高沙滩稳定性。

战略 3.3.1

虽然海珊瑚开采水平较低，但还应对海珊瑚开采实施更严格的禁令，以确保彻底禁止海珊瑚采挖。

行动建议

（1）与警察及地方当局合作，禁止珊瑚开采。
（2）确定珊瑚石灰替代品的来源，计划并促进替代产品的开采。
（3）与相关机构制定合作机制，促进珊瑚石灰替代品的引入。

政策 3.4

促进国家砂石研究，以确定砂石的可采性及数量，以满足未来建筑及其他需求。

战略 3.4.1

在国家经济飞速发展和未来10年的预期经济发展目标的设想下，启动开展国家级砂石研究计划。

行动建议

（1）拟定一份构想文件，强调开展国家性砂石研究的必要性。
（2）提交一份内阁文件，申请政府许可与资金支持。

（3）启动国家级砂石研究，提交研究结果，并将之应用于政策制定之中。

四、目标 4

确保应急措施的有效实用，以减轻气候变化对海岸特征、基础设施及沿海社区的影响，保障及时采取应急措施，有效运用相关计划。

政策 4.1

及时采取有效实用的应急措施，以减轻气候变化对海岸特征、基础设施、居民生活及沿海社区的影响。

战略 4.1.1

通过量化和监测气候变化对海平面上升、海岸侵蚀、洪水、沿海构造物和其他海岸开发的影响，制定应急措施。

行动建议

（1）整理所有有关当局关于气候变化的参数，如降雨量、温度、海平面上升等数据，预测海平面上升对海岸带的影响。

（2）与国家有关机构、组织合作，建立与海岸带管理相关的气候变化数据库。

（3）与国际机构、全球计划建立联系，以获取气候变化以及与应急措施相关的数据和信息。

（4）分析气候变化影响，制定及时有效的应急措施体系。

（5）建立有效机制，与有关机构合作开展自然灾害科学与社会研究，降低负面影响，提高补救行动效率。

（6）协调机构间的行动，减轻自然灾害对海岸带的影响，提高补救措施的效率。

（7）建立一种评估机制，在海岸带侵蚀管理与海岸带开发中充分考虑海平面上升和其他气候变化的影响。

政策 4.2

采取与气候变化有关的相应措施，减轻海平面上升可能带来的有关影响。

战略 4.2.1

制定考虑海平面上升潜在影响的气候适应战略。

行动建议

（1）预估海平面上升程度。

（2）与相关机构合作，在制定海岸带开发（包括沿海渔业和水产养殖）原则时考虑气候变化因素。

五、目标 5

把提高沿海社区的恢复力作为长期措施，尽量减少海岸侵蚀的影响，降低海岸脆弱性。

政策 5.1

确定沿海灾害多发区域，提高灾害应对能力，减少对社会与经济的影响。

战略 5.1.1

基于既有经验及沿海脆弱性指数的预测，制定沿海灾害多发区域的标准。

行动建议

（1）根据相应标准确定沿海灾害多发区域。

（2）在沿海灾害多发区域，以合作方式启动沿海社区恢复计划，尽量减少灾害影响，并做好灾后重建工作。

第二节　沿海栖息地保护的目标、政策、战略与行动

一、目标 1

保护珊瑚礁，提高生物多样性和非实物价值，保护其免受侵蚀、海

啸、风暴潮等海岸带灾害影响，保护生物资源的可持续利用以及渔业和其他经济活动。

政策1.1

把海岸带内外人类活动所导致的珊瑚礁退化和枯竭降到最低限度。

战略1.1.1

强化现有法律法规，降低或消除人类活动对珊瑚礁的破坏。

行动建议

（1）不断强化现有法律法规，防止珊瑚礁生境退化。

（2）深入落实《海岸带保护和海岸带资源管理法》条款，禁止海水珊瑚礁采挖活动，有效改善现状。

（3）帮助相关部门管理近岸珊瑚礁采挖活动，降低负面影响。

（4）不断开展意识提升项目，普及防止珊瑚礁破坏的相关法律法规，目标人群包括珊瑚礁石灰石用户、海岸带居民、观赏鱼收藏者、渔民、导游、玻璃底船操作员等。

战略1.1.2

促进可替代的两种石灰石资源的利用，满足建筑业和农业需求。

行动建议

（1）宣传珊瑚礁石灰石替代物的使用技术，保护珊瑚礁。

（2）鼓励并提倡不同用户通过市场手段使用珊瑚礁石灰石替代物。

（3）继续执行国家建筑工程限制使用珊瑚礁石灰石的政策。

政策1.2

在珊瑚礁管理中充分考虑气候变化和其他自然因素。

战略1.2.1

实施珊瑚礁适应气候变化的政策指导方针。

行动建议

(1)推进并支持国家水资源研究和发展局开展的珊瑚礁健康状况和趋势监测行动。

(2)确保持续遵守气候适应政策。

(3)采取适当行动，改善沿海环境，促进珊瑚礁栖息地的快速恢复。

政策1.3

珊瑚礁的生物多样性将通过坚持可持续渔业管理手段得到保护。

战略1.3.1

通过采取适当的管理手段，防止珊瑚礁生物的过度开发。

行动建议

(1)鼓励并促进继续执行渔业水产资源部、国家水生资源研究和开发局对龙虾、犬齿螺、观赏鱼和海参进行的鱼类种群评估的相关建议。

(2)监测渔业水产资源部实施的鱼类种群指南和法规的有效性。

(3)支持执行《生物多样性保护行动计划》中建议的与保护珊瑚礁生物多样性相关的行动。

政策1.4

促进与珊瑚礁恢复和保护有关的科学研究。

战略1.4.1

通过对这些栖息地及其资源的合作研究，促进珊瑚礁调查和恢复，并提出信息共享及有效传播的措施。

行动建议

(1)开展调查，确定斯里兰卡沿海水域珊瑚礁栖息地的实际范围、现状和价值。

(2)确定和分发珊瑚礁恢复优先地点的信息以及珊瑚礁恢复的方法和

技术。

（3）与当地及外国组织、研究机构或大学合作，在珊瑚礁破坏严重的地区启动珊瑚礁研究计划，以弥补社会参与的不足。

（4）提高研究能力并加强对能够提高生活质量的珊瑚礁生物体的合作研究。

（5）加强海星种群分布情况的调查，并执行根除"荆棘王冠海星"计划。

（6）协助国家水生资源研究和开发局定期更新珊瑚礁元数据库，并建立珊瑚礁的机构间元数据库，形成信息共享机制。

（7）加强珊瑚礁资源利用的社会经济数据收集，便于珊瑚礁渔获和其他用途的管理。

政策 1.5

管理旅游、娱乐和其他与珊瑚礁开发有关的活动以保护珊瑚礁。

战略 1.5.1

通过合作手段对旅游和其他开发活动进行管理，尽量减少对珊瑚礁及其资源的负面影响。

行动建议

（1）促进私营企业家参与各旅游发展区的珊瑚礁管理，同时要求社会参与。

（2）与相关机构合作，通过监管措施控制开发活动的排放和沉降。

（3）与私营部门合作，在旅游区以非实物开采形式利用珊瑚礁，提高沿海社区的生活水平。

（4）开展社区监测计划，尽量减少与旅游、娱乐和渔业活动相关的珊瑚礁的负面影响。

（5）与酒店、旅游局启动合作计划，为可能进行珊瑚礁观赏地区的酒店提供设施，加强资源保护。

（6）通过与旅游局、酒店、旅行社、海关和机场合作，提高游客和导游对珊瑚礁及珊瑚礁生物保护现状的认识。

（7）制定培训方案和编制参考资料，确定国家禁止出口的珊瑚礁生物。

（8）在国家水生资源研究和开发局、大学和相关社区的协助下，在珊瑚礁退化地区促进和实施珊瑚礁移植计划。

二、目标 2

保护潟湖和河口，维持和加强生态功能，促进社会经济活动和提高非实物开采价值，同时保持资源的可持续性。

政策 2.1

尽量减少或消除海岸带内外人为因素和开发活动导致的河口和潟湖退化。

战略 2.1.1

通过加强监测和严格执行现行法律法规，尽量减少未经处理的工业废水和污水排入河口或潟湖。

行动建议

（1）扩大海岸带保护与海岸带资源管理部制订的现有沿海水质监测计划的监测范围，确定工业废水和污水对河口与潟湖的影响。

（2）与地方当局和其他相关机构合作，制订、实施或推进现有计划，采取缓解措施，尽量减少工业污染的负面影响，避免生活污水直接排入潟湖和河口。

（3）制订监测计划，确保沿海地区内的所有行业都遵守相关准则，取得开发许可证、环境污染许可或进行环境影响评估等。

（4）严格执行相关法律法规的有关规定，有效减少污染物排入潟湖。

政策 2.2

基于科学信息对潟湖、河口和相邻河岸进行有效管理。

战略 2.2.1

尽量避免由于农田开垦、植被破坏和其他开发活动造成潟湖和河口的功能区面积减少。

行动建议

(1)在有关机构的协助下，调查和划定潟湖和河口的边界。

(2)实行开发许可制度，控制沿海地区的开发活动。

(3)采纳海岸带保护与海岸带资源管理部关于特殊管理区域的法律规定，控制与潟湖和河口相关的开发活动。

(4)加强防止侵占和填海的现行管制措施。

政策 2.3

强调河口和潟湖的经济、生态和社会价值。

战略 2.3.1

通过生态系统服务评估和社区参与，加强河口和潟湖资源的可持续管理。

行动建议

(1)为选定的具有重要政治、经济价值的河口构建生态系统服务评估模型。

(2)通过调控手段，确保河口、潟湖的渔业可持续发展。

(3)制订计划，提升河口、潟湖及其自然环境的生态、美学和娱乐价值，同时保持资源的可持续利用。

(4)鼓励和协助实施环境和可再生能源部提出的《国家生物多样性保护行动计划》的相关建议。

(5)研究沙坝形成或消失对特定的河口、潟湖的影响，明确减轻负面影响的措施。

战略 2.3.2

通过合作计划，减少引水和灌溉计划的负面影响，尽量维持河口与潟湖环境的稳定性。

行动建议

(1)将潟湖、河口与流域纳入统一管理，尽量减少上游开发活动(包括灌溉工程)造成的污染、淤积及盐度变化。

(2)研究引水、灌溉对特定的河口、潟湖的影响，并确定减轻负面影响的措施。

三、目标3

保护海草床以维持其生态功能和社会经济价值。

政策3.1

将开发活动对海草床造成的直接和间接损害降至最低。

战略3.1.1

相关机构采取现有监管措施，尽量减少开发活动对海草床的负面影响。

行动建议

(1)加强现有的管制措施，防止可能破坏海草床的污染、采砂、破坏性捕捞方法和其他开发活动。

(2)实施环境影响评估，减少沿海水域疏浚和采矿潜在的负面影响。

政策3.2

加强对斯里兰卡水域海床的研究，提高社区意识。

战略3.2.1

加强机构间合作研究和监测，制定提高认识的方案，强化海草床的管理。

行动建议

(1)启动海草床系统测绘计划，对斯里兰卡水域面临严重威胁的海草床进行测绘。

(2)根据海岸带保护与海岸带资源管理部的规定，宣布将脆弱或面临威胁的海草床作为保护区。

（3）启动研究计划，研究水文和沙坝形成对海草床的不利影响，并提出管理措施。

（4）实施关于保护目标群体中的海草床和相关栖息地的公共宣传计划。

（5）通过设定特殊管理区域，保护潟湖中的海草草甸。

四、目标4

保护和管理红树林生态系统，维持生物多样性，开展生态系统服务和社会经济活动。

政策4.1

避免不规范的开发活动所引起的红树林枯竭和退化。

战略4.1.1

制订和实施计划，防止或尽量减少对红树林系统的破坏。

行动建议

（1）确定迫切需要管理的脆弱红树林地区，并优先对其进行保护。

（2）在森林部的协助下，根据优先清单宣布保护区。

（3）制订红树林恢复计划指南，恢复已明确退化的红树林地区。

（4）通过环境影响评估程序和许可证管理红树林地区的新开发活动。

（5）引入监测机制，确定红树林生态系统内当前和未来开发活动的不利影响，并制定适当的缓解措施。

（6）明确允许进行红树林资源可持续开采的适当区域，并制定和实施利用准则。

政策4.2

支持与经济活动相关的红树林资源的可持续利用。

战略4.2.1

通过机构合作和社区参与，支持并促进红树林经济活动的可持续管理。

行动建议

(1)鼓励私营企业家在社区参与建立生态旅游项目。

(2)确定社区对红树林资源的非破坏性利用,并将这些信息传播给利益相关者。

(3)建立适当的机制,确保机构间的协调和参与,促进红树林资源的可持续利用。

(4)确定特殊管理区域,制订和实施计划,确保红树林的可持续利用。

政策 4.3

按照现行法律规定保护海岸带内的红树林。

战略 4.3.1

加强执法力度,保护海岸带内的红树林。

行动建议

(1)制定和实施现行法律规定的关于利益相关者的教育和宣传方案。
(2)鼓励社区参与获取有关违反法律规定的信息。

五、目标 5

保护沙坝、沙嘴和沙丘,维持其生态功能、社会经济和美学价值。

政策 5.1

规范沙坝、沙嘴和沙丘的海岸开发活动。

战略 5.1.1

通过监管措施和建立沙丘保护线,尽可能地减少开发活动对沙坝、沙嘴和沙丘的不利影响。

行动建议

(1)将位于低洼地区前面的沙坝、沙嘴和沙丘公告为关键区域,并严控所有对这些宣布地区有害的活动。

（2）宣布和实施临近沙坝、沙嘴和沙丘的新开发活动的选址标准。

（3）必要时，在海岸带以外的地区，沙坝、沙嘴和沙丘中或临近地区进行新开发项目时，也须进行环境影响评估。

（4）加强与相关机构的协调，以确保沙坝、沙嘴和沙丘内所有新开发活动合法。

（5）与有关组织合作，严禁将邻近的沙坝、沙嘴和沙丘用于陆地开发。

（6）根据本文件规定的退缩线标准，在重要沙丘地区基于土地调查建立沙丘保护线。

（7）沙丘保护线内禁止一切新开发活动。

（8）制订有效的计划，与关键利益相关者就维持沙丘保护线的重要性进行沟通。

（9）按照1992年第33号《矿物和矿物开采法》，斯里兰卡政府管理和规范对沙坝、沙嘴和沙丘的勘探及开采有商业价值的矿物和矿砂活动，并对违反者采取法律措施。

政策 5.2

保护沙丘，尽量减少诸如海啸和气旋等沿海灾害的影响。

政策 5.3

将沿海污染导致的沙坝、沙嘴和沙丘退化降至最低水平。

战略 5.3.1

动员当地政府和利益相关者最大程度地减少固体废物和疏浚物在沙坝、沙嘴和沙丘上的倾倒。

行动建议

（1）协助和鼓励地方当局将位于沙坝、沙嘴和沙丘内的现有倾倒场所迁址。

（2）发动所有利益相关者和地方当局参与海滩清洁运动。

（3）在沿海居民中设立管理小组，共同制定沙坝、沙嘴和沙丘保护准则，防止这些地区的污染，并确保遵守相关指南。

政策 5.4

将导致沙坝、沙嘴和社区生物多样性退化的开发活动水平降至最低。

战略 5.4.1

通过机构间合作，将导致生物多样性减少的人类活动水平降至最低。

行动建议

(1)保护沙坝、沙嘴和沙丘中动植物种群。

(2)与森林部合作启动计划，在受损害地区种植适宜的植物。

(3)确定重要的海龟筑巢地区，并采取合作行动保护这些地区。

(4)采取必要的合作行动，防止外来物种入侵。

六、目标 6

保护盐沼，维持其生态功能和社会经济价值。

政策 6.1

尽量减少或禁止导致盐沼退化的沿海开发活动。

战略 6.1.1

通过加强相关机构之间的协作，确保遵守与新开发活动相关的准则和规定。

行动建议

(1)根据其生态和社会经济价值确定关键和重要的盐沼区域，并为其规划和开发活动制定指导方针。

(2)与相关机构和社区合作，确定盐沼地区的潜在价值，并为盐沼地区开发制订具体适当的区域计划。

(3)根据现有法律法规，管理盐沼地区的新开发活动。

(4)为相关机构建立协调机制，管理盐沼区域内和周边的开发活动。

政策 6.2

海岸带保护与海岸带资源管理部应与其他机构协调，保护海岸带内外的盐沼。

战略 6.2.1

通过与利益相关方沟通，促进盐沼的可持续发展。

行动建议

制定并实施定制化方案，促进关键利益相关者加强对盐沼保护的承诺。

第三节 沿岸水污染防治的目标、政策、战略与行动

一、目标 1

所有开发活动向沿海和海洋开阔水域排放未处理或部分处理的废水需遵从相关条例、准则的规定，从而维持不同受益用户的可接受水质。

政策 1.1

根据环境总署排放标准，对所有现有的开发活动进行水质方面的管理。

战略 1.1.1

通过定期监测沿海水质，确保沿海地区所有现有的开发活动遵守环境总署的排放标准。

行动建议

(1)推进、加强和继续执行海岸带与沿海资源管理部正在进行的水质监测计划，检查沿海水域的环境水质，以捕获高污染发生率，并帮助确定

导致该地区污染的开发活动。

（2）直接向相关机构发布监测研究结果，以采取必要的行动。

（3）确定沿海地区低污染和高污染的开发活动，并与环境总署合作建立数据库。

（4）采取必要和适当的行动，确保可能对沿海地区和沿海水域造成污染的开发活动符合环境总署处理废水的标准。

（5）与有关当局合作，促进为没有处置标准的开发活动制定排放标准。

政策 1.2

对高污染行业进行审查，以确保环境水质不受损害。

战略 1.2.1

确定高污染行业并帮助他们获得相关技术支持以控制降低沿海污水排放；鼓励和协助相关职能部门定期检查此类行业。

行动建议

（1）与有关当局和利益相关方协调，定期监测沿海水域，提供有关高污染行业的必要信息。

（2）提供有关污染防控技术提供者的信息以及影响沿海区的各行业的清洁生产技术。

（3）协助相关机构为各行业提供可能的财政激励，使其能够获得更好的污染减排技术。

（4）开展宣传计划，使位于沿海地区的高污染行业意识到保持无污染海岸环境的重要性。

政策 1.3

根据环境水质有关的特殊条件要求，严格管控造成环境敏感地区、保护区污水及废水污染的开发活动。

战略 1.3.1

对选定地点的沿岸水域进行定期监测，以检查是否可允许在其中进行新的开发活动，而不超过海岸带保护部、环境总署为各种指定用途制定的准则中规定的最大允许环境海岸水质标准、参数水平。

行动建议

(1)选择具有重要经济、生态价值的沿海地区，并为每个地点设立环境水质标准，获取空间和时间水质监测数据。

(2)根据2011年第49号《海岸带保护法修订案》的规定，与其他相关主管部门及利益相关者协商，明确保护区和受影响地区的指定用途，并制定法规以严格控制其他用途或开发活动。

(3)根据区域的指定用途和环境水质，确定允许进行新开发活动的区域。

(4)开展研究，以确定在沿海水域环境水质不符合指定用途的"关键区域"、保护区可能的污染源，并提出适当的干预措施以减少污染，促进发展。

二、目标2

控制污染源，提高沿海地区和海洋水质。

政策2.1

任何类型的废弃物，无论是直接倾倒在沿海地带，还是倾倒在其他地方，但凡在沿海地区监测到其对海岸带的影响都将受到管理，以免对水质造成负面影响。

战略2.1.1

鼓励和动员有关当局编制固体废物管理计划，以减少对沿海水污染的不利影响。

行动建议

(1)制定和实施方案，在适当级别(即地方、区域、国家)制订计划，以便地方当局控制沿海地区固体废物的倾倒。

(2)城市中心、工业、沿海旅游中心、渔港和其他排放固体废物的区域，迫切需要制订固体废物计划。

(3)协助地方当局在环境较稳定的地点选定替代倾倒场，用于沿海倾倒场的迁移。

(4)监测受倾倒固体废物影响的沿海地区环境退化情况。

(5)鼓励和协助相关地方当局通过堆肥、沼气生产等项目的实施，将有害环境的废物最小化(作为将固体废物在沿海地区随意倾倒的替代方法)。

(6)框架规定，减少指定的"保护区"及"受影响地区"的固体废物倾倒，并宣布建立"特殊管理区域"。

政策 2.2

通过与地方当局和其他相关机构合作行动，管理沿海和海洋水域的粪便污染。

战略 2.2.1

列明粪便污染超过指定用途及规定阈值的沿海水域，并与地方当局合作解决问题。

行动建议

(1)根据划定标准，确定在沿海地区应减少粪便污染的重要区域。

(2)监控用途广泛的区域。

(3)让地方当局认识到问题的严重性，并查找出受污染区域，协助该区域减轻粪便所带来的污染。

(4)向斯里兰卡旅游局、酒店经营者和相关社会人士提供各个地点沿海水质监测研究的结果，以期他们能够协助采取相应的整改行动。

政策 2.3

管理海岸线上的溢油，尽量减少沿海资源的退化。

战略 2.3.1

确定沿海水域油污排放的主要来源，并与有关当局合作制定治理、补救措施。

行动建议

(1)与环境管理部门协调,确定沿海区域的石油排放源。

(2)与有关当局合作制订和实施计划,减少或阻断石油排放到沿海水域,特别是在港口和特殊管理区域。

(3)促进和协助实施绿色港口概念。

(4)与环境管理相关部门一起开展增强公民环保意识活动,使利益相关者认识到降低石油污染的必要性。

政策 2.4

沿海地区管理盐化问题,确保不会对环境水质产生不利影响。

战略 2.4.1

确定硝酸盐污染的主要来源和盐碱化的原因,并实施协作补救行动。

行动建议

(1)根据客观标准,确定可能存在高硝酸盐污染和盐碱化的地区。

(2)监测受影响的区域,并与有关当局合作,以减少上述污染。

(3)让地方当局认识到问题的严重性,协助他们解决高经济价值地区、重点栖息地、风景秀丽的地方或具有考古和文化价值地区的粪便污染问题。

三、目标 3

通过定期监测、研究与开发工作,对可能进入沿海和海洋水域的污染物进行预估与预判。

政策 3.1

确定进入沿海地区的主要地表水体的污染负荷,并与相关机构合作改善水质。

战略 3.1.1

确定进入沿海地区的主要地表水体的污染负荷,并与相关机构合作,改善水质。

行动建议

（1）确定将污染物输送到沿海水域的地表水体，并对干燥和潮湿天气期间分别产生的污染负荷进行估算。

（2）通过提供必要的信息，协助地方当局、环境总署和其他相关部门采取必要措施减轻高污染物负荷。

（3）与其他主管机构合作开展研究，改善水体水质。

政策 3.2

开展协作，减少沿海地下水的污染。

战略 3.2.1

在沿海地区合作开展关于地下水质量和数量的监测工作，以确定可能发生的变化。

行动建议

（1）选取具有高经济价值的关键区域，并监测这些区域与指定用水相关的水质。

（2）协助有关当局减少沿海地下水污染的发生。

四、目标 4

通过教育和信息共享来管理沿海污染问题。

政策 4.1

与相关机构、非政府组织开展协作计划，教育利益相关者了解污染源、污染的影响以及管控机制。

战略 4.1.1

与主管机构合作开展培训工作，进行技能开发，改善水质。

行动建议

（1）进行需求评估，确定目标群体以及需要解决的具体问题和需求。

（2）确定受影响的群体范围并进行沟通动员工作，以便开展合作，实施有效的培训和提高认识的计划，最终合理制订合作计划。

（3）培训目标群体的相关人员，传授水污染减排的相应专业技术，提高对污染来源、类型、污染水平和减排方法的认识水平。

政策4.2

确定直接或间接受污染排放影响的目标群体，使其了解沿海污染的负面影响和减少污染机制措施。

战略4.2.1

与相关组织合作，开展适当的环保意识普及计划，针对沿海受污染地区相关的目标群体(学校儿童、污染区的市民、地方当局、决策者等)开展科学普及工作。

行动建议

（1）与相关组织一起进行需求评估，以确定需要提高认识、开展交流活动的目标群体以及需要进行科普的具体问题。

（2）根据沟通需要，为选定的目标群体制订并实施特定的培训及意识宣传计划。

（3）为学童举办讲习班和竞赛，减少沿海地区的污染事件。

（4）张贴告示牌，散发传单，鼓励公众参与沿海污染治理工作。

第四节　特殊管理区域管理的目标、政策、战略与行动

一、目标

设立特殊管理区域，在指定区域内通过适当的管理工具改善生计，提

高自然资源生态系统价值。

政策 1.1

特殊管理区域管理需要陆地和沿海地区、部门、地方机构与利益相关者之间的协作。

战略 1.1.1

起草符合 2011 年第 49 号《海岸带保护法修正案》法律规定的特殊管理区域综合计划，在法律法规框架下明确加强沿海社区、非政府组织和政府机构间的合作。

行动建议

（1）选取拟作为特殊区域管理的区域。

（2）建立法律边界及通过公报、通知等方式明确特殊管理区域。

（3）按照 2014 年海岸带保护和沿海资源管理部提出的指导方针，与地方合作设立特殊管理区域组织机制，并与当地部门加强合作，促进实施。

（4）制定可持续的金融机制。

（5）实施监测计划，评估特殊管理区域发展进程和影响。

战略 1.1.2

建立机制来提高特殊管理区域计划中的地方合作和参与能力，优化资源配置。

行动建议

（1）在各个区域开展利益相关者分析，以识别和确定利益相关者参与这个过程是促进因素还是阻碍因素。

（2）制订沟通计划，确保特殊管理区域发展过程中所有利益相关者都能更好地参与和合作。

（3）在中央政府、地方政府、特殊管理区域协调委员会和利益相关者间建立起横向和纵向联系。

（4）制定激励机制，鼓励地方协调合作，以确保沿海社区获得显著实惠。

政策 1. 2

根据过去的经验，通过项目重新划定特殊管理区域。

战略 1. 2. 1

以公告形式通报划定的特殊管理区域，积累经验，改正不足。

行动建议

（1）在 2011 年第 49 号《海岸带保护法修正案》的新规定框架下，设立特殊管理区域协调委员会。

（2）在特殊管理区域计划的执行过程中，确定主要限制条件、分析经验教训、找到解决问题的方法，并推动进程持续发展。

（3）特殊管理区域项目监测和评估制度化，建立反馈机制，提高管理效率。

政策 1.3

所有特殊管理区域计划的规划和实施必须符合国家法律规定。

战略 1.3.1

确保特殊管理区域发展规划的制订和实施与国家相关立法保持一致。

行动建议

（1）准备与国家法律法规一致的，阐述特殊管理区域计划实施的步骤、方法和手段指南。

（2）在省、地区和利益相关者中宣传特殊管理区域的发展进程。

政策 1.4

提高当地政府和国家机构实施特殊管理区域计划的能力。

战略 1. 4. 1

通过培训和宣传以及其他有效的方法，提高当地组织机构和相关国家机构实施特殊管理区域计划的能力。

行动建议

（1）在特殊管理区域计划进程中加大培训力度，并开展宣传。

（2）在特殊管理区域计划中进一步强化法律框架。

（3）通过特殊管理区域协调委员会提高沿海生物栖息地保护的协作管理。

（4）沿海社区、政府、半官方组织、地区机构和特殊管理区域协调委员会的工作指导方针都是为了贯彻实施特殊区域管理。

（5）提高地方官员的能力，促进特殊管理区域计划的实施。

政策1.5

特殊管理区域的发展进程将与国家和地区的发展步调保持一致。

战略1.5.1

将特殊管理区域整体规划和管理纳入地区与国家发展项目中。

行动建议

（1）与经济发展部协作制定一种机制，使特殊管理区域计划在地方项目或国家综合项目中具体化。

（2）建立机制推动私营部门参与到特殊管理区域发展的进程中。

政策1.6

特殊管理区域计划和实施应当利用综合评估，整合迄今为止尚未确定的生态系统服务的经济价值。

战略1.6.1

当面临保护目标和发展需要的平衡时，并需要在环境保护、发展和民生举措中作出抉择时，应认清和适当考虑生态系统服务的实际经济价值。

行动建议

（1）进行相关生态系统服务的环境评估，作出富有成效的决策。

（2）实施推广计划，强调海岸带生态系统隐藏的或不被认可的重要价值。

（3）提高机构间合作能力，进行环境评估。

政策 1.7

提高沿海社区特殊管理区域的民生，确保海岸带资源的可持续利用。

战略 1.7.1

涉及民生和海岸带资源管理的问题都将进行综合调查，建立机制以提高沿海社区可持续的谋生方式的问题也将被纳入特殊管理区域发展进程中。

行动建议

（1）调查涉及海岸带资源的利用问题以及在特殊管理区域中沿海社区的谋生问题。

（2）根据过去的经验，规划和执行可持续的谋生方式，使问题最小化。

（3）在特殊管理区域中按比例扩大私营部门的参与度。

（4）采用适当的监测机制以评估、审核谋生项目的执行结果。

第三十一章　塞舌尔蓝色经济战略政策框架和路线图：规划未来（2018—2030）

2018 年 1 月，塞舌尔副总统办公室蓝色经济处发布《塞舌尔蓝色经济战略政策框架和路线图：规划未来（2018—2030）》（以下简称"《路线图》"）。《路线图》是以海洋可持续发展为导向，集经济、环境和社会于一体的综合性计划，与联合国《2030 年可持续发展议程》《生物多样性公约》"爱知目标 11"以及《巴黎协定》相符合。《路线图》明确指出，塞舌尔蓝色经济是独特的比较优势，并提出了 2030 年前蓝色经济发展愿景、基本原则、优先事项以及实施方案。

第一节　塞舌尔基本情况介绍

塞舌尔陆地面积 455 平方千米，专属经济区面积 137 万平方千米。塞舌尔人口 9.4 万，主要聚居在马埃岛、普拉兰岛和拉迪格岛。塞舌尔当前和未来的繁荣与其海洋和沿海资源密切相关，渔业和旅游业是塞舌尔经济、国内生产总值和就业的两大支柱。

2008 年经济危机以来，得益于旅游业的飞速发展和行之有效的宏观改革，塞舌尔于 2015 年跻身高收入国家行列。塞舌尔人民享有完善的社会福利，包括免费医疗和教育、住房补贴、水和废弃物管理服务。根据全球人类发展指数，塞舌尔在非洲位居第一。

第二节　蓝色经济发展愿景

蓝色经济发展愿景是：通过创新、知识导向驱动，将发展蓝色经济作为激发国家发展潜力的手段；无论当前还是未来，都注意保护塞舌尔海洋环境的原生态和遗产。

发展蓝色经济的 4 条主线是：①经济多样性与弹性。减少经济的脆弱性及其对部分行业的依赖性，提高海洋经济在 GDP 中的比重；②共同繁荣。增加高价值的工作岗位和在当地的投资机会；③粮食安全和社会福利；④栖息地的完整性和生态系统服务，可持续利用与气候弹性。

第三节　蓝色经济发展的基本原则

（1）经济效率。加强政府管理职能，鼓励私营企业参与。

（2）可持续。确保海洋和沿海资源可持续利用；评估生态系统服务功能，保护高价值的海洋资源及生态服务系统。

（3）社会公平。通过提供高质量的教育、工作岗位和当地投资计划，消除不平等。

（4）良好治理。建立透明、包容和基于责任的决策制定程序。

（5）弹性。减少对经济和环境变动的脆弱性，加强规划弹性。

（6）研究与创新。开发基于经济的海洋空间管理和技术、创新型商业模式；研发高附加值产品。

（7）合作。加强与政府、私营企业和民间团体合作；推动地区和国际合作及倡议。

第四节　蓝色经济发展目标

（1）增加对现有多种海洋经济门类的投资，特别是渔业、旅游和港口，在现有资源的基础上实现更大的价值和效率。

（2）探索新兴海洋产业的可行性，如海水养殖、可再生能源、海洋石油和海洋生物技术。

（3）降低对经济和环境变动的脆弱性，减小对进口能源和粮食的依赖性。

（4）加强跨行业协调、采取保护措施、加强巡查力度及有效运用执法手段，有效保护塞舌尔海洋空间和资源。

（5）塞舌尔海洋空间、资源和管理等方面所需要的新研究、创新与生产。

（6）有效的海洋管理能力以及恰当利用当前和今后蓝色经济所提供

机遇的能力。

（7）通过在海洋安全领域开展有效区域合作的综合途径，进一步防范的海洋/蓝色经济风险包括：非法、未报告和无管制捕捞，海洋污染和气候变化。

第五节　行动和投资的战略优先事项

一、创造可持续的财富

（1）丰富现有海洋经济门类（渔业、旅游业、港口），重点是附加值、价值链、重质量、轻数量，可持续性发展和良好经验。

（2）探索新兴产业（海水养殖、可再生能源、生物技术、数字通信、贸易），重点是营造政策环境、探索可行性、开展示范项目。

二、促进共同繁荣

（1）保证粮食安全和社会福利，重点是改善地方生产体系和市场、减少对进口的依赖程度、倡导健康的生活方式。

（2）保证高质量的教育和职业培训，创造新的工作岗位和就业机会。

（3）改善营商环境，鼓励本地和国际投资，推动创新，鼓励中小企业，发展企业文化。

三、保护健康而富有活力的海洋

（1）推动生态系统服务功能成为经济评估的组成部分，如国内生产总值。

（2）保护海洋和沿海资源，如建立海洋保护区和应对海洋风险，如海洋污染、气候变化和海洋酸化。

（3）在《联合国气候变化框架公约》下实施减缓措施（即蓝碳、可再生能源）和适应战略，强化蓝色经济和海洋的气候弹性。

四、强化有利环境

（1）2020年前完成塞舌尔专属经济区海洋空间规划，这将有助于制订跨部门的海洋经济发展计划。

（2）加强研发和创新能力，推动负责任的海洋和沿海资源管理，将知识转化为发展机遇和生产活动，如生物技术。

（3）作为高收入国家，可以利用国际私营部门投资者对可持续发展领域的投资热情，通过多样化的融资渠道为蓝色经济注资，提高收入增加机制的效率。

（4）将发展蓝色经济和应对海洋风险纳入国家海洋安全战略与区域合作，以便解决各类非法活动所带来的影响和资源退化问题，提升监测、管控和监督能力。

（5）加强国内政府、企业、民间团体之间的合作，加强地区合作，解决共同关心的问题。

（6）实施国际倡议与合作，吸引技术与金融资源，将岛屿问题置于全球发展和气候变化议程的前列。

第六节　蓝色经济发展的实施方案

塞舌尔将采取两项具体的实施方案发展蓝色经济：

（1）制订蓝色经济和海洋治理计划，实施海洋经济与海洋环境保护综合战略和跨部门管理，实现透明、包容与责任。

（2）借鉴全球指数和可持续发展指数研究制定蓝色经济监测与评估框架，包括作为适应性政策措施的中期评估。

第三十二章　智利国家海洋政策(2018)

2018 年 3 月，智利外交部、国防部、经济与旅游部、环境保护部联合发布新版《国家海洋政策》(以下简称"《政策》")。《政策》涉及的领域包括海洋与海洋资源保护、经济发展、海洋安全、海洋与领土、科技发展，对今后的海洋工作作出指导。智利将致力于保护海洋及海洋资源、发展海洋经济、维护海洋权益、积极参与国际海洋事务、提高公众对海洋的认识、改善海洋事务制度以及保护在南极的利益。

第一节　《政策》制定的背景

智利通过海军在海上履行相关职能，为国家服务并履行国际承诺。智利的科研机构以及学术机构都颇有造诣，这些与国家海洋发展有着密不可分的联系。为实现可持续发展，智利通过了《国家生物多样性保护法案》，此法案包括为保护海洋生物多样性以及各个海岛所制定的相关政策及具体措施，其原则符合联合国可持续发展目标 14。

为实现可持续发展，《政策》由海洋政策发展部长理事会制定，由包括外交部长、国防部长、经济与旅游部长、环境保护部长在内的成员共同参与。为了使《政策》与其他制定的政策保持一致，符合智利国家科学与技术委员会的规定，《政策》征求了国家级学术代表和科研代表的意见和建议，也征询了私人组织代表、非政府组织、社会群体以及国际组织的意见和建议，同时也吸取了其他国家制定海洋政策的经验。

《政策》由海洋部门实施、更新、监督和遵守。《政策》是为实现智利对国际海洋的承诺迈出的重要一步，增强其在海洋领域的相对优势，也为智利将来的行动奠定良好基础。《政策》凸显了保护海洋及海洋资源、实现可持续发展的重要性，提出了打击非法捕鱼、防止海洋污染以及评估气候变化对海洋产生的影响等问题。

第二节 《政策》的前景和目标

《政策》的前景是保护并寻找有益的海洋资源；在经济和社会方面做出贡献；进行各种安全开发；开展培训以促进自然实验室的建设和学术发展；保护国家文化遗产；预见可能的影响，如自然和人为因素影响。

《政策》的目标是：

(1)保护海洋及其生物多样性，在各区域平衡的框架下推动社会和谐发展，促进经济增长，对海洋环境及其资源进行管理，使社会大众受益，且不危及后代的发展。

(2)促进海洋及海洋资源的可持续发展，使海洋经济成为国家经济活动的支柱之一。

(3)尊重国家主权和维护海洋环境安全、海洋权益和海洋航线安全，打击所有对国家管辖权和主权构成威胁的非法行为。

(4)根据《联合国海洋法公约》中的规定和原则，以及智利作为签署国的其他国际协定和公约，对智利的海洋进行特别管辖。

(5)《联合国海洋法公约》和联合国可持续发展目标将作为智利处理国际海洋事务的参考。

(6)保护大陆上的淡水储备量以及海洋中的冰山淡水储备量。

(7)提高公众对海洋的认知和理解，加强对海洋的保护。

(8)加强在各领域内海洋事务的制度建设，改善信息获取和决策制定。

(9)根据智利的南极政策，保护智利在南极大陆的利益。

第三节 《政策》涉及的领域

一、海洋与海洋资源保护

(一)海洋保护战略的指导原则

(1)促进生物多样性的可持续利用，改善人类生活，减少对生态系统和物种的威胁。

(2)提高对生物多样性的认识和了解，增强公众的科学知识储备。

(3)公平、公正地分配生物多样性所带来的福利。

(4)降低海洋污染程度，减少栖息地丧失。

(5)将生物多样性目标纳入公共和私人部门的政策、计划和方案中。

(二)海洋、沿海和海岛生态系统

1. 目标

(1)促进海洋生物多样性的可持续利用，改善人类福祉，减少对生态系统和物种的威胁。

污染、过度开发、改建和栖息地的丧失以及人为干预是威胁生物多样性的主要因素。这些活动都是相互从属或制约的，在一定程度上影响了不同公共或私人机构对于海洋生物多样性的保护。

(2)提高对生物多样性的认识和了解，丰富信息和科学知识是人民福祉的基础。

人类直接或间接依靠生态系统服务。社会各界必须意识到这种依赖性。为此，必须了解在全球和当地都需要使这种关系更加和谐。人们的认识和感受反映在不同的行为和实践活动中，超越个人范畴，属于集体环境和共同利益。

社会应更加了解海洋生物多样性的价值和作用，因为可产生积极的影响。同时，在公共和私人范围内促进对这种认识的提高，包括在政策上实现海洋生物的有效保护以及可持续性。

(3)建立健全制度以便更好地治理，对海洋生物多样性的收益进行公平公正的分配。

为了对海洋进行更好的治理，必须制定标准的管理和规划手段，以充分保护和可持续利用海洋生物多样性。

建立生物多样性和保护区的服务或机构至关重要，通过国家保护区及相应机构保护生物多样性。

(4)将海洋生物多样性目标纳入公共和私营部门的政策、计划和方案。

公共与私人活动、生产性活动以及人类住区活动现在已扩大到全球范围，对生态系统和物种造成越来越大的压力，对人民的福祉会产生不利影响。

（5）保护和恢复海洋生物多样性及其生态系统服务。

保持和恢复海洋生物多样性的功能完整是智利一项重要的任务。

为了保护和恢复海洋生物多样性，必须改善易受影响的生态系统和物种，并发挥多样性作用。

对于保护海洋和沿海生态系统，智利政府认为实现该目标的最重要手段之一是确定海洋保护区，无论是沿海还是海洋，在不同层面对这些地区进行保护。

2. 横向行动

（1）制定标准、实施标准，更好地管理对生物多样性造成影响的生产部门、基础设施部门和服务部门。

（2）为陆地和水生生物多样性建立监测网络，并配备预警系统。

（3）促进专业人员和技术人员的招聘和培训工作，将保护和可持续利用生物多样性纳入其中。

（4）实施有效的沟通策略，以提高生物多样性对社会不同领域的价值。

（5）建立生物多样性保护区。

（6）制订区域和社区管理计划，参与可持续发展规划和管理，保护生物多样性和适应气候变化，包括基于生态系统的适应和减少风险的解决方案。

（7）将国家公共或私人生产及服务部门的政策、计划、方案、标准纳入加强海洋生物多样性的计划之中。

（8）根据生态系统服务，恢复退化或受到威胁的生态系统作为适应机制，减轻气候变化引起的自然灾害的风险和威胁，恢复生态基础设施及其生态系统服务。

3. 具体行动

（1）建立影响海洋、海岛生态系统和物种可持续生产实践的机制。

（2）建立研究、监测、评估海洋和沿海生物多样性状况的机制。

（3）采用公共和私人机制评估、促进对可持续发展认识的方法，加强对生态系统、海洋和沿海生物多样性的了解。

（4）实施永久性的海洋保护教育和公众传播计划。

（5）针对当地、地区、国家决策者实施宣传和传播计划；利用公立、私立学校宣传海洋和沿海生物多样性的价值。

（6）根据保护状况编制海洋生态系统清单。

（7）根据保护状况对海洋物种进行分类。

（8）整合当地社区、土著社区和对海洋生物多样性保护决策者的利益。

（9）实施海洋保护制度，加强能力建设。

（10）按照有关机构、专属经济区、沿海地区海洋生物多样性的目标确定海岸和区域的规划方案。

（11）加强监管力度，建设有效管理海洋保护区的网络。

（12）实施恢复、保留、管理物种的计划或措施，减少对相关人群造成的威胁。

（13）主管机构参与实施有关行动，防止潜在的海洋和陆地外来物种侵入。

（14）在受人类活动影响的陆地、海洋和岛屿实施生态系统恢复计划。

（15）在水体中实施海洋污染控制计划或措施。

二、海洋经济发展

（一）捕鱼和水产养殖

1. 目标

（1）通过可持续利用水生资源及其生态系统，为国家福利保障做出应有的贡献。

（2）加强建立公共机构的法律框架，研究、创造和提升相关能力，促进公私部门的共同参与。

（3）渔业和水产养殖部门面临的挑战。

（4）在捕鱼活动方面，保护或恢复主要鱼群的可持续发展，保护以上社区和居民持续享受福利，并采用多种方法获取新的解决方案，这给机构和用户带来了挑战。

（5）在水产养殖方面，面临的挑战是改善卫生和环境条件，促进国家水产养殖的和谐发展，重点是受影响物种的多样化以及目的市场的多样化，并降低该行业的风险。

2. 行动

（1）捕鱼。

①选择合适的制度确保开采活动的可持续性。

②确保捕鱼资源达到或保持在较高的生产力水平。为此，将使用生态系统原则和预防性原则，根据可用的最优科学资料采取保护措施。

③根据国际法，智利切实有效地发挥沿海国家及重要港口的作用。

④通过改善市场关联性，有效利用渔业资源和改进渔业产品以促进渔业发展，将增加产品价值和生产多样化。

⑤鼓励全国消费渔业产品，并确保这些产品在整个生产链中的安全。

⑥使智利融入与渔业有关的不同国际论坛和机构之中。

⑦对于跨界渔业，直接或通过分区域进行渔业管理，与捕获这些物种的其他沿海国家和港口国达成协议，采取必要措施协调和确保这些物种的保护和发展。

⑧直接或通过分区域进行渔业管理，以确保在整个区域内保护这些物种，在区域内外实现最佳的经济目标。

⑨通过国内和国际法预防、制止和消除非法、未报告、无管制捕捞活动。

⑩加强监测、控制和监督，并增强遵守保护和管理措施的动力。

⑪作为港口国家，应制定适用在邻近公海捕鱼的外国渔船的政策。

⑫确保遵守有关规定，并在适当情况下分别对违反适用的保护和管理措施的渔船采取强制措施。

⑬确保捕捞在商定的良好框架内有序进行。

⑭提高对环境和气候变化的评估和适应能力。

⑮加强公私合作，更好地管理渔业及其环境，并考虑不同部门的参与。

（2）水产养殖。

①完善水产养殖制度，加强公私合作。

②考虑改进水产养殖的管理和地域模式，促进小规模水产养殖发展。

③加强科学决策，通过综合水产养殖分析系统进行监测、控制、检查和合规激励，提高环境、卫生和水生生物虫害的管理绩效。

④在活动及转移过程中协调创新和技术开发行动，包括物种、区域、技术、生产者、产品和市场的多样化。

⑤促进水产养殖产品的消费，并在世界市场上开发水产养殖产品和服

务的定位系统。

⑥提高对环境和气候变化的评估和适应能力。

⑦加强公私合作，更好地管理水产养殖、环境，并考虑让不同部门参与。

⑧促进智利融入与水产养殖相关的各种论坛和国际机构之中。

⑨加强对水产养殖活动的控制和协调，以便在控制方法和技术方面具有凝聚力和连贯性。

（二）港口基础设施和海运

1. 目标

（1）加强港口和物流的作用，推动本港的经济活动及其在国际贸易中的关系。

（2）在社会、环境和经济方面实现可持续的物流港活动。

（3）鼓励国内和国际港口运营商参与促进基础设施和港口服务的发展，加强智利与世界其他地区之间的联系。

（4）建设新的港口，并确保其发挥最佳功能。

（5）鼓励国内和国际港口运营商参与推动基础设施建设和港口服务的发展。

（6）根据既定政策，管理和实施边缘海的合理计划，开拓未来港口发展的足够空间。

（7）在港口与城市之间建立良性关系，使所有参与者都能受益。

（8）加强内部海运，为人员和货物的沟通创造替代选择。

（9）预测航运业发展对港口设计、连通性和城市互动的需求。

（10）确保港口发展，保证为海运、船员和乘客提供所需要的服务。

2. 行动

（1）通过开放、公开、竞争和透明的程序，使个人参与提供港口和物流服务的竞争。

（2）建立港口开发和服务的常用和共同系统。

（3）确保海事活动服务的安全性与整个国家物流链的效率。

（4）在社会、环境和经济方面促进可持续的物流港口活动。

（5）加强港口和物流的作用，推动港口经济活动发展。

（6）促进港口与城市之间的良性关系，使不同参与者都能从城市港口中受益。

（7）加强现有的体制框架以说明道路、铁路和港口基础设施需要如何实现这些目标。

（8）逐步鼓励占领竞争激烈的海洋市场或通过开放市场的竞争带来社会利益。

（9）为进入国家水域进行维修的船舶，提供充足的海上维修支持、事故响应措施以及使智利成为贸易和运输安全地点，并提供可以发挥效果的替代方案。

（10）加强国家海军在智利内部和外部经济活动中的作用。

（三）海军工业

1. 目标

力争为南太平洋沿岸国家提供最完整和最具竞争力的修船报价，拥有充足的人力和物力，并且满足智利和外国船舶的需求，增强国内建筑和造船方面的知识教育能力，提高生产力和创新发展研究。

2. 行动

（1）构建规范的框架，创造经济激励措施，增强国家海军和航运业的发展。

（2）制定政策和计划，确保智利拥有必要的技术和工业能力，以满足所需的后勤支持。

（四）矿业

1. 目标

（1）促进沿海基础设施和可持续航运路线的发展，以便智利实现其未来发展目标，保持其在全球铜生产领域的领先地位。

（2）实现矿业公司与其他利益相关者的利益，产生对基础设施建设的协同效应，采取最高效、经济、对环境影响较小的措施。

（3）鼓励各利益集团更多地参与利用地区政策和现有的地区规划手段，发展边缘海的基础设施和满足生产目标所需的航行路线。

2. 行动

（1）促进可持续利用边缘海和毗邻的海洋空间，使智利能够在未来几十年内实现其采矿生产目标，保持在世界铜矿生产国中的领先地位。

（2）促进沿海边境矿业公司之间共同基础设施的发展，并最终与其他利益集团建立共同基础设施，从而产生更有效的经济利益，降低对环境的影响。

（3）鼓励建设与海水有关的基础设施，使国家沿海边境使用政策与最终的海水淡化厂的政策相一致。

（4）促进矿业公司与地方政府尽快磋商开发沿海基础设施和采矿活动。

（5）利用领土规划方法提高矿业公司基础设施发展的投入。

（6）促进与边缘海矿业基础设施相关的经济、社会和环境发展，为供应商的发展提供机会。

（7）鼓励研究、勘探和评估，以决定是否支持该地区的采矿活动，以及现有的国际环境部门的批判性分析和决策。

（五）能源

1. 目标

（1）建立弹性能源体系，包括海上碳氢化合物和煤炭码头及其运输工具，及时对基础设施进行必要投资。

（2）走向更健全的参与过程。应确保社区参与能源部门的项目，并纳入机制，以便当地人员与项目开发者之间能够进行合作，共同发展。

（3）智利已经在能源效率问题上采取各种政策和计划活动，特别是通过国家能源政策，提出建议，将由主要能源消费者实现，包括家庭、商业和工业、矿业、运输（包括海运）和公共部门。

2. 行动

（1）确保燃料的供应、储存和运输，增加对燃料链基础设施的投资。

（2）促进碳氢化合物矿藏在无害环境条件下的研究和勘探。

（3）加强社区参与、组织和能源发展。

（4）确保尽早告知公民参与国家、区域和地方各级计划和项目。

（5）整合与能源发展领域管理有关的不同参与者的利益。

（6）在不同运输方式中采用最有效的方式。

（六）旅游业

1. 目标

（1）推动旅游业的多样化，促进广阔海岸线的可持续发展，以实际行动和公共项目鼓励私人投资。

（2）提高智利在国际上的地位，加强竞争优势，如利用靠近南极洲的优势。

（3）鼓励国家内陆水域路线（从蒙特港到南部的峡湾和海峡）的发展，改善旅游开发条件和沿海安全。

2. 行动

（1）在具有不同旅游潜力的沿海地区开展项目建设。

（2）加强设施建设以增加客船数量。

（3）在沿海社区和公私合营下，加大对沿海海滩的建设。

（4）与国家、地区和地方当局协调，促进海运发展。

（5）为体育和娱乐活动公司提供设备。

（6）为航海运动开发基础设施。

（7）加强对具有旅游潜力的海洋遗产和文化价值的培训和了解。

（8）重视智利的传统美食——海产品。

（9）保护自然景观和历史建筑物。

（10）认识智利在整个领土上与海洋有关的财富和文化多样性。

（11）促进创建智利海洋旅游保护区，寻求在可持续经济发展框架内重视遗产并保护其生物多样性。

（12）促进沿海地区旅游业的发展，包括维护海滩环境。

（七）创新

1. 目标

（1）加强国家的人力资源，聘请高素质的专业人员，帮助使用海洋资源的生产公司提高可持续创新能力。

推动企业的创新技能发展，需要在各级教育和职业培训中拥有高素质人才。需要受过教育的学生了解海洋资源对智利的价值。对研究生、公司专业人员和医生进行培训，开展水产养殖、渔业、食品和不可再生海洋资源的研究，以引导学院、行业和公共部门在技术创新过程中起到关键作用。

通过新产品和工艺的多样化和复杂性，提高智利公司对海洋资源相关的产品和工艺的技术创新速度。

（2）生产多样化和复杂性意味着公司需要开发和销售具有新科技的服务和产品，以及开发新的生产工艺。为此，有必要整合国家的创新体系。

通过多样化和复杂的生产，提供智利在水产养殖、渔业、能源、食品和其他相关的海洋生态系统的国际地位。

2. 行动

（1）在高等教育职业学校制定具体的教学计划，应对水产养殖业、国家渔业、健康食品业和其他海洋生态系统面临的问题或挑战。

（2）鼓励在智利和国外的人才参加有关海洋资源的研究生培训（硕士和博士）。

（3）多样化水产养殖作物：甲壳类动物如鲍鱼、牡蛎、贻贝等，新物种的水产养殖集中于鱼类及幼鱼的生产。

（4）海产品系统的新技术解决方案：技术发展和可持续性（技术、健康和社会经济风险的建模和管理）。

（5）为依赖海洋生态系统维持生计或经济发展的沿海社区提供新技术解决方案，提高初级生产部门和新市场的价值。

（6）增强养殖中生物的摄食和营养，改善海产原料的生产，并将其作为健康食品工业的投入。

（7）开发适应海洋资源生态系统条件的食物。

（8）促进渔业产品的食用，包括增强国家海鲜消费及其饮食健康。

（9）在可持续开发国家水生生物资源的框架内，确保渔业产品的合规和合法贸易。

三、海洋安全

（一）海洋与和平

1. 目标

建立必备的安全条件以在和平的水生环境中实现社会和经济发展的需求，利用大型海洋空间，通过充足和可用的设施，规范和组织有利的海上活动。

2. 行动

发展必要的行政制度，以可持续和有竞争力的方式和平发展海洋中的所有活动，造福于国家。

（二）海洋活动的责任和控制范围

1. 目标

（1）根据智利的法规和国际法规，监测国家管辖和负责的海域情况，以促进国家发展和福利为宗旨，维护国家主权和领土完整，保障海上发展的安全，防止非法行为。

（2）扩大、加强和维持必要的能力，以及时有效地控制和保护智利水下遗产以及开展海上活动。

2. 行动

（1）拥有足够的人力和财力资源，以开展有效的分析、预防和管理任务，担当维护海上安全和保护海上发展的职能以及控制智利的海洋保护区。完成该项任务所需的部分财政资金来自国家收入。

（2）维持海军的能力，用以长期有效进行海洋监视，对国家管辖范围内的海域进行保护，肩负海上责任。

（3）充分地使用资源和工具，防止并消除对海事活动安全和持续发展造成威胁的非法行为。

（三）国际合作

1. 目标

优先加强与拉丁美洲国家的海洋公共和私人机构、亚太地区国家、其他国家之间的联系。

2. 行动

（1）鼓励采取区域战略，面对国家在海事安全、保护和应对承诺的国际义务所带来的共同挑战和机遇。

（2）鼓励制定有关国际海事法的倡议，旨在加强全球海上安全合作，保护海上区域，合理和平利用海洋资源。

（3）鼓励与专门的公共和私人国际组织机构签订协议和建立其他行政合作机制，为国家公共机构与全球海洋治理做出应有的贡献。

（4）积极参与有关海洋治理、可持续的、安全的国际行动。

（四）海上对外贸易的发展

1. 目标

提出部门政策，推动海上运输贸易安全、有效、有竞争力地发展。根据智利的利益需求，与跨国联盟合作，为国际贸易中货物的海运提供必要的保护和安全措施。

2. 行动

（1）创造稳定的法律和行政条件，鼓励港口增加和发展海运以及对智利国际贸易至关重要的所有经济活动。

（2）加强海事管理局在不同行动领域的控制和管理能力。

（3）联合友好国家参加演习和发展业务，担任国际代表，履行和平和国际合作安全使命，人道主义援助，使海军成为对智利有贡献的军队。

四、海洋和领土

（一）预防自然灾害

1. 目标

（1）将"自然灾害"的概念纳入教育范畴，预防风险，关注人口和财产安全。

（2）通信系统、安保系统覆盖整个国家的领土和预警系统，旨在预防死亡并减轻智利海啸事件造成的伤亡。

(3)气候变化导致不正常海啸事件增加,需要为沿海社区及迁移工程采取预防措施,变更城市和沿海城镇的调控计划。

2. 行动

在极端天气下定期和及时进行信息预测,采取暂停港口捕鱼以及水上运动和休闲活动等措施,对海上活动的条件和规划进行评估,尽量减少其对社会和经济的影响。为此不断改进气象信息分析,并提供相应的技术支持和专业人员培训。

自然灾害将随着时间的推移持续发生,因此,国家应该配备更好的装备并保持训练,以便迅速果断地应对自然灾害。

(1)维护和改进现有的体制框架,允许组织、协调和执行减少自然灾害所需的任务和行动。

(2)促进和支持地球科学领域专业人员的培训,在各级教育计划中减少灾害风险,促进科学研究领域的国际合作。

(3)根据不同的监测和风险管理中心的要求,创建由国家机构协调的研究中心,用于协调分支机构研究有关自然灾害问题。

(4)改善对责任机构的资源分配计划,提供现代陆地和海上地震监测网络,陆地可产生不同的风险(洪水、干旱、冲积火山、空气质量等)。

(5)改善包括南极洲在内的沿海和海洋气象预警和预防系统,向国内或国外的任何自然人或法人等传播和提供相应的知识。

(二)沿海社区与国家政策

1. 目标

(1)建立有机框架,充分利用广阔的海岸线、海洋和陆地空间,为其创造一个不可或缺的条件,促进该部门的和谐与整体发展,尊重个人及个人权利,将这些与社区和国家的需求协调起来。

(2)考虑到地理、自然因素以及现有资源、发展计划、附近城镇和主管机构制定的措施,以合理利用沿海空间为目标,加强通过实施国土规划实现区域治理,解决利益冲突及建立综合管理国家和边缘海区域的基地。

2. 行动

（1）继续不断完善现行海岸政策，与其他有关部门实现海事协调，按照国家指导方针，兼顾区域和当地需求。

（2）继续推动海洋沿海资源的可持续发展，并根据区域发展战略和不同部门的规划书，提供关于该领土用途的指导方针。

五、科学发展

（一）行动

未来50年，海洋科学领域有6大发展方向：制度、科学研究、基础设施、人力资源、社会海洋教育和国际合作。

（二）制度

现存的法律文件，已有近50年历史，需要对战略、政策和举措进行更新，以加强海洋方面的科学技术发展和创新。科学技术部的成立，为这一领域带来了很好的发展机会。建议制定现代化、综合性的制度和国家政策，将地区权力下放，加强科学、技术和创新，使海洋生态系统得到保护和可持续利用，对国家发展做出贡献。

（三）科学研究

（1）加强和推动科学技术研究，提高对海洋系统的认知，是公共组织、私人组织和社会作出决策的基础，旨在保证海洋健康、安全、可预测、可持续发展。

（2）拥有一个综合的海洋观察、监测和预测系统，以观察、监测和预测海洋的持续状况，及时制定决策和战略规划，特别是采取减缓和适应气候变化的措施。

（四）基础设施

为国家提供现代化基础设施并持续进行更新，以进行海洋科学和技术研发，探索海洋发展。

（五）人力资源

（1）推动海洋科学专业人员和科学家的跨学科培训，以应对新的挑战。

（2）在公共和私营部门的特殊领域提供专业硕士学位和博士学位。

（六）社会海洋教育（海洋文化）

（1）制订学校教育计划，深化对智利海洋生物学、生态学和海洋学的认识。

（2）实现促进海洋资源可持续发展的国家行动。

（七）国际合作

建立国家海洋科学计划，吸引和协调国际项目，使智利政府参与制订国际海洋科学计划。

第三十三章 维护澳大利亚在南极的国家利益报告

2018 年 5 月，澳大利亚首都地区和外事联合常务委员会发布《维护澳大利亚在南极的国家利益》报告(以下简称"报告")。报告阐述澳大利亚通过开展基础设施投资、建设科研能力和提升国际影响力在南极地区获得广泛利益，未来应继续在加强科学研究、构建国际话语权、履行《南极条约》等方面发挥积极作用。

第一节　强化南极治理水平

一、任命南极大使以推进南极国际治理工作

根据澳大利亚首都地区和外事联合常务委员会收到的反馈，一些南极大国均设有南极问题特别顾问或南极大使，其职能是领导参与《南极条约》相关会议以及与其他国家同级别官员进行外交对话。澳大利亚应任命一名南极大使，以监督有关南极地区的外交活动，并保护澳大利亚在南极的国家利益，此举将为澳大利亚的南极事务提供"更多力量"。但也有反对声音表示，当前澳大利亚已深度参与南极事务，不需再额外任命一名南极大使。

二、考虑加强南极搜救规划以更好应对未来搜救活动

澳大利亚首都地区和外事联合常务委员会认识到，南极搜救行动对本国南极项目产生重大影响，提高了澳大利亚在南极事务中的话语权。澳大利亚海事局为降低事故发生率作出了重要努力，并将持续开展南极搜救工作。鉴于各国未来在南极地区的活动将大幅增加，应提前做好更为充分的规划，以确保澳大利亚的搜救行动能够对相关事件作出及时反应。

三、加强对东南极洲的实地调查

澳大利亚首都地区和外事联合常务委员会认可南极视察制度在加强各

国协同合作上的整体作用。《澳大利亚南极战略及 20 年行动计划》中关于恢复内陆穿越能力的承诺，将大大提升澳大利亚进行更高频次南极视察的能力。一旦上述能力得到恢复，澳大利亚将会增加对东南极洲的视察频次。随着实地调查能力的逐步增强，澳大利亚将有机会成为视察培训方面的领导者，并为国内和实地调查经验有限的其他国家提供培训。

第二节　强化基础设施建造和后勤保障能力

一、为南极考察站的升级和改造拟定时间表

澳大利亚的南极考察站和整个南极项目，构成了其参与南极国际事务和科学考察的核心。澳大利亚首都地区和外事联合常务委员会注意到，南极考察站的各类设施正逐渐老化，应制订详细的现代化设施改造计划，以确保澳大利亚的南极科学家和基础设施专家能够在安全和现代化的设施内工作。在制订南极考察站现代化改造计划时，政府应广泛考虑设计、环境与安全原则，并在有效利用国家资金的基础上，建造符合国际标准的建筑。

二、强化对南极垃圾清理的重视

澳大利亚首都地区和外事联合常务委员会认为，应及时制定南极遗留垃圾清理战略。澳大利亚南极站未来的现代化改造计划也应包括垃圾清理工作，努力创造南极垃圾再利用的经济价值。澳大利亚政府应与塔斯马尼亚州政府开展合作，使塔斯马尼亚州的企业获得该商业机会。

三、加快制定南极全年通航战略

澳大利亚在南极空运方面有着强大且不断增长的能力，并积极支持着南极科研项目和科研人员的运输转移。澳大利亚应利用好塔斯马尼亚州的航空资源，制定南极全年通航战略。同时，要将建设南极飞行跑道作为优先事项，制订全年飞行跑道建设计划。

四、鼓励"RV 调查者"号调查船参与商业化海洋研究活动

澳大利亚南极科研的主要优势为破冰和海洋调查。澳大利亚新破冰船"RSV 努伊娜"号将于 2020 年正式投入使用，应在人员培训、船舶数据管理、港口设施保障等方面提升能力。此外，由澳大利亚联邦科学和工业研究组织管理的"RV 调查者"号调查船，设计运行期为 300 天，但当前政府的资助只够维持 180 天，不利于该国的海洋调查工作。澳大利亚应鼓励该船参与商业化海洋研究活动，以确保该船能够发挥最大能力。

五、对搬迁至麦夸里岛南极管辖区的机构进行审查

澳大利亚南极局在金斯顿的租约将于 2024 年到期，届时可在靠近霍巴特中央商务区和港口的麦夸里岛建立专门的南极科学中心。为此，澳大利亚应在麦夸里岛租赁新设施，并将诸如澳大利亚联邦科学和工业研究组织、南极海洋生物资源保护委员会、澳大利亚塔斯马尼亚极地网络、澳大利亚气象局以及澳大利亚南极局部分职能部门迁至此处，以促使相关机构产生协同效果。搬迁计划将对当地的南极旅游业产生积极影响，并吸引更多公共设施的建立。

六、为南极项目提供适当经费

尽管澳大利亚南极局的业务活动对政府造成了不小的财政压力，但政府仍在《澳大利亚南极战略及 20 年行动计划》中承诺了更多的资金支持。鉴于澳大利亚南极局业务工作的周期性长、资金需求量大，应建立用于提高预算确定性的工作机制，包括利用"效率红利"改变其在上级主管部门预算中的份额。

七、尽快完成对南极老旧资产设施的评估工作

澳大利亚的南极资产设施大多已到达或即将到达报废年限，按照当前的更换速度，全部完成资产更新需要大约 61 年时间。澳大利亚环境与能源部已着手评估上述资产的使用寿命，并计划制定资产更换的商业提案，以便顺利通过政府的预算程序。

第三节　服务于未来的科学规划

一、尽快公布南极科研管理审查报告

澳大利亚拥有世界一流的南极科研能力，这离不开本国优秀的南极科研人才队伍建设和南极科研框架的制定。但近年来，澳大利亚在南极科研领域的国际领导力出现下滑，政府委任澳大利亚南极局前局长开展南极科研活动的审查管理工作，政府打算尽快公布这一审查结果，并考虑在既有南极科研管理架构内改善南极科研的资助和协调工作。

二、明确南极科研经费的使用情况

由于对特殊后勤保障的依赖，澳大利亚开展南极科研活动的费用极其高昂。政府承诺将进一步明确科研项目的优先事项，制定公共资金使用指导方案，并在每年的预算审议会中明确资金的使用情况。

三、设立专门机构以监督南极科研项目的实施

澳大利亚政府积极考虑南极科研项目的优先性和协调性，由南极科研主要利益相关方代表组成了专门机构（如澳大利亚科学院提议设立的机构），根据《2011—2012 年至 2020—2021 年澳大利亚南极科学战略计划》确定南极科研项目的优先性，负责与利益相关方协调澳大利亚的南极科研项目，并最大限度地提高科学研究能力。

四、建立相关合作机制以加强国内各机构的往来

澳大利亚南极气候和生态系统合作研究中心对该国南极科研事业做出了重要贡献，但政府对该中心的资助将于 2019 年 6 月终止，对在霍巴特以外开展南极科学研究和该地区的合作项目产生重大影响。政府应与南极气候和生态系统合作研究中心和塔斯马尼亚州政府开展合作，商讨恢复资金供应以允许其继续运营的可行方案。

五、评估南极科研人才队伍建设的能力

澳大利亚南极科研人才队伍建设至关重要，与《澳大利亚南极战略及

20 年行动计划》和《2011—2012 年至 2020—2021 年澳大利亚南极科学战略计划》中的战略目标有着密切联系。但由于相关科研经费的削减，南极科研人才队伍正出现"青黄不接"的现象。尽管提供更多资金支持是解决问题的一个方法，但关键技术能力的发展并非朝夕就能实现的目标。澳大利亚政府应考虑创新方法，满足南极科学人才的需要，以保证其长期从事南极科研工作。

六、制定国家南极数据存储与管理战略

随着技术的进步，数据生产量也在增加。澳大利亚的新破冰船将具备多种先进科学能力，因此，需要建立有效手段收集、存储和使用用于分析的科学数据。虽然澳大利亚南极局和澳大利亚地球科学局等机构都有管理大量科学数据的机制，但似乎没有数据管理的协调方法以及分享和传播这些信息的能力。政府应考虑建立一种管理南极数据的协调方法，如澳大利亚地球科学局提出的"数据立方"，这一概念既提供了一个中央数据存储库，又加强了与伙伴的合作。

七、设立南极科学协议及相关文件的储存库

澳大利亚和伙伴在南极科研领域达成了一系列合作协议，政府应考虑对上述协议采取中心式协调管理。储存库将确保掌握整个澳大利亚南极科学界的总体情况，从而避免进行重复工作。政府还应考虑该储存库如何获取相关知识产权的登记信息。

第四节　南极为澳大利亚创造经济机遇

一、提出《霍巴特城市协议》中涉及南极的优先事项

澳大利亚的"智慧城市计划"有利于加强联邦、州和地方政府在城市建设领域的联系与合作。各方最终达成的《霍巴特城市协议》将为霍巴特市的基础设施建设提供解决方案，并为当地的经济增长提供一系列就业和商业机会。《霍巴特城市协议》不仅确定了资金安排和具体项目，还为霍巴特市一系列南极基础设施项目的规划提供了基础。

二、设立南极服务处以对外宣传霍巴特市作为南极门户的地位

澳大利亚将在宣传塔斯马尼亚州作为南极门户和枢纽方面发挥更为积极作用，并应设立专门的南极服务处，以承担这一必要责任。

三、将霍巴特市打造为对外南极合作平台

在《塔斯马尼亚州南极战略》的支持下，塔斯马尼亚州政府与相关产业界形成了良好的合作伙伴关系，已开始产生显著成果。澳大利亚联邦政府和塔斯马尼亚州政府还要继续寻求商业发展机遇，提升其他国家投资塔斯马尼亚州的兴趣。当前，一些国家的南极项目有意以霍巴特市作为其南极活动基地，应积极利用这一商业机遇，与相关国家开展霍巴特市基础设施建设合作。

四、资助塔斯马尼亚港口公司以提高燃料运送效率

塔斯马尼亚港口公司为容纳澳大利亚"RSV 努伊娜"号南极破冰船持续开展了大量的基础设施建设工作，积极支持着澳大利亚南极事业的发展。当前，各船舶经营者在船舶加油方面存在阻碍，政府应委派塔斯马尼亚港口公司将燃料从塞尔福斯角运至霍巴特港，并给予必要的资金补贴。

五、对外突出南极事业重要性以最大限度满足国家利益

近年来，澳大利亚邮轮业蓬勃发展，但与之相关的南极旅游业却尚未得到开发，发展以霍巴特市为中心的南极邮轮业对澳大利亚是潜在的机遇，但应当注意旅游活动不应干扰或阻碍正常科学和监测活动。同时，还应利用位于霍巴特市的南极展览馆和南极水族馆等设施，广泛提高人们对澳大利亚南极项目和澳大利亚国家利益的认识。

第三十四章　斐济特别海洋区报告

2018年9月，斐济发布《斐济特别海洋区》报告（以下简称"报告"）。报告在总结斐济既有海洋优先地区保护工作的基础上，划定98个近岸和远海特别海洋区，详细介绍每个特别海洋区的重要生物及物理特征，评估并记录其边界和信息来源，根据评分系统对每个特别海洋区进行打分。报告将用于斐济的环境许可决策和环境影响评估，为建立斐济海洋保护区网络提供指导。

第一节　引　言

一、背景

斐济承诺并长期致力于大幅增加国内海洋保护区的数量和覆盖范围。为履行这一承诺，斐济根据《环境管理法（2005）》设立斐济国家保护区委员会海洋工作组，工作组要求审查先前为绘制斐济海洋优先地区而开展的工作。为此，斐济政府通过环境部和原渔业和林业部（现渔业部）于2016年7月19—20日举办了一场专家研讨会，太平洋岛国海洋和沿海生物多样性管理项目和国际野生生物保护学会为研讨会提供了支持。

当地方或国家一级在作出涉及海洋区域的决策、政策、计划或分析时，本报告可作为调查特定地区信息的参考工具。各个地区的相关信息可为以下管理措施提供参考：发布许可的决策和条件；环境影响评价；国家和地方发展规划决策；社区和各级政府关于在何处设立海洋保护区（或管理区）的决策。

本报告将帮助斐济政府实现其对《生物多样性公约》爱知目标11的承诺。此外，在2005年和2014年举办的小岛屿发展中国家会议上，斐济政府进一步承诺到2020年"将至少30%的斐济近岸和近海区域划入具有综合性和生态代表性的海洋保护区网络，实现有效管理和财政支持"，这一承诺现已纳入"斐济绿色增长框架(2014)"和"国家发展战略(2017)"。

如果斐济政府着手推进其在 2017 年联合国海洋大会自愿承诺中提出的海洋空间规划工作,即"为斐济全部海洋区域制订法律认可的多用途海洋空间规划,包括具有生态代表性的海洋保护区网络",本报告也将发挥应有作用。

二、以往工作

(一)国家环境战略(1993)

斐济国家环境战略(NES)拟订了一份包含 140 个具有国家意义的地区清单,建议通过立法为这些地区提供更多保护,使其免受破坏性开发的影响。这些地区具有生物、生态、地质、娱乐、地貌和景观价值,其中一些是海洋地区。虽然该战略已有 20 多年的历史,且地区记录不够完整,但其初步确定了斐济的优先保护地区。本报告中具有国家意义的地区被确定为特别海洋区,在相应的描述中用代码"NES"表示。

(二)确定斐济群岛海洋生态区的保护优先次序

2003 年,世界自然基金会举办了一场海洋生物多样性优先保护研讨会。这次专业研讨会确定了 35 个优先保护区,涵盖了斐济群岛海洋生态区各种独特的海洋生物多样性、物种和群落特征。研讨会指出,对这些区域加强保护将确保斐济海洋环境的健康和完整。

研讨会还确定了 125 个分类优先保护区,这些区域对以下方面具有重要意义:特定类群;受关注物种;有特殊管理要求的物种(如易受生活史或过度捕捞影响的物种);觅食;繁殖;栖息;季节性迁徙;生态过程;生境或群落类型代表性;物种丰度;特有自然生境;特有或地方性物种组合。

(三)弥补缺陷:确定候选地区,扩大斐济国家保护区网络

2010 年,根据《生物多样性公约》保护区工作计划,斐济国家保护区委员会在国际野生生物保护学会的支持下,召集斐济各省相关人员举办了一场缺陷分析研讨会,目的是在各省确定符合国家和省生物多样性保护和

(或)资源管理目标的候选地区。

确定海洋优先区域的评判标准包括：地方性鱼类；重要鸟类区域(因存在全球濒危物种、分布受限物种或生物群落受限物种而确定)。通过以下几个方面确定优先生境连通区域：生境完整性；生境复杂性；水文特征(针对陆上地区)；对侵蚀的敏感性(针对陆上地区和沿海区域)。

此次研讨会针对需要保护的海洋优先地区查找了缺陷和不足，共确定了 48 个具有国家和国际意义的湿地、红树林、边缘礁、非边缘礁和其他海底保护地区。

(四)具有重要生态或生物意义的海洋区域

2011 年，环境部举办了一场研讨会，以《生物多样性公约》为依据，划分本地区的具有重要生态或生物意义的海洋区域。与会者确定了对全球海洋生态系统的健康运作起至关重要作用的海洋区域，使用的标准包括：独特性和稀缺性；对各物种的生活经历具有特殊重要性；对受威胁、濒危或衰退的物种和(或)生境的重要性；易损性、脆弱性、敏感性和慢复原性；生物生产力；生物多样性；天然性。

第二节 研究方法

一、2016 年海洋优先地区专家研讨会

在 2016 年海洋优先地区专家研讨会中，与会专家事先获得了一系列参考材料，包括以前的优先地区研究报告以及显示生物和地质特征的各种地图(打印资料和地理信息系统数据)。生物和地质特征包括：环境参数(如海表温度、水深、生产力、盐度)；地貌(如大陆架、深海平原、斜坡、海山)；丰富的生物多样性概率图(如底栖物种丰度)；海洋用途(如航运、捕鱼、水下电缆)。

会议首先向专家们简要介绍了以前的报告、地图和地区评分标准。随后，与会专家按照地理区域进行分组，利用现有资料及个人知识，对以前的报告进行审查、修订，根据新情况增加优先地区。

为收集更多相关资料，会后还进行了其他研究和访谈，并将其纳入本

报告初稿。征求与会专家意见后，最终形成定稿。2017 年初，包括斐济国家保护区委员会海洋工作组成员在内的专家评审组又在终稿基础上对报告进行了更为详细的修订。

本报告最终确定 98 个斐济特别海洋区。

二、地区的优先性评估和评分

与会专家对每个地区进行了评分。评分标准以澳大利亚大堡礁采用的方法为基础，并针对斐济的情况做了修改，具体如下。

(1)符合标准的数量、细节和性质(包括"区域"是否能支持稀有、脆弱或不寻常的生境或物种，支持濒危物种、特有物种、关键物种的重要生命阶段，具有物理或生物方面的突出属性，如特有地貌、丰富物种多样性或高生产力等)。

(2)地理划分——如何明确合理地界定地区的边界。所有已确定的地区均不包括高潮线以上的陆地。

(3)信息源——信息源的可靠性和可验证性，以及其中有多少可用信息源。

(4)国家或国际可供养的生物种类——斐济对区域内的物种或生境负有的国家义务(如根据法律)或国际义务(如根据公约)。

专家们根据 4 个标准对提议的特别海洋区进行评分，评定等级分为相对较低(0~1 分)、中等(2 分)或高(3 分)，综合 4 个标准的最高可能得分是 12 分。

因近岸(沿海)系统的可用资料比深水(远海)系统的资料丰富得多，为了避免偏差，这两个系统的评分标准(见表 34.1 和表 34.2)仅在同一系统内各自使用。这也意味着近岸和深水区域的特别海洋区评分没有可比性。

表 34.1 近岸(沿海)地区评分标准

标准	程度	评分
生物和地理特征	1 个或 2 个判定理由(如某生物的存在)，并提供一般或特定地区信息源	1
	3 个或 4 个判定理由，并提供一般或特定地区信息源	2
	5 个及以上判定理由，并提供一般或特定地区信息源	3

续表 34.1

标准	程度	评分
地理划分	边界定义松散	1
	边界与特征大体匹配	2
	边界与生物和地理特征精确匹配	3
信息源数量和类型	主要为传闻和推断，或单一报告	1
	1 份以上的优质报告和专家意见	2
	至少 1 份同行评议论文和至少 1 份优质报告及专家意见	3
国际或国家可供养的生物种类	零物种或生境	0
	1 种物种或生境	1
	2~3 个物种或生境	2
	4 个及以上物种或生境	3

表 34.2 深水(远海)地区评分标准

标准	程度	评分
生物和地理特征	1 个或 2 个判定理由(如某生物的存在)，并提供一般或特定地区信息源	1
	3 个或 4 个判定理由，并提供一般或特定地区信息源	2
	5 个及以上判定理由，并提供一般或特定地区信息源	3
地理划分	单一特征	1
	相互联系的 2~3 种特征	2
	相互联系的 3 种以上特征	3
信息源数量和类型	主要为传闻和推断，或单一报告	1
	1 份以上的优质报告和专家意见	2
	至少 1 份同行评议论文和至少 1 份优质报告及专家意见	3
国际或国家可供养的生物种类	零物种或生境	0
	1 种物种或生境	1
	2~3 个物种或生境	2
	4 个及以上物种或生境	3

报告按地理区域分组。每个地理区域都有一个区域代码，这些地理区域中的每个特别海洋区也都有一个唯一的代码(见表 34.3)。

表 34.3　地理区域及代码

地理区域	代码	特别海洋区数量(个)
亚萨瓦群岛	Y	4
马马努萨群岛	M	7
维提岛南部(姆本加岛、瓦图莱莱岛、坎达武岛)	SVT	5
维提岛北部	NVT	7
维提岛西部	WVT	7
维提岛东部	EVT	8
瓦图伊拉海峡	VIR	3
洛迈维蒂群岛	LV	8
瓦努阿莱武岛北部	NVN	3
瓦努阿莱武岛南部	SVN	4
塔韦乌尼岛和灵戈尔德群岛	T	4
劳群岛	L	16
远海(罗图马岛和康韦礁)	RO	2
斐济北部深水(远海)	ON	4
斐济西部深水(远海)	OW	4
斐济南部深水(远海)	OS	5
斐济东部深水(远海)	OE	7

第三节　特别海洋区详情

一、亚萨瓦群岛

亚萨瓦群岛由约 20 个地势陡峭的小型火山岛组成，呈链状分布在维提岛以北 50~130 千米范围内。群岛外围环绕着狭长的边缘礁和海草床，距离其西侧 10~20 千米的不连续堡礁能够抵挡大洋涌浪。小型村庄和度假村沿岛链错落排列，当地社区十分依赖群岛礁体水域的丰富渔业和其他海洋资源。

深水礁体表面覆盖着大量的藻类，这是由于人类对食草鱼类和海参等海洋动物的过度捕捞以及排放活动带来的营养物富集。浅水礁体及水道分布着大量的硬珊瑚，经常在海水温度上升时发生白化现象，但很快便会复原。群岛周围的海水温度通常比斐济中心海域高 0.5℃。

隆头鹦哥鱼、长吻原海豚以及宽吻海豚等濒危物种经常出现在附近的海湾、水道和潟湖中。至少有 3 种海龟在此栖息：绿海龟在海草床觅食；玳瑁在多个原始海滩筑巢；据报道棱皮龟至少在一处海滩筑巢。海鸟也在多个小岛和未开发区域筑巢。

岛屿之间的狭窄水道内潮流作用较强，因此形成多个富有活力和生产力的生物栖息地。已知斐济仅有的两个阿氏前口蝠鲼全年(非季节性)栖息地，便有一个位于该群岛水域。纳维蒂岛南部的水道既是景区也是科研地区，目前该水域受到社区协议的非正式保护。亚萨瓦群岛北部水域还发现过无沟双髻鲨。岛屿、水道和堡礁之间的互联互通对许多海洋动物而言至关重要，它们在生命周期的不同阶段，选择不同的生活环境，因此可能在红树林与海草床之间穿梭，也可能游弋到近岸边缘礁和近海育苗礁区，以及更远的堡礁及其外部水域。

二、马马努萨群岛

马马努萨群岛紧邻维提岛西北的楠迪镇，由一些小型火山岛和珊瑚小岛组成。群岛外围环绕着狭窄的礁体和海草床，有数个面积不大的潟湖。群岛西部 5~10 千米的不连续礁堡、南方的大岛维提岛以及东方的大片点礁和浅滩，能够有效阻挡大洋涌浪的侵扰，因而该区域长期风平浪静，海流微弱。

大部分岛上建有 1 个或数个旅游度假村，面积较大的岛上还有一些村庄。岛屿之间小船往来频繁。该区域多处点礁和边缘礁受到了沉降效应及富营养化的影响，这些不利影响源于甘蔗种植、主岛分水岭的地表剥蚀以及一些岛屿的开发活动等。此外，如果以珊瑚为食的棘冠海星大面积暴发，也会对这些礁体造成破坏，随着珊瑚的生长，这种破坏在几年内便可修复。

大片的近海礁体能够支撑数量庞大的珊瑚礁鱼类，其中一个地区尤以礁鲨出没而闻名。外围堡礁及水道能够吸引鲨鱼、鳐鱼和绿海龟等大型海洋生物。外围礁体水域偶尔还会出现鲸鲨和翻车鱼的踪迹。

玳瑁栖息在几处较为原始的海滩上；绿海龟在一些岛屿周边的海草床觅食；海鸟则在岩石小岛上筑巢。

三、维提岛南部

姆本加岛、瓦图莱莱岛、坎达武岛位于维提岛南方8千米(姆本加岛)至90千米处(坎达武岛)。坎达武岛是斐济中等岛屿中面积较大的一个,长约60千米;而姆本加岛和瓦图莱莱岛面积较小,长度均为10千米左右。这3个岛屿的共同特点是:边缘礁较窄,近海堡礁向外水深陡增,中间则都有潟湖。不同的是,坎达武岛和瓦图莱莱岛的潟湖位于岛屿一侧,距岸仅2~3千米;而姆本加岛的周围是一个由古火山坑形成的圆形潟湖(跨度达30千米)。所有岛屿均未大面积开发,只有一些村庄和几个小型的生态敏感型旅游度假村。

该区域的外侧礁壁和海峡水域能够吸引鲨鱼及其他一些海洋掠食性鱼类,如康氏马鲛、沙氏刺鲅、鲯鳅、蓝枪鱼、黑枪鱼、平鳍旗鱼等。

潟湖和水道内经常出现海豚,外围礁区曾发现迁徙的鲸类。姆本加岛和坎达武岛有大片保存完整的沿岸树林及红树林。

姆本加岛有丰富的礁区生物、软珊瑚和大型裸鳃目软体动物。瓦图莱莱岛的海蚀池(由淡水与海水的相互作用产生)有本地特有的、具有文化意义的红对虾。坎达武岛有斐济已知仅有的阿氏前口蝠鲼两个全年栖息地之一,这里的种群数量庞大。这些岛屿也因举办水肺潜水旅游和狩猎式钓鱼活动而著名。

坎达武岛位于斐济的最南端,其南岸附近的海水温度通常比斐济中心海域低1℃,使其成为硬珊瑚资源的重要储藏区,这里的硬珊瑚曾在数次海水温度变化导致的事件中存活。这些硬珊瑚的繁殖生长对姆本加岛、珊瑚海岸和马马努萨群岛珊瑚礁的更替和修复具有重要意义,可能成为斐济珊瑚礁抵御气候变化重要组成部分。

四、维提岛北部

维提岛面积较大,北部海岸由红树林、湿地和泥滩潮间带构成,沿岸有一些浅点礁。这里人口密度相对较大,有市、镇各一座以及若干村庄和半村庄居住区。楠迪镇和丹娜努半岛的旅游业很发达。该区域东部分布着一些火山岛,岛周围有边缘礁和近海点礁,岛上建有度假村。

该区域沿岸种植了大量的甘蔗林,另有几处较大的河口。因岛上河流流域的林木遭到砍伐，入海径流携带了大量的沉积物和营养物，导致近海礁体和浅滩受到泥沙沉降及海藻大量繁殖的影响。因此楠迪湾内的礁体大面积被埋，淤塞严重。

红树林曾一度遍布该区域沿岸，在海洋生物生产力和海岸带保护方面发挥了重要作用。如今，这些红树林要么已经被砍伐或正在被清除，要么因海岸开发被列入清除计划。特别是在楠迪和纳武阿地区，大部分现存的红树林位于开发规划区内，正在被逐步砍伐。只有为数不多的特定开发项目考虑了红树林的保护和绿化措施。

潮间带和红树林是许多海洋生物的重要觅食地，如无脊椎动物、鱼、鲨鱼、海龟和海洋哺乳动物以及一些迁徙海鸟和本地海鸟。维提岛北部的河口水域是路氏双髻鲨和乌翅真鲨的幼鱼栖息地，还有丰富的河口鱼类和无脊椎动物，对于当地的自给性渔业具有重要作用。

该区域东部的小岛上建有村庄、度假村和私人住宅。这些岛屿的边缘礁较窄，外部深水区分布着一些点礁。边缘礁的珊瑚受沉积物影响，种类有限，但孕育了数量可观的珊瑚礁鱼类；外部礁区的软珊瑚则种类多样。

五、维提岛西部

维提岛西海岸也被称为"珊瑚海岸"，呈连续狭长状排列的边缘礁是该海岸的突出特点。礁坪距岸从400米到2千米不等，礁壁及陡峭礁坡以外便是大洋深水区。礁区内有多条水道和沿岸海湾，无近海堡礁，礁坪多小岛。该区域有两座城镇、多个村庄、居住点和住宅区，其北部更是斐济旅游开发程度最高的地区。

沿岸开发、流域侵蚀和过度捕捞破坏了礁体和海草健康。但针对一些小型地方海洋管理区的研究结果显示，生境质量已有所改善，并成为鱼类多样性(包括波纹唇鱼、石斑鱼和篮子鱼)和丰度的热点地区。

海湾、水道和深水礁区是大型海洋生物的聚集地，如长吻原海豚、绿海龟、长尾光鳞鲨、豹纹鲨和澳洲尖犁头鳐。有记录表明，北部礁区的一个水道内有异常丰富的珊瑚礁鱼类。一些原始海滩上有玳瑁的栖息地，但这样的海滩正逐渐消失。

该区域南半部仍然保留着一些未经破坏的红树林和海草床，大部分位于远离公路的河口和海湾。位于南方更远处的点礁群是一块因旅游而划定的鲨鱼保护地。据了解，河口水域是牛鲨和其他种类鲨鱼的幼鲨栖息地。

六、维提岛东部

该区域自苏瓦开始，经雷瓦河三角洲延伸至东海岸。苏瓦是斐济首都，同时也是南太平洋岛国第一大城市，并有一个航运繁忙的商业港口，2007年人口约为8万。雷瓦河三角洲拥有斐济面积最大的红树林湿地。东海岸有传统村庄、红树林、潮滩和点礁。

苏瓦及周边区域人口密集，港口航运业务繁忙，这些因素对海洋生态系统造成了多重污染。尽管如此，这里的潮滩、红树林和浅礁仍然为迁徙海鸟和本地海鸟、鲨鱼、无脊椎动物提供了赖以生存的资源。雷瓦河三角洲是路氏双髻鲨重要的繁殖地；而雷瓦河则是牛鲨的重要栖息地。苏瓦半岛周围有大面积的高产泥滩、礁坪和红树林，其中包括一些具有高度生物多样性的地方管理保护区，这些区域对当地社区具有重要的价值。

东海岸地区生长着广阔的红树林，特别是雷瓦河三角洲，是斐济生产力最高的红树林区，许多渔民在此进行自给性和小型商业性质的捕鱼作业。有人曾强烈呼吁采取保护措施，防止红树林遭到砍伐和污染。碳汇是红树林具有的另一项重要功能。雷瓦河三角洲超过8600公顷的红树林能够汇集等同于1500万吨二氧化碳的碳排放量；而仅仅500公顷的砍伐量便相当于斐济使用化石燃料一整年的碳排放量。

近海礁体易堆积沉积物，但大量的沙洲和浅滩为海草和海藻床的生长创造了条件，成为海龟和海鸟重要的觅食场所，形成丰富的无脊椎动物生境，对当地渔业经济起到重要的支撑作用。外围礁区的一些沙洲及两座珊瑚小岛上发现了海龟和海鸟的巢穴。这里的海峡和礁体水域生活着长吻原海豚及大量的纳氏鹞鲼，迁徙鲸类也游经此地，并且其中一处点礁区的珊瑚礁鱼类丰富，其多样性程度是斐济有记录可查的最高的地点之一。

该区域礁体的受威胁程度根据离岸远近存在显著差别。靠近人口稠密区的沿岸礁体受到海岸开发、流域侵蚀和过度捕捞带来的严重威胁。苏瓦附近的礁体还受到来自海水污染的叠加影响。近海礁体受到的威胁则相对较小，主要来自过度捕捞。

七、瓦图伊拉海峡

瓦图伊拉海峡位于维提岛和瓦努阿莱武岛这两座大岛之间，水面宽阔，是斐济最重要的生态区之一。这里有深海盆地、大陆坡、海底陡崖等深海地貌；另有一座无人小岛，是一处重要的海鸟栖息地。

该水域有大片堡礁和点礁，以及自深海向上突起、呈陡峭塔状的尖礁。这些尖礁是远洋物种和迁徙物种在迁徙路线上的重要指示物标，包括路氏双髻鲨、座头鲸、短肢领航鲸和长吻原海豚。

该水域有一个当地社区管理的110.5平方千米的保护区，包括一处堡礁和海鸟栖息地所在的瓦图伊拉岛。该岛及其周围觅食区被确定为重点鸟类和生物多样性区域，包括黑燕鸥、红脚鲣鸟和白斑军舰鸟等。月亮礁属近海尖礁，位于该区域南部，是小型旅游活动的开展地，同时也是一处海洋保护区。长吻原海豚在月亮礁附近的庇护所水域觅食、休憩和分娩。

玳瑁经常在该水域觅食，绿海龟的迁徙路线也经过此地。这里还是享誉世界的潜水地点，水肺潜水爱好者在这里可以观赏到种类丰富的海洋生物以及大面积的红鸡冠珊瑚、*Chironephthya* 和管柳珊瑚等各式软珊瑚。一些潜水旅游运营商针对该海峡开发旅游项目。

八、洛迈维蒂群岛

洛迈维蒂群岛位于维提岛和瓦努阿莱武岛之间，在瓦图伊拉海峡南方，是一片大洋深水区。水深超过600米，有海底峡谷、深水海槽和海山。中型、小型岛屿距离海岸较远，有边缘陡峭的堡礁、潟湖、边缘礁和海峡。较大的岛屿上建有村庄，其中瓦卡亚岛有一个度假村，马孔艾岛有一处渔业部的研究所。奥瓦劳岛有一座城镇，建有一个金枪鱼罐头厂和一座港口。

该区域具有多方面重要性：是具有重要生态或生物意义海洋区域的组成部分；在斐济群岛海洋生态区报告中被确定为具有国际重要性；包括多个全球重要鸟类和生物多样性区域以及具有国家意义的斐济国家环境战略地区。

深海地貌引起的上升流将下层营养物质带到上层水体，造就了丰富多样的海洋生物，而且吸引了深海鲷鱼和其他大洋鱼类。该区域还是座头鲸、小须鲸和短肢领航鲸的迁徙中途地。

岛屿堡礁外壁水域及水道是阿氏前口蝠鲼常见的清洁及求偶地，也是黑尾真鲨的交配及产仔地。路氏双髻鲨经常在维提岛雷瓦河三角洲的育鲨场和瓦努阿莱武岛南部的聚居地之间游弋。该区域多个岛上有玳瑁的巢穴。马孔艾岛的研究所开展了砗磲养殖以及玳瑁休养和放生项目。

九、瓦努阿莱武岛北部

瓦努阿莱武岛是斐济的一个大岛,北岸有两处斐济特有的、具有保护价值的大范围生境,其中一处是长度达 100 千米的沿岸红树林以及众多的红树林岛,另一处是被称作卡考莱武礁(大海礁)的堡礁,长度达 150 千米。堡礁包括一座有人居住的小岛和深水海峡,向海一侧水深急剧加深。该区域村庄众多,还有一座大型城镇。铝土矿开采、甘蔗和菠萝种植导致邻近海岸的礁体存在大量沉积物。

尽管陆地上的红树林被大面积砍伐,但瓦努阿莱武岛现存的红树林区仍占有举足轻重的作用。近海红树林岛和边缘礁生境较为罕见,具有高度的多样性和生产力。与其相连的珊瑚礁水域有浅水黑珊瑚和软珊瑚以及大量的珊瑚礁鱼类。这些受潮汐影响、活力十足的"关键生境"对于维持整个海岸的生态完整性具有十分重要的意义。

卡考莱武礁及其相关生境生活着种类多样的海洋生物,对全球、地区、国家和地方都具有重要意义。2004 年的一项科学考察发现,该水域存在斐济群岛已知的约 55% 的珊瑚礁鱼类、至少 44% 的特有珊瑚礁鱼类、74% 的珊瑚种类以及 40% 的海洋植物种类。这里还生活着至少 12 种《2004年世界自然保护联盟濒危物种红色名录》上的受威胁物种,包括波纹唇鱼、4 种石斑鱼、鲼科鱼、3 种鲨鱼、2 种鳐鱼(包括阿氏前口蝠鲼)、长吻原海豚以及濒危绿海龟。

隆头鹦哥鱼在斐济多处水域已经绝迹,属国家濒危物种。该区域堡礁的深水海峡内存在它们的聚集地。围绕海峡的礁后区还存在石斑鱼的群聚繁殖地。海龟则在潟湖海草床觅食,在基亚岛栖息。

该区域的沿岸红树林、红树林岛、潟湖、礁后区、海峡和外围堡礁相互连通,对于生活在这里的许多海洋生物而言,这种连通性在其生命周期中具有十分重要的作用。就物种规模而言,该处红树林至礁体之间的系统在斐济是独一无二的。虽然海岸至堡礁之间的整条海岸线都具有重要作用,但报告只选取了 3 处特别海洋区。由于高度的连通性,整个系统所有生境的健康都是必不可少的。

十、瓦努阿莱武岛南部

瓦努阿莱武岛南部有多种海洋生境，其中一处具有国际重要性。村庄众多，有一座城镇，但没有影响礁体健康的大型工业项目。

纳泰瓦湾是斐济第一大海湾，近岸有红树林、浅礁和泥滩，深水区生活着大型大洋鱼类(经常能发现小须鲸)，另外还有定居在这里的两群长吻原海豚。边缘礁呈狭长状，自南岸向深水区延伸400米至1.4千米不等，礁内有一个罕见的红树林咸水湖和一座小岛，生活着本地特产红对虾。

库布劳/纳梅纳堡礁是该海岸最重要的一处地点，堡礁呈半岛状，自主岛向海延伸约30千米，宽约7千米。堡礁两侧各有一处深海峡谷，上升流将营养物质带到表层水体，供养丰富多样的海洋生物。

海峡和外围礁壁水域是巨型海洋动物和大洋物种的聚集地。水道内多小型尖礁和点礁，有大量软珊瑚和多种鱼类。堡礁内部的深水潟湖分布着更多的点礁，鱼类多样性程度也更高。纳梅纳拉拉岛设立了自然保护区，是红脚鲣鸟和玳瑁的栖息地，因丰富的海洋生物和生境多样性，该地点在1997年被设立为斐济第一个大型海洋保护区，现已列入基于生态系统的管理规划。该保护区接受旅游部门的无偿资助。

十一、塔韦乌尼岛和灵戈尔德群岛

塔韦乌尼岛是斐济面积最大的"中等"火山岛之一，长约40千米，大部分海岸有狭窄的边缘礁，南端有一小块堡礁和潟湖。昆玛纳岛、马塔尼岛和苏萨拉岛等周边岛屿则被另一块堡礁所围。岛上有村庄、小型度假村和一座城镇，没有大型工业项目。

塔韦乌尼岛有大面积雨林被划定为森林保护区，因此岛上大部分流域林木茂盛，最大限度减弱了礁体受到的陆地沉积物影响。布马国家遗址公园包括4处社区管理的保护区，内部生态系统保存完整，其中一处为海洋保护区。公园内发现了一些生活在河流和河口的新鱼种。

索莫索莫海峡位于塔韦乌尼岛和瓦努阿莱武岛之间的最窄处。受岛屿和海底陡坡影响，海流强劲多变，上升流带来的营养物质孕育了众多海洋生物。该处的点礁和堡礁群被称作"彩虹礁"，因存在大量的珊瑚礁鱼类和红鸡冠软珊瑚而成为世界著名的水肺潜水旅游地点。鲨鱼、阿氏前口蝠鲼和波纹唇鱼经常出现在礁体水域；座头鲸在南极水域的觅食地和南太平洋的繁殖地之间迁徙时经过该海峡。由于存在危险海流，渔船在礁区捕鱼时通常不使用鱼叉。

灵戈尔德群岛位于塔韦乌尼岛北部，由众多小岛、点礁和环礁构成，海域面积超过 4000 平方千米。塔韦乌尼岛东部的奇莱莱武环礁和岛屿、瓦伊朗伊拉拉环礁和岛屿是斐济仅有的 2 个"真正的"环礁系统（呈环状分布的珊瑚礁，中间有潟湖）。灵戈尔德群岛还发现了另外 3 处近似环礁系统（纳努库礁、努库巴萨加礁和瓦塔乌阿礁）。该群岛（特别是锡孔比亚岛）是斐济最大的绿海龟筑巢地，这里的椰子蟹和海鸟也很出名。

许多岛屿因面积狭小、地处偏远而无人居住。大多数有人居住的岛屿只能支撑小型传统村庄社区，这些社区严重依赖海洋资源维持生计。然而，近期由于海鲜商人的大肆购买导致一些水域被过度捕捞。一些私人所有的岛屿上建有住宅或小型精品度假村。

十二、劳群岛

劳群岛是由约 60 个石灰岩岛屿和小岛组成的长岛链，沿斐济和汤加之间的劳海脊分布，绵延 400 多千米，岛屿之间被广阔的深海大洋分隔。该水域的礁体种类丰富，大多数岛屿有边缘礁和小型潟湖，一些岛屿有堡礁和大型潟湖。该水域还有大面积的带状礁和点礁，以及一些内陆咸水湖和水池。

这些岛屿处在深海海盆，因相距遥远，每个岛屿都各具特色。劳群岛和汤加群岛发现的本地特有魔鬼砗磲，被列入《濒危野生动植物种国际贸易公约》附录Ⅱ，并在《世界自然保护联盟濒危物种红色名录》中被列为"易危"物种。座头鲸每年都在南极觅食地和南太平洋繁殖地之间迁徙时经过劳群岛。

椰子蟹曾被《世界自然保护联盟濒危物种红色名录》列为稀有物种（由于缺乏生物数据，其评估结果在 1996 年被修正为"数据不足"）。斐济现存的椰子蟹仅生活在劳群岛、灵戈尔德群岛、塔韦乌尼岛和罗图马岛。劳群岛有许多海鸟和海龟栖息地，包括玳瑁和绿海龟。2007 年在劳群岛北部开展的调查记录了 333 种鱼类、131 种硬珊瑚和 1 种玳瑁。该调查报告同时指出，商业鳍鱼种类不够丰富。

2008 年在劳群岛南部开展的一项调查显示，奥诺劳岛的礁体状况良好，珊瑚覆盖率很高(68.5%)，无脊椎动物和鱼类种类也较多，且数量充足。该调查报告评论道，"孤立的海洋环境创造了一系列独特的物种结构和生境，为波纹唇鱼、绿海龟和玳瑁以及地方特有蛤类等关键物种提供了重要的繁殖、栖息和聚集场所"。2013 年对劳群岛的 11 个岛屿(锡西亚岛、富朗阿岛、坎巴拉岛、马戈岛、马图库岛、莫阿拉岛、纳亚乌岛、托托亚岛、图武卡岛、瓦努阿姆巴拉武岛和瓦努阿瓦图岛)进行的珊瑚礁调查发现，平均珊瑚覆盖率为 36%，其中瓦努阿姆巴拉武岛的多样性程度最高。该调查报告还指出，"在大多数地点，巨藻覆盖率较低(4%)，无节珊瑚藻覆盖率较高(21.6%)。这表明这些礁体系统是健康的，即系统内存在相当数量的食草动物以及为新生珊瑚的附着提供大量优质生长地点"。这里平均总生物量中等偏高(平均 1126 千克/公顷、数值范围 801~1941 千克/公顷)。

2017 年对劳群岛南部 8 个岛屿(莫阿拉岛、托托亚岛、纳瓦图岛、瓦努阿瓦图岛、塔武纳锡西岛、欧罗路亚岛、卡罗尼岛和马图库岛)开展了生物多样性和礁体健康程度调查，共确定了 281 种硬珊瑚(其中 12 种在斐济属首次发现)，将珊瑚种类扩展了 13 种，礁坡多样性程度最高，其次是潟湖礁区。珊瑚礁鱼类品种繁多，在 10 天的调查期内共记录 531 种，整个劳群岛共有 725 种。调查报告强调了其中的 39 种鱼类刷新了国内纪录。作为"2017 年奥克兰战争纪念馆西南太平洋探险"活动的一部分，劳群岛南部海景快速评估项目对 7 座岛屿和环礁(纳姆卡、奥诺劳岛、瓦托阿岛、奥赫亚武岛、亚加萨岛、奥内阿塔岛和拉泰斐济环礁)开展了生物多样性和礁体健康程度调查，调查结果将被补充到上文提到的报告数据中。除了这些在南部开展的调查外，2017 年对北部 5 座岛屿(卡布岛、亚萨塔岛、瓦图瓦拉岛、卡纳塞阿岛和阿达瓦西岛)的基线调查也考察了珊瑚礁、珊瑚礁鱼类和无脊椎动物的健康程度、丰富性和多样性，调查发现了 47 种珊瑚、293 种鱼类和至少 8 种被列入《世界自然保护联盟濒危物种红色名录》的濒危物种。

十三、远海岛屿

距斐济主要岛屿较远的两个远海小岛也被选入特别海洋区。其中罗图马岛位于瓦努阿莱武岛北岸西北方约470千米处，塞瓦伊拉岛（康韦礁）位于维提岛南岸西南方约300千米处。

这些远海岛标示了斐济专属经济区的北部和南部范围，但由于远离主要岛屿，受到非正式的保护。岛屿毗邻深水地貌，上升流将营养物质带到表层水体，为海洋生物提供了理想生境。由于地处偏远，这里极有可能存在文献尚未记载的本地特有或稀有物种。罗图马岛是一个中等大小的有人居住岛屿（长13千米），其边缘礁和堡礁系统有许多小岛。岛屿北部有水深18~64米的海底沙洲，是北斐济深海高原具有重要生态或生物意义海洋区域的一部分。

康韦礁坐落在深海海脊顶部的塞瓦伊拉礁，是南斐济海盆具有重要生态或生物意义海洋区域的一部分。这是一个无人居住的小沙岛，几乎无人造访。附近海域是金枪鱼的重点渔区。

十四、深水（远海）

人们对深水和近海生态系统的了解不像对沿海生态系统那样充分，而且在大多数海洋管理和保护计划中并没有得到充分体现。然而，作为海洋生态系统的重要组成部分，在许多情况下其基本要素可以构建更为直观的海洋种群和生态系统。因此，保护深水生境是海洋管理中一个重要而紧迫的工作。

斐济海底景观呈现出多种多样的地貌特征，包括海山、海底峡谷、海脊、海沟和深海热泉。这种地貌特征能够汇聚海流，形成上升流，将营养物质输送至浅层水体，从而提高了生产力。海洋生产力创造了生物多样性热点地区，推动食物链底层的小型动植物大量繁殖，大型物种也因此得以繁衍生息。

这些深水区也是许多海洋动物的迁徙路线、产卵和繁殖地，包括鲸类、海豚、海龟、鲨鱼、鳐鱼、金枪鱼、长嘴鱼、深海鲷鱼以及许多其他大洋和半大洋物种。

斐济群岛北部、西部和南部，深海平原从4000多米深度上升到距海底300~1000米的深海丘陵和山脉。根据大小和形状的不同，这些多山地带也被称为海山、平顶海山和海脊。斐济群岛西南部，深海平原被亨特断裂带分割，形成一个螺旋状的海脊，一直延伸到坎达武岛。斐济群岛东部，劳海脊沿斐济和汤加之间的浅水区延伸。与岛屿毗邻的大陆架相对狭窄，水深通常不足 200 米。大陆架边缘在大陆坡急剧下降，形成海底峡谷、断层、裂谷、阶地和盆地等典型地貌。

斐济共有 4 处全部或部分位于其海域的具有全球重要生态或生物意义的海洋区域，包括南斐济海盆(新西兰北部)、北部深海高原(图瓦卢/瓦利斯和富图纳群岛南部)、坎达武/劳群岛南部、瓦图伊拉海峡/洛迈维蒂群岛及塔韦乌尼岛和灵戈尔德群岛区域。

南斐济海盆以深水区(平均 3973 米)为主，有几座海山。东北深海高原有许多独特地貌，如海山、海丘、大型海底峡谷、海沟、海盆、深海高原、海脊、火山岛和边缘礁。坎达武/劳群岛南部区域还包括海山、深海上升流陆坡、海底峡谷和劳海脊。瓦图伊拉海峡/洛迈维蒂群岛区域的地貌有海峡、海底峡谷和海山；塔韦乌尼岛和灵戈尔德群岛区域则包括深水区和一条高生产力海峡。

第四节　讨　论

专家研讨会将总共 98 个地区确定为特别海洋区，各地区得分在 5 分至 12 分之间。尽管该评分系统条理清晰，但仍有较大的主观性，其设计目的主要是为规划提供指导。各地区的最终得分反映了该地区已知信息的数量、类型及该地区的特征。对于得分较低的地区，在作出最终的保护或管理决策前，可能会从这些实地调查中获益。得分最高的地区拥有更为坚实的信息基础，各部门在制订保护或管理规划时，这些地区确定优先保护的可能性更高。然而，评分是基于报告撰写时的可用资料作出的，随着资料的增多或时间的推移，任何地区的"真实"分数可能会发生变化。

近岸和近海的一些地区得到了 12 分的最高分。这是多种因素共同作用的结果：它们的地理位置界定清晰，有高质量的直接相关资料，以及非常特殊的地区特征。一些高得分地区已经因其特殊性得到了多种形式的强化保护和管理，如瓦图伊拉海景项目和纳梅纳海洋保护区。

一些地区，如马马努萨群岛的马拉马拉岛和劳群岛的马图库岛，因包含某一特定物种或具有某种特征，或缺乏相关资料而得分较低。高分和低分都具有重要的管理意义。高分地区优先管理，而低分地区则凸显出加强研究或进行生态修复的必要性。

未来的评分系统可能更加明确地考量人类活动水平。因为人类对海洋的开发会对生境、群落、种群或生态系统的内在生态价值造成影响。这种内在生态价值体现在以平衡和可持续的方式发挥系统功能，包括种群结构、多样性、营养物质循环、觅食关联性和关键物种的丰富度等多个方面。有时考察单一物种便能表明这些过程的完整性。然而，在缺乏现有资料的情况下，只有实地考察才能确认一个地区的特殊性。

表 34.4　地理区域内各地区评分

地理区域	代码	生物物理	地理	来源	可供养的生物种类	整体评分（1~12）
亚萨瓦群岛	Y1	3	2	2	3	10
	Y2	3	2	3	3	11
	Y3	2	2	1	2	7
	Y4	2	3	1	3	9
马马努萨群岛	M1	1	2	2	2	7
	M2	1	2	1	1	5
	M3	2	3	2	2	9
	M4	1	3	2	2	8
	M5	1	2	1	1	5
	M6	2	2	2	2	8
	M7	3	2	3	3	11
维提岛南部	SVT1	3	3	3	3	12
	SVT2	3	2	3	3	11
	SVT3	2	3	3	3	11
	SVT4	3	2	3	3	11
	SVT5	3	2	2	2	9
维提岛北部	NVT1	2	2	2	3	9
	NVT2	3	2	2	2	9
	NVT3	3	3	2	3	11
	NVT4	3	3	2	2	10
	NVT5	3	3	2	3	11
	NVT6	2	1	3	3	9
	NVT7	3	2	2	3	10

地理区域	代码	生物物理	地理	来源	可供养的生物种类	整体评分（1~12）
维提岛西部	WVT1	3	2	3	3	11
	WVT2	2	3	3	1	9
	WVT3	1	1	3	2	7
	WVT4	3	2	3	2	10
	WVT5	2	3	3	2	10
	WVT6	3	2	3	3	11
	WVT7	3	2	3	2	10
维提岛东部	EVT1	3	2	2	3	10
	EVT2	2	2	3	3	10
	EVT3	3	2	2	3	10
	EVT4	3	3	3	3	12
	EVT5	2	2	3	1	8
	EVT6	3	2	3	1	9
	EVT7	2	2	3	0	7
	EVT8	3	2	3	2	10
瓦图伊拉海峡	VIR1	3	3	3	3	12
	VIR2	3	2	3	3	11
	VIR3	3	3	3	3	12
洛迈维蒂群岛	LV1	2	1	3	2	8
	LV2	3	3	3	3	12
	LV3	3	3	3	3	12
	LV4	1	2	2	2	7
	LV5	3	3	3	3	12
	LV6	3	2	3	2	10
	LV7	2	2	3	1	8
	LV8	3	2	3	3	11
瓦努阿莱武岛北部	NVN1	3	2	3	3	11
	NVN2	3	2	3	3	11
	NVN3	2	2	2	3	9
瓦努阿莱武岛南部	SVN1	2	2	3	3	10
	SVN2	2	2	1	3	8
	SVN3	1	2	3	2	8
	SVN4	3	3	3	3	12

续表34.4

地理区域	代码	生物物理	地理	来源	可供养的生物种类	整体评分（1~12）
塔韦乌尼岛和灵戈尔德群岛	T1	3	2	3	3	11
	T2	3	2	3	3	11
	T3	3	2	3	2	10
	T4	3	3	2	3	11
劳群岛	L1	3	1	2	3	9
	L2	3	2	2	3	10
	L3	3	1	2	2	8
	L4	3	1	2	3	9
	L5	3	1	2	2	8
	L6	3	2	2	3	10
	L7	3	2	2	3	10
	L8	3	2	2	2	9
	L9	3	2	2	2	9
	L10	3	2	2	2	9
劳群岛	L11	3	2	2	1	8
	L12	3	2	2	0	7
	L13	3	2	2	3	10
	L14	3	2	2	2	9
	L15	3	2	2	2	9
	L16	3	2	2	3	10
远海	RO1	3	2	3	3	11
	RO2	2	3	2	3	10
深水（远海）						
斐济北部	ON1	3	3	3	3	12
	ON2	3	3	3	3	12
	ON3	3	2	3	3	11
	ON4	3	3	3	3	12
斐济西部	OW1	3	2	3	0	8
	OW2	3	3	3	0	9
	OW3	3	3	3	0	9
	OW4	3	2	3	0	8

续表34.4

地理区域	代码	生物物理	地理	来源	可供养的生物种类	整体评分（1~12）
斐济南部	OS1	2	3	3	0	8
	OS2	3	2	3	3	11
	OS3	2	2	3	0	7
	OS4	2	3	3	0	8
	OS5	2	2	3	3	10
斐济东部	OE1	3	3	3	2	11
	OE2	2	2	3	2	9
	OE3	3	3	3	2	11
	OE4	3	2	3	3	11
	OE5	3	2	2	3	10
	OE6	2	3	3	0	8
	OE7	3	3	3	0	9

第三十五章　爱尔兰国家海洋规划纲要基线报告（草案）

2018 年 9 月，爱尔兰住房、规划与地方事务部发布《爱尔兰国家海洋规划纲要基线报告（草案）》（以下简称"报告"）。报告以爱尔兰《国家海洋财富管理（2012）》和欧盟"海洋空间规划指令"为基础，对爱尔兰主要海洋生产活动进行统一规划和部署，旨在构建战略性管理框架。

第一节　爱尔兰海洋规划的愿景和目标

爱尔兰《国家海洋财富管理（2012）》确立了国家海洋经济愿景，即"海洋财富是推动爱尔兰经济恢复和可持续发展的重要因素，事关全体国民福祉，需要在一整套连贯的政策、规划和规章制度支持下进行综合管理"；确立了经济、环境和社会目标，即"促进海洋经济繁荣，建立健康的生态系统，加强与海洋的联系，强化海洋认同，提高关于海洋的价值意识、机遇意识和社会福祉意识"；确立了两个综合性经济目标，即"海洋财富翻一番，到 2030 年占 GDP 的 2.4%；海洋经济产值提高，到 2020 年超过 64 亿欧元"。《国家海洋财富管理（2012）》为爱尔兰海洋规划提供战略性国家政策框架。

第二节　大背景下的海洋规划

一、欧盟政策和法律框架

2007 年，欧盟批准《综合性海洋政策》，为解决各类海洋问题提供一系列措施，并提高不同政策领域之间的协调度。2014 年 7 月，欧盟"海洋空间规划指令"通过，是欧盟《综合性海洋政策》中环境领域的支柱。水体框架指令、城市污水处理指令和洪水指令等其他指令要求也与海洋空间规划制定有关。

二、国家政策和法律框架

爱尔兰将"海洋空间规划指令"转为国内法，为其在 10 年内制定海洋空间规划、执行"海洋空间规划指令"提供法律基础和基本框架。"爱尔兰国家海洋测绘计划"（即"爱尔兰海洋资源可持续发展综合测绘计划"），为海洋空间规划提供基础数据，也是《国家海洋财富管理（2012）》要求的国家发展计划之一。"江河流域管理计划"为"国家海洋规划框架"提供参考，尤其是与沿海水域相关的措施。

三、与陆地规划的衔接

爱尔兰"国家海洋规划框架"与"国家规划框架"平行。"国家规划框架"规划者应认识到，海陆规划一体化具有重要意义，海洋规划和陆地规划既有共同目标，又有重叠区域，两者需要协调。"国家规划框架"有 6 项内容关于海洋。陆地或海洋的诸多行为会同时影响陆地和海洋，"海洋空间规划指令"要求必须考虑这种互相影响。

四、环境评估

欧盟"战略环境评估指令"要求评估规划和计划对环境造成的影响，这一要求将在"海洋空间规划"草案中予以落实。欧盟"鸟类和栖息地指令"已转为爱尔兰国内法《鸟类与栖息地法令》。住房、规划和地方事务部进行环境评估时将开展外部咨询，评估结果与"国家海洋规划框架"一并发布。

五、国家环境管理

爱尔兰多个政府部门和机构行使海洋事务管理职权，包括颁发许可证和开发审批程序。2009 年，成立跨部门海洋协调小组，以提高部门之间的协调效率。

六、"国家海洋规划框架"的批准

"国家海洋规划框架"符合法律成文条件，预计法律效力生效日期为 2020 年下半年，此前没有可供遵守的法律文件，这一框架的法律效力直至发布新版。

七、海洋开发审批和许可证颁发

"国家海洋规划框架"不会取代或废止现有海洋产业管理规定或法律要求，而是为现有管理规定和法律要求提供综合性框架。在海洋开发活动的审批过程中，必须考虑海洋空间规划的目标。

八、海区和海滩法案（修订）

《海区和海滩法案（修订）》旨在调整海滩审批制度与规划体制的关系，理顺海洋审批程序，制定统一的项目环境影响评估制度，促进并管理专属经济区和大陆架的开发活动。

九、气候变化

《气候行动与低碳发展法（2015）》是国家政策中国家转型目标的法律基础，要求通信、气候行动与环境部长向政府提交"国家气候变化缓和计划"和"国家适应框架"。首份"国家气候变化缓和计划"于 2017 年 7 月发布，首份"国家适应框架"于 2018 年 1 月发布。海洋空间规划应从缓解和适应两个方面考虑气候变化因素。

十、英国脱欧与海洋规划

英国的 11 个海区中有 6 个海区已制订海洋空间规划，苏格兰于 2015 年制定适用于管辖海域的海洋空间规划，北爱尔兰和威尔士印发海洋规划相关草案并向公众征求意见。欧盟"海洋空间规划指令"要求成员国通过协商实现各国海洋规划的衔接与协调。

十一、国际边界问题

福伊尔潟湖和卡灵福德峡湾的管辖权争端尚未解决。2011 年，爱尔兰外交与外贸部长同英国外交大臣举行会谈，同意解决上述问题。此后，爱尔兰外交与外贸部长同英国外事联邦部举行多次会谈，承诺尽快以积极的方式解决争端。

第三节　主要生产活动

一、水产养殖

(一)主要证据

水产养殖是爱尔兰沿海经济的重要组成部分，包括鱼类养殖、无脊椎动物养殖、供鱼类食用的水生植物种植等。2017 年，爱尔兰水产养殖增长至 47147 吨(以出厂产量计)，价值 2 亿 840 万欧元。

(二)待解决的问题

未来一段时间，水产养殖业战略规划工作将是重中之重。海洋规划可促进爱尔兰和整个欧盟范围内以计划为先导的水产增长方式。2017 年，水产养殖审批程序评估发现，最大的问题是审批积压，因此，清理积压工作是当务之急。

(三)其他问题

海洋水产养殖与其他海洋活动之间互相影响。很多欧盟国家都在设法促进水产养殖活动与近海风电设施的共存共生。除了经济效益之外，爱尔兰和欧盟国家都普遍认可水产养殖所带来的社会福利。

(四)可持续问题

水产需求不断增加，对近海环境造成复杂影响。水产养殖申请程序十分烦琐，制约因素包括水力状况、海区环境以及现有和计划中的开发活动。在申请阶段，需要评估公众普遍关注的可见度影响、对原生鱼类和自然保护区的影响等环境问题。

二、文化遗产和财富

(一)主要证据

文化、遗产与爱尔兰语区部负责保护爱尔兰群岛遗产和建筑遗产。国家文物局在海洋群岛遗产工作中拥有广泛权力，包括水下文化遗产清查、研究、水产测量、打捞以及水下环境活动管理，并维护遗址和文物记录。

(二)待解决的问题

(1)气候变化、海岸和水下影响；

(2)海岸侵蚀；

(3)海岸建筑遗址保护；

(4)与既有管理战略相关的水下文化遗产监测；

(5)沉船(18 000 艘)定位信息公开；

(6)海上打捞和高级专业打捞船舶在领海和毗连水域内造成的威胁；

(7)拖网捕鱼对沉船的影响；

(8)未经批准的活动和寻宝活动对沉船遗址和执法能力的影响。

(三)其他问题

海洋环境中的许多活动和开发行为会对已知或未知的水下文化遗产造成潜在影响。

(四)可持续问题

1. 文化遗址旅游和文化标签开发

沉船可以提升水下文化遗产的价值，并有助于旅游业发展，包括沉船潜水、沿海沉船寻踪和海上文化遗产旅游等。

2. 气候变化

气候变化影响海洋和海岸文化遗产。文化、遗产和爱尔兰语区部正在制订"建筑与考古遗址气候变化适应规划"。

三、防务和国家安全

(一)主要证据

1. 海军

海军是最重要的海上国家安全机构，位于科克郡的豪尔波兰海军基地驻有一支由 8 艘军舰组成的小型舰队，主要的日常任务是保护渔船。

2. 陆军航空兵

陆军航空兵部队的驻地位于都柏林波德诺机场，101 中队的主要任务是在海洋任务中协助海军，保护海洋渔场及本国渔船。

(二)待解决的问题

(1)在建造新型军舰的同时，扩建海军基地，增加泊位，增设干船坞；

(2)英国脱欧将对爱尔兰军队保护的海洋和渔业造成一定影响。

(三)其他问题

海军和陆军航空兵是捍卫爱尔兰海洋权益的主体，具体范围包括但不限于：

(1)爱尔兰捕捞区和国家保护区；

(2)能源开采设备和可再生能源生产设备；

(3)油气开采场所和设施；

(4)海上交通线；

(5)海底电缆和管线。

(四)可持续问题

扩建科克港需要考虑海军的特殊需要。海军也需要制定可持续政策，与科克港保持协调。

四、石油

(一)主要证据

自爱尔兰开发近海资源以来，共发现 4 座商用天然气田：金塞尔角、巴利科顿、塞文角和科里布，尚未发现商用油田。目前，爱尔兰国产天然气可以满足国内 60% 的燃气需求。英国脱欧后，爱尔兰和欧盟国家对进口的依赖将进一步加深，更多依赖非欧盟国家(如英国、挪威、俄罗斯、中东国家等)。

（二）待解决的问题

要持续维护有关油气开采和生产活动的政策与管理框架，并跟进立法措施，酌情增加对安全、环保和经济等方面的考量。

（三）其他问题

石油开采和生产与其他部门之间存在多种潜在的协调和互动关系，包括近海可再生能源生产、供应链、工程保障和专业知识。近海油气的开采活动与捕捞、运输和休闲娱乐活动之间可能存在互相影响的关系。

（四）可持续问题

2015年"能源白皮书"勾画了能源路线图。在推进低碳变革的过程中，石油和天然气在爱尔兰能源供应中具有重要作用。中短期内，非可再生能源与可再生能源混用的格局将从泥煤和煤炭等高碳能源转向天然气等低碳能源。

五、可再生能源

（一）主要证据

爱尔兰拥有全球最佳的近海可再生能源条件。欧盟"可再生能源指令（2009）"要求到2020年爱尔兰可再生能源占能源总供给的16%。目前，爱尔兰仅有一座近海固定风力发电场，近海浮动式风力发电场还处在试商用阶段。

（二）待解决的问题

爱尔兰近海可再生能源开发涉及多个部门，国家机关和各类活动均对近海可再生能源开发产生影响，必须考虑合法的公众利益、欧盟和国际责任以及海洋环境保护。

（三）其他问题

近海可再生能源开发可以缓解气候变化的影响，确保能源供给安全，但也对其他活动和海洋产业造成影响。为实现可持续发展，应通过海洋规划程序，高效协调地管理开发活动。

（四）可持续问题

近海可再生能源开发可以减少能源生产过程中的温室气体排放，对环境保护十分有利。

六、能源输送系统

（一）主要证据

1. 电力

爱尔兰位于欧洲大陆边缘，与欧洲大陆电网之间天然存在隔离。爱尔兰市场规模较小，电力供应安全较为脆弱。"欧洲能源安全战略（2014）"要求到 2020 年成员国之间至少 10%的装机发电量实现互通，到 2030 年至少15%。当前，爱尔兰电力互通水平为 7.4%。

2. 天然气

天然气是爱尔兰的主要发电动力(2016 年占 48%)，来源方式包括国产和进口。国产天然气来自金塞尔气田和科里布气田，进口主要来自英国，从中期来看天然气供给也依靠英国。海底管道仍将在爱尔兰天然气供给中发挥重要作用。

（二）待解决的问题

1. 电力

公用事业管理委员会根据国家电网建设政策，正在制定独立电网管理办法。

2. 天然气

目前，尚无新的国际输气管线铺设计划，以连接天然气产地和岸基终端的上游海底管线。若在天然气田铺设上游管线，必须根据相关法律和条例实施，包括海洋空间规划。

（三）其他问题

在近海铺设供电线时，必须尽量减少对海洋生物、航运业和捕捞业等活动的影响。

(四)可持续问题

1. 电力

如果按计划建设电网，爱尔兰与法国和英国之间将架设高效稳定的输电网络。电网建设必须经过严格的社会影响评估，提前预防负面影响。

2. 天然气

从空气质量的角度看，天然气是一种清洁能源，几乎没有微粒排放，每一单位天然气的二氧化碳含量比煤炭和石油低得多。爱尔兰能源政策的长期目标是建设安全高效的低碳能源系统。

七、碳捕获与封存

(一)主要证据

碳捕获与封存是全球技术链，与可再生能源和能源效率构成二氧化碳减排的三大支柱。目前，爱尔兰所有地质层存储地均位于近海海域。

(二)待解决的问题

2016 年，爱尔兰工程学院研究报告显示，在现有技术条件下，到 2030 年爱尔兰的碳捕获与封存具备可行性，但在资金、管理和法律框架等方面还有大量工作亟待完成。

(三)其他问题

2006 年和 2009 年修订的《伦敦议定书》对二氧化碳的封存问题作出规定。2007 年修订的《奥斯陆巴黎保护东北大西洋海洋环境公约》规定，禁止在水体或海底封存二氧化碳。

(四)可持续问题

国际能源局《能源技术展望(2017)》报告显示，碳捕获与封存是实现全球持续减排、完成《巴黎协定》目标的必要技术手段。

八、近海天然气存储

（一）主要证据

天然气存储活动是指在需求量小的时期(如夏季)，将天然气存入大型储气库，待到需求量大的时期(如冬季)再取出。金塞尔能源公司曾运营爱尔兰唯一一座近岸天然气存储库，由西南金塞尔气田改造而成，存储能力为2.3亿立方米，但2016年金塞尔能源决定关闭该储气库。

（二）待解决的问题

目前，爱尔兰法律尚无关于独立储气库建设审批事项的规定。通信、气候行动与环境部正在通过立法，规范独立储气库的建设活动，确保基础设施建设方拥有稳定的预期规划，并保证市场可以满足基础设施建设的需求，保障爱尔兰天然气供应安全。

（三）其他问题

天然气存储与其他生产部门之间存在协同发展潜力，但储气库建设可能产生负面影响，如妨碍捕捞、航运和休闲旅游，干扰海洋生物，与其他活动争夺空间等。

（四）可持续问题

未来，可持续性和能源安全具有内在联系，能源安全是当前爱尔兰和欧盟的迫切目标。保证能源安全的方法之一是建设商用储气库，防范潜在的能源风险。

九、渔业

（一）主要证据

1. 海产品

爱尔兰海岸线、近岸和近海拥有全欧洲最丰富、最珍贵的鱼类资源。2017年，爱尔兰可捕捞的鱼类总量为130万吨，总价值约14.4亿欧元；实际捕捞总量为 234 493 吨，总价值为 2.26 亿欧元；接收和养殖的海产品总值增加 12%，达 6.09 亿欧元(包括水产养殖)，总产量增长 11%，达 36.1 万吨。

2. 近岸渔业

在爱尔兰，近岸渔船不包括小型拖网渔船和贝类挖掘船。据估计，近岸捕捞从业人员有 2500~3000 人。

3. 近海渔业

《共同渔业政策》是近海商业渔场管理的依据。爱尔兰鱼类捕捞通常经过《共同渔业政策》的批准。在 2017 年允许捕捞总量中，爱尔兰的份额为 234 493 吨，总价值为 2.26 亿欧元。

(二)待解决的问题

1. 概述

英国决定于 2019 年 3 月退出欧盟，将对海产品生产构成挑战。渔场使用权和配额划分将是渔业面临的独特问题。

2. 近海渔业

任何可能对渔业产生影响的活动，需要根据欧盟成员国之间的有关协议进行审核，或由欧盟理事会和欧洲议会根据欧盟委员会的建议共同审批。

(三)其他问题

渔业活动的开展方式多种多样，涉及海洋空间十分广泛，因此，渔业活动与其他各类海洋活动之间存在广泛联系。

(四)可持续问题

生态紊乱、资源枯竭、海洋垃圾或其他海洋污染及误捕行为等将对渔业发展造成潜在负面影响。

十、海洋砂石

(一)主要证据

迄今为止，爱尔兰市场上的砂石都是从陆地开采的，但未来海洋砂石的开采量将增加。爱尔兰海有多个地方可供砂石开采，预计可开采砂石量为 50 亿~70 亿立方米。

（二）待解决的问题

爱尔兰海域砂石开采的可持续管理建议包括：

（1）制定明确的国家政策，促进爱尔兰海洋砂石的可持续开发与利用；

（2）建立统一的数据库，对已发现的可开采砂石资源进行量化管理，并酌情采取保护措施；

（3）国家政策和管理框架应与海洋空间规划的原则保持一致。

（三）其他问题

制定海洋砂石开采战略框架时，要考虑砂石开采对其他行业和活动的影响。

（四）可持续问题

与陆地砂石开采相比，海洋砂石开采具有环境成本较低等重要优势。

十一、海洋环境

（一）主要证据

1."海洋战略框架指令"

"海洋战略框架指令"于 2008 年通过，为欧盟成员国制定本国海洋战略拟定框架，目标是到 2020 年实现或维持海洋环境的优良状态。

2. 优良环境状态

确定优良的环境状态，需要根据相关指标进行评估，这些指标通常称为海洋战略框架指令指标。

3.《保护东北大西洋海洋环境公约》

海洋环境本质上是超越国界的，实现优良的环境状态，需要成员国之间互相配合，也需要《保护东北大西洋海洋环境公约》之类的地区性海洋公约。

4. "海洋战略框架指令"和《保护东北大西洋海洋环境公约》的执行

住房、规划与地方事务部牵头负责"海洋战略框架指令"和《保护东北大西洋海洋环境公约》的执行工作。

5. 海洋环境管辖权

"海洋战略框架指令"和《保护东北大西洋海洋环境公约》适用于根据《联合国海洋法公约》管辖的国家海域。

6.《欧盟(环境责任)指令(2015)(修订)》

《欧盟(环境责任)指令(2015)(修订)》扩大了现有环境责任范围,将"海洋战略框架指令"中的环境损害纳入责任范围。

7. 海洋垃圾

塑料垃圾是当前最具挑战性的环境问题之一。海洋塑料垃圾的大小千差万别,大如渔网和船用集装箱,小如微粒(直径不足 5 毫米)和纳米微粒(直径小于 0.05 毫米)。

8. 塑料微粒

化妆品、清洁用品、刷子和洗涤剂含有塑料微粒,在污水处理过程中很难清除,通常,塑料微粒通过污水排放或污水处理后的沉淀物进入海洋。

(二)待解决的问题

1. "海洋战略框架指令"

"海洋战略框架指令"旨在保护欧洲海洋水体,采用基于生态系统的方法对海洋活动进行管理。

2. 海洋保护区

划定海洋保护区的形式多样,如在现有的特殊保护区和特别保护区的基础上划定保护区,采取措施限制某些人类活动,保护易受损害的物种和栖息地。

3. 海洋垃圾

"欧洲塑料循环经济战略"为新的塑料经济提供法律基础,塑料和塑料制品的设计生产必须符合再利用、再修复和再循环的需要,旨在推广可持续材料。

4. 塑料微粒立法

2015 年，爱尔兰正式加入欧盟禁止使用塑料微粒的行动，这是一项适用于所有欧盟成员国的最有效、最公平的措施。

(三) 其他问题

1. "海洋战略框架指令"

"海洋战略框架指令"不仅关系到所有海洋环境的使用者，也关系到海洋环境所影响的陆地活动。

2. 海洋垃圾

除了危害海洋环境之外，海洋垃圾还对旅游业、渔业和航运业等社会经济部门造成破坏。

(四) 可持续问题

1. "海洋战略框架指令"

"海洋战略框架指令"为可持续性海洋活动设定基础标准。

2. 海洋垃圾

海洋垃圾对海洋生态系统中的生物种群具有负面影响，并可能危及人类健康。

十二、自然保护

(一) 主要证据

爱尔兰水域(海岸线、近岸和近海)拥有丰富的物种和栖息地。爱尔兰已根据"欧洲自然指令"建立海洋保护网络，但尚未对近海水域的鸟类进行评估，无法确定是否需要在近海设立特别保护区。

(二) 待解决的问题

爱尔兰海域自然栖息地和物种的环境监测数据表明，很多栖息地的状况并不理想。改善和保护栖息地环境存在挑战。

(三)其他问题

"栖息地指令"规定，欧盟成员国必须承担严格的法律义务，"欧洲保护自然指令"所列栖息地和物种，如有必要，应采取恢复措施。

(四)可持续问题

为实现"海洋战略框架指令"提出的优良环境状态，相关部门拟定一系列指标、目标和计划措施。海洋开发活动要符合爱尔兰海域优良环境状态的要求。

十三、港口、港湾与航运

(一)主要证据

港口在促进爱尔兰经济发展与繁荣方面发挥关键作用。根据竞争与消费者保护委员会估计，港口贸易占贸易总量的84%，占贸易总价值的62%。

《港口法案(1996—2015)》是爱尔兰港口运营的基本法律框架。国家级港口是连通国际航线的重要门户，吞吐量约占贸易总重量的90%，对国家竞争力具有举足轻重的影响。

(二)待解决的问题

(1)航道保护，确保开发活动与船舶保持一定距离；

(2)若开发活动可能影响航行安全，则必须启动国际航标协会的风险评估措施；

(3)若开发活动可能影响船载雷达探测作业，则需要进行评估；

(4)需要考虑渔具设备对小型船舶安全构成的潜在威胁。

(三)其他问题

所有海洋活动都离不开港口和航运，主要影响来自水产养殖、可再生能源和保护区。

(四)可持续问题

港口建设和港口作业对水质、声音环境和海洋生物多样性具有负面影响。但港口竣工后，可以成为某些海洋生物的避难所和庇护区。

十四、海藻采集

（一）主要证据

人工采集野生海藻是海洋农业的重要组成部分，向加工商出售海藻成为一项收入来源。爱尔兰每年采集和出售 25 000~40 000 吨野生海藻，估计海藻采集从业人员有 150~300 人。

（二）待解决的问题

海藻采集既要保证高附加值行业的持续增长，又要推动沿海农村地区的经济发展，保持两者之间的平衡，确保海藻采集的可持续性。

（三）其他问题

根据《海滩法案(1933)》，住房、规划与地方事务部长只负责野生海藻采集的事务。农业、粮食和海洋部长负责 5 个渔港中心的海藻种植与采集的事务。

（四）可持续问题

海藻采集审批制度必须符合海藻资源可持续的要求。政府正在探索新的途径，以重新评估某些海藻的生长密度。

十五、通信电缆

（一）主要证据

保证当前和未来的国际通信联络，对爱尔兰的社会和经济发展至关重要。稳定和连贯的近海规划体系有助于未来海底高速通信设施的建设。

（二）待解决的问题

在适当的地方建设通信设施可以为用户提供高质量的通信服务，但这些基础设施的选址和建设，必须符合宏观规划框架和相关指导原则的要求。

（三）其他问题

电子通信是众多社会和经济活动的有力支撑，海洋空间规划必须充分考虑电子通信的重要作用。

（四）可持续问题

电信行业的某些要素，如数据中心，需消耗大量能源，很多运营商希望尽可能使用可再生能源，加之，电信行业本身也是可持续发展的重要推动力。

十六、旅游业

（一）主要证据

2017 年，爱尔兰国家旅游发展局数据显示，旅游业在爱尔兰经济中占有重要地位：爱尔兰接待海外游客 900 万名，增长 3.2%；海外游客旅游消费增长 4.2%，达 53 亿欧元；国内游客假期旅游约为 490 万次；爱尔兰本国居民假期旅游消费为 11 亿欧元；仅住宿和餐饮行业从业人员近 15 万人。

（二）待解决的问题

"大西洋之路"旅游体验品牌是针对爱尔兰在大西洋中独一无二的地理位置量身打造的。对于爱尔兰旅游业而言，特别是对"大西洋之路"沿线的农村地区和沿海地区而言，能否全年营业是重要问题。

旅游行业与海洋政策之间存在重叠部分，通过密切合作，有助于提升共同的经济和社会利益。

（1）修订海洋审批程序，有助于沿海和海洋旅游业的创新和发展；

（2）陆地规划经验可以推广至海洋规划领域；

（3）改善海岸交通状况；

（4）支持投资沿海和海洋基础设施。

（三）其他问题

旅游业与其他多个行业之间存在重要关联和重叠区域，加强各部门之间的跨领域合作，推进政策和战略一体化进程，有助于实现共同利益最大化。

（四）可持续问题

沿海和海洋旅游高度依赖优良的环境和良好的水质条件。若管理不当，沿海旅游业将受到负面影响，如废水、水体污染、海洋垃圾等，需要国家和地方在政策和规划等方面开展全面合作。

十七、运动与休闲

（一）主要证据

爱尔兰水域有着丰富多彩的海上运动、休闲和冒险活动，其中很多活动可以全年开展，如帆船、风筝冲浪等。爱尔兰是世界级帆船运动胜地，且未来地位还将上升。

（二）待解决的问题

海上休闲娱乐活动可以为社会、环境和经济带来多元效益。随着海上运动范围拓展和形式丰富，经济、社会效益还有大幅上升的空间。

（三）其他问题

海上运动、休闲和娱乐活动对其他行业具有积极影响，为沿海地区创造直接或间接的经济效益，并增加就业机会。海洋休闲与其他海上活动和行业并存，有效沟通、信息共享与合作至关重要。战略规划框架应提供对话机制，实现海上活动协同增效。

（四）可持续问题

除了商业航运等活动之外，人类的休闲运动也可能对海洋环境造成负面影响，如对动植物种群的负面影响或干扰，污水排放、垃圾和噪声污染等。

十八、污水处理与排放

（一）主要证据

水务局是爱尔兰水务管理部门，负责城市污水的收集、处理和排放。爱尔兰拥有长约 3 万千米的污水处理管线，每天收集污水约 10 亿立方米。

（二）待解决的问题

欧盟"城市污水处理指令"规定了城市污水收集、处理和排放的基本准则。欧盟委员会向法院起诉，爱尔兰未能完全遵守"城市污水处理指令"的要求，2016 年，爱尔兰环境保护局查证 44 个地区的污水收集后未经处理就排放。

（三）其他问题

污水处理对保护江河、湖泊和沿海水域必不可少。如果污水不能进行充分地收集和处理，水产养殖生态系统和人类健康都会受到威胁。污水仍是爱尔兰水质面临的主要压力。

（四）可持续问题

2018 年 4 月，住房、规划与地方事务部发布爱尔兰《江河流域管理规划（2018—2021）》，首要目标是执行"城市污水处理指令"，保护和改善水质，实现规定的水质目标。

第三十六章　爱沙尼亚海洋空间规划纲要草案及影响评估意向备忘录

2018 年 11 月，爱沙尼亚财政部发布《海洋空间规划纲要草案及影响评估意向备忘录》，旨在组织制定规划的主管部门和参与规划进程的部门之间就规划编制的原因和方式形成一致意见。这是自 2009 年启动国家海洋空间规划工作以来，爱沙尼亚发布的首版国家海洋空间规划纲要，阐释了编制海洋空间规划的目的和原则，规定了需要执行的规划任务，并阐述了在规划编制过程中对自然环境、经济环境、社会文化环境和健康进行的影响评估。

第一节　海洋空间规划的目的

海洋空间规划的目的是，确定爱沙尼亚海域的长期使用原则，为实现海洋经济的发展和保持良好的环境状况做出贡献。规划对在何地以及何种条件下开展有关活动做出了规定。海洋空间规划编制过程中，将对海洋空间中已开展的活动和计划开展的有关活动进行协调。此外，还应对这些活动的海洋环境和经济影响及社会文化影响进行评估。海洋空间规划获批后，各部和有关机构在制定海域开发利用决策时，都必须以海洋空间规划为基本依据。海洋空间规划也将成为企业、投资者、地方政府和沿海社区活动的基本准则。海洋空间规划必须考虑到后续的规划编制问题，还需要兼容不同的用途，并需考虑到包括综合性规划在内的国家和地方政府战略发展规划的制定。

海洋空间规划应成为指导海洋经济活动和其他部门海洋活动的基础，避免不同部门间的冲突，确保海域的可持续利用和海洋环境保护。

爱沙尼亚海洋空间规划的基础是欧洲议会和理事会建立海洋空间规划框架的第 2014/89 号指令。该指令要求，各成员国必须在 2021 年 3 月前制订海洋规划，制订规划时需遵守一系列最低限度的要求。该指令要求各成员国应用生态系统方法,综合考虑经济、社会和环境问题,推进可持续发展和增长。该指令的首要目标是维护海洋环境的良好状态。

一、规划区

爱沙尼亚海域位于波罗的海东北部,包括芬兰湾、里加湾、西爱沙尼亚群岛周边海域和维尔伊纳梅里海峡。爱沙尼亚海域分为3个区域:内海、领海和专属经济区。爱沙尼亚海域总面积约为36 500平方千米,其中专属经济区11 300平方千米,平均深度约81米。海岸线长1242千米,加上岛屿海岸线,岸线总长3793千米。

沿海地区体现了海洋空间规划中的"陆海交互作用",需要考虑受陆地直接影响的各类活动以及受海岸影响的各类活动,如港口和电缆等。在海洋空间规划中,沿海地区没有被列为特别地区,而是根据需要进行考虑。海洋空间规划也将通过全面和详细的地方计划,指导沿海地区的开发。

二、部门子目标

(一)目标

(1)确定海域空间均衡利用的原则和方向。

(2)制定保护海洋环境所需的措施。

(3)在空间规划中考虑航道的位置,并在必要时提出重新划定航道或规划新航道的建议。

(4)明确港口的位置。

(5)制定确保渔业良好运行的措施。

(6)在空间规划中考虑保护区及其使用条件。

(7)确定与海岸无永久性连通设施的建筑工程的位置和一般建筑条件。

(8)明确国防用途海域,并确定开发条件。

(9)制定开采矿产资源所需的必要措施,确定受矿产资源开发影响地区的土地利用情况。

(10)划定休闲区并确定使用条件。

(11)制定文化遗产保护措施。

（12）划定建设能源、天然气和通信网络基础设施的区域。

（13）履行与本款所述职能有关的其他职能。

（二）任务

1. 海洋环境

海洋空间规划必须确定保护海洋环境所需的措施。为实现这一目标和完成任务，海洋空间规划必须：

（1）对爱沙尼亚沿海和整个波罗的海现有保护区空间的连贯性进行分析，确保海洋生物走廊（蓝色走廊）的良好运行，在目前的环境状况和包括气候变化在内的压力持续增大的背景下，酌情提出或采取预防措施，更好地发挥海洋保护区的功能。

（2）分析哪些蓝色经济活动（例如贝类和/或藻类养殖）具有净化海洋环境的能力，以及可以在哪些海洋空间开展这些活动。

（3）分析哪些海域可以为鸟类和蝙蝠提供重要的迁徙通道、补给站和停歇点。如有必要，相关海域须预留候鸟迁徙通道或鸟类的补给站和停歇点，或在比较和综合考虑相关竞争性活动的基础上，采取措施保护鸟类多样性。

（4）分析哪些海域可以成为海洋哺乳动物重要的营养区和栖息地。如有必要，相关海域须预留哺乳动物营养区和栖息地，或采取措施保护海洋哺乳动物。

2. 渔业和水产养殖

海洋空间规划必须制定措施，确保爱沙尼亚渔业和水产养殖业的发展。海洋空间规划必须为以下各项活动提供空间条件：

（1）鱼类资源的自然繁殖；

（2）鱼类资源的有效开发，包括允许大型和小型渔船自由进入渔区（近岸捕鱼和拖网捕鱼）、渔港和卸货点；

（3）为各类水产养殖和新型水产养殖（包括贻贝和藻类）分配适当的海洋空间。

3. 海运

海洋空间规划必须考虑航道的位置，并在必要时提出改道或重新规划航道的建议，还须确定港口的位置。海洋空间规划必须：

（1）根据目前的使用情况和未来趋势，确定航运空间的优先权；

（2）制定陆海联通规划方案，确保实现综合效益，为实现海运和海洋政策目标提供保障；

（3）在规划其他海洋活动的过程中，确保海运发展需要，并考虑因规划其他活动而造成的海运空间限制；

（4）在进行其他活动的规划时，要考虑其在空间上对海运的影响；

（5）识别并考虑航行限制和航行潜力，航行对空间规划或今后其他活动的影响（如风电场、海底电缆、隧道等）；

（6）提交航道更改方案时，要识别其对海运、边防、海洋安全和其他活动的影响；

（7）分析是否有必要限制船舶航行速度；

（8）考虑是否有必要划定冰间航道（冬季航道）；

（9）考虑小型船舶和游轮的通行需求。

4. 海上救援与污染控制

海洋空间规划必须制定保护海洋环境所需的措施。海洋空间规划必须：

（1）分析沿海地区在海洋救援和污染控制方面的总体情况；

（2）考虑提升海洋救援能力（包括志愿救援）所需的条件，并提供必要的空间条件；

（3）考虑提高监测、定位和处理海洋污染能力的需要，并提供必要的空间条件；

（4）考虑是否提供陆海通道的指导原则（如最大限度地缩小交通点位之间的距离）；

（5）制定海域用途规划时，减少发生重大事故的可能性；

（6）考虑制定冲突解决原则的必要性和可行性，包括专属经济区。

5. 能源生产

海洋空间规划必须确定通过利用可再生能源满足区域能源需求的空间原则。海洋空间规划必须：

（1）划定适于发展风电场的区域，考虑风电场向气候友好型能源转型方面的作用，制定风电发展原则；

（2）考虑开发其他可再生能源的可能性（波浪能、生物质能、温差能），并为可再生能源的推广创造条件。

6. 海底基础设施网络

海洋空间规划必须划定建设能源、天然气和通信网络基础设施的区域。海洋空间规划必须：

（1）拟定空间利用原则，如有必要，还需确定近海能源生产装置及其与陆地传输系统之间的管道的位置，并视情确定爱沙尼亚分别与芬兰、瑞典或拉脱维亚之间能源输送管道的位置；

（2）确定爱沙尼亚天然气网络进一步发展和提高供给能力的空间原则；

（3）分析为海底线性设施预留中长期规划空间条件的必要性；

（4）在适当的位置规划地区液化天然气终端接收站，为提高天然气供给能力预留空间条件。

7. 潜在的永久性交通设施

海洋空间规划必须划定建设能源、天然气和通信网络基础设施的区域。海洋空间规划必须：

（1）考虑在萨雷马岛与大陆之间及沃尔姆西岛和大陆之间建设永久性交通设施的需求和建设塔林–赫尔辛基隧道的需求；

（2）确定潜在的永久性交通设施的位置；

（3）在制定其他行业发展规划时，考虑对潜在的永久性交通设施的影响。

8. 海洋旅游与休闲

海洋空间规划必须划定休闲区并确定其使用条件。海洋空间规划必须：

（1）根据小型港口网络构想和当地的需要（还需考虑综合规划），划定母港和客运港口的位置，并确定彼此之间的最优位置关系，提供丰富多样的服务和充足的泊位；

（2）发展陆海交通，促进沿海地区的商业发展，例如，建设与小型港口网络连接良好的基础设施；

（3）保护和开发对旅游业和区域合作具有重要意义的旅游景点（例如自然和文化遗产），同时，要考虑季节影响等因素来确定位置和用途；

（4）确保可以从陆地进入公共海滨，如适于休闲活动的海滩和浴场；

（5）在出入便利的海域允许水上摩托艇活动，尽量将地点选在对环境影响较小且不与其他活动冲突的区域；

（6）为非机动式水上运动和旅游活动创造相关条件；

（7）保护水下文物和文化遗产。

9. 受保护海域及其保护对象

海洋空间规划必须考虑保护区、保护对象及其利用状况，制定海洋环境保护措施，保护文化遗产的价值。为实现这一目标和完成这一任务，海洋空间规划必须：

（1）如有必要，就保护珍贵对象和制定新的保护制度提出建议；

（2）规划其他活动时，考虑文化遗产和环境保护的需求，在确保海洋经济可持续发展的同时保护好受保护对象；

（3）如有必要，提出修改或终止受保护对象保护制度的建议。

10. 国防

海洋规划要划定国防专用海区，并确定国防海域的使用条件。为实现这一目标及完成这一任务，海洋空间规划必须为以下活动创造条件：

（1）划定训练区；

（2）划定从陆地进入训练区的通道；

（3）在规划其他事项时，保证国防设施的性能。

11. 矿物资源和倾倒区

海洋空间规划必须制定开采矿产资源所需的措施，并确定受矿产资源开采影响区域的土地利用条件。为实现这一目标及完成这一任务，海洋空间规划必须为以下活动创造空间条件：

（1）确定矿产资源开采区；

（2）划定倾倒区。

12. 沿海社区

海洋空间规划将沿海社区视为一个整体，沿海社区在文化意义上与海洋存在某种关联，如文化遗产和/或文化根源、生存方式或生活状态。为实现这一目标，空间规划过程中应确定不同沿海区域的价值，这种价值与海洋及其开发利用和沿海社区的长期海洋空间需求有关。其他活动的规划应考虑沿海社区的价值和需要，同时兼顾国家和地方公共利益。

第二节 海洋空间规划的原则

一、《规划法》的原则

（一）改善生活环境的原则

空间规划在保存现有价值的同时，必须为存在和维护友好型安全生活环境创造条件，必须确保能够反映社区价值的空间结构，促进美好环境的发展。该原则的主要目标是确保海洋空间规划能够提高海洋空间的利用效率和环境质量（包括从自然环境和非自然环境角度），在不同部门之间实现均衡。

（二）公众参与和公众告知原则

规划程序应公开。人人都有资格参与规划程序，并可在规划过程中就空间规划发表自己的意见。为了让人人都有机会参与和表达意见，财政部作为海洋空间规划筹备工作的组织者，有责任就海域规划向公众通报有关情况，以及在必要范围内进行公示和讨论。

（三）利益均衡和一体化的原则

制定规划方案时，不同的利益和价值，包括公共利益、私人利益和不同部门的利益——经济、社会、文化和环境方面的海洋长期空间利益——必须实现均衡。

（四）海洋规划基础的信息充分性原则

组织实施规划工作的机构在制定规划安排时，必须考虑对空间规划具有影响作用的相关战略、风险分析、现有空间规划、发展计划、其他文件和相关信息。海洋空间规划的编制必须根据现有最佳信息编制。信息来源包括：基础分析，与各有关部门、地方政府、研究机构、地方社区和部门利益相关方的合作。财政部为编制海洋空间规划从多个部门收集可用数据，规划编制过程中，这些数据还要不断地进行更新和修正。

（五）灵活、合理、经济用地原则

灵活、合理和经济用地原则主要针对陆地规划，但也适用于海洋空间规划，确保所规划的活动具有灵活性、合理性和可持续性。灵活性意味着必须优先考虑已在使用的海域，或促进用途兼用，在同一海域开展多项互不排斥的活动，且对海洋环境没有造成重大影响。合理性意味着在最适宜的海洋空间内，规划不同的人类活动——这取决于海洋环境或其他活动的性质或特定活动本身。可持续性意味着促进海洋生态系统良好状态的实现和维护。

二、生态系统方法与可持续发展

近年来，海洋空间规划必须以生态系统方法为基础的原则已经获得国际认可。生态系统方法意味着，海洋空间规划必须确保海洋生态系统的长期生态功能。在规划过程中，必须从维护海洋生态系统良好的角度考虑所有备选方案和决策。影响评估是海洋规划中适用生态系统方法的重要方式。

在波罗的海地区，海洋生态系统方法的适用体现在赫尔辛基委员会/VASAB 海洋空间规划工作组的指导方针和波罗的海海域计划框架中。赫尔辛基委员会/VASAB 执行生态系统方法的指导方针，突出强调了海洋空间规划和开展影响评估必须遵循的多条原则，以确保生态系统方法的实施，包括警戒原则、适用最佳现有知识和方法、重视替代性发展规划、认知和理解不同活动及其影响之间的关系等。在波罗的海海域计划框架内，制定了生态系统方法清单，旨在确保海洋规划参考生态系统方法中的有关要素，这些清单也适用于爱沙尼亚海洋规划。

三、跨境合作

欧盟"海洋空间规划指令"规定，为确保海洋空间规划的连贯性和一致性，拥有海洋边界的成员国必须将合作视为规划过程的一部分。各成员国应遵守有关国际法和公约，最大限度地寻求与有关第三国在相关海域的合作。

爱沙尼亚的海洋规划必须与芬兰、瑞典、拉脱维亚和俄罗斯合作。合作可以通过各种国际论坛或合作机制进行，也可以通过国际合作项目开展，如有必要，也可以就跨境问题举行双边会晤。

海洋空间规划也需要进行影响评估。由于涉及海洋空间，其环境影响的范围十分广泛，不仅本国会受影响，而且其他国家的海域也会受波及。因此，海洋空间规划的起草，非常有必要进行跨境影响评估。跨境影响评估受多项国际公约以及《环境影响评估和环境管理系统法》规制，但跨境影响评估的基础是《埃斯波公约》。跨境影响评估由环境部根据《环境影响评估和环境管理系统法》进行管理。

四、蓝色增长——蓝色经济和利益均衡

蓝色增长是欧盟委员会为促进海洋发展潜力而提出的一项倡议，倡议将波罗的海视作经济驱动力。波罗的海地区的海洋经济，既包括传统经济也包括新兴经济——造船和航运、渔业、旅游、可再生能源等。实现蓝色增长目标的措施之一就是进行海洋规划。

一方面，海洋空间规划必须考虑生态系统方法；另一方面，海洋空间规划还要设法促进蓝色增长，但两者都强调利益的均衡。生态系统方法优先保护海洋生态系统，但同时也认为有必要通过海洋资源的开发实现利益最大化。蓝色增长战略虽然强调开发未使用的海洋资源，促进新增就业和经济增长，但同时也保护生物多样性和海洋环境，维护健康海洋和活力海洋及沿海生态系统功能。任何空间规划的目标都是通过促进环境友好和在经济、文化、社会等方面可持续的发展，推动民主、长期和均衡的空间发展所需的先决条件，同时也需考虑爱沙尼亚社会全体成员的需求和利益。所以，爱沙尼亚海洋空间规划的目标是实现不同利益之间的均衡。

第三节　影响评估

影响评估（包括战略环境评估）是根据 2017 年 5 月 25 日共和国政府的第 157 号命令，即"爱沙尼亚海域、邻近沿海地区和经济区专题国家空间规划的实施及其战略环境评估"实施的。战略环境评估的目的是将环境保护和可持续发展原则纳入规划文件。影响评估的目的是对自然环境的影响

作出评估，也包括对健康和社会环境及文化环境的影响。在海洋空间规划过程中，将对相关的社会、经济、文化、自然环境和健康影响进行评估。这意味着，对重大影响和一般影响都要作出评估。如果评估过程中发现其他相关影响，也要进行影响评估，确保规划方案的均衡性。必要时，还要进行额外的影响评估。

影响评估根据爱沙尼亚海洋空间规划的准确度确定。国家海洋空间规划是爱沙尼亚战略层面的规划，并不具体确定建筑物的建设地点或特定环境条件。影响评估不对各种不同的评估备选方案进行详细说明，而是对规划方案的合规性作出评价，如规划方案对实现战略目标是否存在重大不利或有利影响。影响评估报告或其他规划文件中应该对相关受影响的环境进行说明。

爱沙尼亚海洋空间规划和影响评估必须考虑《爱沙尼亚海洋战略行动规划》中所规定的措施和空间范围，保护海洋环境的良好状态。影响评估要以最佳现有知识为基础，包括国际经验，同时需考虑波罗的海海域计划、泛波罗的海海域计划、蓝色计划4、可持续波罗的海等国际规划的结果，这些计划有的在制订过程中，有的已经制订完成，有的即将启动。为海洋空间规划和影响评估提供基础支持的有关研究成果。影响评估报告应详细探讨所有各类影响（自然环境、经济环境、社会环境、文化环境和健康），评估人员要阐述有关影响的特征、潜在影响的减缓措施、扩大有益影响的可行性，在互相冲突的利益之间进行协调，实现海洋空间规划所设定的目标。

一、自然环境相关影响评估

在爱沙尼亚海洋空间规划编制过程中，应评估规划活动是否符合部门战略目标。如有可能，应评估自然环境的预期相关影响，从而确保规划的编制和实施过程中考虑环境相关因素，确保规划方案的均衡性，包括高标准环境保护，促进可持续发展。

相关影响的来源可能包括：噪声、震动、电磁辐射、悬浮固体、颗粒物等。规划过程必须不断评估为实现海洋空间规划目标和部门子目标而制定的规划方案是否符合部门战略目标，并评估规划方案是否会对自然环境造成相关影响：

（1）生物多样性，包括：海洋动物群落，特别是底栖动物、鱼类、哺乳动物和鸟类；海洋植物群落和可能引发赤潮等海洋生态灾害的藻类，可能永久或临时干扰栖息地的其他物种。

（2）海底。

（3）海洋水文条件，包括波浪、水文状况及水质。

（4）空气，包括空气质量和气团运动（风）。

如果规划过程显示对上述自然环境要素之一有预期相关影响，则需对相关要素所受的影响进行评估。此外，还必须评估重大负面影响引发的自然环境变化是否会对气候变化产生影响。分析规划方案是否有助于适应气候变化十分重要。

如果对自然环境的影响评估显示，对气候变化、文化遗产、人口、社会需求、福祉、财产或健康具有相关影响，则需确定这种预期影响会具体影响到哪些环境（自然环境、经济环境、社会环境、文化环境和健康），并通过影响评估解决相关影响。

二、经济环境相关影响评估

在海洋空间规划编制过程中，应评估规划活动是否符合部门战略目标，如有可能，对经济环境的相关影响进行评估，从而在规划的编制和实施过程中考虑有关经济因素，确保规划方案的均衡性，包括经济的可持续发展。

在经济影响评估中，可以采用通用的成本效益分析方法，并根据已知数据进行调整。海洋空间规划的经济影响评估中所用的一个主要工具是爱沙尼亚财政部在2016年和2017年开发的经济效益模型。就爱沙尼亚海洋空间规划中的活动而言，经济影响评估可通过该模型，对渔业、能源和海运行业进行分析。如有影响，则应根据现有信息和数据对其他行业进行分析。

在进行相关影响评估时，可以使用定性评估方法，特别是间接经济影响。还将分析海洋经济对当地劳动力市场的影响及其对附加值形成的作用。对于定性经济评估，可以使用类似的研究方法。

对相关经济影响进行评估的主要目标是：

（1）评估规划活动是否有助于实现部门战略目标；

（2）考察相关经济影响，包括成本、效益和在公共和私营部门使用海洋的可行性经济影响评价模型；

（3）根据爱沙尼亚海洋空间规划中所提出的规划方案，分析经济影响的变化趋势。

三、社会文化环境相关影响评估

在海洋空间规划的编制过程中，应对规划活动与部门战略目标之间的一致性进行评估，如有可能，应对预期相关社会文化环境影响进行评估，从而在规划的编制和实施中充分考虑社会文化要素，确保规划方案的均衡性，包括社会文化的可持续发展。

评估对文化和社会环境的影响是基于大多数海洋开发活动，而不仅仅是经济活动，也具有一定的地方特色和社区稳定性。生态系统方法也对社会影响的评估具有一定意义，因为生态系统方法强调环境对人类福祉的重要性。文化环境影响评估和社会环境影响评估也可以联合进行。社会和文化影响及其可感知性，与受影响的人群密切相关。

评估预期重要社会文化影响的主要目标包括：

（1）评估规划活动是否有助于实现部门战略目标；

（2）评估规划方案是否会因对自然环境的重大负面影响，而带来社会文化影响的预期变化；

（3）评估其他预期相关影响和有益的社会文化影响，如观念的变迁、工作岗位的增减、对现有活动，如旅游业、休闲娱乐、渔业、研究和教育，在选址或迁址的限制。如果规划过程显示，还有其他相关社会文化环境影响，则有必要对预期相关影响进行评估。

文化和社会影响应从两个层面加以考察——地方层面和国家层面。评估文化影响的基础是价值——主观的价值，这意味着文化影响是无法量化的。因此，文化影响通过访谈和专题研讨会的方式进行，目标是以价值为基础，就海域的使用问题制定一份说明。

四、健康相关影响评估

在海洋空间规划编制过程中，应对规划活动与部门战略目标的一致性进行评估，如有可能，应对预期健康相关影响进行评估，从而在规划的编制和实施过程中考虑健康相关因素，确保规划方案的均衡性，包括人类健康方面的可持续发展。

　　在评估预期相关影响时，考虑海洋空间准确度的同时，应采取措施防止、避免、减少、缓和或补救重大负面影响；如有必要，应监测重大负面影响。健康相关影响评估与有关要素(如水体环境导致的健康影响)或用途有关(如不同海洋用途对健康造成的影响)。

第四篇
国际组织海洋政策

第三十七章　保护地球报告(2018)

2018 年 11 月，联合国环境规划署世界保护监测中心、世界自然保护联盟和美国国家地理学会共同发布《保护地球报告(2018)》(以下简称"报告")。报告利用世界保护区数据库及其他相关信息源的数据，评估当前爱知生物多样性目标 11(以下简称"爱知目标 11")各要素的进展情况，即到2020 年，至少有 17% 的陆地和内陆水域以及 10% 的沿海与海洋区域，尤其是对于生物多样性和生态系统服务具有特殊重要性的区域，通过有效和公平管理、具有生态代表性和连通性良好的保护区系统以及其他有效的地区保护措施得到保护，并纳入更广泛的陆地和海洋景观。

第一节　保护区全球覆盖率稳步增长

陆地与海洋保护区覆盖率均有所增长，陆地保护区覆盖率从 2016 年的14.7% 小幅增长到 2018 年的 14.9%，各国领海内海洋保护区的覆盖率增长较快，从 10.2% 增至 16.8%。各国政府一致努力实现国家承诺，使得到2020 年实现陆地与海洋保护区覆盖率目标的可能性大大增加，但仍需保护更多区域，以全部覆盖对生物多样性和生态系统服务具有特殊重要性的区域。

截至 2018 年 7 月，世界保护区数据库共记录 238 563 个划定的保护区。其中，海洋保护区占世界海洋总面积的 7.3%。各个国家均设有保护区，一些国家和地区(如非洲、南美洲、澳大利亚、格陵兰和俄罗斯)的保护区面积非常大，而其他一些地区(如欧洲)的保护区面积非常小。《生物多样性公约》秘书处从近 130 个国家与地区收集的关于未来承诺的信息表明，在各国政府一致努力下，未来两年内保护区覆盖面积将大幅增加——陆地保护区面积将增加 450 万平方千米，海洋保护区面积将增加近 1600 万平方千米。

近年来，海洋保护区覆盖面积增加显著。自 1993 年《生物多样性公约》生效以来，海洋保护区面积增加了 15 倍以上。现在海洋保护区面积已经大于陆地保护区面积，但按占各自总面积的比例来说，海洋保护区覆盖率低于陆地保护区覆盖率。自 2016 年 4 月以来，世界保护区数据库中增加了 800 多万平方千米的新海洋保护区，加强了对海洋领域内的生态区与关键生物多样性区域的保护。

海洋保护区面积的增加很大程度上是因为几个国家划设了大面积的保护区，如巴西和墨西哥，有些国家甚至将其全部专属经济区列为保护区，如库克群岛在 2017 年划定的约 200 万平方千米的 Marae Moana 海洋公园。4 个最大的海洋保护区都是在最近两年间建成或扩建的。在各国政府不断努力实现现有承诺的情况下，爱知目标 11 的保护区全球覆盖目标很可能在海洋领域实现，因为专属经济区范围内的目标已实现。除此趋势外，在 2020 年以前还需增加 1000 万平方千米保护区以实现海洋覆盖率目标。

然而，近年来，围绕"所谓"海洋保护区有着大量讨论。对海洋保护区的构成存在疑惑，主要是因为对其核心原则的误解或低估，以及将按照法律规定设立的区域等同于有效管理和治理的区域。另外，人们对一些保护区的保护力度和有效性提出质疑，这些区域允许工业捕捞，包括具有破坏性的海底拖网捕捞。世界自然保护联盟出版了《海洋保护区全球保护标准》，其中包括明确的定义和指导原则。2017 年，一个国际性、多学科的工作组一直在致力于开发一套简单的框架，根据不同的保护级别和建立阶段对海洋保护区进行分类，以便更加清晰、透明地讨论、追踪和报告全球目标进展情况。

虽然增加海洋保护区覆盖率的总体前景乐观，但要真正实现这一目标，还要加强对国家管辖外海域的保护——目前保护区覆盖率只有 1.2%。虽有已划定的约 200 万平方千米的罗斯海海洋保护区证明这一行动的可行性，但在国家管辖外海域划定海洋保护区显然比在领海内更为困难。

当前保护区覆盖率的提高表明，不仅存在新划定的保护区，而且各个国家与地区对现有保护区的报告也有所增加，如几内亚。各保护区在所有权、治理、目标与管理方面各不相同。大部分由政府公布的保护区均已向世界保护区数据库报告，而越来越多由地方社区或私人组织所有并管理的保护区正在得到认定和报告。

欧盟等地区性机构以及《世界遗产公约》和《拉姆萨尔公约》等国际公约也会划定不同类别的、具有地区或国际重要性的保护区。有时，这些类别之间甚至某些类别内部的保护区会产生重叠，如约 18.3 万平方千米的保护区既是拉姆萨尔湿地，也是世界遗产地。尽管存在重叠区域，但这些保护区在覆盖率数据分析中只计算一次。

第二节　生物多样性和生态系统服务重点区域

截至 2018 年，共有 21% 的关键生物多样性区域完全被保护区覆盖。海洋领域（专属经济区）的关键生物多样性区域保护取得长足进步，但陆地和淡水关键生物多样性区域的覆盖率几乎无提高。目前还没有相应的数据集对"生态系统服务重点区域"保护程度进行评估，在衡量爱知目标 11 这一要素的进展方面仍存在不足。

一、"特别重要的生物多样性区域"的保护区覆盖率

关键生物多样性区域是关于全球重要生物多样性区域（迄今为止已确定约 1.5 万个区域）最为全面的数据集。《生物多样性公约》将关键生物多样性区域的保护区覆盖范围作为衡量爱知目标 11 进展的措施之一，这也是联合国可持续发展目标的公认指标。关键生物多样性区域被定义为"对生物多样性的全球持久性具有突出贡献的地点"，分布于陆地、淡水和海洋生态系统中。2018 年 1 月，关键生物多样性区域中估计有 21% 完全被保护区覆盖，而有 35% 仍未得到保护区系统的保护。因此，有必要通过建立保护区或采用其他有效的地区保护措施，确保关键生物多样性区域得到更好保护。

总体而言，47% 的陆地关键生物多样性区域、44% 的淡水关键生物多样性区域和 15.9 的海洋关键生物多样性区域（专属经济区内）位于保护区内。在 2010—2018 年，海洋关键生物多样性区域的保护区覆盖率增加了 2 倍（从 5% 增至 15.9%），但是从 2000 年以来，陆地和淡水关键生物多样性区域被纳入保护区的进展比较缓慢（陆地：43.3%～46.6%；淡水：41.1%～43.5%）。

二、关键生物多样性区域中濒危物种和珍稀物种的保护现状

《世界自然保护联盟濒危物种红色名录》中有21%（5510种）的全球濒危物种在生物多样性热点地区中的关键生物多样性区域被发现。在这些区域中目前有13%完全位于保护区内，31%部分位于保护区内。因此需要继续努力为剩余的关键生物多样性区域提供适当的保护。

另外一个措施是根据物种的"进化独特性"（一个物种对于整个进化史的独特贡献）和"全球濒危性"（根据《世界自然保护联盟濒危物种红色名录》确定的灭绝危险）对其进行优先排序。在21个生物多样性热点地区的2803个关键生物多样性区域内，发现了1261种边缘物种，占全部边缘物种的43%，这些拥有边缘物种的区域中有14%完全位于保护区内，35%部分位于保护区内。

三、特别重要的生态系统服务区域的保护区覆盖率

人类从大自然得到的益处包括一系列重要的生态系统服务与价值。重要生态系统服务包括水与粮食生产、碳固存、授粉、防灾以及许多具有文化、娱乐与教育价值的服务。

目前，尚无全球数据集或分析能够为保护区覆盖"特别重要的生态系统服务区域"的情况提供测量，需要填补这一空白，以全面报告爱知目标11的完成情况。然而，许多研究集中于评估保护区提供特定生态系统服务的范围上。

海洋保护区在生态系统服务的提供方面也至关重要，其服务包括旅游、渔业和海岸保护。海洋保护区对社会、经济和环境的发展做出了重大贡献，其途径包括粮食安全、生计保障、扶贫、减灾以及气候变化的减轻与适应。具体来说，世界各地的珊瑚与红树林为当地社区提供了许多有价值的服务，但是它们并不都位于保护区内。全球28.6%的珊瑚礁渔业生物量、20.4%的珊瑚礁海岸保护产值与44.3%的珊瑚礁旅游产值位于保护区。与此类似，保护区提供了31%的红树林渔获量和35.7%的红树林地上生物量。因此，应当优先保护这些提供了重要生态系统服务的区域。

第三节　保护区的生态代表性

2016—2018 年，382 个陆地生态区的保护区覆盖率增加，148 个陆地生态区的保护区覆盖率减少，使得只有 43.2%（2016 年为 42.6%）的生态区达到了陆地保护区覆盖率为 17% 的目标。相比之下，海洋领域则取得显著进步，45.7%（2016 年为 36.2%）的生态区实现了 10% 的海洋保护区覆盖率目标。近海和淡水生态区的保护区覆盖情况仍然较差，或记录不足。

爱知目标 11 要求保护区系统与其他有效的地区保护措施必须具有生态代表性。生态区是最为常用的生物地理学区域分类，即具有共同生物特征的土地、海洋或淡水区域。也可通过物种代表性来对保护区的生态代表性进行评估。

2016—2018 年，海洋生态区的保护取得了显著的进步，其中包括公海（远洋区域）。这也反映出过去两年中，随着一些大型海洋保护区的建立，全球海洋保护区网络迅速扩大。2018 年 7 月，世界上 232 个近岸海洋生态区中的 45.7%，其区域内至少 10% 的面积被保护区覆盖，高于 2016 年的 36.2%。被保护面积不足 1% 的海洋生态区比例大幅减少，从 22% 降至 17.2%，显示出积极趋势。公海的保护区也有增加，估计太平洋中南部深海区域的保护区覆盖率从 3.6% 增至 10.5%，使其成为（37 个区域中）第 4 个达到 10% 保护区覆盖率目标的远洋区域。然而，仍然有 24.3% 区域的保护区覆盖率不足其总面积的 1%。

第四节　保护区的有效管理

有效管理的保护区可以取得良好的生物多样性保护效果。根据世界保护区管理有效性评估数据库的数据，仅有 21 743 个保护区评估了管理有效性，约相当于世界保护区数据库中所有保护区的 20%。由于缺乏系统报告、重复评估和存在多种评估工具，很难对爱知目标 11 这一要素的进展趋势进行评估。爱知目标 11 规定，应当对保护区进行"有效管理"，许多国家都制定了保护区管理有效性评估规程。人们努力对报告流程进行合理化改进，但因为缺乏相关的全面一致的数据，管理有效性评估异常困难。

一、评估保护区管理的有效性

在过去的 10 年间，人们采用 69 种不同方法，从全球 169 个国家收集了管理有效性数据，形成了世界保护区管理有效性评估数据库。目前，该数据库包含来自 21 743 个保护区的 28 668 条记录，相当于世界保护区数据库中 9.1% 的保护区数据，占保护区总覆盖面积的 19.9%。其中绝大部分评估是由保护区管理者和其他相关方在现场进行的。2018 年联合国保护区名录中除首次更新各国和各地区的保护区名单以外，还提供了相关管理有效性信息，包括一些最常用方法的介绍。

有报告评估显示，保护区覆盖率最高的是发展中国家，特别是西非国家。其他国家开展的管理有效性评估较少，尤其是西欧国家。根据世界保护区管理有效性评估数据库的数据，迄今为止，在管理有效性目标(即至少对境内 60% 的保护区进行评估)的进展方面，只有 21% 的国家实现了陆地管理有效性目标，16% 的国家实现了海洋管理有效性目标。就保护区管理有效性评估的地区差异来说，没有地区达到 60% 的评估目标，只有非洲与南美洲保护区的评估率超过了 30%。

二、最常用的管理有效性评估方式

欧洲保护区评估的区域记录数量最多，因为欧洲有很多小型保护区，其中许多被重复评估，推高了所提交的评估数量。管理有效性跟踪工具被全球环境基金资助的许多项目使用，在世界保护区管理有效性评估数据库中的 2048 个保护区提交的 3688 条记录中使用率名列第二。这些被广泛使用的工具更多集中于管理数据的录入，而不是对管理有效性与保护效果之间的联系进行评估。建立《世界自然保护联盟自然保护地绿色名录》的过程中对这些方法进行了延伸，纳入了生物多样性保护效果文件与管理信息。世界自然保护联盟于 2017 年 11 月发布《世界遗产展望 2》，监测了 241 个世界自然遗产地保护前景的变化情况，并审查了其面临的威胁、保护与管理状况以及保护区在世界遗产方面的价值。

三、有效管理保护区的保护效果

与未保护地区相比，陆地保护区降低了生境损失，维持了物种数量，海洋保护区对于鱼类的多样性和丰度产生了积极的影响。近期的大规模研究发现，在海洋保护区和陆地保护区中，保护区管理各方面和物种保护效果之间存在正相关关系。保护区为人类带来了积极的社会和经济变化，这显示了积极的演变过程，而不再是先前证据所显示的在某些保护区中因人员错位与权力错位而带来的负面影响。此外，在管理过程中坚持性别平等，有助于确保女性和男性在资源使用方面的传统权利不会随着项目或计划的发展而受到损害。

第五节　保护区的公平管理

保护区的公平管理是爱知目标 11 的关键要素。目前已拟定一个了解保护区公平情况的框架，并提出若干方法，以便在各个维度上对公平管理进行评估。虽然取得一些进展，但评估工作只在少数保护区进行，还无法在广泛范围内得出相关结论。解决系统与保护区范围内的评估缺乏问题成为2020 年及以后的优先事项。

爱知目标 11 要求保护区进行"公平管理"。保护区的公平性可以理解为 3 个相互关联要素的组合：①认知公平涉及承认和尊重利益相关者，及其社会和文化多样性、价值观、权利和信仰；②程序公平涉及如何作出有关保护区的决定和提高利益相关者的参与程度，还包括透明度和责任制问题，以及保护区管理的冲突解决与补救方法；③分配公平涉及利益和成本的分配。

应创造条件，使以公平的方式建立、治理与管理保护区变得更加容易，包括：认可所有世界自然保护联盟治理类型；对公平原则达成共识，并有能力与相关方一起基于这种认识而行动；认可习俗权利；遵守成文与不成文的法律规则；采取适应性的方法。

公平因素从人类福祉与权利角度来看是必不可少的，并且有新的证据显示，它们还与保护区能否成功保护自然成正相关关系。性别平等的观念也对保护区管理能否取得更为有效和持久的效果具有关键性的影响。但是，作为一个连接环境与社会因素的复杂概念，事实证明，公平性难以被监控和测量。过去 3 年，国际环境与发展研究所同德国国际合作机构和世界自然保护联盟合作开发了一套切实可行的、由利益相关者主导的现场评估治理质量的方法。《世界自然保护联盟自然保护地绿色名录》中包含了一套评估标准及相关指标，要求对最重要的良好与公平治理因素进行评估，并将及时提供其在世界范围内应用的最新信息。

在国家体系中，保护区的治理类型多种多样，体现了对参与保护工作的不同相关方的认可，但不能说明保护区是否得到了良好治理或公平管理。所有属于世界自然保护联盟治理类型的保护区均可向世界保护区数据库报告，但是目前非政府治理类型的报告率较低，82%的已记录保护区由政府机构管理。对于不同人员所进行的保护工作，需要建立识别机制并给予适当的认可。除治理类型外，保护区治理质量的评估可以帮助人们进一步了解保护区是否进行了公平管理。

总而言之，监测爱知目标 11 的公平管理要素过程中存在挑战，但也在各个层面上取得了进展。有 80 个《生物多样性公约》缔约方已经确定了保护区公平和治理相关的优先行动，包括承认多种治理类型，促进程序及分配的公平。全球适用方法已经被制定，以评估公平治理与管理，在 2020 年及以后更广泛地使用和报告这些方法更加重要。

第六节　保护区的紧密连通性

保护区之间的连通对于保持物种、群落和生态系统的活力至关重要。全球层面的互联互通测量指标已经制定。世界上约有一半的保护区系统位于互相连通的陆地上，已有 30% 的国家符合爱知目标 11 中的连通性要素。目前还没有关于保护区连通随时间变化趋势的分析。但是，许多国家都已开展增强保护区之间连通性的行动，以应对生态系统的持续分裂。

爱知目标 11 呼吁各保护区系统之间紧密连通。因此，应当考虑生态连通性以及生态网络的概念，包括迁徙物种之间的联系。实现物种在保护区之间的迁移将有利于增强生态完整性和复原能力。鉴于生物多样性面临诸多威胁，包括气候变化以及世界许多地方正在出现的自然生境孤立问题，连通性具有特别重要的意义。2018 年，有学者对全世界人类足迹较多地区的 57 种哺乳动物的迁移情况进行了分析并得出结论——因为人类经济社会的发展，哺乳动物在陆地迁移的能力急剧下降。

近年来，许多项目已在不同范围内开展行动，促进保护区及其他保育区之间的连通。世界自然保护联盟-世界保护地委员会连通性专家组正在研究连通性问题，并为促进陆地与海洋生态系统间连通性的最佳实践提供指引。然而，全球仍然没有公认的方法来进行连通性测量与报告。

全球保护区代表性和连通性指数显示，2000—2012年，尽管划定了新保护区，全球的连通并未取得进展。2018年，有学者开发了一个新指标——"受保护连通"，以量化国家陆地保护区系统在促进连通方面规划的良好程度。这一研究发现，地球上7.5%的陆地属于受保护连通的土地，约占全球保护区覆盖面积的一半；有30%的国家目前达到了爱知目标11规定的连通性标准。

这一研究还确定了各国增加保护区网络连通性的关键优先事项。世界上许多国家，包括美国、墨西哥、俄罗斯、中国和澳大利亚等大国，可能需要划定新保护区，以促进保护区连通，特别是在具有战略意义的地点有针对性地划定保护区，使其成为现有保护区之间的通道。在其他国家，增强连通性的主要优先事项也许并不是划定新的陆地保护区，而应集中精力保证相邻或跨境保护区的协调管理，并确保保护区之间陆地景观对于物种迁移的适应性。迄今为止，海洋保护区之间的连通性还未曾被评估。

第七节 其他有效的地区保护措施

"其他有效的地区保护措施"可以作为保护区的补充，共同达到保护效果。2018年11月14日召开的《生物多样性公约》第十四次缔约方大会已经推荐通过"其他有效的地区保护措施"的定义与"其他有效的地区保护措施"识别与认定的指导纲领，以便对爱知目标11的这一要素及未来地区保护目标的进展进行更为全面的报告。但是，在能够有意义地确定和评估这些全球量化目标之前，仍须建立现有"其他有效的地区保护措施"的全球基准。

爱知目标11规定，到2020年，应当有至少10%的海洋区域与17%的陆地区域被保护区和"其他有效的地区保护措施"所覆盖。为响应《生物多样性公约》缔约方大会第XI/24号决议，世界自然保护联盟-世界保护地委员会组建了其他有效的地区保护措施工作组，以便向《生物多样性公约》缔约方提供指导信息，这一行动经过《生物多样性公约》秘书处召集的专家研讨会讨论，并向《生物多样性公约》第十四次缔约方大会提出建议。因为缺乏其他有效的地区保护措施的全球数据，现仍不能报告其他有效的地区保护措施对实现爱知目标 11 的贡献。然而，如果在设立未来的地区保护目标前已经建立其他有效的地区保护措施覆盖基准，则可将地区保护目标纳入未来目标进展报告中。

《生物多样性公约》的科学、技术和工艺咨询附属机构提出的、将由《生物多样性公约》第十四次缔约方大会审议的"其他有效的地区保护措施"定义为"地理上有别于保护区的划定区域，其治理与管理方式能够为当地生物多样性带来积极和可持续的长期效果，具备相关生态系统功能与服务，并且能够实现适用、文化、精神、社会经济和其他与地区相关的价值"。

科学、技术和工艺咨询附属机构还提议，将各个国家与地区提供的其他有效的地区保护措施数据纳入世界保护区数据库。根据《生物多样性公约》的决议，加快其他有效的地区保护措施的识别与地图绘制，以确保基准的建立，为 2020 年后未来地区保护目标的讨论奠定基础。

除了在世界范围内对地区保护措施进行识别，提高保护措施的使用率之外，其他有效的地区保护措施还为支持爱知目标 11 的其他要素及更多爱知目标的实现提供了重要机遇。其他有效的地区保护措施的识别与报告，具有增加保护地总面积的潜力，增强一切治理类型下的保护地所提供的保护，提高生态代表性与连通性，并识别和引入更多保护工作相关方。

鉴于历史数据收集方式与报告义务，目前的世界保护区数据库主要包含由政府报告的保护区数据，并且要求数据库中收录的所有地区必须达到世界自然保护联盟或《生物多样性公约》关于保护区的定义标准。但是，一旦《生物多样性公约》缔约方采纳了其他有效的地区保护措施的定义标准，将鼓励各国政府在保护区之外提供其他有效的地区保护措施数据。虽然某些其他有效的地区保护措施是由国家实施的，但在另外一些情况下，政府需要咨询负责其他有效的地区保护措施管理的私营企业、当地社区和土著，以便向世界保护区数据库提供其认可的数据。这些私营企业、土著与当地社区也可直接提供数据。

第八节　将保护区纳入更广泛的陆地和海洋景观

将保护区纳入更广泛的陆地和海洋景观需要过硬的空间与自然资源规划能力，以保持生物多样性价值，并兼顾其他方面的协同发展。追踪这一要素的进展仍然较为困难，因为很少有国家进行相关空间规划并将这些规划纳入相关法律与政策体系。

爱知目标11要求保护区被"纳入更广泛的陆地和海洋景观"，即"保护区、通道与周边地带的设计与管理应促进互相连通的生态网络的建立"。规划与整合过程应保持生态价值、生物过程、功能以及提供生态系统服务。但是，根据联合国开发计划署的一项研究，很少有国家在其国家生物多样性战略和行动计划中确定将保护区纳入更广泛的陆地和海洋景观的具体战略。

全球保护区均广泛面临来自人类的压力，这些压力对生物多样性和生态系统服务造成了深远的影响。对陆地和海洋中确定的荒野或人迹罕至地区进行评估，可以从生态学角度明确显示出陆地景观与海洋景观的连通性。与此同时，测定保护区的完整程度也至关重要。在遏止全球生物多样性损失方面的进展可能因保护区内广泛存在的人类压力而受阻。因此，亟须各国对保护区内人类造成的压力和生境条件进行评估，并提高管理水平。

保护区所遭受的压力与日俱增，这就要求保护工作的目标不仅限于改善治理或管理，还应在更广泛的陆地与海洋景观中进行更好地规划与决策，以及更好地将保护区与其他有效的地区保护措施整合到行业政策与计划当中。通过"全景"伙伴关系倡议，将保护区解决方案纳入更大的、各种不同主题的解决方案的共享库。

生态系统方法是《生物多样性公约》综合管理的主要框架，通过公平方式促进保护与可持续利用。《生物多样性公约》通过第X/6、XIII/3和第X/31号等多项决议，涉及将生物多样性纳入其他领域并将保护区纳入国家与经济发展规划。最近，《生物多样性公约》缔约方被建议采用自愿指导方法，其中包括加强保护区和其他有效的地区保护措施整合，并纳入更广泛的陆地和海洋景观，为跨区域主流保护区提供指导，以帮助实现可持续发展目标。

有很多与为实现爱知目标 11 这一要素相关的工作例子，如旨在将保护区纳入国家气候变化战略的拉丁美洲国家公园、其他保护区和野生动物技术合作网络倡议。然而，时至今日，还没有统一的指标来跟踪将保护区纳入更广泛的陆地和海洋景观以及其他部门的进展，关于这一要素现状的信息有限。建议各国应着手将保护区纳入地方、区域和国家空间规划中，并使其成为重要部门的主流业务。

第九节　爱知目标 11 的进展与展望

一、爱知目标 11 各要素进展情况概述

自 2010 年通过爱知目标以来，关于陆地与海洋覆盖率的目标 11 各要素的实现取得巨大进展，但实现其他要素仍需大量工作。到 2020 年，爱知目标 11 的覆盖率要素或许可以实现，但达到整体目标也需要完成其他要素。

表 37.1　截至 2018 年 7 月报告中爱知目标 11 各要素进展情况

爱知目标 11 各要素	2018 年全球进展情况
全球覆盖率	保护区覆盖率大幅增加，陆地覆盖率达 15%，海洋覆盖率(主要位于专属经济区内)为 7%。各国政府共同努力实现国家承诺，这一要素应可以按计划完成
生物多样性和生态系统服务重点区域	在生物多样性和生态系统服务重点区域的保护区取得一些进展。目前，近一半的陆地、淡水与海洋关键生物多样性区域位于保护区内。为保护更多重要区域，需要采取重大举措，许多国家已对此作出承诺
生态代表性	各陆地与海洋生态区中的保护区生态代表性各不相同。但一些生态区的保护区覆盖率增加，特别是在海洋中，这主要归功于近期快速扩张的海洋保护区网络，包括几个大型海洋保护区的建立
有效管理	在世界保护区数据库所有保护区中，有 20% 已对管理有效性进行评估并上报至世界保护区管理有效性评估数据库。然而，因系统性报告和数据一致性的缺乏以及有效性评估工具的多样化，较难追踪这一要素的进展

续表37.1

爱知目标 11 各要素	2018 年全球进展情况
公平管理	近期开发几种方法，使保护区公平性测量取得一些进展。但只有极少数保护区样本被评估，公平性测量仍是进一步发展与应用过程中的优先事项。在保护区治理与管理中，也需考虑性别平等的重要性
紧密连通的系统	已经完成一些有意义的工作来加强保护区连通，也制定一些衡量全球互联互通水平的指标。一项研究显示，目前已有30%的国家实现爱知目标11的连通要素。然而，生境不断被损毁和分裂，在增强各保护区系统之间的连通方面，仍存在重大挑战
其他有效的地区保护措施	《生物多样性公约》第十四次缔约方大会将审议"其他有效的地区保护措施"的定义与标准。这些地区很可能将在保护生物多样性和生态系统服务以及增强连通性方面发挥日益重要的作用
纳入更广泛的陆地和海洋景观	只有极少数国家在制定空间规划时将保护区考虑在内，并据此制定政策。但是，仍然难以追踪这一要素的进展，还须在主流生物多样性保护方面作出更大努力，包括将保护区更好地纳入更广泛的陆地和海洋景观

二、至 2020 年实现爱知目标 11 的建议

前几版《保护地球报告》提出一些切实可行的优先行动，以促进爱知目标11的实施进展。表37.2强调了加快实现爱知目标11各要素进展的关键性建议。

表 37.2　至 2020 年实现爱知目标 11 各要素的建议

爱知目标 11 各要素	建议
全球覆盖率	应加强为实现这些全球目标而扩大保护区的努力，特别是保护国家管辖外海域的机制。对于其他有效的地区保护措施的识别和认定很可能将同时提高覆盖率与生态代表性。如果能够战略性地实施、提高覆盖率，还将有利于其他爱知目标11要素的进展，如连通性和纳入更广泛的陆地和海洋景观
生物多样性和生态系统服务重点区域	任何最新划定的保护区都需要列入重要生物多样性区域，如关键生物多样性区域。应当加强对濒危和珍稀物种的保护，更好地对生物系统服务进行识别、绘图和保护。其他有效的地区保护措施的认定或许可以帮助人们更清楚地了解这些优先区域覆盖率的情况

续表37.2

爱知目标 11 各要素	建议
生态代表性	全球保护区网络的扩展应当更为明确地将目标设定在提高陆地和海洋领域内不同生物地理区域的代表性方面
有效管理	许多国家正在对管理有效性进行评估，但评估结果有时未报告给世界保护区管理有效性评估数据库。应为管理活动有效性评估分配更多资源，对评估结果进行系统性报告，并纳入数据库。为提高对管理与生物多样性效果之间的联系的理解，应进行更多研究
公平管理	虽然近期对于公平性进行了一些研究，并制定了一套测量公平性的原则，但尚无全球适用的公平管理系统性评估方法。需要开发一套可测量的全球指标并推广，以便对保护区的公平性进行可靠评估，并实现进展追踪
紧密连通的系统	已经完成一些连通工作，但是需要将连通原则纳入制度与法律框架以及国家空间规划和适应气候变化方案。最新制定的全球指标显示，大多数国家仍须提高保护区网络的连通性
其他有效的地区保护措施	需要对所有其他有效的地区保护措施进行正式认定与报告，需要各国共同努力对这些区域信息进行核查，包括空间数据，以支持并实现其有效、公平的治理和管理
纳入更广泛的陆地和海洋景观	保护区是应对许多全球威胁的基本工具，但需要更好地将其纳入国家规划与决策，以提高生物多样性和社会效果。应适当解决生物多样性面临的威胁，并利用保护区提供的机遇帮助实现可持续发展

三、2020 年后的发展展望

2020 年，各国政府将审查《2011—2020 生物多样性战略计划》目标和爱知目标进展情况，并商定新的全球生物多样性框架。2020 年后的全球框架将提供应对生物多样性威胁的行动基础与目标，包括保护区相关内容。《生物多样性公约》已经通过"与大自然和谐共存"2050 年愿景，为 2020 年后的全球框架提供了基础。在制定 2020 年后战略的过程中将审查爱知目标 11，而《生物多样性公约》缔约方计划就地区保护的新目标与措施达成一致。为制定有意义的地区保护目标，至关重要的是要为目前其他有效的地区保护措施覆盖率建立基准。

如何保持实现爱知目标势头的问题目前正在被广泛讨论，同时展望

2020 年后的目标，以遏止生物多样性丧失并为实现可持续发展目标提供支持。已经召开的几次国际会议中包括 2018 年 2 月在伦敦召开的"保卫自然空间，保护我们的未来：制定 2020 年后战略"研讨会。关于 2020 年后战略的建议也已经被提出，一些发起人还提出了更为远大的保护区发展议程。但是，只有建立于可靠的科学与证据基础之上，并可应用于实践，这一新的战略才具有意义。因此，关键是要整理保护区面积的充分信息，以长期保护生物多样性和生态系统服务。

报告表明，因为重要的地区保护措施报告率不足，削弱了决策者们充分理解与处理优先事项的能力。因此，针对世界保护区数据库中关于保护区的数据以及世界保护区管理有效性评估数据库中关于全球保护区网络管理有效性数据，提高数据的完整性和准确度，是建立并追踪目标的关键基础。只有这样一份基于证据的协议才能够确保生物多样性和自然资源的长期持续发展，以支持人类福祉。所以，现在摆在我们面前的是一个独特的机遇，让全球认识到保护区的重要性，以推动生物多样性 2050 年愿景的实现。

第三十八章　气候变化对世界遗产
珊瑚礁的影响报告

2018 年 9 月，联合国教科文组织世界遗产中心发布《气候变化对世界遗产珊瑚礁的影响》报告(以下简称"报告")，对 2017 年发布的第一份关于气候变化对世界遗产珊瑚礁影响的全球科学评估报告进行了更新。报告认为，在代表性浓度路径(RCP)2.6 情景下，29 处被列入《世界遗产名录》的珊瑚礁将避免每十年两次的严重白化，并指出，将全球升温控制在工业化前水平的 1.5℃以内，可以有效避免严重的珊瑚白化。

第一节　报告的发布背景

2017 年，联合国教科文组织世界遗产中心发布了第一份关于气候变化对世界遗产珊瑚礁影响的全球科学评估报告。这份评估报告称，过去 30 年，热应激反应越来越多地导致《世界遗产名录》中的珊瑚礁遭受严重的白化和死亡。在 2014—2017 年全球白化事件中，29 处被列入《世界遗产名录》的天然珊瑚礁(见图 38.1)中有 15 处经历了反复性严重热应激。超过一半的珊瑚礁世界遗产已经明显出现周期性严重白化。虽然上述全球白化事件并未导致每年都发生永久性严重白化，但珊瑚礁周期性白化的影响已明显出现。

评估显示，根据二氧化碳照常排放情景(RCP8.5，此情景下排放量和温度在 21 世纪继续上升)，预计到 2040 年，29 处世界遗产珊瑚礁中有 25 处会经历每十年两次的严重白化。根据 RCP4.5 情景，在 2040 年前后排放量达到峰值，然后下降，《世界遗产名录》中的珊瑚礁有近一半不会经历每十年两次的严重白化。

第一份全球科学评估报告在 2017 年世界遗产委员会第 41 届会议之前发布，支持委员会关于珊瑚礁和气候变化的第一项决定：重申"缔约国执行《巴黎协定》的宏伟目标的重要性"，强烈邀请所有缔约国"根据《巴黎协定》规定的共同但有区别的责任和各自的能力，并考虑到不同国家根据《世

界遗产公约》义务保护所有世界遗产的突出普遍价值的情况，采取行动以
应对气候变化"。

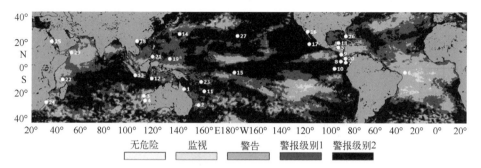

图 38.1　2014 年 6 月至 2017 年 5 月第三次全球珊瑚白化事件期间，叠加在热应激最高
水平上的珊瑚礁世界自然遗产(白点)热应激的位置

图中数字分别代表：1—大堡礁；2—豪勋爵群岛；3—宁格鲁海岸；4—西澳大利亚沙克湾；5—伯
利兹堡礁保护区；6—巴西大西洋群岛；7—马尔佩洛岛；8—科科斯岛国家公园；9—瓜纳卡斯特自
然保护区；10—加拉帕戈斯群岛；11—新喀里多尼亚潟湖；12—科莫多国家公园；13—马戎格库龙
国家公园；14—小笠原群岛；15—菲尼克斯群岛保护区；16—加利福尼亚湾群岛及保护区；17—雷
维亚希赫多群岛；18—圣卡安；19—南部潟湖石岛群；20—柯义巴岛国家公园；21—图巴塔哈群
礁；22—阿尔达布拉环礁；23—东伦内尔岛；24—大圣卢西亚湿地公园；25—桑加奈卜国家海洋公
园和敦戈奈卜海湾-穆考瓦尔岛国家海洋公园；26—大沼泽国家公园；27—帕帕哈瑙莫夸基亚国家
海洋保护区；28—下龙湾；29—索科特拉群岛

　　本报告是对第一份全球科学评估报告的更新，并在 RCP2.6 情景下进
行高分辨率的未来预测分析。根据 RCP2.6 情景，排放量在 2010—2020 年
达到峰值，并实现将 2100 年的升温控制在 2℃以内的目标。本次更新进一
步响应了世界遗产委员会的要求，即提供有关气候变化对世界遗产影响的
最新知识，有利于实现《巴黎协定》规定的《世界遗产名录》珊瑚礁的长期
目标。

第二节　珊瑚白化和气候模型

　　造礁珊瑚在海水温度高于正常值时会出现白化，因为水温升高破坏了
珊瑚与自身组织内藻类共生体(称为虫黄藻)的共生关系。珊瑚要么恢复虫
黄藻生存下去，要么在严重或长时间的热应激反应中死亡。与全球变暖和

气候变化（如厄尔尼诺现象）相关的热应激导致珊瑚礁大规模白化。温度与白化之间的关系使科学家们能够分析可能引起白化的热应激反应的历史、现状和未来趋势。

本次更新的目的是构建 RCP2.6 情景下珊瑚白化条件的气候预测模型，从而直接回应第一份全球科学评估报告中的建议。RCP2.6 情景下的气候模型预测全球气温在 2050 年左右达到峰值，比工业化前水平高 1.3~1.9℃（中位数 1.5℃），相关峰值的二氧化碳排放浓度约为 442 ppm。这一情景反映了雄心勃勃的目标，因为目前大气中的二氧化碳浓度估计超过 405 ppm，并且每年增加 2 ppm~3 ppm。

作为参考，在 RCP8.5 情景下，排放量和温度在 21 世纪继续上升。在 RCP4.5 情景下，排放量在 21 世纪中叶达到峰值，然后保持稳定，此后温度进一步上升但速度减慢。预计到 2100 年，在 RCP8.5 情景下，全球平均气温较工业化前水平升高 4.6℃，在 RCP4.5 情景下升高 2.4℃。

为了促进预测情景之间的直接比较，报告采用了第一份全球科学评估报告中在 RCP8.5 和 RCP4.5 情景下使用的技术来检验 RCP2.6 情景下珊瑚所受的影响。

联合国政府间气候变化专门委员会在第 5 次评估中使用全球气候模型得出的海表温度预测结果已发布。这些模型的空间分辨率通常为 1°（约为 100 千米）或更高，根据高分辨率卫星海表温度气候历史数据记录的观测模态和变化，海表温度值降至 4 千米。对于 29 处世界自然遗产珊瑚礁，报告分析了构成珊瑚的网格细胞，根据 2006—2099 年的周热度指数，确定严重白化热应激的最低周热度指数为 8℃。每一处世界遗产珊瑚礁的年度和每 10 年 2 次白化的发病年份，代表了该遗产地内珊瑚细胞的严重程度的第 90 百分位（即该年份中，至少 10% 的珊瑚礁在该频率下遭受严重的热应激）。这与美国国家海洋与大气管理局珊瑚礁观察项目利用卫星监测地区白化风险的过程是一致的。

第三节　RCP2.6 气候排放情景对世界遗产珊瑚礁的影响

应采取必要行动，在 21 世纪末将全球平均升温控制在工业化前水平

1.5℃以内，正如《巴黎协定》所反映的。RCP2.6情景下珊瑚白化条件的气候模型预测，量化了这一行动对《世界遗产名录》中珊瑚礁的潜在益处。

此处列出了RCP2.6情景分析中对反复性严重热应激反应发生时间的预测，并与之前RCP8.5和RCP4.5情景的分析报告结果进行对比（表38.1）。

表38.1　RCP8.5、RCP4.5和RCP2.6情景下反复性严重白化热应激反应发生频率对比

世界遗产珊瑚礁	RCP8.5		RCP4.5		RCP2.6	
	(a) 每10年2次	(b) 每年	(c) 每10年2次	(d) 每年	(e) 每10年2次	(f) 每年
大堡礁	2035	2044	2041	2051	—	—
豪勋爵群岛	2034	2043	2036	2055	—	—
宁格鲁海岸	2041	2049	2052	2074	—	—
西澳大利亚鲨鱼湾	2038	2047	2045	2074	—	—
伯利兹堡礁保护区	2028	2036	2036	2044	—	—
巴西大西洋群岛	2028	2039	2035	2049	—	—
马尔佩洛岛	2038	2050	2056	2077	—	—
科科斯岛国家公园	2019	2032	2028	2036	2062	—
瓜纳卡斯特自然保护区	2030	2043	2040	2055	—	—
加拉帕戈斯群岛	2017	2036	2027	2042	2070	—
新喀里多尼亚潟湖	2031	2040	2039	2050	—	—
科莫多国家公园	2017	2025	2021	2032	—	—
马戎格库龙国家公园	2032	2043	2042	2053	—	—
小笠原群岛	2030	2038	2041	2049	—	—
菲尼克斯群岛保护区	2020	2035	2028	2040	2038	—
加利福尼亚湾群岛及保护区	2044	2052	—	—	—	—
雷维亚希赫多群岛	2031	2042	2043	2052	—	—
圣卡安	2025	2033	2033	2041	—	—
南部潟湖石岛群	2028	2036	2032	2044	—	—
柯义巴岛国家公园	2030	2043	2040	2053	2053	—
图巴塔哈群礁	2030	2039	2037	2048	—	—
阿尔达布拉环礁	2028	2036	2034	2042	—	—

续表 41.1

世界遗产珊瑚礁	RCP8.5		RCP4.5		RCP2.6	
	(a)每10年2次	(b)每年	(c)每10年2次	(d)每年	(e)每10年2次	(f)每年
东伦内尔岛	2025	2033	2030	2044	—	
大圣卢西亚湿地公园	2031	2040	2036	2048	—	
桑加奈卜国家海洋公园和敦戈奈卜海湾-穆考瓦尔岛国家海洋公园	2037	2046	2055	2069	—	
大沼泽国家公园	2036	2044	2056	2071	—	
帕帕哈瑙莫夸基亚国家海洋保护区	2029	2041	2044	2052	—	
下龙湾	2077	2086	—	—	—	
索科特拉群岛	2040	2048	2061	2077	—	

注：代表性浓度途径 RCP 8.5、RCP 4.5 和 RCP 2.6 情景下的反复性严重白化热应激反应的发生频率是每 10 年 2 次和每年。发生时间与颜色类别：2025 年前(深红色)，2025—2040 年(红色)，2040—2055 年(橙色)，2055—2099 年(黄色)，2100 年前预计都不发生(绿色)。

根据 RCP2.6 情景，预计世界自然遗产珊瑚礁在 21 世纪都不会出现严重的年度白化。只有 4 处珊瑚礁会出现每 10 年 2 次的严重白化：科科斯岛国家公园、瓜纳卡斯特自然保护区、菲尼克斯群岛保护区和柯义巴岛国家公园。其中，只有菲尼克斯群岛保护区预计在 2050 年之前会经历每 10 年 2 次的严重白化。立即采取减少二氧化碳排放的重大行动，可以防止具有突出普遍价值的珊瑚礁经历 21 世纪反复性严重白化的破坏性影响。

对《世界遗产名录》中珊瑚礁受到的影响急剧减少的预测，与对全球珊瑚礁的预测一致。科学分析表明，在 RCP2.6 情景下，世界上任何珊瑚礁都不会经历严重的年度白化，只有 1% 的珊瑚礁经历每 10 年 2 次的严重白化。《世界遗产名录》中的珊瑚礁遭受每 10 年 2 次的严重热应激的比例(14%，29 处中的 4 处)远高于全球(1%)，这表明维护世界遗产珊瑚礁生存所必需的条件也将有利于全球珊瑚礁。

很显然，对于世界遗产珊瑚礁来说，将全球平均升温控制在工业化前水平 1.5℃ 以内是保护珊瑚礁的关键行动，以使珊瑚礁有机会在气候变化中持续生存，并继续使相关人群受益。

第四节　报告结论

过去 30 年中观察到的全球变暖导致的热应激引起了珊瑚白化和死亡，这一现象预计在未来几十年继续存在并恶化，除非二氧化碳排放量大幅减少。在照常排放情景下，预计 29 处列入《世界遗产名录》的珊瑚礁 21 世纪都会经历严重的年度白化，导致生态功能急剧恶化，以及为人类提供的生态系统服务的质量和数量下降。

相反，根据 RCP2.6 情景，21 世纪《世界遗产名录》中的全部珊瑚礁将不会经历严重的年度白化，86% 的珊瑚礁不会经历每 10 年 2 次的严重白化。

维护世界遗产珊瑚礁的突出普遍价值，需要强有力的现场管理以及国家或地区授权立法，以便在气候变化情况下增强珊瑚礁的恢复能力并减少当地居民对珊瑚礁的影响。本次更新证实，实现《巴黎协定》的目标（将全球平均升温控制在工业化前水平 2℃甚至 1.5℃以内），对于确保《世界遗产名录》中珊瑚礁的可持续未来至关重要。

第三十九章　连接欧洲和亚洲
——欧盟战略设想

2018 年 9 月，欧盟委员会与欧盟对外行动署联合发布《连接欧洲和亚洲——欧盟战略设想》(以下简称"《设想》")。《设想》全面阐述了欧盟实现"欧亚联通"愿景的计划，强调重点打造交通、能源、数字及人员交流，积极评价欧亚联通的意义和促进欧亚经济增长的作用，并表示愿同包括中国在内的亚洲国家加强合作，在促进欧亚联通方面发挥建设性作用，对外传递促进欧亚各国经济合作、建设开放型世界经济的积极信号，努力倡导"全面、可持续和基于规则的联通"。

第一节　欧洲模式：可持续、全面和基于规则的联通

过去几十年，欧盟一直是成员国之间联通的积极推动者，通过创建欧盟内部市场，实现人员、商品、服务和资本的自由流动。欧盟成员国制定的扶持和采购等欧盟内部规则可确保公平和透明的内部竞争，而欧盟政策则确保环保、安全、保障以及社会和个人权利。同时，欧盟也努力推进循环经济、减少温室气体排放和适应气候变化的未来，以实现可持续发展目标和《巴黎协定》中提出的目标。这些政策基于明确的跨欧洲网以及优先事项和标准，鼓励跨境投资。公众可以通过商业联通性，受益于有效的泛欧基础设施、自由和公平的竞争环境以及共同标准。欧盟内部市场提高了欧盟成员国的生产力和竞争力，可以为其他国家带来启示。

欧盟的联通政策旨在提高欧盟单一市场效率，加强全球联通性，重点关注公众的权益。目标的实现可通过可持续发展、脱碳、数字化、投资、创新和全球领导力等领域的相关政策来支持。

欧盟从已取得的经验中推广可持续的、全面的和基于规则的联通方法，具体如下。

一、可持续性的联通

为了提高生产力并促进经济增长和创造就业，联通性投资需要确保市场和财政可行性。为了应对气候变化和环境恶化带来的挑战，我们必须在环境影响评估的基础上推动经济领域脱碳并制定更高标准。为了促进社会进步，欧盟还需要提供标准的透明度和加强治理，并在与公众协商的基础上，鼓励项目相关方发表各自的意见。联通政策应减少负面因素影响，如环境影响、交通拥堵、噪声问题、污染和事故。简言之，从长远角度来看，联通必须在经济、财政、环境和社会领域都具有可持续性。

二、全面的联通

联通是指网络以及相关人员、商品、服务和资本的流动。这意味着要连接空中、陆地或海上交通。这也指从移动到固定和从电缆到卫星的数字网络，以及从天然气（包括液化天然气）到电网和从可再生能源到能效的能源网。应优化三个领域之间的协同作用，打造创新型联通形式。联通具有至关重要的人性因素，应把公众的权益作为政策的核心。

三、基于国际规则的联通

人员、货物、服务和资本需要基于规则和规定才能有效、公平和顺利地流动。应基于国际组织和机构认可的国际惯例、规则、公约和技术标准，实现网络和跨境贸易的联通。欧盟确保其内部市场的企业开展公平竞争，促进开放和透明的投资环境，同时保护关键资产。欧盟应继续推进公开透明的采购流程，使所有企业都能享有公平的竞争环境。

在此基础上，欧盟将从三方面与成员国和亚洲伙伴开展合作：

第一，为公众和相关经济体服务而建立优先运输通道、数字网和能源合作，并以此促进欧洲和亚洲之间的联通；

第二，根据共同商定的规则和标准建立联通伙伴关系，以便更好地管理货物、人员、资本和服务的流动；

第三，改善资源的调配，更好地利用欧盟财政资源并加强国际伙伴关系，处理存在的巨大投资差距。

第二节　建立有效的欧亚联通

为了进一步加强欧亚现有和未来联系，欧盟及其合作伙伴应着力解决欧亚之间运输、能源和数字网的联系，同时推进会对联通产生重大影响的技术变革。欧盟及其合作伙伴在加强欧亚之间实体联系的同时，也应鼓励学生、学者和科研人员之间的流动和交流。

一、交通联通

欧盟和亚洲合作伙伴都希望在欧洲和亚洲之间建立高效、经济可行和环境可持续的贸易线路和运输走廊。目前，按价值估算，70%的贸易是通过海运进行的，25%以上是通过空运进行的，而铁路所占比例相对较少。所有领域的增长潜力都很巨大。

欧盟应与亚洲伙伴一道加强运输的联通性。欧盟应努力将发达的跨欧运输网框架与亚洲的运输网联通在一起。跨欧运输网包含明确的优先事项和标准，可促进跨境和互通操作的多式联运，即铁路、海运和内陆水道组合。为实现这一目标，欧盟应适时提供技术援助，帮助其他合作伙伴规划运输系统并确保相互联通性，并为基础设施融资做出贡献。我们应确立新的方法来评估联通水平，例如联通指数，这将有助于确定存在的差距和机遇。欧盟还应努力加强欧亚联运的安全性。

世界越来越依赖于高端数据网、运输、能源联通、价值链和人员流动。我们应在促进这些领域发展和确保其安全性之间找到适合的平衡点。在威胁和恐怖主义并存的时代，"流动的安全性"十分重要。贸易路线应具备良好的政治环境和安全性，并能应对跨国有组织犯罪、非法走私和贩运、网络安全以及运输和能源安全等领域的挑战。这些挑战不能只通过国家或机构内部或外部政策来解决。欧盟还应促进与伙伴合作，加强欧亚联运的安全性，特别是保障网络安全。

（一）空运

欧盟与第三方国家达成的航空运输协议是通过开放市场和促进投资机会来创造新的经济前景。欧盟为了促进航空运输业的发展，使欧盟和伙伴国家的公民和企业受益，正与欧盟成员国和亚洲的几个伙伴商谈达成航空运输协议。同时，欧盟还可借此解决环境问题和气候对航空运输的影响，特别是航空排放问题。欧盟将继续在欧洲、亚洲及其他地区支持航空运输长期脱碳，并通过促进国际协定的有效执行以及开展有针对性的活动来支持伙伴的能力建设。

（二）海运

欧盟通过制定内部政策措施和参与国际海事组织等国际机构的环保活动，促进清洁和可持续航运。作为欧盟运输脱碳战略的一部分，欧委会将进一步促进在欧洲和亚洲港口使用替代燃料。欧盟应通过与亚洲国家达成相关海运协议深化合作，这将有助于规范和促进海运。为加快海关流程，应推动在亚洲港口实现数字化和简化行政手续等措施。欧盟还应鼓励更广泛地采用《鹿特丹规则》，使电子文件在航运中更易使用。为保障海上安全，欧盟应采取其他措施，并继续支持国际海事组织等相关机构的国际努力。欧盟应继续发挥黑海的桥梁作用。

（三）陆运

在铁路运输领域，欧盟应与其合作伙伴一起努力通过缩短运输时间及改善运输负荷因素来提高铁路的竞争力。欧盟已将跨欧运输网扩展到西巴尔干国家，最近同意将跨欧运输网扩展到东部伙伴。南北铁路和东西铁路贯通都可以在未来发挥重要作用。尤其是中欧铁路贯通目前正在强劲发展中。但还需解决铁路贯通的经济长期可行性和竞争中立所面临的挑战。欧盟支持联合国欧洲经济委员会提出的统一铁路法倡议，该倡议旨在统一欧亚大陆铁路货运的法律制度。欧盟将与相关铁路运输组织合作，扩大欧盟技术规范和安全管理框架的应用范围。对于欧亚联通，公路运输通常在中等距离（例如到中亚）发挥作用，并可作为二级运输网，与其他运输方式相结合。此外，保障该领域职工享有充分的社会资源并确保公路运输事业间的公平竞争是关键因素。欧盟在与亚洲国家的接触中，应该通过交流最佳做法和最合适的解决方案来减少道路运输伤亡，从而保障道路安全。欧盟还应通过双边和多边海关组织来促进海关领域信息交流和发展跨境合作。

二、数字联通

高容量网络对于支持数字经济至关重要。欧盟与亚洲国家和其他国家的骨干网络链接将为网络发展做出贡献，为日益重要的基础设施提供所需的带宽和标准。普遍化且经济可行的互联网并网是社会经济发展的有力推动因素。

欧盟在与亚洲国家的联系中，应营造和平、安全和开放的信息通信技术环境，同时积极应对网络安全威胁和包括个人信息保护在内的人权保护和自由。需要采取协调一致的监管方法，支持"数字"基础设施的私营和公共投资，采取弥合数字鸿沟的政策和激励措施，特别是针对偏远地区或内陆国家的措施。为此，欧盟将视情况而定，推行其在亚洲的数字发展战略，以促进数字技术和服务，从而推动社会经济发展。

三、能源联通

欧盟能源市场自由化加上可再生能源 2020 目标以及能源战略刺激了市场化驱动的清洁能源转型。这些都推动了脱碳和互联的电力网，对于竞争力提升至关重要，也是可再生能源整合的关键推动因素。根据以往经验，欧盟应促进区域能源互联平台，重点关注市场规则，鼓励能源系统现代化，采用清洁能源解决方案，提高能源效率，并支持与亚洲合作伙伴间的能源联通。

四、人员联通

学生、学者和科研人员之间的联系和流动性是各方相互了解和经济增长的关键。自 2014 年以来，多种计划资助了超过 1.8 万名学生和科研人员的交流。欧盟应通过伊拉斯谟计划、学历互认以及科研人员和创新技术的交流，进一步加强与亚洲国家的学术交流。欧盟还应鼓励城市间的合作，包括欧盟文化之都与亚洲城市之间的互动，增加文体领域的交流与合作。

欧委会应采取的主要行动包括：选取合理方法，评估欧亚间可持续联通水平以及对欧盟和其地区内经济的影响；促进海关和运输通道的数据交换并评估风险；与东盟、阿塞拜疆、土耳其和卡塔尔签署航空运输协议，并与中国和日本签署双边航空安全协议；在国际论坛期间推动关于脱碳运输协议的达成，特别是在航空和海事领域；促进亚洲和黑海国家海运的数字化和行政流程简化并推动《鹿特丹规则》的采用；探索在预期的跨欧运输网法规审查范围内将欧盟的跨欧运输网协调任务扩展到合作区域的可能性，制定前瞻性技术(如人工智能)的使用标准，并促进完全履行责任的国家行为；进一步推动在亚洲的相关行动以及互惠活动，增加相互间的交流。

第三节　建立可持续联通的国际伙伴关系

为实现卓有成效的联通，欧盟应加强现有合作并进一步建立可持续、开放、包容和基于规则的新型双边、区域和国际伙伴关系。

一、双边合作

欧盟是亚洲主要的发展和投资合作伙伴。双边对话涉及投资和可持续的联通，还包括与第三国的潜在合作机遇。在这种背景下，欧盟及其亚洲合作伙伴应共同努力改善监管环境、公共财政管理和国内资源调配。此外，欧盟还将通过技术援助来提供支持，加强规划能力并根据国际标准和最佳做法制定和实施可持续联通项目、政策和监管制度。

与其他国家的双边合作应根据其具体情况进行调整。例如，欧盟应加强与中国在基础设施建设和制定合作举措方面的现有合作，促进市场准入和公平竞争原则的实施，并依照国际标准制定联通倡议。欧盟与日本也应加强协调，特别是通过重振欧盟与日本的交通联系来促进欧盟在亚洲的区域合作并推动国际标准的采用。在东南亚地区，欧盟应与新加坡继续开展始于 2011 年的运输领域协商与对话。

在欧盟新出台的西巴尔干政策背景下，欧委会最近启动了加强联通和地区数字化议程的示范计划。此外，2018 年 5 月召开的欧盟-西巴尔干峰会提出的《索菲亚宣言》承诺要大幅增加运输、能源、数字和人力领域的联系。目前，欧盟正制订"东部伙伴运输投资行动计划"，并正在加强数字经济领域合作。

在此背景下，欧委会将确保使可持续联通更广泛地纳入到欧盟正在发展的邻邦政策中，并促进该领域技术和监管工作更趋一致。欧委会还将为公共采购立法的实施提供进一步支持，并提高最佳做法的透明度。

二、区域合作

欧盟在构建波罗的海地区合作等区域合作方面具有经验。欧盟应与其伙伴、国际组织和金融机构合作，制定亚洲区域联通合作方法，分析在特定区域开展的联通相关活动、存在的差距以及合作机遇，以支持欧亚联通合作。

有一些国际组织和机制的职责任务涉及联通。欧盟是否参与这些组织的活动取决于其活动和行动范围。亚欧会议是与亚洲主要合作伙伴开展合作的重要平台。欧盟应继续加强与东南亚核心组织东盟的合作，开展持续对话并支持《东盟联通 2025 总体规划》及其内部标准的整合。最后，欧盟应促进可持续联通区域合作，并将其作为中亚战略的一个关键方面。

三、国际合作

国际合作在确定联通的法律框架和具体形式方面发挥着重要作用。正如欧盟在国际海洋治理倡议中提出的那样，国际合作可在加强可持续性框架方面发挥重要作用。

欧盟致力于航行自由和可持续海洋治理。2016 年 11 月发布的"国际海洋治理联合声明"提出了 50 项针对全球安全、保障、清洁和海洋可持续管理领域的行动，努力与重要参与方建立"海洋伙伴关系"。欧盟与世界银行一起制定了"蓝色经济发展框架"，通过建立 30 年以上公私合作投融资机制来帮助沿海国家、地区和社区向蓝色经济转型。

实施和认可国际组织所制定的国际协定和标准是应对气候变化、环境恶化并促进市场准入、自由和公平贸易以及确保网络交互操作所必需的。采用国际通用标准促使技术协调一致，这可保证不同网络间的交互操作。国际和欧洲标准化组织是欧盟的重要合作伙伴，在基于共识的行业主导标准的基础上可确保欧亚技术协调一致。欧委会将与这些组织和相关行业开展合作，审议各方对于联通相关标准的需求。欧委会将扩大技术援助范围，并与相关国际组织和国外合作伙伴密切协调，以确保其他关键国家对于这些标准所作出的承诺及标准的更广泛采用。总之，欧盟应加强与国际组织的接触，提升其代表性、参与度和协商范围。

欧委会应采取的主要行动包括：加强与相关第三国的合作，加强中欧联通平台，以跨欧运输网的扩展为基础，促进数字经济、高效的交通互通以及智能、可持续、安全和可靠的流动性，并促进投资的公平竞争环境；支持与第三国的政策联通性并开展可持续对话交流；深化与亚洲相关区域组织的合作并试行欧亚区域联通合作方法；与欧洲和国际标准化组织及其成员国合作，包括有针对性的技术援助和技术合作等，以便共同制定有效和必要的技术标准；与联合国欧洲经济委员会一起合作来统一关于欧亚大陆铁路货物运输的法律制度，并与政府间国际铁路运输组织和铁路合作组织一起扩展欧盟的技术规范和安全管理框架的应用范围。

第四节　增加对可持续联通的投资

目前，对于联通领域的投资尚不能满足需求。世界银行的研究指出，最不发达国家在基础设施建设投资领域具有很高需求（约占 GDP 的 12.5%），但也存在巨大差距（占 GDP 的 7.5%）。因此，需要制定综合措施来改善巨大的投资缺口，加强国内资源调配，为基础设施合理定价并提高监管框架。

一、新型和创新的融资方式

尽管欧盟现有和拟建立的金融工具有助于支持联通相关项目投资，但欧委会并非着意于制订投资计划。

欧盟已在联通领域投入财政支持。邻邦投资基金、中亚投资基金和亚洲投资基金等地区投资机制一直在为基础设施和联通建设提供资金和技术支持。仅亚洲投资和中亚投资机制就可以通过资助和贷款在 2010 年至 2018 年中期融资 42 亿欧元。欧洲投资计划也可为欧洲共同投资提供机会。

对于下一个金融框架(2021—2027)，欧委会提出了一些创新措施，以刺激公共和私营领域对联通的投资。欧委会的提案包括一个对外行动投资框架，以现有的欧洲可持续发展基金（这是欧盟对外投资计划的一部分，适用于非洲和邻国）为基础，鼓励其他公共和私营资本融资。虽然融资重点在非洲和欧盟邻国，但也将对其他地区进行融资。

此外，欧委会将努力使欧盟对外投资体制和运作框架更有效和可操作，以应对投资挑战。最近，欧委会强调国际合作需要资金投入，特别是私人投资，并且需要充分利用现有机制，发展欧洲可持续发展基金。欧委会还呼吁主要金融和开发机构积极参与，为加强合作进行融资。

下一个金融框架（2021—2027）为国际合作提供创新型融资。2018 年 5 月，欧委会提出了欧盟下一个多年度金融框架提案，其中包括投资促进措施。欧委会提出建立新的对外投资框架，扩大全球覆盖范围。欧盟将鼓励公共和私营融资、赠款和信贷。新框架一旦通过，将促进对欧亚可持续联通的进一步投资。拟扩大的欧盟科研预算将有助于向更可持续的欧亚联通形式过渡。

欧盟应加强与欧盟成员国公共和私营金融机构更密切的合作和协调。为促进金融领域的可持续发展，欧盟和欧洲信贷机构还应根据"可持续增长行动计划"加强与第三国公共和私营金融机构的对话。"行动计划"提出了国际论坛讨论蓝图，计划建立更可持续的金融管理体系。欧委会鼓励在欧洲银行、公共银行和其他非欧盟成员国银行间开展可持续金融合作和最佳实践交流，并支持企业采用联通项目融资的国际标准。

二、国际金融合作伙伴关系

国际金融机构和多边开发银行是全球融资体系的核心组成部分。作为欧盟银行投资合作伙伴的欧洲投资银行和欧洲复兴开发银行都在扩大贷款力度，为国际合作提供新的融资途径。国际货币基金组织和世界银行是加强信贷可持续性和联通的重要合作伙伴。欧盟还将深化与亚洲开发银行和亚洲基础设施投资银行的合作，同时确保在这些合作中充分发展欧盟的优先事项。多边开发银行的资金支持对于实施 G20 提出的《推进基础设施作为独立资产类别路线图》至关重要，而且基础设施管理平台的更广泛使用将有助于改善项目的实施。此外，欧盟还应加强多边开发银行内欧盟成员国的协调一致。

三、公平的商业竞争环境

促进欧亚联通的先决条件是市场准入和外商直接投资能拥有公平的竞争环境——公共采购的公平性和透明度以及非歧视性市场惯例。因此，必须建立强有力而稳定的宏观经济和财政框架，健全的部门政策和良好的变革、全面的年度和中期财政及预算框架以及健全的公共财政管理系统。欧盟将继续支持可确保公平竞争环境的举措。更广泛地加入世界贸易组织的《政府采购协议》将是未来迈出的重要步骤。欧委会关于国际采购文书的提案通过后将鼓励合作伙伴的加入并更加关注市场准入承诺。欧盟应继续鼓励合作伙伴在公共采购程序中采用质量标准和周期成本。要实现公平竞争还需要提高出口信贷体系的透明度，消除歧视性做法，确保各国出口商之间的公平竞争环境。

欧盟将努力加强在亚洲的经济外交，支持适合欧亚商业活动的合作平台，重点关注中小企业发展，并建立欧亚联通商务咨询组。欧盟应继续推广其欧洲投资项目门户网，以便让所有感兴趣的投资者都了解欧盟的投资机会。

欧委会应采取的主要行动包括：遵照国际标准和公平竞争的要求，欧洲公共银行(欧洲投资银行、欧洲复兴开发银行和成员国的国家银行和机构)和国际金融机构参与投资基础设施和信贷担保，以便促进欧亚联通领域投资；加强欧盟与亚洲开发银行和亚洲基础设施投资银行的投资合作；建立欧亚联通商务咨询组；提高欧亚基础设施公共采购程序的透明度，更广泛地加入世界贸易组织《政府采购协议》，并支持建立专门的公共采购网。

第四十章　共同建设强大的蓝色太平洋报告

　　2018年9月，太平洋区域组织理事会发布题为《共同建设强大的蓝色太平洋》的年度报告（以下简称"报告"）。报告指出，太平洋区域组织理事会下属各机构始终积极履行太平洋岛国论坛领导人作出的决议和承诺，并支持实现《太平洋区域主义框架》的愿景和目标。为提升太平洋地区整体实力和行动力，"蓝色太平洋"倡议已应用于诸多政策文件、函电和国际协议中。2017—2018年，太平洋区域组织理事会围绕气候变化、渔业、海洋可持续管理与养护、太平洋可持续发展路线图、区域安全、区域治理与资金管理等多个优先事项提出了工作方案，并取得一系列重大进展和成果。

第一节　成立与发展

　　1988年，太平洋岛国论坛领导人首次批准在太平洋设立区域组织综合委员会。1989年，在该委员会成立大会上，时任斐济妇女事务部部长艾迪·塔巴柯克罗强调区域组织之间团结一致的重要性，并指出"通过委员会的积极引导，加强对各方的协调统筹，合理开发和利用资源，实现利益最大化，以造福区域人民"。

　　近年来，在《太平洋区域组织框架》和"蓝色太平洋"倡议的推动下，太平洋集体行动已经呈现出新气象。在这种情况下，更有助于太平洋岛国认识和预测太平洋区域的战略价值，也为太平洋区域组织理事会携手努力，实现框架的愿景和目标提供了新的发展动力。

　　2018年，太平洋区域组织理事会在寻求强化区域内部凝聚力的同时，还竭力践行着太平洋岛国论坛领导人所强调的各类事项，包括积极应对气候变化、推动渔业发展、加强海洋管理和维护区域安全等。报告有助于太平洋岛国领导人快速掌握太平洋区域组织理事会在过去一年的工作进展，也为2018年9月4日举行的年度对话会奠定基础。

　　在过去的一年里，虽然太平洋区域组织理事会已采取积极措施以加强下属机构的集体行动，但仍有进一步提升的空间。太平洋区域组织理事会各机构将继续加强合作，确保在未来 30 年能够为"蓝色太平洋"的构建贡献力量。

第二节　机构设置

一、太平洋航空安全组织

太平洋航空安全组织主要负责监督太平洋岛国航空安全和秩序，并旨在从专业技术监管层面为成员提供航空监管服务，确保以总成本低于成员单独资助航空监管的成本，营造安全可靠的航空环境。太平洋航空安全组织于 2005 年成立，总部设在瓦努阿图维拉港，目前吸纳了 13 个太平洋政府成员和 4 个准成员。

二、太平洋共同体

太平洋共同体是太平洋区域最重要、最大的科技组织，由 26 个国家和地区的成员组成。通过高效创新地运用科技知识以及深刻理解太平洋岛屿文化，太平洋共同体一直在为区域内人民的福祉而积极奋斗。太平洋共同体主要关注重大跨领域问题，如气候变化、灾害风险管控、粮食安全、性别平等、人权、非传染性疾病以及青年就业等。太平洋共同体通过充分利用周边区域和国际的技术优势和能力，支持南太平洋区域的建设，并努力实现各个国家和地区之间专业知识与技能的共享。

三、太平洋岛国论坛渔业局

太平洋岛国论坛渔业局致力于增强各国国力、强化区域团结，以实现对区域金枪鱼渔业资源的有效管控和可持续开发。太平洋岛国论坛渔业局总部设在所罗门群岛霍尼亚拉，通过中西太平洋渔业委员会等下设机构，为太平洋岛国政府可持续管理渔业资源提供专业知识、技术援助以及其他智力支持。

四、太平洋电能协会

太平洋电能协会由多个南太岛国的电力部门、电力组织以及有意参与太平洋岛国电力行业发展和运营的个人组成。太平洋电能协会旨在为电力行业发展者构建一个以"合作关系"为基础的发展环境，从而促进电力行业的大力发展，并强化电力行业在太平洋岛国的作用。太平洋电能协会于1992年成立，总部设在斐济苏瓦。目前共有25个电力公司成员，在22个太平洋岛国开展电力运营工作。

五、太平洋区域环境规划署

为养护和改善太平洋区域环境，促进环境资源的可持续发展，太平洋区域环境规划署积极推动着太平洋国家的广泛合作。太平洋区域环境规划署总部设在萨摩亚，共有26个成员。根据《太平洋区域环境规划署战略规划（2017—2026）》的相关内容，太平洋区域环境规划署的工作重心将放在应对气候变化和海洋治理两方面，其他重点领域还包括：岛屿和海洋生态系统养护、环境监测与治理、废弃物管理和污染控制等。太平洋区域环境规划署不仅是"适应性基金和绿色气候基金"的认证机构，也是日本国际协力机构所资助"太平洋气候变化中心"的所在地。

六、南太平洋旅游组织

作为代表太平洋岛屿地区旅游业的授权组织，南太平洋旅游组织共有18个政府成员和200个私人成员。该组织一直致力于改善太平洋岛屿的海空通道、强化"南太平洋"的旅游品牌知名度、支持政府和各私营部门采取措施，以提升旅游业可持续发展的能力。南太平洋旅游组织的关键职能包括战略管理、对外宣传、内部沟通、伙伴关系发展、治理和报告等。

七、南太平洋大学

南太平洋大学作为一种多模式管理的教学机构，可以为太平洋岛国生源提供创新且兼具成本效益的教育培训。南太平洋大学由12个太平洋岛国的政府共同管理，下设14个校区和11个研究中心。南太平洋大学依据其章程，提供各级教育培训，包括农业、计算机研究、经济学、法律、环境、科学、气候变化、会计、管理和师资培育等学科，以提升各学科的区域竞争力。南太平洋大学旨在通过搭建战略合伙关系全力提升其科研能力。

八、太平洋岛屿发展署

东西方研究中心下属的太平洋岛屿发展署为提高太平洋岛国人民的生活质量，组织了一系列的活动。太平洋岛屿发展署总部位于夏威夷，其成立宗旨是旨在帮助太平洋岛国领导人实现社会公平和经济发展。自1980年以来，太平洋岛屿发展署一直以论坛的形式统筹协调太平洋岛国领导人与意向国、捐助者、非政府组织以及私营部门相关人员共同探讨区域发展问题。

第三节 成果速览

一、落实领导人决议

在"蓝色太平洋"倡议的引领下，太平洋区域组织理事会各机构携手共进，积极践行太平洋岛国领导人在气候变化、渔业、海洋可持续管理与养护、太平洋可持续发展路线图、区域安全、区域治理与资金管理等方面作出的各项决议。

二、提供政策与技术建议

太平洋区域组织理事会不仅为区域主义专家小组委员会提供了政策和技术建议，还积极支持关键区域政策文件的落实，并出台了《太平洋区域教育框架》等新政策。

三、推进国际倡议与接触

太平洋区域组织理事会积极为成员参与国际论坛和多边磋商提供智力支持，其中包括第三届韩国-太平洋岛国外长会议、第八届日本-太平洋岛国首脑峰会、《联合国气候变化框架公约》第23次缔约方会议。

四、协调机构间合作

太平洋区域组织理事会谋求加强各机构之间的协调合作，组织了太平洋区域组织理事会负责人季度会议、太平洋区域组织理事会负责人和太平洋区域组织理事会主席年度会议等。此外，为推动各机构负责人决议的落实，太平洋区域组织理事会还专门设立了代表小组与技术工作小组，以协同成员开展各项工作。

第四节 优先事项

一、气候变化与弹性

2017 年领导人决议指出，太平洋岛国领导人为确保有效落实《太平洋弹性发展框架》，已在太平洋区域组织理事会的协助下建立了"太平洋弹性合作伙伴关系"。太平洋岛国领导人呼吁，为展示《巴黎协定》签署以来所取得的成果，太平洋岛国论坛应与各成员协调合作，完成太平洋区域组织理事会所筹备的各项工作。

（一）推动落实《太平洋弹性发展框架》

通过制定《太平洋弹性发展框架》，太平洋地区在应对气候变化和灾后重建能力等政策制定上一直处于全球领先地位。为继续推动框架的落实，太平洋区域环境规划署、太平洋岛国论坛、太平洋共同体于 2018 年 1 月共同成立了"太平洋弹性合作伙伴关系专家组"。

专家组成员通过与来自太平洋国家和地区、民间团体、私营部门、区域组织和发展伙伴的 15 名代表进行深入交流，切实了解到利益相关者的现实需求，并有针对性地提出了科学有效的建议。同时，专家组负责人规定了该小组的工作范围和初步工作重点，包括为遵守《太平洋弹性发展框架》原则而制定的相关标准、沟通方式和参与战略等。

同时，为解决政策适用性以及资源短缺的问题，太平洋岛国论坛秘书处已根据《巴黎协定》的有关规定制定了《太平洋弹性发展框架》，并将与太平洋区域组织理事会和其他利益相关方共享此成果。

（二）建立太平洋弹性机制

太平洋弹性机制通过建立便利的融资渠道，以减少气候变化、自然灾害对成员、企业及社区造成的财产损失。该机制于 2018 年 4 月正式得到成员经济部长的批准。在太平洋区域组织理事会技术工作组的指导下，相关的技术规程和运营设计已有了大致的雏形，并准备交与太平洋岛国领导人进行审议。

同时，在《联合国气候变化框架公约》第 23 次缔约方会议召开期间，太平洋区域组织理事会各机构为成员提供了广泛的政策建议和技术支撑，为成员广泛参与国际会议做出了重大贡献。太平洋区域组织理事会还继续为成员参与《联合国气候变化框架公约》第 24 次缔约方会议做好准备工作。

二、渔业

2017 年领导人决议指出，太平洋岛国领导人业已确认在此区域内提升经济收益、确保渔业的可持续发展极为重要，并提出了包括延绳钓渔业管理改革、提高就业价值、保障劳动力管理水平、促进投资贸易等多项建议。太平洋岛国领导人已认识到，有必要强化对沿海渔业管理的支持力度，以保障渔业资源的充足稳定，这项工作也将是其中一个重要的环节。

（一）提高渔业的可持续经济效益

太平洋岛国论坛渔业局、太平洋岛国论坛秘书处、太平洋共同体共同组建了有关专家组，以深入推动落实《区域渔业路径图》，并努力提升渔业经济的可持续发展。

太平洋岛国论坛渔业局与太平洋区域组织理事会各机构共同推行以下举措，包括：延绳钓渔业管理改革，为提升就业价值而采纳的区域建议、标准制定与培训，确保劳动力水平高效稳定的举措，改善渔业投资环境和市场准入的支持、建议和国际谈判。

此外，太平洋岛国论坛渔业局还通过领导人峰会等机制加强与欧盟和日本的合作，并通过中西太平洋渔业委员会与太平洋区域组织理事会各机构开展合作，力求实现区域渔业的持续发展。

中西太平洋渔业委员会制定的"热带金枪鱼管理措施"明确规定了各国对公海的管理程序。同时，修订后的"金枪鱼规划报告"将于 2019 年开始编制。通过对太平洋岛国论坛对话伙伴国的政策和法规进行评估，从而加强对外宣传与国际参与力度。

虽然太平洋岛国论坛渔业局已经在落实渔业专家组工作计划和各项指

标方面取得了稳定进展,但专家组成员认为要实现区域渔业的长效发展仍需要更为健全的改革方案。为此,渔业专家组已经向参加第49届太平洋岛国论坛的太平洋岛国领导人提交了中期报告,阐明了先前取得的各项进展以及未来工作的重点区域。

(二)加强沿海渔业管理

太平洋共同体致力于通过召开区域沿海渔业技术会议,加强各成员对沿海渔业的管理力度,并在此基础上推动《沿海渔业战略新举措》的落实。

三、海洋可持续管理与养护

2017年领导人决议指出,太平洋岛国领导人呼吁联合国应就国家管辖海域外生物多样性养护与可持续利用协定开展磋商,并建立相关的区域性联合工作组,商讨气候变化、海平面上升带来的一系列问题;同时,各国政府还应致力于加快相关政策的出台,禁止使用一次性塑料袋和泡沫聚苯乙烯包装材料。

(一)强化海洋治理和管理

太平洋区域环境规划署、太平洋共同体、太平洋岛国论坛秘书处和太平洋岛国论坛渔业局应充分利用海洋理事委员会的现有资源和条件,积极践行太平洋岛国论坛领导人提出的关于加强海洋治理、海洋可持续管理与养护的各项决议。在联合国海洋大会召开期间,太平洋区域组织理事会积极为各成员提供政策建议和技术支持,并呼吁各成员加强海洋管理和养护。

太平洋共同体和太平洋岛国论坛渔业局一直致力于推动"太平洋岛国区域海上边界项目"的建立,以帮助太平洋岛国划定、公布、宣示海上边界主张,同时,针对各国管辖水域发生重叠的情况,太平洋区域组织理事会应协助其制定相关的技术解决方案,并促成有关国家签订海上划界条约。

此前,南太平洋区域共有48个海上边界争议区,通过太平洋区域组织理事会的积极工作,目前已有35个争议区得到了解决。在未来解决余下边界争端问题的过程中,政治意愿和领导力仍将是最大的驱动力。

太平洋区域组织理事会各机构一直在积极筹备，谋求为太平洋岛国从事国家管辖海域外生物多样性养护与可持续利用协定谈判提供智力支持。此谈判定于2018年9月开始执行，主要包括太平洋区域组织理事会各机构与关键利益相关方的接洽，并参与在纽约举办的相关研讨会。在太平洋海洋委员办公室、太平洋区域组织理事会以及其他太平洋区域组织的支持与合作下，国家管辖海域外生物多样性养护与可持续利用协定成为2019年太平洋岛国论坛集体倡议和参与的重点事项。

(二)治理海洋污染

太平洋区域环境规划署一直致力于倡导"遏制海洋垃圾"政策的出台，并呼吁禁止使用一次性塑料袋，其中包括制订"太平洋海洋垃圾行动计划"，并按要求为太平洋岛国提供技术援助，协助举办亚太经济合作组织"绿色供应链"合作、"零塑料化"合作等活动。

太平洋区域组织理事会负责人已经认识到有望采取强有力的协同方法以增强海洋管理和养护，并进一步促进《太平洋大洋景观框架》、海洋和其他相关部门的"可持续发展目标14"、区域政策和计划的推进。

四、太平洋可持续发展路线图

2017年领导人决议指出，为了积极履行对全球的承诺，太平洋岛国领导人在签订《太平洋可持续发展路线图》时，重点强调了《太平洋区域主义框架》的核心地位。太平洋岛国论坛领导人已经达成一致，对"太平洋岛国领导人关于性别平等的宣言"的进度报告进行审议，并最终纳入《太平洋可持续发展报告》。

(一)推动落实《太平洋可持续发展路线图》

太平洋岛国论坛秘书处、太平洋共同体、太平洋岛国论坛渔业局、太平洋区域环境规划署和南太平洋大学一直致力于积极的协作，并通过可持续发展工作组的相关安排，努力践行太平洋岛国领导人关于可持续发展的各项决议。

(二)自愿接受国家级审查

对于太平洋岛国自愿接受可持续发展目标的国家级审查工作，太平洋区域组织理事会各机构均表示积极欢迎。共有 8 个太平洋岛国表示将在 2019 年自愿接受国家级审查，太平洋区域组织理事会各机构将积极为此进程提供技术支持。

（三）起草《太平洋可持续发展报告》

在太平洋区域组织理事会各机构的支持下，第一版《太平洋可持续发展报告》已正式起草。《太平洋可持续发展报告》介绍了各太平洋岛国在落实《2030 年可持续发展议程》和《太平洋可持续发展路线图》工作中所面临的挑战，并对太平洋区域的简要情况进行了罗列。在 2018 年联合国大会上，太平洋区域组织理事会将正式发布这一报告。在此报告的推动下，各太平洋岛国将进一步推动区域发展进程。

（四）落实"太平洋岛国领导人关于性别平等的宣言"

2017 年 10 月，在太平洋共同体的努力支持下，第 13 届太平洋妇女会议和第 6 届妇女事务部长会议顺利召开，太平洋岛国领导人、太平洋区域组织理事会各机构负责人及利益相关方举行了会谈，探讨有关工作所取得的进展，并为实现区域性别平等而制定了多项措施。在随后制定的《促进性别平等和妇女人权太平洋行动纲要（2018—2030）》中，太平洋岛国领导人提出了各项战略目标，以促进"太平洋岛国领导人关于性别平等的宣言"的最终落实。

2018 年 3 月，在第 62 届妇女地位委员会会议上，太平洋区域组织理事会各机构支持太平洋岛国论坛成员就推动"太平洋岛国领导人关于性别平等的宣言"关键事项进行磋商，并着重就妇女和女童的人身权益问题开展了对话。太平洋岛国论坛领导人呼吁对"太平洋岛国领导人关于性别平等的宣言"的相关报告进行审议，并最终纳入《太平洋可持续发展报告》。

五、区域安全

2017 年领导人决议指出，在第 48 届太平洋岛国论坛上，太平洋岛国领导人同意以《比克塔瓦宣言》及其他安全宣言为基础，结合当前区域安全问题，重新制定区域安全宣言。太平洋岛国领导人重申，太平洋区域组织理事会各机构应向马绍尔群岛共和国提供必要援助，共同应对核试验所带来的持续影响。

（一）重新制定区域安全宣言

太平洋岛国论坛秘书处通过提交正式文件、组织研讨会、积极协调各机构活动等形式，极大地推动了区域安全宣言的重新制定。新版区域安全宣言结合当前区域发展面临的潜在安全风险，积极拓宽现有安全框架，并将安全概念拓展至人身安全、环境安全、增强抵御灾害和应对气候变化的能力等。

（二）应对核试验带来的持续影响

2018年，太平洋区域组织理事会各机构通过参与马绍尔群岛国家核能委员会的有关工作，共同应对历史上美国在马绍尔群岛开展核试验所带来的持续影响。此项工作包括与美国总统进行政治交涉、举办马绍尔群岛国家核受害者纪念日、为马绍尔群岛寻求医疗技术援助。

六、区域治理与资金管理

2017年领导人决议指出，太平洋岛国领导人呼吁太平洋区域组织理事会各机构要保障所有会议及相关议程的合理化，并通过机构之间的紧密合作，为区域治理及资金决策的出台建言献策，并随时将进展情况向太平洋岛国领导人进行汇报。

（一）强化区域治理和资金管理

太平洋区域组织理事会各机构积极编制《区域治理与资金管理分析》报告，并于2017年交由太平洋岛国领导人审议。2018年，为了落实太平洋岛国领导人的有关决议，太平洋岛国论坛秘书处制订了《区域治理和资金管理实施计划》，积极推动政府的整体参与，并加强太平洋区域组织理事会的凝聚力和协调力，共同促进合作伙伴的协调发展。

（二）太平洋区域组织理事会的凝聚力与协调力

太平洋区域组织理事会各机构已积极落实新机制，加强太平洋区域组织理事会的凝聚力和协调力。并在此基础上，开展以下工作：召开太平洋区域组织理事会负责人和理事会主席年度大会；在领导人会议召开之后，召开太平洋区域组织理事会负责人会议，制定太平洋区域组织理事会年度战略工作议程；成立太平洋区域组织理事会代表小组；太平洋岛国论坛秘书处参与太平洋区域组织理事会会议，以进一步支持太平洋区域组织理事会的凝聚力和协调力的强化。

（三）加强发展伙伴之间的关系

第1届区域发展伙伴圆桌会议于2018年4月在帕劳举行，此次会议聚焦太平洋弹性议程的区域发展合作。第2届区域发展伙伴圆桌会议于2019年召开，会议主题侧重于推动区域内部资金的流动。

第五节　未来展望

2018年是太平洋区域组织理事会取得重大成就的一年。通过太平洋区域组织理事会领导层的建设性对话以及管理层的积极参与，各方积极履行《太平洋区域主义框架》和太平洋岛国论坛领导人的各项决议。

各方已认识到在确保资源利用最大化、最优化的同时，仍需重点关注太平洋区域组织理事会的工作，以确保政策建议及技术实施的积极有效，从而推动区域主义重点事项的发展。

2019年，太平洋区域组织理事会的重点工作包括：加强太平洋区域组织理事会负责人和理事会主席之间的合作；制定太平洋区域组织理事会工作议程，明确太平洋区域组织理事会各机构在履行领导决议方面发挥的作用、采取的手段、所需的资源以及相关沟通计划的落实。

太平洋区域组织理事会各机构期待各成员提供宝贵的意见，以进一步强化太平洋区域组织理事会的凝聚力和协调力，并确保各成员所属的区域机构能够携手共建强大的"蓝色太平洋"。

第四十一章 太平洋地区海洋垃圾
行动计划(2018—2025)

2018 年 4 月,太平洋区域环境规划署发布《太平洋地区海洋垃圾行动计划(2018—2025)》(以下简称"《计划》"),以寻求减少太平洋地区的海洋垃圾。《计划》制定了多项关于清理太平洋地区海洋垃圾的政策和规章制度,并为解决渔业、船舶运输业等重点领域的海洋垃圾问题提出一系列实施方案。《计划》还确定了资金来源、进展跟踪和评估审查等多个重点事项,并呼吁域内国家在《清洁太平洋 2025 战略》的指导下,强化对海洋垃圾源头的管控,从而逐步恢复清洁的海洋环境。

第一节 《计划》发布的背景

一、海洋垃圾成为全球性问题

海洋垃圾是指任何故意丢弃或无意中被风吹入或海浪卷入海洋中的固体材料,包括一切耐久、制造或加工而成的材料,主要有塑料、钢铁、木制品、橡胶、玻璃和纸张等。其中,塑料垃圾最为普遍,占据沙滩和海岸垃圾总量的 90% 以上。大多数塑料垃圾会在海洋中永久存在,并在光照下被降解成许多更小的微粒,释放或积累毒素,加剧海洋污染。这些小微粒被称为微塑料。海洋垃圾直接破坏海洋生物的生存环境,间接危害人类健康,还破坏沙滩、海岸、珊瑚和河口的景致。

二、太平洋地区具有特殊性

太平洋是世界上最大的一片海域,其域内 500 座岛屿上零星居住着 1000 万人口。太平洋岛国人民世代居住于此,有责任对这片海域进行有效管理。同时,太平洋岛国和领地所管辖的专属经济区面积超过 3000 万平方千米,海洋是当地居民获得食物来源和发展经济的重要依托。

但偏僻的地理位置也让太平洋岛国的海洋垃圾治理面临着诸多挑战。事实上，几乎所有商品都需要通过航运或空运的方式才能到达15个太平洋岛国和领地。因此，太平洋岛国有责任针对海洋垃圾治理制定政策、多边协议和行为守则，共同抵制塑料垃圾污染，并防止有害物质进入太平洋；共同提倡重复使用、再循环塑料制品，减少垃圾废物数量，并宣扬循环经济和完善的废物管理规范。当然，仅凭太平洋岛国的经济发展水平，无法对因进口而产生的废物进行筹款、控制和管理，应依赖于国际社会的通力协作。

根据太平洋区域基础设施城市部门工作小组提供的数据显示，每年有超过470万~500万吨的材料被运至太平洋地区，以汽车、汽油、纸张（纸板）和聚酯集装箱为主。但仅有100万吨的材料最终进行了回收处理，以二手车辆、食用油、聚酯集装箱和废铁为主。这些数据虽然是推算而来，但足以反映出问题的严峻性，即太平洋地区的垃圾正逐年增多。

由于建设废物转运站、废物处理厂的地块极其有限，加之配套基础设施的严重稀缺，因此废物的回收利用和重复使用也成为一大难题。尽管此问题亟待解决，但暂不列入《计划》所讨论的范围。出于重复使用、循环利用和合理处置之目的，将超过保存期的材料和货物重新运回它们的原产国或其他目的地。但事实证明，这种方式严重缺乏市场吸引力。

太平洋地区的海洋垃圾问题应当从以下两个方面进行分析，即太平洋地区环境的遗留问题以及太平洋在未来问题解决中的定位。尽管太平洋岛国的研究人员在海洋垃圾的研究中投入了大量科研精力，但是密克罗尼西亚、美拉尼西亚和波利尼西亚3个地区的垃圾量化数据仍较为稀缺，先前所取得的大量数据均来自太平洋的沿岸地区，如澳大利亚、新西兰和智利等。其中，在地处副热带环流系的北太平洋地区，海洋垃圾密度最大的当属日本海滩地区，每平方米的废弃物超过44 500件，主要是以泡沫塑料碎片为主。

在南太平洋的奥克兰海滨地区，即便是在20世纪70年代，也可以在距离1米的范围内发现超过10万个塑料颗粒。同期，在太平洋西南地区岛屿上进行的研究也发现了大量的颗粒。在汤加地区，每平方米的塑料颗粒超过1000个；而在库克群岛的拉罗汤加地区，每平方米的塑料颗粒也超过了500个。在地处副热带环流系的南太平洋地区，复活节岛的海岸上发现了大量的塑料颗粒，每平方米的塑料颗粒约有 800 个。被列入世界遗产名录的亨德森岛位于距离南美洲不远的皮特凯恩群岛中，在其狭窄的海滩上散落着约 3770 万件废弃物。该地也因此被称为"世界上塑料垃圾最密集的地区"。

在海底区域，海洋垃圾的分布密度更是极高。2010 年的研究显示，在马朱罗环礁的一片占地为 3300 平方米的浅湖内发现了 700 多件大分子废弃垃圾，每平方千米的塑料颗粒约为 23.4 万个。在一片占地约为 3900 平方米的裸露礁石滩上发现了 780 多件废弃垃圾，每平方千米的塑料颗粒约为 20 万个。而太平洋区域环境署目前对海床废弃物的情况仍不了解。

第二节　《计划》制定的政策和规章制度

一、明确航运的相关事项

在《联合国海洋法公约》框架下，有两份在国际上合法有效的公约，涉及禁止从船舶上倾倒垃圾的海洋环境保护措施，分别是《国际防止船舶造成污染公约》以及《1972 年防止倾倒废物和其他物质污染海洋的公约》。《1972 年防止倾倒废物和其他物质污染海洋的公约》自 1975 年生效，《国际防止船舶造成污染公约》附件五自 1988 年生效，明确禁止在海上丢弃任何塑料。另外，于 2012 年通过的《开普敦协定》也为长度超过 24 米的渔船制定了标准。

二、建立陆源海洋污染的政策规章制度

联合国环境规划署秘书处于 1995 年召开一次政府间会议，108 个国家通过《全球行动纲领》，旨在杜绝陆源污染以期保护海洋环境。《华盛顿声明》(1995 年)根据《蒙特利尔议定书》(2001 年)、《北京宣言》(2006 年)以及《马尼拉宣言》(2012 年)进行更新，旨在控制陆源海洋污染。

三、确定太平洋地区《努美阿公约》的具体细则

为改善太平洋地区的海洋环境质量，太平洋岛国于 1986 年通过《努美阿公约》和《南太平洋防止倾倒废物污染议定书》。《努美阿公约》和《南太

平洋防止倾倒废物污染议定书》于 1990 年正式生效，旨在解决多项环境污染问题，包括船舶污染、垃圾倾倒、陆源污染、海床勘探开发、气体排放、有毒废物存储、核设备试验、采矿和海岸侵蚀等。2001—2004 年，太平洋区域环境规划署参与的活动均以"管理南太平洋地区环境的行动方案"为指导。自 2004 年起，《努美阿公约》的工作任务纳入各类框架、战略和行动计划中。"太平洋污染防护计划战略（2015—2020）"由太平洋区域环境规划署和国际海事组织共同制定，并于 2015 年通过，首要解决的海洋污染类型是船舶垃圾。

四、明确渔业垃圾的相关事项

在应用、监测和执行《海洋污染防护管理措施（2017—04）》时，提供资金与技术支持。若太平洋岛国更新现有捕捞许可证或制定新许可证，太平洋区域环境规划署应予以必要援助。考虑到太平洋地区更新捕捞许可证或制定新许可证至少需要 10 年，因此，在时间安排上选择逐步施行。

五、明确邮轮垃圾的相关事项

认可《国际防止船舶造成污染公约》与相关协议，协助制定"交叉合规条款草案"并施行。这项任务最好在更新太平洋邮轮公司经营许可证和制定新许可证之前完成。从本质上看，这不仅扩大了现有企业的社会责任，而且可作为企业推广和认证系统的一部分。考虑到太平洋地区更新经营许可证或制定新许可证至少需要 10 年，因此，在时间安排上选择逐步施行。

六、明确跨界垃圾的相关事项

《海洋污染防护管理措施（2017—04）》将于 2019 年 1 月 1 日起实施，一旦生效，即在所有国外渔船范围内执行并进行监控，进而显著降低所有国家渔船产生的海洋污染。目前，明确限定其他关键跨界污染源并非易事。因此，由环境、渔业和水产养殖科学中心倡议的项目应协助确定任何其他需要管理和执法的重要跨界污染源。

七、确定对外带食品和饮料包装袋处理的实施细则

以马绍尔群岛为例，基于成员国现行的包装物押金计划，协助制定并

实施草案条款。提供循环和可生物降解的选择方案。回归传统食物储运习惯和方式，包括采用由美拉尼西亚天然纤维制成的手工编织袋以及波利尼西亚的椰子篮。

八、明确对塑料和其他常见废料的具体事项

太平洋岛国应建立垃圾回收体系，构建循环经济，并在大规模资金项目上拓展生产者责任，如大型家用电器、车辆和电子消费项目。《计划》仅关注海洋污染问题，垃圾回收这类宽泛的问题已经超越其范畴，应纳入《清洁太平洋 2025 战略》。

九、确定社区意识和行动的实施细则

利用现代传媒手段，在 YouTube 视频网站上传行动和年度比赛的视频；更新网络，并附带相关比赛的链接；培养小学生的环境保护意识，可与健康类活动相结合；在城市下水道的钢板上喷漆："减少垃圾，保障鱼类健康与食物安全"；教堂和其他社区领导小组发起清洁和维护周边沙滩的活动；号召太平洋岛国通过橄榄球、棒球、篮球、皮划艇等方式宣传海洋环境保护；鼓励主要进口企业、生产商以及非政府组织协助募集资金。

十、确定游客意识和行动的实施细则

在每艘邮轮"欢迎登船"提示牌和安全提醒视频中宣传垃圾管理和禁止向船外抛物的道德意识；在观光胜地的引导视频中宣传垃圾管理和废物收集的社会意识；通过"生态旅游认证计划"，增强邮轮和度假村员工的环保意识；鼓励度假村经营者在新印刷的宣传册和网站上提供简单的电子版图示，以达到宣传控制垃圾的目的。

十一、明确旅游企业垃圾的具体事项

目前，许多旅游度假村具备完善的垃圾管理系统，因此，在太平洋度假村更新准入许可证或批准新开发项目时，协助制定"交叉合规条款草案"并施行。这不仅加大了邮轮公司的社会责任，而且可作为企业推广和认证系统的一部分。

十二、明确灾害垃圾的具体事项

应对自然灾害需要在极短时间内快速协调相关活动，因此，太平洋区域环境规划署要提前做好计划，并在需要时随时启动智能废物管理系统。联合澳大利亚、新西兰、法国和美国的国防部门，制定并实施垃圾管理与灾害恢复任务的标准化操作流程；在此基础上，为太平洋岛国应急服务制定规程；培训太平洋岛国的工作人员，当灾害发生时，废物管理专家和联络团队可以紧急响应。

十三、明确拦截水运垃圾的具体事项

尽管太平洋岛国已建立中转站和填埋场等完善的废物管理系统，水运垃圾还是有可能出现在其主要城市的中心地区。建议投资相关基础设施，以便将垃圾集中在城市的特定区域，资本投资项目应遵循以下选择标准：①垃圾收集的资本投资选择标准为主要城市的中心地区、有完善垃圾填埋设备的城市、主要排水道区域等；②河口和港湾内浮动挡栅的资本投资选择标准为城市使用率较高的港湾和河口、有完善垃圾填埋设备的城市等。同时，还有一些小型工程，如改进城市雨水排放设施的隔栅设计作为"小型垃圾存储室"以拦截更多垃圾。

十四、明确沿海清洁工程的具体事项

在 YouTube 视频网站上传沙滩和岛屿清洁比赛的视频；去偏远岛屿清理沙滩，进行生态旅游冒险；赞助专用驳船和当地船舶集中和转运垃圾的活动。随着垃圾收集、填埋和中转系统的成熟以及公众行为的改变，可以适度降低这一事项的重要程度，2025 年的审查将对此进行重新评估。

第三节 《计划》的注资与进展跟踪

一、《计划》的资金启动

《计划》的执行资金将主要来源于国际性投资项目，太平洋岛国也投入相应资金。所有活动都在《清洁太平洋 2025 战略》的指导框架下进行。表

41.1 通过实例说明一些国际投资项目如何在促进《计划》实施中发挥作用。

表 41.1　国际投资项目及实施效果

国际投资项目	实施年份 （2016—2025）	焦点	效果
日本促进太平洋岛国固体垃圾管理区域计划技术合作项目第二阶段	2017—2021	陆地垃圾管理	
欧洲发展基金第二阶段	2018—2023	垃圾填埋场和循环设备	减少了海岸和海洋由风吹水运来的垃圾
法国发展署	2019—2021	解决 7 个废物流，即电子垃圾、石棉、医疗废物、残留固体废物、灾害垃圾、有机废物以及这些废物流产生的废水	通过改善垃圾收集和处理设备以及改进废物源和解决方案的量化，减少陆地废物源
英国环境、渔业和水产养殖科学中心	2018—2020	聚焦 3 个关键废物流，即海洋塑料垃圾以及实施全民科学最佳实践时产生的废油和灾害垃圾	从废物源和解决方案着手，进一步了解海洋塑料垃圾
国际海事组织	2018—2019		
全球环境基金第七增资期	2021—2025	基准信息：污染的源头、性质和影响	针对主要海洋污染源采取行动

二、《计划》的进展跟踪

　　《计划》的跟踪范围将包括规范、协议和《渔业保护和管理措施（2017—04）》等新协议的实施情况，其他活动与《清洁太平洋 2025 战略》的进程和跟踪安排相同。另外两种特定监测活动是海岸清洁工作和灾害垃圾。

表 41.2　跟踪海洋污染行动计划

跟踪活动	2020 年	2025 年
渔业垃圾	所有太平洋岛国和地区都采纳《海洋污染防护管理措施（2017—04）》，并取得初步进展	跟踪《措施》的采用程度、设计活动以进行监测或必要时强制施行

续表 41.2

跟踪活动	2020 年	2025 年
游轮垃圾	对于所有太平洋岛国和地区，确保将《国际防止船舶造成污染公约》条款、协议和规程作为更新及新出台的准入许可证的一部分	跟踪《国际防止船舶造成污染公约》的采用程度、设计活动以进行监测或必要时强制施行
跨界垃圾	所有太平洋岛国和地区都采纳《海洋污染防护管理措施（2017—04）》，并取得初步进展，环境、渔业和水产养殖科学中心提供其他关键源头信息	进行审查，如果其他关键源头确定为主要问题，则制定相应政策或监管性对策
外带食品和饮料的包装	根据马绍尔群岛倡议和现有包装物押金计划，制定多边环境协议	分析在所有太平洋岛国和地区间实施多边环境协议的进程
塑料（抵制、循环、回收）	实施部分《清洁太平洋 2025 战略》和指标，监督所有规定的和被纳入上层战略的活动	实施部分《清洁太平洋 2025 战略》和指标，监督所有规定的和被纳入上层战略的活动
公共意识	实施部分《清洁太平洋 2025 战略》	实施部分《清洁太平洋 2025 战略》和指标，监督所有规定的和被纳入上层战略的活动
游客意识	实施部分《清洁太平洋 2025 战略》和指标，监督所有规定的和被纳入上层战略的活动	实施部分《清洁太平洋 2025 战略》和指标，监督所有规定的和被纳入上层战略的活动
旅游企业垃圾	实施部分《清洁太平洋 2025 战略》和指标，监督所有规定的和被纳入上层战略的活动	实施部分《清洁太平洋 2025 战略》和指标，监督所有规定的和被纳入上层战略的活动
灾害垃圾	制定标准操作程序并施行，所有应急服务、主要自卫队和联络小组准备就位并进行培训	在紧急情况下，审查该标准操作程序并不断改进

续表 41.2

跟踪活动	2020 年	2025 年
拦截水运垃圾	实施部分《清洁太平洋 2025 战略》	实施部分《清洁太平洋 2025 战略》
海岸清洁活动	所有太平洋岛国和地区依据标准协议分析数据	审查所有太平洋岛国和地区提供的分析，进一步确认废物源并变更行动计划中的重要性占比

三、《计划》的评估与审查

基于人类对海洋垃圾的认知变化和海洋垃圾污染影响的转变，2025 年即将颁布的《太平洋海洋垃圾行动计划 II》将对《计划》的部分内容进行修订，其中包括：①在太平洋岛国持续开展公众意识宣传活动；②降低提升游客环保意识的需求，后续将无须采取进一步行动；③继续开展沿海清理工作，重点对更偏远的岛屿环境进行保护；④进一步制定关于外带食品和饮料包装袋处理的多边环境协议，并从总体上加强对塑料的管控行动；⑤根据《清洁太平洋 2025 战略》，太平洋岛国已建成一套完善的垃圾填埋设施，未来将扩大对拦截水运垃圾设施的投资力度；⑥有关捕捞、邮轮、旅游区和灾害管理的规范、协议和条约进入个案跟踪和执行阶段。

第四十二章 2018年AMAP评估：
北冰洋酸化报告

2018年10月，北极理事会北极监测与评估计划工作组（AMAP）发布《2018年AMAP评估：北冰洋酸化报告》（以下简称"报告"），对整个北极地区的海洋酸化状况进行评估。报告指出，北冰洋极易受到海洋酸化的影响，且不同区域的酸化程度不尽相同。北冰洋生态系统极可能因海洋酸化发生显著变化，并将对北冰洋生物造成直接或间接的影响。报告预测，北冰洋持续酸化将对未来几十年北极和全球的生态及社会经济产生重大影响。报告呼吁国际社会共同行动，减少人为碳排放并提高碳汇能力，缓解海洋酸化问题。

第一节 北冰洋酸化的最新进展

一、海相碳酸盐系统以及区域海洋和海盆的海洋酸化

(一)欧亚大陆架西部

1. 巴伦支海

巴伦支海的海洋酸化主要受入海径流变化的影响，此外，北部地区的碳循环及其引起的海洋酸化，还受到海冰面积、空气-海洋二氧化碳交换以及形成和融化等内部海冰过程的影响。在巴伦支海开阔海域，有机质生产和衰变在碳酸盐系统季节变化中起主导作用。

2. 斯瓦尔巴峡湾

斯瓦尔巴群岛深受冰川水径流季节性变化和年际变化的影响，冰川水径流对碳酸盐化学过程的影响不可小觑。在这一地区，pH值和Ω随着淡水增加而降低。此外，在受潮水冰川影响的斯瓦尔巴峡湾地区，由于基岩矿物质中含有其他碳酸盐离子(如石灰石、方解石和白云石)，冰川融水会

导致碱性增强，可能在一定程度上缓解海洋酸化。在淡水注入较多的年份，基岩产生的碳酸钙离子影响更大，尤其在峡湾内部，导致总体碱性增强。

3. 斯瓦尔巴群岛北部：南森海盆和大陆架坡

斯瓦尔巴群岛北部和南森海盆区域显示，1月至6月，海冰下表层水的碳酸盐化学季节变化强劲。在冬季，海冰冰层占主导地位，但大型风暴形成的冰层开口可以促进海洋吸收二氧化碳。

4. 喀拉海、拉普捷夫海和东西伯利亚海

涌入巴伦支海的洋流以及西斯匹次卑尔根延伸区域洋流的东风气流携带大量海水流入喀拉海和拉普捷夫海。在夏季，入海径流和有机碳产生不同程度的影响，从巴伦支海到拉普捷夫海，二氧化碳浓度逐渐增加。

东西伯利亚北极大陆架广袤无垠，主要由拉普捷夫海、东西伯利亚海和楚科奇海的俄罗斯部分组成，约占北极大陆架的25%，极易受到海洋酸化的影响。

东西伯利亚北极大陆架水体持续酸化，主要是陆源有机质降解和北极入海径流的注入，导致二氧化碳浓度升高，绝非缘于吸收大气二氧化碳。

随着河流净流量持续增加以及因气候变暖和多年冻土融化导致的溶解有机碳输出量增加，北极大陆架的陆源有机质再矿化将降低北冰洋吸收大气二氧化碳的能力，并增加海水酸化程度。

令人担忧的是，随着海洋变暖，甲烷气体泄漏可能加剧，或将迅速引起大规模海洋酸化。东西伯利亚北极大陆架是大气中甲烷的重要来源。目前，海底多年冻土极不稳定，长期存封在其内部和下方海床沉积物中的气态甲烷渗透率增加。

(二)阿拉斯加海域、白令海和楚科奇海

自《AMAP 海洋酸化评估报告(2013)》发布以来，数项全面性数据综合成果已公布，详细介绍了阿拉斯加沿海水域和太平洋北极地区的海洋酸化情况。通过现有趋势可以看出，这些区域的海洋酸化程度迅速加剧，包括海洋表层持续快速吸收大气二氧化碳以及碳酸盐矿物欠饱和度不断增加。

阿拉斯加海域易受海洋酸化的影响，主要是自然碳积累因子与人为二氧化碳日积月累的协同作用所致。但在白令海、楚科奇海以及波弗特海

中，Ω_{arg} 欠饱和度增加主要是由于人为二氧化碳的排放。其他一些影响高纬度地区的气候变化机制也可能影响海洋酸化。

(三)北冰洋中部

模型模拟结果显示，由于二氧化碳溶解量和淡水输入的增加，海冰覆盖面积随之减少，北冰洋中部的酸化程度加剧。

(四)加拿大海盆和波弗特大陆架

长时间序列数据证明，欠饱和水团已在垂直(更深)方向和水平(向北)方向朝高纬度扩展，一是由于人为二氧化碳排放，二是因为长期感温驱动的循环变化将更多经过处理的水从楚科奇大陆架输出。加拿大海盆和马卡罗夫海盆的表层水的20%左右都处于霰石欠饱和状态，且有大面积的海冰融化。

由于白令海和楚科奇海的初级生产率高以及有机质衰变，加之原有深海太平洋上升海水中的二氧化碳含量普遍较高，导致自然不饱和的太平洋海水流入上游，因此，波弗特大陆架是极易受到海洋酸化影响的大陆架之一。

(五)加拿大极地大陆架、巴芬湾/戴维斯海峡和西格陵兰地区

早期研究结果证明，北极流出水影响加拿大极地大陆架、巴芬湾/戴维斯海峡和拉布拉多海的饱和状态和 pH 值。温度变化、分层、初级生产和淡水通量等因素，在北极地区的 pH 值和 Ω 下降过程中发挥重要作用。在北极中部、加拿大极地大陆架和巴芬湾，由于海冰融化导致的酸化和 pH 值下降速度最快。

(六)格陵兰岛、冰岛和挪威海域

从格陵兰岛和斯瓦尔巴群岛之间的北冰洋流出的表层水和中层水，混合后涌入格陵兰岛和冰岛海域，将碳输送到中层和深层水域。格陵兰海的酸化较为明显。近年来，冰岛海的海水日渐升温，表层水的盐度越来越高，酸化作用一直延伸到北极深水区。然而，冰岛海表面碳酸盐系统的季节性很强，表面系泊观测记录的表面碳化学过程表明，当前，pH 值和 Ω_{arg}

条件超出工业化前变化的范围。大气中二氧化碳的气海通量是冰岛海酸化速率的主要因素。

二、北冰洋酸化的预测

根据地球系统模型对未来情况的预测，极地地区海洋酸化程度不断加剧，并暗示22世纪北冰洋酸化将继续加剧，在海冰到达一个全新的稳定状态之前，Ω水平将加速减小，很多夏时令将基本处于无冰期。

气候变暖导致冰川融化造成的淡水量增加将进一步降低碳酸钙饱和度，并加剧海洋酸化。

基于全球模型的预测，在"照常排放"情景下，2027年至2052年间年平均Ω_{arg}值具有腐蚀性，白令海域、楚科奇海域以及波弗特海域的表层水证实这一结果。白令海自然条件变化多样，可能有能力弹性应对pH值下降问题，但到2085年，预计白令海的化学状况将超过天然碳酸盐岩系统变化范围，商捕渔业和自给渔业面临巨大压力。到2066年至2085年，预计加拿大中部极地大陆架发生Ω_{arg}不饱和问题，Ω_{cal}将达到最严重欠饱和状态。预计在所有深度连续升温和海冰面积显著变化的同时，海洋酸化程度将不断加剧，还将影响海水混合和透光作用。

第二节　海洋酸化的生物反应

一、关键生物体的反应

（一）病毒

海洋酸化可能通过生物体直接影响病毒，也可能通过宿主或影响宿主的物种间接影响病毒。海洋酸化对病毒复制周期、生长周期、丰度、裂解或裂解量没有直接影响。

海洋酸化可能通过改变病毒与被感染生物之间的相互作用而产生间接影响。病毒数量或丰度变化，可能改变远洋食物网，最终影响北极生态系统。

（二）细菌和古生菌

研究发现，二氧化碳分压的增加对细菌碳代谢相关过程没有影响。在未来海洋酸化过程中，细菌内可能存在改良的水解活性。

不同研究结果表明，在经历海洋酸化的北极远洋细菌群落中可能存在不同的反应。

海洋酸化对北极冰下细菌影响的研究结果表明，尽管某些目的多样性可能减少，但二氧化碳分压的增加可能对优势类群的影响并不大。

（三）浮游植物

单一物种实验室实验研究发现，海洋酸化似乎对微微型真核浮游生物更有益处，而水生植物（包括颗石藻）则通常受到负面影响，且在硅藻以及蓝细菌聚球藻中观察到不同的反应机制。

（四）有孔虫类

北极浮游有孔虫组合以厚壁新方球虫为主。在实验中，当受到二氧化碳分压增加的影响时，这一物种在生存方面没有表现出任何反应，但是个体的壳直径变小。

海洋酸化对特定有孔虫的影响较为综合，从整体上改变整个群落。

（五）大型藻类

1. 钙化大型藻类

预计海洋酸化对一系列钙化大型藻类产生不利影响。海洋酸化可以改变钙化部分的结构。褐藻和绿藻的钙化被认为是对海洋酸化作出的反应，尽管在北极并非如此。

2. 非钙化大型藻类

一些非钙化大型藻类可以从海洋酸化中获益。地理多样性研究的实验证据表明，生物对海洋酸化的反应具有物种变异性和地点变异性，这些变异性可能体现在北极地区的物种反应中。

海洋酸化可能改变大型藻类的光合作用和生物化学成分。此外，藻类性状的变化可以影响其与捕食者之间的相互作用，如海胆类。

(六)珊瑚

珊瑚礁可在北极形成复杂结构。冷水珊瑚在不同条件下的持续钙化能力受 pH 值剧增以及内部碳酸盐饱和度升高的影响。此外，在二氧化碳分压增高的情况下，珊瑚骨架结构可能发生变化，结晶和分子级结合组织减少，从而影响断裂强度。然而，在自然条件和低 pH 值条件下，有些珊瑚在骨骼形态、宏观形态、骨骼排列或次生加厚方面并无明显差异。

值得注意的是，这些生境中大部分都是死珊瑚骨骼，它们极易因海洋酸化而溶解。如果珊瑚底部骨骼在海洋酸化作用下解体，整个结构就有崩溃的危险。

(七)软体动物

1. 腹足类动物

在所有腹足类动物中，翼足类动物的外壳由霰石(生物碳酸钙一种相对可溶形式)构成，因此，对海洋酸化特别敏感。

腹足类动物(包括鲍鱼)生长过程中的幼虫和幼年体阶段都受到负面影响，支持了学界普遍认为的这些阶段可能极易受海洋酸化影响的观点。

2. 双壳类动物

双壳类动物是软体动物的主要种类，包括蛤蜊、牡蛎和扇贝。为研究太平洋北极地区几类蛤蜊对海洋酸化的反应，科学家实验发现，*A. borealis* 的壳体长度减少，而其他种类的壳体则未受影响。此外，这些物种的湿重和耗氧量并未发生明显变化，但这些特征都有受到负面影响的征兆。

3. 头足类动物

海洋酸化对头足类动物特征和过程的影响也是研究重点。在酸化作用下，头足类动物的活动和防御等行为发生改变，影响单个生物体的能量预算，并改变其与捕食者的相互作用。

(八)棘皮类动物

在海洋酸化背景下研究的棘皮动物包括海胆、海蛇尾、海星和海参。将繁殖期的海胆暴露于酸化条件下，会增加卵子不受精的比例，或增加多次受精的风险（由于受精膜形成失败），还会导致不规则胚胎增多（由于透明层形成受损）。针对极地地区（特别是南极）海胆的研究发现，受精和早期细胞分裂可能在很大程度上适应酸化。在酸化条件下生产的幼虫可能生长更为缓慢，臂长更短，发育模式被破坏。

对北极海蛇尾的调查发现，海洋酸化与幼虫死亡率增加、幼虫游泳速度降低、异常发育、手臂再生降低、大量肌肉耗损、代谢率降低以及排氨率增加有关。海蛇尾的基因表达分析表明，酸碱基因和代谢基因的表达可能降低。

极地环境中的海星在很大程度上对海洋酸化作出消极反应。海洋酸化影响幼虫的存活、发育和形态，也导致成年海星发生细胞外酸中毒。

当受到预估酸化的影响时，北大西洋海参出现配子合成受损状况，导致卵母细胞/胚胎浮力、形态和发育速度出现差异，转化为囊胚阶段前死亡率增加，小骨的显微结构形态以及肌肉、性腺和卵母细胞的脂质含量存在差异。尽管 pH 值降低导致海参受精成功率降低以及生长和发育存在细微差异，但这种影响相对于其他棘皮动物而言要小得多。

（九）甲壳类动物

在北极甲壳类动物中，桡足类可能最具生态学重要性，海洋酸化效应随其生命阶段而呈现不同变化。

（十）其他无脊椎动物

海洋酸化对钵水母息体影响的调查发现，环境变化不太可能对其产生直接影响。

苔藓虫类对海洋酸化反应的调查表明，海洋酸化可能使这一群组降低钙化程度，改变矿物学特征，减少存活率，降低多态类动物的防御和繁殖能力。

虽然尚未对北极腕足动物对海洋酸化的反应展开研究，但南极腕足动物的反应已被研究，在酸化作用下，这类腕足动物死后会发生壳层溶解。

在环节动物多毛类蠕虫中，约有 200 类北极物种可能受到海洋酸化的影响。

线虫对海洋酸化反应的研究证明，在较小型底栖生态系统中，二氧化碳分压增高可以降低线虫丰度和线虫物种丰富度。

(十一) 鱼类

海洋酸化可能影响北极鱼类的一系列生理过程，特别是北极鳕鱼和大西洋鳕鱼。通常，由于鳃、肠和肝脏具有酸碱调节能力，因此，预计成年海洋硬骨鱼对中度酸化的易感性较低。

鱼类繁殖阶段和亚成体阶段比成年鱼更易受到海洋酸化的影响。

在酸化作用下，鱼类的行为可能发生改变。针对北极鳕鱼和大西洋鳕鱼行为的调查发现，极地鱼类在海洋酸化条件下可能经历一些强度较小的行为干扰。

(十二) 海鸟和哺乳动物

尚无证据表明海洋酸化对北极海鸟和哺乳动物产生直接影响。在食物资源的可获得性或食物质量方面，太平洋海象等物种以可能受到海洋酸化影响的生物为食，因此，可能易受间接影响。

二、生态系统和生境的反应

自然系统中的生物通过多种方式相互作用，海洋酸化可能对这些生物产生不同影响，进而改变生态系统，使其偏离当前平衡状态。因此，越来越多的研究将这些生物组合及其形成的生境对海洋酸化的反应纳入考虑范围。

海洋酸化可能影响不同类群之间的竞争性相互作用，也可能导致生物生境复杂性丧失，其他底栖生境物种多样性和生态系统功能下降。

海洋酸化对不同营养级的生物产生不同影响，可能改变其相互作用。在海洋酸化条件下，生物对捕食的敏感性改变其产生防御结构的能力，如腹足类的外壳，进而促使上述相互作用发生变化。

海洋酸化引起的海洋生物和生态系统变化对人类社会产生影响。人类依赖于海洋生物和生态系统提供的一系列服务，包括供给、调节和维护以及文化服务，海洋酸化可能改变这些服务的可用性，从而影响社会经济系统。如果海洋酸化可以改变海洋生态系统的生产力，也将影响赖以生存的因纽特人的健康状况。鉴于北极其他地区和社区也存在类似联系，这种易感性可能普遍存在。

三、驯化和适应

不同种群的驯化(单个生物体的短期表型可塑性及生理变化)和适应(在种群规模上的长期基因型变化)潜能影响其对新环境条件的反应。在驯化方面,科学家研究从珊瑚到鱼类的各种生物体,但很少研究生物的适应潜能。种群的适应能力与其规模和代时成正比,规模较大且代时较短的种群具有较高的适应率。对改性条件的跨代反应也可能是表观遗传效应的结果,即在无DNA变异的情况下将表型变异遗传给后代。

四、多种应激源环境中的交互作用

人类活动对自然系统产生包括海洋酸化在内的一系列影响,有必要考虑潜在的综合影响。与海洋酸化同时发生变化的条件是温度,因此,预计北极未来将变暖。一项全球趋势研究发现,海洋酸化的敏感性趋于增强,其中类群也处于变暖的环境中。关于北极浮游植物对酸化和变暖反应的研究发现,气温升高改变二氧化碳分压增加的影响。对北极大型藻类的研究表明,生物对海洋变暖和酸化的反应具有物种特异性,有些物种受到一种应激源的影响,有些物种则表现出协同反应。这些反应可能具有特定过程。

第三节 北冰洋酸化对渔业的社会经济影响

一、海洋酸化对选定区域的北极渔业的预期影响

(一)挪威海带和海胆

全球海胆需求量大,但供应量减少,海胆价格随着捕获区域的增加而上涨。挪威北部有大量尚未商业化开发的绿海胆。挪威人对海带的商业采集活动已持续50余年。海带森林不仅有巨大的经济价值,也为许多具有商业价值的鱼类提供重要栖息地。第一个关键问题是,海洋酸化如何影响该区域的海胆及其所食的海带。第二个关键问题是,从海胆捕获角度看,渔

业管理部门如何调整规章制度，确保实现海胆捕获的可持续性和价值最大化。

基于实验结果和现场数据，由于幼体和亚成体阶段的敏感性问题，模拟海胆种群数量深受近期(30年)海洋变暖和酸化的影响，但海带再生能力的增强微乎其微。未来海胆捕获量将大幅减少，部分原因是海洋酸化，但最主要的原因是气候变暖。

(二)巴伦支海鳕鱼

几个世纪以来，在大西洋东北部，鳕鱼捕捞一直是主要的经济活动。海洋变暖和海洋酸化将对巴伦支海鳕鱼产生负面影响。实验表明，海洋酸化导致鳕鱼幼体期的死亡率升高，海洋变暖将减少鳕鱼的种群补充。

研究证明，海洋酸化显著加剧种群灭绝的风险。因此，在酸化条件下，必须大规模降低捕捞量才能维持种群生存。应谨慎管理渔业，在考虑海洋酸化影响的情况下，保持较高的产卵种群生物量。在"照常排放"情景下，海洋酸化可能导致渔场规模缩小，工作机会减少，收入降低。

(三)格陵兰对虾

西格陵兰对虾(北极甜虾)产业不仅是格陵兰岛收入的重要部分，也是许多社区收入和就业的主要来源。目前，尚不明确海洋酸化对巴芬湾/戴维斯海峡地区虾类的潜在影响。此外，酸化还影响对虾的口感，进而影响该产业的经济价值。例如，对虾处于酸性更强的水中长达3周，消费者对其外观和口感的评价就会较低。

虽然生态因素在渔业变化中的作用尚不明确，但可以肯定的是，随着时间的推移，全球需求等经济因素的变化对虾产业的影响较大。

对于格陵兰对虾产业而言，应监测对虾渔业的空间范围，深入了解各种变化因素，通过格陵兰岛产业的多样化来提高经济弹性。在与海洋酸化有关的具体问题上，对兼具成本效益的研究进行投资，如海洋酸化对虾的口感以及繁殖和遗传的影响。关注渔业和渔业管理系统的整体稳健性将产生积极效果，包括应对海洋酸化问题。

(四)阿拉斯加渔业部门

阿拉斯加渔业部门包括商业渔业、人文民生渔业以及休闲旅游渔业。

海洋酸化可能降低渔业产量，影响就业和收入、文化连续性和健康、社区人口统计和个人福祉。

危害、暴露和脆弱性构成阿拉斯加地区风险指数。风险指数显示，人们在食物和收入方面对易感物种高度依赖，加之，预测海洋化学将发生快速变化，因此，阿拉斯加南部面临的海洋酸化风险最大。尽管阿拉斯加北部和内陆地区大规模多样化的自给性渔业有助于降低敏感性，但该州农村地区普遍缺乏适应能力。

确定社会生态系统最脆弱的区域有助于制定降低风险的本地化政策。尽管州和联邦政府、科学家以及其他各方都可以提供支持，但最好在社区层面制定这些政策。

海洋酸化对社会经济影响的程度将在很大程度上取决于世界市场需求，因为减少的渔获量可能部分或完全被上涨的价格所抵消，或者价格下跌可能破坏渔获量的稳定。

(五)加拿大西部北极地区

加拿大西部北极生物区包括西北地区的因纽特人聚居区、育空和努纳武特基蒂克美奥特地区。社会和经济的变化改变了人们的饮食习惯，因为许多传统食物中存在持久性污染物。气候变化导致环境发生物理变化，并影响食物网和动物分布，从而影响狩猎和捕鱼行为。基于《波弗特海综合渔业管理框架》，这一地区无近海商业渔业，但随着人们对鱼类种群及其生态系统的了解加深，该政策可能发生变化。

预计在极地地区，海洋酸化程度尤其强烈，在22世纪，北冰洋表层海水酸化程度将越来越高，碳酸钙饱和度也将降低。随着这一地区的海洋持续变暖及生态系统进一步转变，预计酸化趋势将持续，这将对北极鳕鱼及其捕食者造成损害。海洋酸化对无脊椎动物的影响程度可能更高。

二、北极酸化、北极渔业和其他因素

海洋酸化的影响程度既不统一，也无法确切预测。由于海洋系统发生动态变化，不同物种会以不同方式受到不同程度的影响，依赖于海洋资源的个人和社区亦是如此。所有因素随时间和空间的变化而变化，且具有复杂性和不确定性。海洋酸化不是孤立发生的，而是随着社会变化、经济变化和生态变化而出现。气候变化在很大程度上由导致海洋酸化的二氧化碳水平上升所驱动，并对全球海洋产生广泛影响，尤其是在气候变暖更为严峻的北极地区，季节性海冰变化是全球变暖最明显的迹象之一。

加速的海洋酸化如何直接影响物种存在高度不确定性。较为谨慎的做法是继续评估海洋酸化的影响，并制定应对策略，在一系列生态系统条件下保持政策稳健性。

气候变化或是导致全球鱼类分布和丰度变化的主要应激源。全球鱼类分布和丰度变化将如何影响市场有待观察。水产养殖增长将刺激当前消费需求较低鱼类的需求增加。应实现对渔业和生态系统的谨慎管理，确保方案公开，以便北极居民能够自行作出选择。

三、不确定性条件下的认知与行动

在多数情况下，观测数据不足以覆盖系统的所有部分。模型中的许多假设存在高度不确定性，且尚不确定是否涵盖可能影响海洋酸化最终结果的所有因素，特别是与海洋其他变化相结合的因素。

管理方法能够改变气候变化和海洋酸化的影响程度，因此，评估这些方法的稳健性可以确定现有战略是否对当前和未来的渔业行之有效。对渔业相关基础设施和人员能力的投资可以更加灵活适应。如果物种减少和渔业规模缩小，那么培养大量渔民并投资特定物种船舶和加工厂可能对经济和社会造成严重破坏。相反，多元化经济的好处不胜枚举，尤其是在未来一系列情景中可以提供弹性机制。深入研究基于社会经济层面应对海洋酸化和变暖的弹性机制，以解决问题，进而深入了解那些措施方法的可行性和成效。

四、缓解和适应方案

只有通过全球行动，才能缓解海洋酸化和气候变化。可以采取本地化方案，降低部分影响并适应无法预防的影响。在渔业管理中，考量海洋酸化，为可能产生的影响提供缓冲。基于生态系统的管理有助于维持整个生态系统的良性发展，对渔业尤其重要。适应方案还包括基于经济社会层面的一系列可能性。

第四十三章　迈向黑海共同海洋议程

2018 年 6 月，来自保加利亚、格鲁吉亚、罗马尼亚、俄罗斯、土耳其、乌克兰和摩尔多瓦等黑海沿岸国家的海洋领域部长在 2018 年欧洲海事日期间，签署了《迈向黑海共同海洋议程》部长级宣言（以下简称"部长宣言"）。部长宣言强调，尊重国际法准则和原则是黑海地区合作的核心，航运、客运、海上和沿海旅游、海事教育和培训、海洋研究与创新、海洋环境保护、海洋环境观测和监测等领域是黑海地区合作的潜在领域。部长宣言旨在促进黑海地区国家的合作，实现黑海地区可持续蓝色增长，加强黑海及其资源的可持续利用以及地区可持续发展。

第一节　回　顾

1. 分别在布加勒斯特（2014 年）、索菲亚（2015 年）、敖德萨（2016 年）和巴统（2017 年）等地举办的关于黑海地区可持续发展的黑海高层利益攸关方会议取得的成果。

2. 2016 年 10 月 24 日至 25 日，在布加勒斯特举办的加强黑海渔业和水产养殖合作高级别会议通过的《布加勒斯特宣言》。

3.《黑海经济合作组织宪章》及其在加强区域合作和促进伙伴关系方面发挥的作用。

4. 欧盟委员会的《黑海协作通告》，关于综合性的海洋政策和蓝色增长。

5. 2015 年 9 月 26 日，联合国可持续发展大会在纽约通过 2015—2030 年新的全球发展议程，即《改变我们的世界：2030 年可持续发展议程》，其中目标 14 是养护和可持续利用海洋和海洋资源以促进可持续发展。

第二节　强　调

1. 尊重国际法准则和原则是黑海区域合作的核心。

2. 充分尊重《联合国海洋法公约》以及其他涉及海洋活动的国际公约和国际法惯例。

3.《保护黑海防污染公约》(《布加勒斯特公约》) 为保护黑海环境发挥的重要作用。

4. 国际海事组织制定的规章制度, 确保安全、可靠、高效的国际航运业和绿色可持续的海运系统。

第三节　承　认

1. 黑海是一个封闭海域, 可通过区域倡议进一步发展海上合作。

2. 所有参与国都面临共同的海洋挑战。

3. 海洋及沿岸产业、贸易以及其他人类活动和海洋环境相互依存。

4. 清洁、健康的河流流入黑海, 可以促进国家和地区经济发展, 并有利于保持黑海的良好环境状况。

5. 考虑到每个国家的主权权利和特性以及整个海洋的环境挑战, 协调一致的区域方法有助于应对本区域的海洋挑战并促进可持续增长。未来合作领域需纳入以下要素。

(1)健康的黑海是国家和地区经济的促进因素, 是可持续增长和投资增加的催化剂。

(2)改善区域连通性可带来共同的社会经济效益。

(3)需要在早期规划阶段考虑到所有海事活动的潜在环境影响, 并采取适当行动加以应对。

(4)需要可持续利用海洋资源, 修复并维护良好环境状况, 确保区域生态系统、群落和经济的恢复力。

(5)促进海洋领域信息和成果整合, 这有助于促进区域的可持续发展。

第四节　赞　同

1. 欧盟委员会提出关于建立"黑海蓝色增长机制"的倡议, 旨在促进参与国之间的海洋合作, 实现黑海地区可持续蓝色增长, 并为实现可持续的蓝色经济制定策略。

2."黑海蓝色增长机制"指导小组的工作。

3.由欧洲邻国文书、欧洲地区开发基金和加入前援助文书资助的"黑海流域计划（2014—2020）"提供财政支持。

4.黑海项目推广机制的资金旨在促进黑海经合组织目标的实现和黑海经济合作组织经济议程的实施。

5.为了制定"黑海蓝色增长的研究和创新议程"，参与国科学家和欧盟委员会共同努力，确定海洋研究和创新面临的主要挑战。

6.参与国在黑海防污染委员会指导下开展工作，以加强环境观测、监测和保护。

7.根据土耳其共和国的倡议，保加利亚、格鲁吉亚、罗马尼亚、俄罗斯和乌克兰参与建立"黑海沿岸国家边境/海岸警卫队合作论坛"，以促进和加强多领域合作，包括黑海自然资源保护、搜救活动、海洋污染预防和海洋环境保护等。

8.联合国粮食及农业组织框架下的地中海渔业总委员会黑海工作组在黑海渔业和水产养殖治理领域的新动态。

9.正在开展的工作是加强参与国、欧盟委员会、黑海经济合作组织、黑海防污染委员会以及地中海渔业总委员会在黑海地区海洋合作领域的合作事宜。

第五节　认识到自愿合作的潜力

1.航运、客运和巡航可以通过促进贸易和交通运输连通性来发展整个黑海流域的贸易。

2.考虑到黑海地区的文化和环境资源，黑海海事和沿海旅游业可推动可持续蓝色经济合作。

3.海洋科学、海洋教育和培训是开展合作的基础，也是提高和发展蓝色经济新技能的关键因素。

4.海洋研究和创新是合作的关键领域。

5.通过规划促进海洋领域投资，实现可持续的蓝色经济。

6.提高海洋环境保护，发展可持续的蓝色经济，特别是协调解决跨境环境挑战，如海洋塑料垃圾。

7. 海洋和环境观测和监测将有助于可持续利用海洋资源和实现良好环境状况。

第六节   支   持

1. 制定"共同海洋议程",其中包括发展黑海地区可持续蓝色经济的优先事项和行动,以促进参与国之间的海洋合作。这类议程将有助于确保参与国、欧盟委员会和其他国际捐助方将可用资金用于参与国确定的优先领域。

2. 参与国家的目标是 2019 年一致通过"黑海共同海洋议程"。

第七节   强   调

1. 实现共同海洋议程下的合作是参与国在相关利益方参与情况下的自下而上的一种进程,参与国可根据需要自愿参与合作行动。

2. 制定共同海洋议程对黑海经济委员会和黑海防污染委员会等现有区域合作机制进行了补充,充分利用已有合作成果。共同海洋议程的合作目标是实现包容性经济增长,海洋和沿海环境保护,信息交流,技术转让,技能提升,创造就业机会并增加可持续融资。未来,共同海洋议程还将积极探索进一步的协商和合作。

第八节   鼓   励

1. 参与国共同确定黑海区域海事和海洋优先事项以及将列入共同海洋议程的行动。这包括由"黑海蓝色增长机制"指导小组组织实施的"黑海蓝色增长机制"中的项目。

2. 参与国可酌情考虑部长宣言第五节所涉领域,包括:(1)航运、客运和巡航线;(2)交通连通性、海上和沿海旅游;(3)海事教育和培训;(4)海洋研究与创新;(5)海运投资;(6)海洋环境保护;(7)环境观测和监测。根据"黑海共同海洋议程",这些潜在的合作领域有待进一步发展。

第四十四章 地中海和黑海小规模渔业区域行动计划

2018 年 9 月，18 个地中海和黑海沿岸国家以及欧盟的代表在马耳他举行高层会议，通过《地中海和黑海小规模渔业区域行动计划》（以下简称"《行动计划》"）。《行动计划》指出小规模渔业面临的挑战，提出提升其科研及数据收集、渔业管理、参与决策进程、应对气候和环境变化等方面的能力，以改善小规模渔业发展环境，实现经济社会可持续发展。

第一节 《行动计划》部长级宣言

一、序言

1. 2018 年 9 月 26 日，各国部长、代表团团长以及欧盟环境、海洋事务和渔业委员在马耳他举行高层会议，通过《行动计划》，以支持和促进未来 10 年小规模渔业的发展。

2. 《行动计划》旨在确立相关目标、原则和具体行动，以确保小规模渔业长期的环境、经济和社会可持续性。

3. 数千年来，小规模渔业一直支撑着沿海人民的生计和地方经济。该行业不仅产生社会经济价值，而且在维护粮食安全方面起着重要作用。在全球范围内，小规模渔业直接雇用人数约 3700 万人，约 1 亿人从事与此相关的活动。

4. 在地中海和黑海地区捕捞渔业中，小规模渔业拥有 84% 以上的捕鱼船队、44% 以上的捕捞能力、至少 62% 的船队总劳动力以及 24% 的捕捞量。

5. 在当地社区、传统、文化遗产和价值观中，小规模渔民观念根深蒂固。他们当中的许多人是个体经营者，提供的鱼类直接用于家庭或社区消费。通过支撑偏远和农村地区的人口生存，小规模渔民在社会包容性和凝聚力方面发挥关键作用。

6. 小规模渔业为当地发展创造附加值，同时有助于维持社会和环境的可持续性，因为它们可以产生短价值链并为客户提供各种高品质鱼类，而且通常来说，它们对环境的影响相对较小，同时通过多样化渔业活动使女性发挥重要作用。

7. 在某些国家，小规模渔业缺乏认可度和代表性，主要是由于渔业活动高度分散的性质以及当地其他渔业和海洋经济的存在。此外，该行业缺乏明显特征。

8. 在某些情况下，小规模渔业从业者可能无法在各个层面（地方、区域、国家和国际层面）充分参与有关决策过程。缺乏发言权也削弱了小规模渔民和渔业工人的市场权重以及他们获得财政援助、上岸地点、水域和捕捞机会等信息的可能性，也阻碍了有关部门和机构听取和考虑他们的生态认识、集体想法和建议。

9. 在人力资本（渔民老龄化、难以吸引年轻人、缺乏适当的教育、工作条件、船上安全规则）、投资（获得信贷）和创新方面，小规模渔业能力有限，因此难以满足最低限度的合规要求，尤其是在数据收集、可追溯性以及监测、控制和监管措施方面。

10. 在使用海洋空间、基础设施、上岸地点和港口方面，许多其他海事活动与小规模渔业之间会有互动。上述情况可能导致海洋污染和海洋生态系统的变化，从而对小规模渔业产生影响。此外，与小规模渔业有着特别互动的海洋经济活动包括其他商业渔业、海水淡化、海洋能源项目、休闲捕鱼、其他工作、用于海滩再生的采砂、水产养殖、海岸旅游和海上运输。

11. 尽管如此，小规模渔业与其他海上活动之间还有可能产生协同作用和积极互动，例如，可以通过分享设施、供应商、生态旅游和海洋保护区参与式管理等方式实现。

12. 基于小规模渔业从业者对海洋生态系统的深刻了解及其与海洋生态系统的密切关系，他们很容易观察到重大的环境和气候变化。因此，小规模渔民不仅是资源使用者，而且扮演着"海洋守护者"的角色。在此情况下，他们应该在废物管理和回收方面发挥中心作用，并应被视为循环经济的参与者。

13.《行动计划》的出台基于地中海和黑海可持续性小规模渔业第一届区域研讨会(马耳他,2013年11月)的决定、联合国粮食及农业组织的《在粮食安全和消除贫困背景下保障可持续小规模渔业自愿准则》(罗马,2014年)、"在地中海和黑海构建未来可持续小规模渔业"区域会议(阿尔及利亚,2016年3月)的决定、关于黑海渔业和水产养殖业高级别会议(保加利亚,2018年6月)的成果、关于加强黑海渔业和水产养殖业合作高级别会议(罗马尼亚,2016年10月)的成果、关于地中海渔业"地中海鱼类资源拯救计划"可持续性部长级会议(马耳他,2017年3月)的成果、地中海渔业总委员会通过的关于地中海和黑海渔业可持续性中期战略(2017—2020)以及联合国粮食及农业组织"蓝色增长倡议"。

14.《行动计划》也符合2015年9月25日联合国大会通过的《改变我们的世界:2030年可持续发展议程》,特别是可持续发展目标2"零饥饿"及其目标2.3、可持续发展目标5"性别平等"及其目标5.a和5.b、可持续发展目标8"体面工作和经济增长"及其目标8.5、可持续发展目标13"气候行动"、可持续发展目标14"水下生命"特别是其目标14.b,具体指小规模渔业。

二、基于以下目标和原则确保小规模渔业长期的环境、经济和社会可持续性

15. 认识到地中海和黑海小规模渔业的现状,同时考虑到它们的区域特殊性、经验、知识和对当地社区文化遗产的贡献。

16. 认识到小规模渔业的社会经济特性,例如,活动的季节性和收入的变动性。

17. 通过可持续的小规模渔业,保障沿海社区、特别是偏远和农村地区人们的生计。

18. 需要协调经济和社会目标与环境目标之间的关系,确保渔民了解这一需要并对此负责。

19. 适时鼓励设立机构或协会,以便在所有决策过程中以具体方式更好地组织和代表小规模渔业。强化和认可现有的小规模渔民组织和平台(包括妇女协会),将其作为利益攸关方加以考虑。

20. 提高收集小规模渔业相关数据的能力,并从小规模渔民的海洋环

境传统知识中获益。

21. 重视小规模渔民在当地社区活动中的社会经济和文化作用，为他们提供公平获得渔业资源的机会。

22. 促进小规模渔业社区直接进入市场和公共服务，并采取行动推动和调整当地新鲜鱼类的价格。

23. 给予小规模渔业足够的关注和资金支持，而不过分偏袒大型渔业经营者。

24. 确保适当建立适合小规模渔业的监测、控制和监管系统。

25. 促进在小规模渔业中使用和推广新技术，以提高安全性及改善监测、控制和监管效果。

26. 推广相关渔业实践以减少副渔获物和对海洋环境的影响。

27. 防止任何有助于地下经济及非法、不报告、无管制捕捞活动的做法。

28. 避免任何可能导致产能过剩或对小规模渔业社区产生负面影响的政策。

29. 加强小规模渔业的价格稳定措施，特别是当地捕捞的鱼类，以便最大限度地提高小规模渔业的经济效益。

30. 支持多样化活动，以确保小规模渔业和沿海社区的可持续发展。

31. 促进渔获量多样化，推动质量优于数量，以便为小规模渔业提供优势，使消费者、渔民和环境受益。

32. 促进渔民资质水平和技能的提高。

33. 考虑到小规模渔业生计的现实情况，确保在参与式方法中建立海洋保护区。

34. 在海洋空间规划中适当考虑到小规模渔业，包括它们与其他行业之间的互动，例如，其他商业渔业、休闲渔业、水产养殖业、可再生海洋能源、石油钻探、运输业和旅游业。

35. 在处理渔业和其他有关政策问题(例如，环境、运输、旅游和基础设施问题)时，鼓励小规模渔业代表参与国家和地方的决策和咨询过程。

36. 通过小规模渔业的整个价值链促进体面工作和改善工作条件。

37. 考虑到妇女在小规模渔业和沿海社区经济中的特殊作用。

38. 认识并考虑到自然灾害、人为灾害以及气候变化对小规模渔业的影响。

39. 鼓励区域组织和机构、非政府组织和其他利益攸关方在促进《行动计划》的目标和原则以及《在粮食安全和消除贫困背景下保障可持续小规模渔业自愿准则》方面发挥重要作用，并继续为小规模渔业的可持续性做出贡献。

第二节　《行动计划》的具体行动

1. 根据船只大小、使用装备、捕鱼时间、非船只捕捞活动等指标，采用反映地中海和黑海小规模渔业社会经济相关性和特殊性的特征。

一、科学研究

2. 发起综合区域研究活动，以便收集小规模渔业价值和社会经济影响的准确、有效和完整数据。

3. 开展科学研究，强化小规模渔业与海洋生态系统之间的互动及其对海洋资源影响等方面的知识。考虑到渔民的传统知识，在适当时候让渔民参与科学监测活动，并确保他们了解这些研究成果。

4. 推动科学研究，以强化休闲渔业与小规模渔业互动的相关知识。

5. 设计和实施涵盖小规模渔业各方面的试点和创新项目。

6. 在适应气候变化的预测研究范围内，对小规模渔业进行评估，包括其碳约束潜力。

二、小规模渔业数据

7. 利用一切适当工具，开发信息和数据收集系统，使小规模渔业从业者参与收集区域层面关于船队和捕捞活动的数据，包括所有渔获量的记录。

8. 建立记录小规模捕捞渔船的国家捕捞船队登记名册。

9. 将小规模渔民的传统生态知识融入渔业管理。

三、小规模渔业管理措施

10. 酌情执行渔业管理计划，制定具体规则，特别是要确保沿海地区可持续和低强度的小规模渔业优先获得机会。

11. 考虑管理措施及其对资源的影响，促进公平获得海洋生物资源，而这种资源应以可持续渔业及其社会经济作用为基础。

12. 支持对小规模渔业的投资，包括提高选择性、保护生物多样性、尽量减少副渔获物以及濒危物种与捕食者之间的互动影响，并提高能源效率。

13. 确保良好和公平地进入上岸地点，并确保这些地点有充足的装备以保障小规模渔业活动（服务完善的船坞、系泊处、冷藏库、饮水服务、制冰机等）。

14. 通过改善渔具可选择性、训练渔民以及完善救援和急救中心，提高渔获量稳定性。

15. 鼓励小规模渔业按照船旗国的要求，充分装备有效的通讯、导航和船上渔获物保存设备；制定小规模渔民训练方案，以便合理利用此类技术。

16. 通过利用无线电频率、卫星或互联网应用等技术，提高小规模渔船的追踪能力。

17. 改善小规模渔民使用的追踪装置，特别是通过对渔业装置进行标记。

18. 在适当情况下，促进渔民进行参与式监管，特别是查明非法、不报告、无管制捕捞。

19. 加强对所有捕捞活动的管制和监督，包括海上和陆上其他商业和休闲渔业，努力避免非法、不报告、无管制捕捞。

20. 根据地中海渔业总委员会《地中海和黑海人工鱼礁实用指南》及环境方面的规定，促进恢复和保护小规模渔业的重要鱼类生境，包括建造人工鱼礁；严禁使用不适宜的材料和倾倒废弃物。

21. 制定最佳捕捞作业指南，在区域层面推广和分享成功经验。

四、小规模渔业价值链

22. 建立并强化合作社、生产组织和其他集体组织，以改善小规模渔业产品的市场准入，并增加沿海社区内的当地食品供应。

23. 为小规模生产者组织制订区域计划，以提高其盈利能力并改进产品质量和可追踪性。

24. 按照国家规定，加强对鲜鱼直销的推广。

25. 为消费者组织咨询或宣传运动，宣传对本地产品进行负责任消费的重要性，宣传短价值链在保证新鲜度方面的作用，宣传不太为人知的和利用不足的渔业物种消费，以增加渔获量的多样性。

26. 推动创建经认证的海鲜标签和渔业产品品牌，鼓励经营者和消费者购买本地及有可持续来源的海鲜产品；鼓励建立平价认证品牌，从而推动负责任的小规模渔业的发展，并提高消费者对本地渔业的认识。

27. 鼓励渔民、合作社或生产组织对上岸鱼产品进行初次加工，以延长产品的保质期。

28. 确保小规模渔业产品的可追踪性，确保市场上引进的本地产品具备质量优良、环境可持续性特质。

五、参与小规模渔业决策过程

29. 协助小规模渔业制定和执行海洋发展战略和地方发展战略。

30. 在海洋保护区的选定和管理中以参与式方法整合小规模渔民，按照科学建议，通过基于生态系统的综合管理，参与冲突解决过程和可持续管理，从而促进所有利益攸关方实现承诺和遵守规则。

31. 确保国家和区域层面的海洋空间规划涵盖小规模渔业，并且在整个过程中都体现小规模渔业的利益。

32. 推广参与式管理制度，例如建立共同管理机构，并据此制定和执行渔业管理措施及相应的社会经济方案。

33. 必要时，在国家层面加强对立法和体制机制的分析，以确保相关小规模渔民组织得到认可，并将其纳入小规模渔业可持续发展的所有活动当中。

34. 制定路线图或计划，使小规模渔业与其他有关海洋经济和海事倡议之间产生积极的协同作用，特别是沿海和生态旅游、海洋生物技术、海洋保护区和水产养殖。

35. 上述计划应给负有责任的小规模渔业带来具体利益，例如，共用基础设施、供应商或工人、直接销售机会、多用途活动、向水产养殖业供应鱼苗、收集海洋生物以供海洋技术使用、更好地监测和了解海洋生态系统以促进可持续渔业。

36. 组建辅助机构，以解决小规模渔业和其他互动行业之间可能出现的竞争情况。

37. 鼓励小规模渔业和休闲渔业之间的良好合作。

六、能力建设

38. 建立区域平台，促进地中海和黑海小规模渔业协会（包括妇女协会）之间的合作。预期该平台将以现有的子区域平台和国家平台为基础并对其强化，以创建知识共享、合作、利益攸关方参与、小规模渔业从业者代表参与决策过程和推广最佳实践的参与性机制。

39. 加强小规模渔业的能力建设，要优先重视资金援助，以促进其参与决策进程，并确保公平竞争环境，特别是通过下列行动：

（1）创造和加强技术及资金支持（直接或间接激励、银行贷款计划等）；

（2）协助小规模渔民和妇女组织更便利地获得机构基金，以确保他们向长期选择性和可持续性渔业过渡；

（3）支持小规模渔业组织及其网络的可持续发展；

（4）确保小规模渔业获得咨询服务；

（5）促进渔业行业男性和女性获得教育培训机会，如暑期大学，重点培养用于特定渔业的技能、政策知识（渔业、环境），特别是关于创新解决方案和技术开发等方面的知识。

40. 在本地社区发展背景下，执行区域多样化计划，帮助小规模渔民（包括渔业行业的女性从业者），从而使其活动多样化（例如，企业家精神和领导能力培训、航海和生态旅游、海上发现的废物回收、海洋科学取样任务）。

41. 上述措施适用于小规模渔民及其家属，应特别关注妇女和青年渔民。

42. 制定区域方案，重点提供支持和技术援助，特别是向发展中国家提供支持和技术援助，以提升小规模渔业的能力。

43. 鼓励地方和国家行政当局宣传和推广关于渔业政策发展的资讯，包括关于创新和技术的资讯。

44. 为渔民提供专业培训机会，促进世代更替。

七、体面工作

45. 促进体面工作、改善工作条件以及对所有小规模渔业工人的社会保护。

46. 在地中海渔业总委员会的协助下，将在 2019 年举行一次会议，讨论与小规模渔业有关的社会发展、就业和体面工作问题。

八、妇女的角色

47. 支持旨在使妇女能够从事小规模渔业活动的项目。

48. 确保妇女平等参与小规模渔业政策的相关决策过程。

49. 鼓励开发更适合妇女从事小规模渔业工作的技术。

九、气候与环境

50. 在制定应对渔业气候变化的政策和计划（特别是适应和减缓计划）时，包括在《巴黎协定》规定的国家自主贡献框架内，使用小规模渔业从业者具有的知识和技术。

51. 协助和支持受气候变化或自然和人为灾害影响的小规模渔业社区。

52. 在非本地鱼类物种的价格稳定和利用方面，提倡创新解决办法。

53. 鼓励小规模渔民积极参与循环经济，例如，制订处置和回收渔网的计划，以减少幽灵捕捞的影响；这些计划可以包括对于海洋垃圾回收的奖励计划。

54. 让小规模渔业参与海洋保护区的选定和管理工作，以促进使用符合环境保护目标的可持续性捕捞方式，并提高健康海洋对生产性渔业益处的认识。

十、地中海渔业总委员会的角色

55. 地中海渔业总委员会应在小规模渔业制订参与性和合作性管理计划方面，向发展中国家提供技术援助。

56. 地中海渔业总委员会应在其第 42 届会议上制定时间表，说明执行《行动计划》所列行动的短期和中期目标。

57. 地中海渔业总委员会应指导和协调行动，以确保《行动计划》的实施，并就实施《行动计划》中规定的行动提供年度报告，且反映沿岸国家提供的报告。

58. 欢迎地中海渔业总委员会与相关组织密切合作，通过现有的谅解备忘录，在适当情况下实施《行动计划》。

59. 地中海渔业总委员会将于 2024 年组织一次中期会议，评估《行动计划》实施的进展情况。

参考文献

A European Strategy for Plastics in a Circular Economy, European Commission, Jan 2018. http://ec. europa. eu.

Alex N. Wong, Briefing on the Indo-Pacific Strategy, U. S. Department of State, Apr 2, 2018. https://www. state. gov/r/pa/prs/ps/2018/04/280134. htm.

Alister Doyle. Norway Defends Tax Deductions on Arctic Drilling, Arctic Today, September 7, 2017. https://www. arctictoday. com/norway – defends – tax – deductions – on – arctic – drilling/.

Andrew Probyn. Malcolm Turnbull Urges US not to Diminish Presence in Indo-Pacific, ABC News, Feb 24, 2018. http://www. abc. net. au/news/2018 – 02 – 25/malcolm – turnbull – urges-us-not-to-diminish-presence-Indo-pacific/9482428.

Application for Revision of the Judgment of 23 May 2008 in the Case Concerning Sovereignty over Pedra Branca/Pulau Batu Putch, Middle Rocks and South Ledge (Malaysia V. Singapore), Application for Revision by Malaysia, Dated this 2nd Day of February, 2017. http://www. icj-cij. org/files/case-related/167/19362. pdf.

Arctic Shipping Safety and Pollution Prevention Regulations, 2018. https://laws – lois. justice. gc. ca/eng/regulations/SOR-2017-286/index. html.

Ashley Postler. Contextualizing Russia's Arctic Militarization, Georgetown Security Studies Review, Feb 18, 2019. http://georgetownsecuritystudiesreview. org/2019/02/18/contextualizing-russias-arctic-militarization/.

Atle Staalesen. New Arctic Situation Center Comes to Murmansk, The Barents Observer, February 21, 2019. https://thebarentsobserver. com/en/arctic/2019/02/new – arctic – situation-center-comes-murmansk.

Atle Staalesen. Russia Gets Ministry of the Far East and Arctic, The Barents Observer, January 18, 2019. https://thebarentsobserver. com/en/arctic/2019/01/russia – gets – ministry – far-east-and-arctic.

Atle Staalesen. Russia Presents an Ambitious 5-year Plan for Arctic Investment, ArcticToday, Dec 14, 2018. https://www. arctictoday. com/russia-presents-ambitious-5-year-plan-arctic-investment/.

Ben Werner. Coast Guard Secures $ 655 Million for Polar Security Cutters in New Budget

Deal, USNI News, Feb 15, 2019. https://news. usni. org/2019/02/15/polar_security_cutter_coast_guard.

Biophysically Special, Unique Marine Areas of Fiji, The International Union for Conservation of Nature, Sep 17, 2018. http://macbio-pacific. info/wp-content/uploads/2018/09/Fiji-SUMA-digital-med. pdf.

Blue China: Navigating the Maritime Silk Road to Europe, Mathieu Duchâtel and Alexandre Sheldon Duplaix, April 2018. http://www. ecfr. eu/publications.

Burgas Declaration, The Ministers of Black Sea Coastal States, May 2018. http://ec. europa. eu/maritimeaffairs/maritimeday/sites/mare-emd/files/burgas-ministerial-declaration_en. pdf.

Changes in Power in the Far East of Russia, Arctic Portal, February 27, 2019. https://arcticportal. org/ap-library/news/2116-changes-in-power-in-the-far-east-of-russia.

Charles Digges, Russian Official Confirms Plans to Build Behemoth Nuclear Icebreaker, Bellona, Feb 27, 2019. https://bellona. org/news/nuclear-issues/2019-02-russian-official-confirms-plans-to-build-behemoth-nuclear-icebreaker.

Connecting Europe and Asia – Building Blocks for an EU Strategy, European Commission, Sep 2018. http://eeas. europa. eu/headquarters/headquarters-homepage_en/50708.

Contribution from the European Union, the Secretary-General of General Assembly, March 2018. http://www. un. org/Depts/los.

Daniel Rosenblum. The United States and the Indo-Pacific Region, Jan 30, 2018. https://www. state. gov/p/sca/rls/rmks/2018/277742. htm.

Department of Defense, Remarks by Secretary Mattis at Plenary Session of the 2018 Shangri-La Dialogue, Jun 2, 2018. https://dod. defense. gov/News/Transcripts/Transcript-View/Article/1538599/remarks-by-secretary-mattis-at-plenary-session-of-the-2018-shangli-la-dialogue/.

Department of State, Fact Sheet: U. S. Security Cooperation in the Indo-Pacific Region, Aug 4, 2018. https://www. state. gov/r/pa/prs/ps/2018/08/284927. htm.

Diplomatic Bluebook 2018, Ministry of Foreign Affairs of Japan. https://www. mofa. go. jp/files/000401236. pdf.

Directive 2008/56/EC of the European Parliament and of the Council, European Union, June 2008. http://eur-lex. europa. eu/legal-content/EN/TXT/PDF/.

Donald Trump "Remarks by Present Trump at APEC CEO Summit", The White House, Nov 10, 2017, https://www. whitehouse. gov/the-press-office/2017/11/10/remarks-present-trump-apec-ceo-summit-da-nang-vietnameremony".

Environmental Impact Assessment (EIA) Directive, EU, 2011. http：//eur-lex. europa. eu/legal-content/EN/TXT/PDF.

Exploring the Potential for Adopting Alternative Materials to Reduce Marine Plastic Litter, United Nations Environment Programme, Jun 1, 2018. http：//120. 52. 51. 16/wedocs. unep. org/bitstream/handle/20. 500. 11822/25485/plastic _ alternative. pdf? sequence = 1&isAllowed=y.

Fiji's 2018 Election Result, Department of Foreign Affairs and Trade Of Australia, 30 March 2019. https：//foreignminister. gov. au/releases/Pages/2018/mp_mr_181118. aspx? w = E6pq%2FUhzOs%2BE7V9FFYi1xQ%3D%3D.

Global Linkages A Graphic Look at the Changing Arctic9, The United Nations Environment Programme, 13 Mar, 2019. https：//wedocs. unep. org/bitstream/handle/20. 500. 11822/27687/Arctic_Graphics. pdf? sequence=1&isAllowed=y.

Guidelines for the Reduction of Underwater Noise from Commercial Shipping to Address Adverse Impacts on Marine Life, IMO, April 2014. http：//120. 52. 51. 14/www. imo. org/en/MediaCentre.

H. R. 5515 - John S. McCain National Defense Authorization Act for Fiscal Year 2019, Aug 2018. https：//www. congress. gov/115/bills/hr5515/BILLS-115hr5515enr. pdf.

Impacts of Climate Change on World Heritage Coral Reefs：Update to the First Global Scientific Assessment, UNESCO World Heritage Centre, Sep 17, 2018. https：//unesdoc. unesco. org/ark：/48223/pf0000265625.

ISA Secretariat Releases Revised Draft Regulations on Exploitation of Mineral Resources in the Area, International Seabed Authority, July 2018. https：//www. isa. org. jm.

James N. Mattis, "Remarks at U. S. Indo-Pacific Command Change of Command Ceremony", May 30, 2018. https：//dod. defense. gov/News/Transcripts/Transcript-View/Article/1535689/remarks-at-us-Indo-pacific-command-change-of-command-ceremony/.

Jim Townsend. US Reacts to Chinese and Russian Arctic Activity, Pompeo to Attend Arctic Council Meeting, CNAS, Mar. 20, 2019. https：//www. cnas. org/press/in-the-news/us-reacts-to-chinese-and-russian-arctic-activity-pompeo-to-attend-arctic-council-meeting.

Joel Gehrke. Moscow Warns US：Russian Special Forces are Training for Arctic Conflict, Washington Examiner, 22 Feb, 2019. https：//www. washingtonexaminer. com/policy/defense-national-security/moscow-warns-us-russian-special-forces-are-training-for-arctic-conflict.

Kobylkin：Natural Resources Ministry will Focus on Developing Russia's Arctic Regions, the

Arctic, 22 May 2018. https：//arctic. ru/resources/20180522/745431. html.

Lecture on the United States and the Indo - Pacific Region, Jan 30, 2018. http：// www. biiss. org/web_2018/newsclippings_30_jan_18. pdf.

Maintaining Australia's National Interests in Antarctica, Joint Standing Committee on the National Capital and External Territories, May 11, 2018. https：//www. aph. gov. au/Parliamentary_Business/Committees/Joint/National_Capital_and_External_Territories/AntarcticTerritory/Report.

Malte Humpert, Novatek will be Allowed to Operate Foreign LNG Carriers on the Northern Sea Route, Arctic Today, Mar 22, 2019. https：//www. arctictoday. com/novatek-will-be-allowed-to-operate-foreign-lng-carriers-on-the-northern-sea-route/.

Manoj Joshi. Trump Got It Wrong Again, His Asia Tour was No Success. http：//www. orfonline. org/research/trump-got-itwrong-again-his-asia-tour-was-no-success/.

María José Viñas. NASA's Earth Science News Team, Arctic Sea Ice 2019 Wintertime Extent is Seventh Lowest, NASA, 21 March 2019. https：//www. nasa. gov/feature/goddard/2019/arctic-sea-ice-2019-wintertime-extent-is-seventh-lowest.

Maritime Commerce Strategic Outlook, U. S. Department of Defense, Oct 2018. https：//media. defense. gov/2018/Oct/05/2002049100/-1/-1/1/USCG% 20 MARITIME% 20COMMERCE% 20STRATEGIC% 20OUTLOOK - RELEASABLE. PDF.

Martin Breum. Spurred by Chinese and Russian Activity, EU President Juncker is Making the Arctic More Central to EU Policy, Arctic Today, Feb 20, 2019. https：// www. arctictoday. com/spurred-by-chinese-and-russian-activity-eu-president-juncker-is-making-the-arctic-more-central-to-eu-policy/.

Michael Pompeo. Remarks on "America's Indo-Pacific Economic Vision", Jul 30, 2018. https：//www. state. gov/secretary/remarks/2018/07/284722. htm.

Ministry Foreign Affairs of Japan, "Japan-Austria-India-US Consultations", June 7, 2018. https：//www. mofa. go. jp/press/release/press4e_002062. html.

Ministry for Russian Far East Development to Prepare Investment Support Measures for Northern Sea Route in Three Months, the Arctic, 28 February 2019. https：//arctic. ru/news/20190228/827675. html.

Ministry of External Affairs, Prime Minister's Keynote Address at Shangri La Dialogue, June 1, 2018. https：//mea. gov. in/Speeches - Statements. htm? dtl/29943/Prime _ Ministers _ Keynote_Address_at_Shangri_La_Dialogue_June_01_2018.

National Marine Ecosystem Service Valuation - Fiji, The International Union for Conservation

of Nature, Jun 19, 2018. http：//macbio-pacific. info/wp-content/uploads/2017/10/
Fiji-MESV-Digital-LowRes. pdf.

National Security Strategy, the White House, Dec 18, 2017. https：//www. whitehouse. gov/
wp-content/uploads/2017/12/NSS-Final-12-18-2017-0905. pdf.

Natural Resources Ministry：The Competitiveness of Arctic Resources Depends on the Speed of
Their Delivery via the Northern Sea Route, the Arctic, 19 November 2018. https：//arc-
tic. ru/resources/20181119/805087. html.

NOAA Coral Reef Conservation Program, CORAL REEF CONSERVATION PROGRAM
Strategic Plan, NOAA, November 8, 2018. http：//coast. noaa. gov/data/docs/coral-
reef-conservation-program-strategic-plan. pdf/.

NOAA Office for Coastal Management, National Coastal Zone Management Program Strategic
Plan 2018-2023, NOAA, October 18, 2018. http：//coast. noaa. gov/data/docs/czm-
strategic-plan. pdf/.

NOAA Office for Coastal Management, NOAA Report on the U. S. Ocean and Great Lakes E-
conomy, NOAA, May 24, 2018. https：//coast. noaa. gov/data/digitalcoast/pdf/econ-
report. pdf/.

Novatek CEO Calls for Drafting Shipbuilding Industry Support Bill, the Arctic, Apr 24, 2018.
https：//arctic. ru/resources/20180424/738870. html.

Ocean Connections：an Introduction to Rising Risks from a Warming, Changing Ocean, The
International Union for Conservation of Nature, May 8, 2018. https：//portals. iucn. org/
library/sites/library/files/documents/2018-021-En. pdf.

Oil Pollution Risk Management, National Offshore Petroleum Safety and Environmental Man-
agement Authority, February 2, 2018. https：//www. nopsema. gov. au/environmental-
management/oil-pollution-risks/oil-pollution-risk-management-information-paper/.

Pacific Regional Action Plan Marine Litter 2018-2025. The Secretariat of the Pacific Regional
Environment Programme, September 7, 2018. https：//pipap. sprep. org/content/pacific
-regional-action-plan-marine-litter-2018-2025.

Palau asks China to Remove Research Vessel, Radio New Zealand, 27 September 2018.
https：//www. rnz. co. nz/international/pacific-news/367422/palau-asks-china-to-re-
move-research-vessel.

Аналитика планов России - взгляд из США, Planet Today, Среда, 27 Марта 2019. ht-
tps：//planet-today. ru/geopolitika/item/101907-analitika-planov-rossii-vzglyad-iz-
ssha.

POLÍTICA OCEÁNICA NACIONAL DE CHILE, 2018.

Present Donald J. Trump's First Year of Foreign Policy Accomplishments, The White House, Dec 19, 2017. https：//www. whitehouse. gov/briefings-statements/president-donald-j-trumps-first-year-of-foreign-policy-accomplishments/.

President Donald J. Trump and Prime Minister Shinzo Abe are Working Together to Maintain a Free and Open Indo-Pacific, The White House, September 28, 2018. https：// www. whitehouse. gov/briefings- statements/president-donald-j-trump-and-prime-minister-shinzo-abe-are-working-together-to-maintain-a-free-and-open-Indo-pacific/.

Protected Planet Report 2018. The International Union for Conservation of Nature, Nov 18, 2018. https：//livereport. protectedplanet. net/pdf/Protected _ Planet _ Report_2018. pdf.

Putin Decrees an Increase in Arctic Traffic, The Bellona Foundation, May 16, 2018. https：//bellona. org/news/arctic/russian-nuclear-icebreakers-fleet/2018-05-putin-decrees-an-increase-in-arctic-traffic.

Question No. 653 Meeting with Officials on the Sidelines of ASEAN. http：// www. mea. gov. in/rajya-sabha. htm？ dtl/29212/question+no653+meeting+with+officials +on+the+sidelines+of+asean.

Regional Plan of Action for Small-scale Fisheries in the Mediterranean and the Black Sea, General Fisheries Commission for the Mediterranean, Sep 26, 2018. https：// gfcm. sharepoint. com/Midterm - strategy/Target% 202/Forms/AllItems. aspx？ id =% 2FMidterm% 2Dstrategy% 2FTarget% 202% 2FHigh% 2DLevel% 20Conference% 20SSF% 2FRPOA% 2FSigned% 20RPOA% 2DSSF% 2Epdf&parent =% 2FMidterm% 2Dstrategy% 2FTarget% 202% 2FHigh% 2DLevel% 20Conference% 20SSF% 2FRPOA&p=true.

Remarks by Vice President Pence at the 2018 APEC CEO Summit, The White House, Nov 16, 2018. https：//www. whitehouse. gov/briefinds-statements/remarks-vice-president-pence-2018-apec-ceo-summit-port-moresby-papua-new-guinea/.

Report of the Secretary-General, the Secretary-General of General Assembly, March 2018. http：//www. un. org/Depts/los.

Review of Maritime Transport 2018, United Nations Conference on Trade and Development, Oct 3, 2018. https：//unctad. org/en/PublicationsLibrary/rmt2018_en. pdf.

Russia Threatens to Blow up any Foreign Vessels Passing Through Busy Arctic Waters Unless they have the Right Paperwork, The Sun, Mar. 6, 2019. https：//www. thesun. co. uk/ news/8577115/russia-blow-up-foreign-vessels-arctic-waters/.

Russia to Allocate over $600 mln for Northern Sea Route Development in Three Years, Tass, September 20, 2018. http：//tass. com/economy/1022413.

Russia will Restrict Foreign Warships in Arctic Ocean, Defense Official Says, The Moscow Times, Nov. 30, 2018. https：//www. themoscowtimes. com/2018/11/30/russia－will－restrict－foreign-warships-in-arctic-ocean-defense-official-says-a63672.

Save Our Seas Act of 2018, United States Congress, Oct 11, 2018. https：//www. congress. gov/115/bills/s3508/BILLS-115s3508enr. pdf.

Science and Technology for America's Oceans: A Decadal Vision, November 2018, https：//www. whitehouse. gov/wp-content/uploads/2018/11/Science－and－Technology－for－A-mericas-Oceans-A-Decadal-Vision. pdf.

Selected Decisions and Documents of the Twenty-fourth Session, International Seabed Authority, July 2018. https：//www. isa. org. jm/document.

Морская Shipyard may build 14 LNG carr. С. 24. http：//kremlin. ru/events/president/news/50060.

State Duma of Russia Passed Law to Ensure Priority of RF-flagged Ships in Short-sea Shipping, Port News, 2017 December 20. http：//en. portnews. ru/news/250957/.

Supporting Africa's Blue Economy through the Sustainable Development of Deep Seabed Resources, International Seabed Authority, Oct. 2018. https：//www. isa. org. jm.

The Industry and Trade Ministry Considers Proposals to Build Four Arctic-class LNG carriers, the Arctic, Feb 26, 2019. https：//arctic. ru/news/20190226/826971. html.

The Ocean is Losing its Breath, IOC－UNESCO, July 2018. http：//www. unesco. org/open-access/terms-use-ccbysa-en.

The Republic of Korea and ISA Sign Exploration Contract, International Seabed Authority, March 2018. https：//www. isa. org. jm.

The Secretary-General of the International Seabed Authority Launches Consultation for its New Strategic Plan, International Seabed Authority, March 2018. https：//www. isa. org. jm.

The White House, National Security Strategy of the United States of America, Dec 2017. https：//www. whitehouse. gov/wp－content/uploads/2017/12/NSS－Final－12－18－2017-0905. pdf.

Thomas L. Vajda, Remarks at Georgetown University's India Ideas Conference, Apr 21, 2018. https：//www. state. gov/p/sca/rls/rmks/2018/280702. htm.

Tonga's PM Wants Regional Push for China to Forgive Debts, Radio New Zealand, 15 August 2018. https：//www. rnz. co. nz/international/pacific-news/364111/tonga-s-pm-wants-regional-push-for-china-to-forgive-debts.

Underwater Cultural Heritage Act 2018, Department of the Environment and Energy, August 24, 2018. https://www. legislation. gov. au/Details/C2018A00085.

United States Coast Guard Arctic Strategic Outlook, USCG, Apr 2019. https://www. uscg. mil/Portals/0/Images/arctic/Arctic_Strategic_Outlook_APR_2019. pdf.

Working Collectively to Build a Strong Blue Pacific, Council of Regional Organisations of the Pacific, September 5, 2018. https://www. forumsec. org/crop-heads-meet-with-forum-leaders-working-collectively-build-a-strong-blue-pacific/.

Zvezda Shipyard may Build 14 LNG Carriers for Novatek, the Arctic, Jan 11 2019. https://arctic. ru/news/20190111/818099. html.

Аседание Правительства, Правительство России Июля, 5, 2018. http://government. ru/news/33138/.

Основы государственной политики Российской Федерации в Арктике на период до 2020 од и дальнейшую ерспективу, Правительство России. http://scrf. gov. ru/documents/98. thml.

Госдума приняла закон о наделении Росатома полномочиями по развитию Северного морского пути, Pro-Arctic, ноябрь, 12, 2018. http://pro-arctic. ru/11/12/2018/news/35009#read.

Права Росатома на Севморпуть одобрены законопроектной комиссией, Rwgnum, июля 5, 2018. https://regnum. ru/news/2443271. html.

澳拟砸 20 亿澳元援助太平洋岛国德媒：抗衡中国影响力. 参考消息网,（2018-11-08）. http://www. cankaoxiaoxi. com/china/20181108/2350291. shtml.

八目景子, 鯨を"殺し続ける"反捕鯨国アメリカの実態. Yahoo News,（2019-03-07）. https://headlines. yahoo. co. jp/article? a=20190307-00010000-voice-pol&p=2.

白礁岛之争, 从"开战边缘"到"恭贺对方胜诉". 腾讯评论. http://view. news. qq. com/zt2012/bjd/index. htm.

白礁主权纷争, 我国有信心马国证据不符合复核条件. 新加坡联合早报. http://www. zaobao. com/realtime/singapore/story20170302-731111.

北约打开俄罗斯南大门美国第 6 舰队进入黑海？——俄黑海舰队驻扎乌克兰问题再起争端. 国际展望, 2006(4).

北约多国举行"军刀卫士"军事演习. 新华社,（2017-07-14）. http://www. xinhua-net. com/2017-07/14/c_1121316450. htm.

陈积敏. 美国印太战略及其对中国的挑战. 中共中央党校官网,（2018-10-22）. http://www. ccps. gov. cn/dxsy/201812/t/20181212_124841. shtml.

陈积敏. 特朗普政府对华战略定位与中美关系. 国际关系研究，2018(1).

陈积敏. 特朗普政府"印太战略"的进程、影响与前景. 和平与发展，2019(1).

陈玉柱. 2017 年乌克兰将收回克里米亚所有俄海军基地——俄罗斯黑海舰队将何去何
　　从?. 国际展望，2015(12).

崔焕勇. 海洋空间规划体系的法律研究，北京：韩国法制研究院，2015.

崔希贞. 海洋空间规划法制定以后的问题. 现代海洋，(2018 - 05 - 14). http：//
　　www. hdhy. co. kr/news/articleView. html? idxno = 6914.

大批美军进驻澳洲，直指亚太!. 搜狐网，(2018 - 04 - 25). http：//www. sohu. com/a/
　　229354797_805245.

丁煌. 极地国家政策研究报告(2014—2015). 北京：科学出版社，2016.

俄北极地区变暖的速度比全球变暖快 4 倍. 俄罗斯卫星通讯社，(2019 - 03 - 10).
　　http：//sputniknews. cn/economics/201903101027882166/.

俄将在克里米亚部署第 4 个 S400 营控制整个黑海. 环球时报，(2018 - 11 - 29).
　　https：//m. huanqiu. com/r/MV8wXzEzNjY5MzM5XzIyXzE1NDM0NTI5NjA =.

俄罗斯表示将对北约在俄边境附近部署战略精准武器做出应对. 新华网，(2018 - 12 -
　　26). http：//world. people. com. cn/n1/2018/1226/c1002-30489580. html.

俄罗斯称愿有条件取消对乌克兰制裁. 中国新闻网，(2018 - 12 - 31). http：//
　　military. people. com. cn/n1/2018/1231/c1011-30497364. html.

俄罗斯扩大对乌克兰制裁名单. 人民网，(2018-12-26). http：//world. people. com. cn/
　　n1/2018/1226/c1002-30487528. html.

俄罗斯宣布制裁乌克兰公民和企业. 央视网，(2018 - 11 - 02). http：//news. cctv. com/
　　2018/11/02/ARTIh8o5q5HSL9mOuTDSXcl7181102. shtml.

港媒：美日印澳"四方安全对话"议题暗指中国. 参考消息网，(2018 - 11 - 19). http：//
　　www. cankaoxiaoxi. com/china/20181119/2355288. shtml.

高淑琴，贾庆国，等. 黑海地区地缘政治转型：西方对黑海地区战略的新趋势. 俄罗斯
　　中亚东欧研究，2010(5).

顾悦婷，孙波，陈丹红，等. 南极特别管理区现状分析与未来展望. 极地研究，2010,
　　22(4).

国际法院判决、咨询意见和命令摘要(2008—2012). 国际法院官网. http：//www. icj-
　　icj. org/files/summaries/summaries-2008-2012-ch. pdf.

国际观察："一带一路"铺就中国同太平洋岛国合作新通衢. 新华网，(2018-11-16).
　　https：//news. sina. com. cn/o/2018-11-16/doc-ihnvukff7931836. shtml.

国际海产品可持续基金会(ISSF). (2019 - 03 - 26). https：//iss-foundation. org/about-
　　tuna/status-of-the-stocks/interactive-stock-status-tool/.

国際捕鯨委から脱退「新たな枠組み作りも」. 日本新聞网（NNN），（2018-12-26）. ht-
　　tps：//headlines. yahoo. co. jp/videonews/nnn? a=20181226-00000036-nnn-pol.

韩锋，赵江林. 列国志：巴布亚新几内亚. 北京：社会科学文献出版社.

韩国海洋空间规划与管理法. 国家法令信息中心，（2018-04-17）. http：//www.
　　law. go. kr/법령/해양공간계획및관리에관한법률/(15607, 20180417).

郝赫. 乌克兰危机后克里米亚发展现状评析. 俄罗斯东欧中亚研究，2018(6).

何志鹏，姜晨曦. 南极海洋保护区建立之中国立场. 河北法学，2018年，36(7).

胡传明，张帅. 美中日在南太平洋岛国的战略博弈. 南昌大学学报（人文社会科学版），
　　2013(1).

环境署最新《排放差距报告》指明各国须付出三倍努力，才可能实现2℃目标. 联合国环
　　境署官网，（2018-11-27）. https：//www. unenvironment. org/zh-hans/news-and-
　　stories/xinwengao/huanjingShuzuixinpaifangchajubaogaozhiming.

ブラジル環境相、捕鯨「日本の立場を尊重」＝開発と環境の調和必要. 時事通讯社，
　　（2019-06-19）. https：//headlines. yahoo. co. jp/hl? a=20190612-00000011-jij-int.

黄永宏. 只要符合国际法马国有权发展中岩礁. 新加坡联合早报，（2018-06-04）.
　　http：//www. zaobao. com/news/singapore/story20180604-864252.

加藤秀弘. どうなる日本の捕鯨…我が国はノルウェーを手本にしよう. Yahoo News，
　　（2019-06-14）. https：//headlines. yahoo. co. jp/article? a=20190614-00010007-
　　flash-ent.

克拉克森研究：2018年航运市场综述. 国际船舶网，（2019-01-12）. http：//
　　www. eworldship. com/html/2019/ship_market_observation_0112/146183. html.

李洁. 南大洋海洋保护区建设的最新发展与思考. 中国海商法研究，2016，27(4).

李影. 南极特别保护区发展现状与影响因素研究. 复旦大学硕士学位论文，2013.

联合国宣布启动全球反塑料污染行动. 新华网，（2018-12-05）. http：//www. xinhua-
　　net. com/world/2018/12/05/c_1123808056. htm.

梁甲瑞，高文胜. 中美南太平洋地区的博弈态势、动因及手段. 太平洋学报，2017(6).

林民旺. "印太"的建构与亚洲地缘政治的张力. 外交评论，2018(1).

凌晓良，陈丹红，张侠，等. 南极特别保护区的现状与展望. 极地研究，2008，20(1).

刘丹. 当代俄罗斯黑海地缘战略环境研究. 外交学院博士论文，2011.

刘丹. 黑海于当代俄罗斯之要义. 俄罗斯学刊，2017(6).

刘惠荣，陈明慧，董跃. 南极特别保护区管理权辨析. 中国海洋大学学报（社会科学
　　版），2014(6).

刘哲.《海洋塑料宪章》的主要内容和潜在影响. 世界环境，2018(5).

吕桂霞. 列国志：斐济. 北京：社会科学文献出版社.

吕世金. 近期国内船舶水下噪声研究进展分析. 中国造船工程学会船舶力学学术委员会第八届水下噪声学组工作总结.

马晓霖. 刻赤摩擦：俄罗斯乌克兰再次开杠. 华夏时报，2018-12-03.

毛莉，吴正丹. 捕鲸这件事日本罕见'退群'背后还有更大目的. 人民日报海外网，（2018-12-28）. https：//baijiahao. baidu. com/s？id＝1620983627774708302&wfr＝spider&for＝pc.

美国加入日、澳太平洋地区基建集团，被指意在抗衡中国影响力. 观察者网，（2018-12-12）. https：//www. guancha. cn/internation/2018_12_12_483004. shtml.

美国力图削弱俄中北极影响力. 俄罗斯卫星通讯社，（2019-01-14）. http：//sputniknews. cn/politics/201901141027348334/.

美国再提南海自由航行，盟友当场拒绝，称这是步险棋. 搜狐网，（2018-07-27）. http：//www. sohu. com/a/243647675_600545.

美日澳"牵手"推进亚洲基础设施建设. 环球网，（2018-11-12）. http：//finance. huanqiu. com/gjcx/2018-11/13525682. html？agt＝182.

"美日印澳"为支柱的"印太战略"不利于东盟. 印度尼西亚国际日报，（2018-12-01）. http：//www. guojiribao. com/shtml/gjrb/20181201/1342125. shtml.

明鲁宪. 海洋空间规划法制定的意义及计划. 现代海洋，（2018-05-14）. http：//www. hdhy. co. kr/news/articleView. html？idxno＝6913.

摩洛哥将实施可持续和包容性的蓝色经济发展模式. 中华人民共和国商务部网站，（2018-12-25）. http：//www. mofcom. gov. cn/article/i/jyjl/k/201812/20181202820000. shtml.

慕小明. 北约的黑海攻势与俄罗斯的战略应对. 学习时报，2017-12-27.

慕小明. 印日防务合作升级的战略考量. 中青在线，（2018-09-06）. http：//news. cyol. com/yuanchuang/2018-09/06/content_17556287. htm.

南正浩. 朝韩海洋合作需要通过国际机构推进. 海事新闻，（2018-07-27）. http：//www. haesanews. com/news/articleView. html？idxno＝82284.

牛富强，杨燕明，文洪涛，等. 海上风电场运营期水下噪声测量及特性初步分析. 2014年学术年会论文集.

欧盟首发蓝色经济年度报告. （2018-07-10）. http：//www. sohu. com/a/240275941_100122948.

庞大鹏. 大黑海沿岸地区：欧亚大陆的"巴尔干". 世界知识，2017(11).

庞小平，季青，李沁彧，等. 南极海洋保护区设立的适宜性评价研究. 极地研究，2018，30(3).

日本自卫队将与美澳联手"援助"太平洋岛国. 参考消息网，（2018-11-19）. http：//

news. sina. com. cn/o/2018-11-19/doc-ihmutuec1633849. shtml.

如何看待美印"2+2"会谈. 搜狐网,（2018-09-16）. http：//sohu. com/a/254211342_619333.

史春林. 中国与太平洋岛国合作回顾与展望. 当代世界, 2019.

世界气象组织 2018 年全球气候状况声明. 世界气象组织, 2019. https：//library. wmo. Int/doc_num. php？explnum_id=5806.

"四方安全对话"与中国的"海上丝绸之路"倡议. 大国策智库, 译. 美国战略与国际问题研究中心官网,（2018-05-19）. http：//www. daguoce. org/article/83/253. html.

松冈久藏. 安倍首相が「商業捕鯨再開」のために豪首相を説得した30分間. 现代商务, 2019. https：//headlines. yahoo. co. jp/article？a＝20190606-00065007-gendaibiz-pol&p=2.

苏联制下的乌克兰与俄罗斯关系：冲突与斗争. 国家政策论坛,（2013-12-27）. http：//news. takungpao. com. hk/history/zhuanti/2013-12/2137217. html.

孙德刚, 石瑞叶. 从大国争夺黑海海峡看二战前后中东格局的演变. 临沂师范学院学报, 2002(2).

孙桂芬. 苏联解体后俄乌关系大事记. 国际论坛, 1995(4).

孙泽雯. 新马岛屿争端案复核分析及其启示. 唯实·环球经纬.

谈谭. 俄罗斯北极航道国内法规与《联合国海洋法公约》的分歧及化解途径. 上海交通大学学报(哲学社会科学版), 2017(1).

特朗普提"印太"战略：拉拢印度, 制衡中国?. 搜狐网,（2017-11-20）. http：//sohu. com/a/205362394_616821.

推动联合国卡托维兹气候变化大会取得积极成果 中国展现应对气候变化引导力. 中国政府网,（2018-12-17）. http：//www. gov. cn/xinwen/2018-12/17/content_5349445. htm.

外媒称日本拉拢太平洋岛国：推销"印太战略"牵制中朝. 参考消息网,（2018-05-20）. http：//m. ckxx. net/guoji/p/106097. html.

汪洋在第二届中国-太平洋岛国经济发展合作论坛暨 2013 年中国国际绿色创新技术产品展开幕式上的演讲(全文). 中华人民共和国外交部网站,（2013-11-09）. http：//www. fmprc. gov. cn/mfa_chn/zyxw_602251/t1097478. shtml.

汪毅刚. 俄罗斯西部国家安全中的黑海海权问题研究. 兰州大学硕士学位论文, 2011.

王海滨. 浅析日本捕鲸外交. 现代国际关系, 2011(10).

王威. 南极海洋保护区法律问题研究. 兰州大学硕士学位论文, 2018.

王秀梅. 白礁岛、中岩礁和南礁案的国际法解读. 东南亚研究, 2009(1).

王泽林. 北极航道法律地位研究. 上海：上海交通大学出版社, 2014.

武芳竹，曾江宁，徐晓群，等．海洋微塑料污染现状及其对鱼类的生态毒理效应．海洋
学报，2019（2）．

西方媒体预测北极将重演刻赤事件．俄罗斯卫星通讯社，（2018-12-22）．http：//sput-
niknews. cn/russia/201812221027185231/.

习近平同建交太平洋岛国领导人举行集体会晤并发表主旨讲话．新华网，（2018-
11-16）．http：//www. xinhuanet. com/politics/leaders/2018-11/16/c_112372
6783. htm.

习近平同太平洋岛国领导人举行集体会晤并发表主旨讲话．新华网，（2014-11-22）．
http：//www. xinhuanet. com/world/2014-11/22/c_1113361879. htm.

新媒：美国加入太平洋地区基建集团意在抗衡中国影响力．参考消息网，（2018-12-
13）．https：//news. sina. com. cn/o/2018-12-13/doc-ihmutuec8681677. shtml.

徐金金．特朗普政府的"印太战略"．美国研究，2018（1）．

许振义．马来西亚忽然发难：新马领海问题纠纷再起．（2018-12-06）．https：//
mil. ifeng. com/c/7igbaL4bRdw.

亚行要在太平洋岛国设11个办事处追随美国制衡中国影响力？．环球网，（2018-
09-19）．http：//world. huanqiu. com/exclusive/2018-09/13055932. html？agt=
363.

伊党成立特委会要为白礁岛案上诉．新加坡联合早报，（2014-01-10）．

于镭．西方在意的不是南太发展．环球时报，（2018-09-03）．http：//
opinion. huanqiu. com/hqpl/2018-09/12906730. html？agt=15417.

于镭．用"中国威胁"误导南太难得逞．环球网，（2018-12-08）．http：//
opinion. huanqiu. com/hqpl/2018-12/13748506. html？agt=15417.

俞孟萨，林立．船舶水下噪声研究三十年的基本进展及若干前沿基础问题．船舶力学，
2017，21（2）．

张弛．南极海洋保护区的建立——国际海洋法律实践的新前沿．浙江大学硕士学位
论文．

张光政．俄罗斯、乌克兰海洋争端问题的历史与现状．南海学刊，2018（2）．

张弘．刻赤海峡冲突与俄乌关系的困境．世界知识，2019（1）．

张华武，胡以怀，张春林．船舶水下噪声对海洋动物的影响及控制探讨．航海技术，
2013（3）．

张嘉戌，柳青，张承龙，等．海洋塑料和微塑料管理立法研究．海洋环境科学，2019
（2）．

张卫彬．海洋划界的趋势与相关情况规则．华东政法大学学报，2010（2）．

张晓通．四大地缘战略板块碰撞与五个"地中海"危机．国际展望，2017（6）．

赵书文. 白礁岛案复核及其启示. 国际研究参考, 2017(11).

郑雷. 北极东北航道：沿海国利益与航行自由. 国际论坛, 2016(2).

郑雷. 北极航道沿海国对航行自由问题的处理与启示. 国际问题研究, 2016(6).

中国驻巴布亚新几内亚大使薛冰：两国友好合作将迎来突破性进展. 央视网,（2018-11-14). https://news.china.com/zw/news/13000776/20181114/34424122_all.html#page_2.

朱翠萍. 特朗普政府"印太"战略及其对中国安全的影响. 南亚研究, 2019(1).

朱翠萍. "印太"：概念阐释、实施的局限性与战略走势. 印度洋经济体研究, 2018(5).

驻萨摩亚大使王雪峰在《萨摩亚观察家报》发表署名文章《华人在萨摩亚的历史》. 中华人民共和国驻萨摩亚独立国大使馆, 2018. http://ws.chineseembassy.org/chn/sgxw/t1618837.htm.

驻瓦努阿图大使刘全在瓦主流媒体发表署名文章《通往共同发展之路》. 中华人民共和国驻瓦努阿图共和国大使馆, 2018. http://vu.chineseembassy.org/chn/xwdt/t1553262.htm.

総合海洋政策本部：「海洋基本計画」. 2018. http://www8.cao.go.jp/ocean/policies/plan/plan03/pdf/plan03.pdf.

1972年防止倾倒废物及其他物质污染海洋的公约(1996年议定书). 国际海事组织, 1996. http://120.52.51.19/www.imo.org/en/OurWork/Environment.

2018年造船市场形势与未来展望. 搜狐网,（2018-03-05). http://www.sohu.com/a/301401825_100265031.

IPCC发布全球升温1.5℃特别报告. 中国科学报,（2018-10-09)（2). http://news.sciencenet.cn/htmlnews/2018/10/418407.shtm.